交通版高等学校土木工程专业规划教材
JIAOTONGBAN GAODENG XUEXIAO TUMU GONGCHENG ZHUANYE GUIHUA JIAOCAI

土木工程地质

Tumu Gongcheng Dizhi

王　健　郭抗美　张怀静　主编
何高毅　主审

人民交通出版社
China Communications Press

内 容 提 要

本教材是根据土木工程专业指导委员会组织制定的土木工程地质教学大纲编写的，本书共分八章。内容包括：绪论、矿物与岩石、岩层与地质构造、地下水、地表水的地质作用及第四纪沉积物、不良地质现象、常见岩土工程地质问题、工程地质勘察等相关内容。

本书紧密结合工程实际，依据岩土工程新规范、新标准编写，反映了本学科发展的新进展和新成果。本书适用于高等学校土木工程专业工程地质课程的教学，也可作为注册岩土工程师考试的参考教材，还可供相关专业师生学习和参考。

图书在版编目(CIP)数据

土木工程地质/王健等主编. —北京：人民交通出版社，2009.8

ISBN 978-7-114-07782-1

Ⅰ. 土… Ⅱ. 王… Ⅲ. 土木工程—工程地质 Ⅳ. P642

中国版本图书馆 CIP 数据核字(2009)第 124290 号

交通版高等学校土木工程专业规划教材

书　　名：土木工程地质
著 作 者：王　健　郭抗美　张怀静
责任编辑：张征宇　赵瑞琴
出版发行：人民交通出版社股份有限公司
地　　址：(100011) 北京市朝阳区安定门外外馆斜街 3 号
网　　址：http://www.ccpress.com.cn
销售电话：(010) 59757973
总 经 销：人民交通出版社股份有限公司发行部
经　　销：各地新华书店
印　　刷：北京市密东印刷有限公司
开　　本：787×1092　1/16
印　　张：15.5
字　　数：386 千
版　　次：2009 年 9 月　第 1 版
印　　次：2021 年 7 月　第 4 次印刷
书　　号：ISBN 978-7-114-07782-1
定　　价：28.00 元

交通版

高等学校土木工程专业规划教材

编委会

序

XU

随着科学技术的迅猛发展、全球经济一体化趋势的进一步加强以及国力竞争的日趋激烈。作为实施“科教兴国”战略重要战线的高等学校，面临着新的机遇与挑战。高等教育战线按照“巩固、深化、提高、发展”的方针，着力提高高等教育的水平和质量，取得了举世瞩目的成就，实现了改革和发展的历史性跨越。

在这个前所未有的发展时期，高等学校的土木类教材建设也取得了很大成绩，出版了许多优秀教材，但在满足不同层次的院校和不同层次的学生需求方面，还存在较大的差距，部分教材尚未能反映最新颁布的规范内容。为了配合高等学校的教学改革和教材建设。体现高等学校在教材建设上的特色和优势，满足高校及社会对土木类专业教材的多层次要求，适应我国国民经济建设的最新形势，人民交通出版社组织了全国二十余所高等学校编写“交通版高等学校土木工程专业规划教材”，并于 2004 年 9 月在重庆召开了第一次编写工作会议，确定了教材编写的总体思路。于 2004 年 11 月在北京召开了第二次编写工作会议，全面审定了各门教材的编写大纲。在编者和出版社的共同努力下，目前这套规划教材已陆续出版。

这套教材包括“土木工程概论”、“建筑工程施工”等 31 门课程，涵盖了土木工程专业的专业基础课和专业课的主要系列课程。这套教材的编写原则是“厚基础、重能力、求创新，以培养应用型人才为主”，强调结合新规范、增大例题、图解等内容的比例并适当反映本学科领域的新发展，力求通俗易懂、图文并茂；其中对专业基础课要求理论体系完整、严密、适度，兼顾各专业方向，应达到教育部和专业教学指导委员会的规定要求；对专业课要体现出“重应用”及“加强创新能力和工程素质培养”的特色，保证知识体系的完整性、准确性、正确性和适应性，专业课教材原则上按课群组划分不同专业方向分别考虑，不在一本教材中体现多专业内容。

反映土木工程领域的最新技术发展、符合我国国情、与现有教材相比具有明显特色是这套教材所力求达到的，在各相关院校及所有编审人员的共同努力下，交通版高等学校土木工程专业规划教材必将对我国高等学校土木工程专业建设起到重要的促进作用。

交通版高等学校土木工程专业规划教材编审委员会

人民交通出版社

前言

QIANYAN

本书根据土木工程专业指导委员会组织制定的土木工程地质教学大纲的编写要求以及作者多年教学经验编写的，适用于土木工程专业工程地质课程教学。

土木工程地质是研究工程地质环境与人类土木工程活动相互关系和相互作用的一门应用地质科学，两者关系密切，互相制约。因此，土木工程地质的学习目的就是要解决与土木工程活动有关的工程地质问题；解决土木工程活动对地质环境的影响。其具体任务包括：对工程区内的各种工程地质条件进行调查、分析、评价；解决影响工程活动的各种地质问题，并论证工程区内各种不良地质现象的发生和发展，提出有效的预防和改进措施。为工程建设的规划、设计、施工、使用和维护提供所需的地质资料和数据。工程活动的安全性固然重要，但随着社会和人类文明的进步，工程活动对地质环境的影响也日益提到日程上来。

本书在内容的安排上"重基础"，使学生掌握厚实的工程地质学基础知识；"重应用"，使学生对解决岩土工程地质问题的方法有较深入的了解。本教材紧密结合工程实际，图文并茂，在每章后附思考题，并希望在教材使用当中有相当的实习课时与之相配合。

本教材由北京建筑大学王健、河北工业大学郭抗美、北京建筑大学张怀静主编；编写人员有北京建筑大学王健、张怀静、廖俊海、梁子轩、俞鑫峰，河北工业大学郭抗美，南阳理工学院李献军。其中第一章由王健编写；第二章、第三章由郭抗美编写；第四章、第五章由张怀静编写；第六章、第八章由李献军编写；第七章由王健、张怀静、廖俊海、梁子轩、俞鑫峰编写，所有思考题由张怀静编写。全书由王健、张怀静修改、统稿。在编写过程中，得到了许多同行的大力帮助，在此深表谢意。

对审稿人何高毅教授的精心审阅和指导深表谢意。

限于编者水平有限，本教材会有一些缺点和不足，恳请读者予以批评指正。

编　者

目录 MULU

目录 MULU

第一章 绪论
DIYIZHANG

一、工程地质学与地质学的关系

地质学是研究地球，主要是地壳的一门科学。其主要研究内容包括地壳物质组成、各种地质作用、地球形成发展的历史以及解决与人类活动相关的地质问题等。地质科学与工程科学相互交叉、相互渗透，形成了地质学的一个重要分支学科——工程地质学。工程地质学是调查、研究、预测、解决与兴建各类工程建筑有关的地质问题的科学。工程地质学在20世纪30年代就发展成为一门独立的学科。经过建国50多年来的努力，我国已建立起具有中国特色的学科体系，在社会主义建设中起到了重要的作用，在各类土木工程建设中有着广泛的应用。

二、工程地质学

(一)工程活动与地质环境的关系

工程地质学是研究工程活动与地质环境相互作用的一门科学，各类工程建筑都是在一定的地质环境中进行，他们之间会相互关联并相互制约。

通常所指的工程活动是各种土木工程建设，包括工业与民用建筑、道路、桥梁、地下建筑、水工建筑等建筑在地球表层的地壳之上或内部的工程，地壳表层的岩体和土体，常作为建筑物的地基或环境介质。

地质环境包括地壳和一定深度的地质条件，可能由一定的地质作用影响着工程建筑的安全和正常使用，也可能因地质条件处理不良而提高工程造价。如地震多发区修建的建筑物可以顷刻间给人们生命财产造成巨大损失，地基承载力不足使建筑物失稳破坏，软弱地基造成建筑物过度沉降或不均匀沉降，过大的不均匀变形会使建筑物发生裂缝、倾斜、塌陷以至影响正常使用，甚至毁坏。岩、土边坡的陡缓及稳定性将决定着二程量及道路路基、大坝等的稳定性及其他工程建筑的安全和正常使用。地基与围岩的地质条件直接决定大坝、桥梁、地下工程等的安全可靠性。而对于不适合建筑物要求的某些特殊地质条件，需考虑进行特殊的处理。人类的工程活动带来的地质环境和地质条件的改变也会威胁到人类生活和生存环境，影响建筑物的安全和正常使用。如大量抽取地下水会造成地面沉降，市政设施破坏或丧失功能；大型水库的建造会诱发地震、改变库区上下游的水文地质条件，使下游沼泽化等。为此，工程地质工作者还应充分研究工程建筑对地质环境的影响，处理好两者的关系，充分利用其有益的方面，使工程建筑达到既经济又安全可靠的目的。

人类早期的工程活动是对于建筑场地的工程地质环境的朴素了解。随着人类的进步，今天的土木工程建筑涉及工业与民用建筑、道路桥梁、铁路工程、水利工程、港口工程、地下工程等许多领域。工程的复杂性，地质条件的复杂性，工程的规模之大，对地质条件的要求之高等都达到空前。同时，由于人类大规模工程建设活动破坏环境造成的工程地质问题也越来越多，研究人类活动影响下的地质环境问题又成为工程地质学一个新的研究领域。

(二)工程地质条件

工程地质问题不是孤立、偶然发生的，它与工程建设周围的地质环境、自然条件有着极大的关系，其形成、发展和变化也是工程活动与地质环境相互作用的结果。当论证工程地质问题时，必须从调查和研究地质条件入手。我们称那些直接和间接影响着工程建设规划、设计、施工和正常使用的地质条件为工程地质条件。工程地质条件是工程建筑所在地区或建筑场地地质环境各项因素的综合。其中最基本的因素包括地层与岩性、地层与岩层产状、软弱夹层、接触关系及物理力学性质、水理性质等。对土木工程安全和稳定构成巨大威胁的褶皱、断层、节理等地质构造因素也是工程地质研究的基本对象，还有地下水的成因、埋藏、分布、运动和化学成分等水文地质条件因素，与地形、岩性、地质构造和地表水、地下水、地质作用、地形地貌因素相关的常见的不良地质现象，如滑坡、崩塌、泥石流等，其发生、发展和防治措施。常见的一些岩土工程问题分析等。

掌握不同工程地质条件因素，对工程建筑安全和正常使用至关重要。工程技术人员须全面了解和认识不同工程地质条件与土木工程之间的关系，研究和解决不良工程地质条件下可能出现或诱发的工程地质问题。

(三)工程地质学的主要任务

由于地表岩土的分布、产状、结构构造不一，强度和稳定性不同，加上地壳在各种自然地质作用下发生的变化，会对建筑物的安全和稳定性产生影响。相反，工程建筑物的施工和使用对地质环境和条件的影响，还会使得建筑物安全稳定问题更加复杂化。工程地质作用不是孤立或偶然发生的，它与建筑地区周边的自然环境和因素关系密切。工程地质的研究必须全面考虑各种环境条件和影响因素，针对不同的工程地质问题，提出正确地处理问题的方法，以保证工程建筑的正常使用，因此工程地质学的任务是非常艰巨的。

工程地质学为工程建设服务，在我国经济建设和国防建设中应用广泛。作为工程地质工作的基础，在工程建筑的任何阶段对工程区域内工程地质条件的调查、研究和评价是工程地质工作的首要任务。工程地质学的主要任务应包括：

(1)对建筑场地的工程地质条件进行地质调查与评价，提供工程规划、设计、施工所需要的工程地质资料，指出对工程建筑有利和不利因素。其内容应包括岩土类型与性质、地质构造与岩土结构、地形地貌条件、水文地质条件、自然地质现象及建筑材料的开采使用等问题。

(2)根据建筑场地的工程地质条件论证并解决与工程建筑有关的工程地质问题，对建筑物的设计和施工提出技术建议。对于不利于建筑物安全的地质条件下的工程地质问题提出处理方法。常见的工程地质问题包括地基沉降变形问题，地基、斜坡或洞室的围岩稳定问题，渗漏问题等。针对不同问题对建筑结构、基础类型、施工方法等方面给予建议。

(3)预测并论证建筑区内各种物理地质现象的发生发展，提出改善措施。在已选定的建筑物场地和周边地区，根据建筑物的形式、规模和特点，从分析工程地质条件入手，论证预测工程地质问题发生的可能性及其发展规模和趋势，提出改善、防治或利用的方法。

(4)研究工程建筑对地质环境的影响，提出保护地质环境的对策和措施。

(四)工程地质学的内容及分支学科

本书结合土木工程的特点和一般工程建设中可能遇到的工程地质问题，主要介绍了矿物和岩石、地层与地质构造、地下水的地质作用、地表水的地质作用及第四纪沉积物、不良地质现象及防治、常见的岩土工程地质问题和工程地质勘察等工程地质的基本内容。

工程地质学的内容是十分广泛和多方面的，完整的工程地质学科体系按其研究的对象和任务可以分为以下几个分支学科。

1.工程岩土学(土质学)

岩石和土作为人工建筑的地基和围岩或是建筑材料，必须研究和了解岩石、土的工程地质性质，分布规律和成因类型，了解工程地质性质的机理、形成和变化规律，以便对包括建筑物荷载及外界环境影响下的各种土、石的工程性质进行评价，对不良性质提出改进措施。

2.工程地质分析

工程地质分析就是研究工程活动中主要的工程地质问题，研究它们产生的地质环境条件、力学机制及其发展演化规律，以便正确地评价和有效地防治其可能造成的不良影响。

3.工程地质勘察

探讨工程地质调查研究的方法和手段，通过勘察、分析和研究阐明有关工程活动的地质因素，指出并解决所存在的工程地质问题，为工程建筑的设计施工提供所需的地质资料和数据。

4.区域工程地质

不同地域具有不同的地质条件，工程地质条件和出现的工程地质问题也具有明显的区域性分布规律和特点。我国国土面积大，自然条件复杂，开展这方面的研究显得尤为重要。

5.环境工程地质

研究人类工程、经济活动对地质环境的影响，为开发利用工程地质环境或防治其不利作用提供科学依据的学科。它是现代工程地质学研究的热点。

三、工程地质学的发展

工程地质学发展的最初阶段是以工程地质条件和质量评价作为主要工作。一方面是对工程建筑的地基、围岩的质量进行评价，还要对工程建筑的地质环境进行质量评价。20 世纪 60 年代末开始了以地质体稳定性分析为特征的工程地质灾害的成灾预报研究工作。谷德振教授提出了地基稳定性、边坡稳定性、地下洞室稳定性、山体稳定性和地壳稳定性五大课题，开始了工程地质研究的第二阶段。由于许多新技术的出现，20 世纪 70～80 年代以来，工程地质发展到了第三阶段，这是以工程地质灾害预测预报、不良地质现象及地质灾害防治等主要课题为特征的地质工程研究阶段。今天的工程地质不仅仅只是对工程地质条件进行评价和对不良地质现象进行预报，还应该研究不良地质条件的改造和地质工程施工问题，使之满足工程建筑的要求。工程地质学与土木工程相结合又产生了新的边缘学科地质工程学。

四、工程地质学与其他相关课程之间的关系

工程地质学是土木工程专业的专业基础课程，开设在基础课程学习之后，土力学、岩石力学、基础工程课程之前。地质学学科涉及的矿物学、岩石学、构造地质学、地貌学等都是工程地质学的地质基础学科。工程地质学还需要数学、力学、物理学、化学知识作为其主要的基础学科，并与土力学、岩石力学、环境学、生态学及其它有关应用技术学科关系密切。工程地质学不同于传统的地质学课程，它是地质学和工程之间互相联系和沟通的桥梁。

当代科学技术发展迅速，人类活动的规模和范围不断扩大。对地壳表层的影响也越来越大，人类的生活、生产环境在不断变化，因此推动着工程地质学的不断发展。工程地质学是一门理论与实践结合很强并对实践经验要求很高的学科，伴随着科学技术和研究手段的进步，基础理论和研究方法也在由定性向定量方向发展。

五、本课程的安排与学习方法

本书是为土木工程专业学生开设的工程地质课程而编写的，力图突出重点、内容简练。教学中可根据不同专业方向的要求和具体课时数取舍其内容。

课程围绕土木工程专业特点，结合我国工程地质条件，对地层岩性、地质构造、地质作用、不良地质条件及对工程的影响、工程地质勘察等方面的基本理论和方法做了介绍。要求学生通过本课程的学习初步掌握与本专业有关的一般工程地质问题的分析和判断方法，并具有一定的解决实际工程地质问题的能力。

在课堂上应加强形象教学和多媒体教学手段。基本课时之外还应辅以课外参观、野外实习、观看标本等环节，使这门实践性较强、课时有限的课程收到较好的教学效果。

本课程是一门实践性很强的技术基础课，仅靠死记硬背很难达到掌握知识点目的。课程虽以课堂教学为主，但应辅以多种教学手段，在有限的学时内取得较好的教学效果，使学生深入了解工程地质学的基本理论、基础知识，这也是土木工程师解决工程实际问题的先决条件。野外实习应是这门课程必不可少的实践环节，有条件的地方，应选择与基本的矿物、岩石、地质构造和地质现象等内容相关的野外地质参观和实习，使学生进一步加深对所学知识的理解和掌握。

第二章 DIERZHANG 矿物与岩石

第一节　地球的特性及构造

地球是宇宙间绕太阳公转的一颗行星。根据现有资料得知：地球是一个不标准的旋转椭球体，赤道半径(a)为 6 378.14km，两极半径(b)为 6 356.779km，地球的扁平率$\left(\frac{a-b}{a}\right)$为$\frac{1}{298.588}$，赤道附近稍微凸出，极区稍微扁平，赤道与极地半径相差 22km。地球呈椭球形是地球自转的结果，这表明地球具有弹塑性。地球表面起伏不平，可分为陆地和海洋两大部分，陆地面积占 29.2%，海洋面积占 70.8%。

地球具有一定的圈层构造，以地表为界分为外圈和内圈，外圈包括大气圈、水圈和生物圈；内圈通常分为地壳、地幔和地核。根据地震波在地球内部传播速度的变化，可以确定地球内部圈层的分界面，地球物理上称为不连续面。地球内部有两个波速变化最明显的界面。第一个界面深度很不一致，在大陆区较深，最深可达 60km 以上；在大洋区较浅，最浅不足 5km，该界面称为莫霍洛维奇不连续面，简称莫霍面，是前南斯拉夫人莫霍洛维奇 1909 年发现的。第二个界面在地表下约 2 900km 处，称为古登堡不连续面，简称古登堡面，是美国人古登堡 1914 年提出的。根据这两个界面把地球内部划分为地壳、地幔和地核三个圈层，见图 2-1。

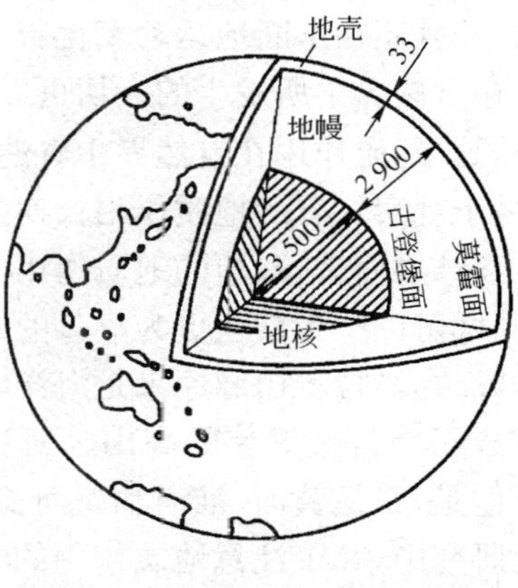

图 2-1　地球内部圈层构造(尺寸单位：km)

(一)地壳

地壳是莫霍面以上地球的表层部分，平均厚度约为 16km，为地球半径的 1/400。地壳体积占地球总体积的 1.55%。大陆地壳与大洋地壳在结构及演变历史上均有明显差异。大陆地壳具有上部为硅铝层(花岗岩质层)、下部为硅镁层(玄武岩质层)的双层结构。硅铝层的纵波波速(V_p)为 6.0～6.2km/s，密度为 2.6～2.7g/

cm^3，一般厚 15～20km；硅镁层的纵波波速(V_P)为 6.4～7.8km/s，密度为 3.3g/cm^3，一般厚 15～20km。大洋地壳厚度较薄，平均仅为 5～6km，一般缺乏硅铝层，硅镁层直接出露于洋底。

(二)地幔

地幔是地球莫霍面以下、古登堡面以上部分，厚度约 2 900km，其体积约占地球总体积的 82.3%。

地幔是地球的主体部分，主要由固态物质组成，以 650km 为界，分为上地幔和下地幔两个次级圈层。上地幔的平均密度为 3.5g/cm^3，顶部纵波波速(V_P)为 8.0km/s，与地壳有明显区别。根据密度、波速等资料分析，上地幔的物质是由含铁、镁多的硅酸盐矿物组成的，与超基性岩类似。对地幔中地震波传播特征的研究发现，在 60～250km 处存在"低速带"，尤其是 100～150km 深度处波速降低得最多。一般认为低速带是由于该带内温度增高至接近岩石的熔点，但尚未熔融的物质引起的。又据低速带内有些区域不传播横波，推断这些区域的温度已超过岩石的熔点形成液态区。由于低速带距地表很近，这些液态区很可能是岩浆的发源地。鉴于低速带的塑性较大，它为上部固态岩石的活动创造了有利的条件，故在构造地质学中称其为软流圈。而将软流圈以上的上地幔和地壳部分称为岩石圈。下地幔地震波速平缓增加，密度达 5.1g/cm^3。一般认为其物质成分虽然仍以铁、镁的硅酸盐为主，但相当于超基性岩的超高压相矿物组成的岩石。

(三)地核

地核是地球内古登堡面以下至地心的部分，厚度为 3 473km，占地球总体积的 16.2%。按地震波速分为外核、过渡层和内核三个次级圈层。外核分布于 2 885～4 170km 深度，平均密度为 10.5g/cm^3，根据横波不能通过外核的事实，推断外核是由液态物质组成的。分布于 4 170～5 155km 深度的过渡层，波速变化复杂，可能是由液态开始向固态物质转变的一个圈层。内核为 5 155km 至地心部分，由以铁、镍等成分为主的固态物质组成。

第二节 地 质 作 用

无数地质资料都表明，自地球形成以来，地面上的山山水水和地下各种物质都经过了许多变化，并且还在不断地运动变化着。

在自然界中所发生的一切可以改变固体地球的物质组成、构造和地表形态的作用称为地质作用。地质作用在自然界中普遍存在，只不过有的地质作用短暂而猛烈，如地震、火山爆发等，易于观察。有的地质作用长期持续缓慢进行，短期内不易觉察，如岩石风化、海陆变迁等。就最终结果而言，猛烈的地质作用可立即产生明显的后果，而缓慢的地质作用只要长期持续进行，同样可以产生甚至更为显著的结果。如世界上最强烈的地震造成的地面最大位移不超过数米，而喜马拉雅山脉原来是海洋，三千万年以来平均以每年不超过八毫米的速度持续上升，已变成了今日最雄伟的高山。河流入海，所携泥沙逐渐在河口附近淤积，短期内后果并不明显。但是，正是黄河、淮河和海河长期淤积的结果，形成了今日广阔的华北平原。因此，在地质学的研究中，除了注意地质作用的猛烈程度之外，还必须注意时间因素的影响。

根据地质作用的动力来源，地质作用可分为内动力地质作用和外动力地质作用两大类。

一、内动力地质作用

由地球内部能如地球的旋转能、重力能、放射性元素蜕变的热能等产生的地质应力所引起的地质作用即内动力地质作用。它主要在地下深处进行,并可波及地表。内动力地质作用包括:地壳运动、地震作用、岩浆作用和变质作用。岩浆岩、变质岩等便是内动力地质作用的产物。

(一)地壳运动

由于地球自转速度的改变等原因,使得组成地壳的物质不断运动,并改变它的相对位置和内部构造,称为地壳运动。它是内动力地质作用的一种重要形式,在改变地壳面貌的过程中占主导地位。按地壳运动的方向可分为水平运动和垂直运动两种形式。

1. 水平运动

水平运动是地壳演变过程中,相对表现得较为强烈的一种形式,也是当前被认为形成地壳表层各种构造形态的主要原因。

地球是一个急速旋转的椭球体,当其高速旋转时,将产生巨大的离心力。离心力和地球重力都在对地壳起作用,它们相互抵消后,还产生一种指向赤道的水平方向的挤压力,使赤道一带稍稍凸出,地球略微变扁。当地球自转角速度变化时,这些力的大小、方向也随之变化,同时将产生一种与变化方向相反的力,称为惯性力。所有这些力都在对地壳施加影响,地壳各圈层的物质成分及其物理化学状态又都存在着差异,因此运动的速度、方式、方向也都不可能一致,层与层之间产生摩擦,使地壳各部分受到挤压、拖曳、旋扭等各种作用,从而使地壳岩层发生强烈的褶皱和断裂,形成向各个方向延伸的山脉。

2. 垂直运动

垂直运动是指地壳物质沿地球半径方向做上升和下降的运动,是地壳演变过程中,表现得比较缓和的一种形式。它可以造成地表地势高差的改变,引起海陆变迁等。

地壳的垂直运动对沉积岩的形成有很大影响,不仅控制了沉积岩的物质来源与性质,同时也影响沉积岩的厚度与分布范围。上升运动控制的隆起区,是形成沉积岩物质成分的供给区;下降运动控制的沉降区,则是沉积岩物质成分沉积并转化为沉积岩的场所。

水平运动和垂直运动是密切联系不能截然分开的,在地壳运动过程中都在起作用,只是在同一地区和同一时间以某一方向的运动为主,另一方向运动居次或不明显。它们在运动过程中也可以相互转化,即水平运动可以引起垂直运动,甚至转化为垂直运动,反之亦然。

(二)地震作用

由构造运动等引起地壳发生快速的颤动称为地震作用。由于地球自转速度的不均匀性,加上地壳内部热能的变化,使地壳各部分岩石受到一定地应力的作用.当地应力作用超过地壳某处岩石的强度极限时,岩石即发生破裂,或使原有的破碎带重新活动,岩石积聚的能量急剧地释放出来,并以弹性波的形式向四周传播,从而引起地壳的振动,产生震撼山岳的地震。从地理分布范围看,地震主要发生在环太平洋一带和地中海至中亚一带。我国正处于这两大地震带的中间,是一个多地震活动的国家。

(三)岩浆作用

岩浆的形成、运动直至冷凝固结成为岩石的过程,称为岩浆作用。该作用在岩浆岩中将详细论述。

(四)变质作用

因内力使温度、压力、化学成分等条件改变,地壳中的岩石发生变化,转化为新的岩石,这种转化过程称为变质作用。影响变质作用的因素有温度、压力和化学成分的加入等。

1. 温度

温度来自地热、岩浆热和动力热。温度是变质作用的基本因素。温度增高,大大增强了岩石中矿物分子的运动速度和化学活动性,使矿物在固体状态下,发生重结晶作用或重新组合产生新矿物。

2. 压力

一种是静压力,即上层岩石对下伏岩石的压力,随深度而增加。静压力的存在使岩石向体积缩小、密度增加的方向变化。另一种是由于地壳运动所产生的动压力,这种压力具有一定的方向,可使岩石破裂、变形、变质或发生塑性流动。岩石在这种定向力的作用下,矿物在垂直压力方向将发生局部的、细微的溶解,向平行压力方向流动而结晶,进而形成变质岩所特有的片理构造。

3. 化学成分的加入

外来物质主要来自岩浆。岩浆的热力可以使围岩结构构造发生变化,而岩浆分离出来的气体和液体可与围岩发生交代作用,生成新的矿物。

上述三种影响因素不是孤立的,在变质过程中常是多种因素一起使岩石发生复杂的变化。

二、外动力地质作用

外动力地质作用是由地球范围以外的能源,如太阳的辐射能、日月的引力能等为主要能源,在地表或地表附近产生的地质作用,称为外动力地质作用。外力作用是地壳表层的水、大气、生物以外部能为能源,改造雕塑地壳(主要是地壳表面)的过程。外力作用的主要类型有:

(一)风化作用

地表或接近地表的岩石,在温度、大气、水和生物活动等因素的综合影响下,发生物理性质和化学成分变化的作用称为风化作用。风化作用在地表最为明显,随深度增加则逐渐消失。根据风化作用的性质,一般分为物理风化作用、化学风化作用和生物风化作用三种类型。详细内容将在后面章节中阐述。

(二)剥蚀作用

地面流水、地下水、风、河、湖等在运动过程中对地表岩石、土等的破坏过程,统称为剥蚀作用。引起剥蚀作用的地质营力有风、冰川、流水、海浪等。

陆地是剥蚀作用的主要场所。在地形起伏、气候潮湿、降雨量大的地区,剥蚀作用主要为流水的冲刷和侵蚀,使岩石遭受破坏;在干旱的沙漠地区,剥蚀作用主要为风对岩石的破坏。

风的剥蚀作用包括吹扬作用和磨蚀作用。吹扬作用指风将岩石表面的松散砂粒或风化产物带走;磨蚀作用指风所夹带的砂粒随风运行,对岩石表面发生摩擦侵蚀。

河流以自己的动能并以夹带的砂、砾石破坏河床岩石,并将破坏下来的物质带走的过程称为流水的侵蚀作用。该内容将在以后章节中阐述。

(三)搬运作用

风化剥蚀产物被流水、风等搬走离开原地,迁移到其他地方的地质作用。搬运和剥蚀往往是同时由同一种地质营力来完成。如风和流水一边剥蚀岩石,同时又迅速将剥蚀下来的物质带走,两者是不能截然分开的。

(四)沉积作用

被搬运的物质经过一定距离以后,由于搬运介质搬运能力的减弱、搬运介质物理化学条件的改变或在生物作用下,从风和流水等介质中分离出来,形成沉积物的过程。

(五)成岩作用

沉积物逐层堆积,下面的沉积物被长期压密、脱水、胶结、重结晶而变成坚硬岩石的过程。

第三节　造 岩 矿 物

岩石是在地质作用下产生的,由一种或多种矿物以一定的规律组成的自然集合体,它构成了地球的固体部分。岩石按成因可分为岩浆岩、沉积岩和变质岩三大类。由于岩石是由矿物组成的,所以要认识岩石,分析岩石在各种自然条件下的变化,进而对岩石及其组成的周围环境进行工程地质评价,就必须首先了解矿物。

一、矿物的概念

矿物是天然形成的元素单质或无机化合物,其化学成分和物理性质相对均一和固定,一般为结晶质。结晶质为原子(或离子、离子团)按严格规律排列的固体。矿物晶体中离子等排列的格式称为晶体格架或泛称晶体构造,见图 2-2。每种矿物均具有一定的晶体构造,反映在外形上均具有一定的晶体形状即晶形。理想的晶体为规则的几何多面体,如石盐的正立方体晶形及石英的六方双锥晶形,见图 2-3。晶形是区分矿物的重要依据。

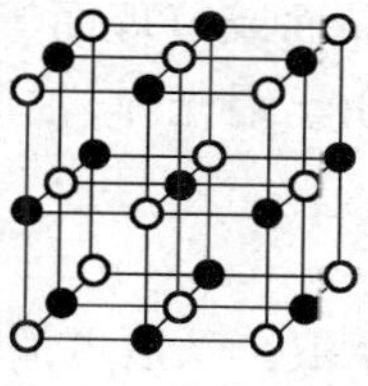

图 2-2　石盐的晶体构造

●-Cl^-;○-Na^+

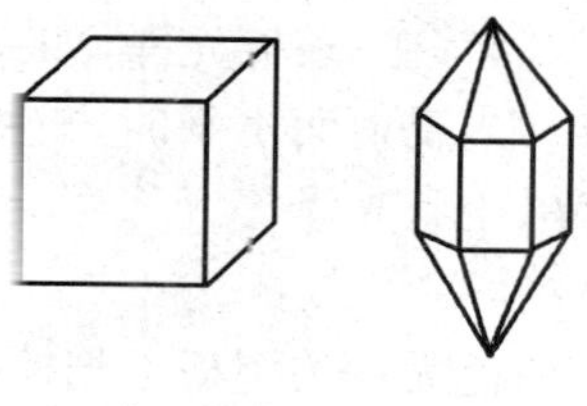

a)　　b)

图 2-3　矿物的晶形

a)食盐晶体;b)石英晶体

自然界中已发现的矿物有 2 500 多种,但组成常见岩石的矿物仅数十种,这些组成常见岩石的矿物称为造岩矿物,约占地壳重量的 99%。造岩矿物以硅酸盐为主。

自然界中的矿物,都是在一定的地质环境中形成的,随后因经受各种地质作用而不断地发生变化。每一种矿物只是在一定的物理和化学条件下才是相对稳定的,当外界条件改变到一定程度后,矿物原来的成分、内部构造和性质就会发生变化,形成新的次生矿物。

二、矿物的鉴定特征

矿物的形态和矿物的物理性质取决于其化学成分和晶体格架的特点，这是鉴别矿物的重要依据。特别是在野外，用肉眼鉴定其形态和物理性质来鉴别常见的造岩矿物，是土木工程技术人员应掌握的基本技能。

(一)矿物的形态

矿物的形态是指矿物单体及同种矿物集合体的形态。矿物单体的形态即前面提到的晶形。同种矿物多个单体聚集在一起的整体就是矿物集合体，其形态取决于单体的形态和它们的集合方式。集合体按矿物晶粒大小分为：肉眼可辨认晶体颗粒的显晶矿物集合体和肉眼不能辨认的隐晶质或非晶质矿物集合体。显晶矿物集合体有规则连生的双晶集合体和不规则的粒状、块状、板状、片状、纤维状、针状集合体等；隐晶矿物集合体主要形态有球状、土状、结核状、鲕状、豆状、钟乳状、笋状集合体等。

(二)矿物的主要物理性质

矿物的物理性质涉及内容较广，这里只介绍肉眼鉴定经常涉及的一些物理性质。

1.颜色

矿物的颜色是矿物对不同波长可见光吸收程度不同的反映，主要取决于矿物的化学成分和结构。它是矿物最明显、最直观的物理性质。按矿物成色原因可分为自色、他色和假色。自色是矿物固有的颜色，具有鉴定意义。一般说来，含铁、锰多的矿物，如黑云母、普通角闪石、普通辉石等，颜色较深，多呈灰绿、褐绿、黑绿以至黑色；含硅、铝、钙等成分多的矿物，如石英、长石、方解石等，颜色较浅，多呈白、灰白、淡红、淡黄等各种浅色。矿物中含有杂质时形成的颜色被称为他色。矿物由于内部裂隙或表面氧化膜对光的折射、散射形成的颜色被称为假色。

2.光泽

光泽是矿物表面的反射光感。决定其折光率，折光率愈大，反射率愈高，光泽愈强。一般按光泽强弱分为四个等级：金属光泽，反光很强，犹如电镀的金属表面光亮耀眼，如黄铁矿；半金属光泽，似未磨光的铁器表面的光亮程度，如褐铁矿；金刚光泽，它是矿物非金属光泽的一种，是指如同金刚石等宝石的磨光面上所反射的光泽，其特点是反光较强，光泽闪亮耀眼，但不具金属感，如闪锌矿；玻璃光泽，如长石、石英等，光泽强度是以晶面或节理面等平面的反光程度作为标准。当反射面不平时，矿物可形成某种独特的光泽，如丝绢光泽、油脂光泽、蜡状光泽、珍珠光泽、土状光泽等。

3.条痕

矿物在白色无釉的瓷板上划擦时留下的粉末痕迹色，称为条痕。条痕可消除假色，减弱他色，常用于矿物鉴定。例如角闪石为黑绿色，其条痕色是淡绿色；辉石为黑色，其条痕是浅绿色；块状赤铁矿表面的颜色可呈现红色、钢灰色等，但其条痕的颜色却总是樱桃红色。

4.硬度

矿物抵抗刻划、研磨的能力称为硬度。由于矿物的化学成分和内部构造不同，不同的矿物

矿物的相对硬度表(摩氏硬度计)　　表 2-1

硬　度	1	2	3	4	5	6	7	8	9	10
矿物	滑石	石膏	方解石	萤石	磷灰石	长石	石英	黄玉	刚玉	金刚石

常见造岩矿物的形态及主要物理性质

表 2-2

矿物名称及化学成分	形态	物理性质					主要鉴别特征
		颜色	光泽	硬度	解理、断口	相对密度	
正长石 $K[AlSi_3O_8]$	短柱状、板状、粒状	肉红色、浅玫瑰色、浅黄色、带浅黄的灰白色	玻璃光泽	6	两向完全解理，近于正交	2.57	形态、颜色
斜长石 $Na[AlSi_3O_8]$，$Ca[Al_2Si_2O_8]$	板条状、长条状	白色或灰白色	玻璃光泽	6	两向完全解理，斜交	2.60～2.76	颜色、形态
石英 SiO_2	粒状、块状、六棱柱状、双锥状	无色、乳白色、烟灰色	玻璃光泽、断口为油脂光泽	7	无解理，贝壳状断口	2.65	形状、硬度、断口
白云母 $KAl_2[AlSi_3O_{10}][OH]_2$	板状、片状、鳞片状	无色、浅灰、浅黄色、灰白色	玻璃或珍珠光泽	2～3	一组极完全解理	2.7～3.1	解理、薄片有弹性
黑云母 $K(Mg,Fe)_3[AlSi_3O_{10}][OH]_2$	片状、板状、鳞片状	深褐、黑绿至黑色	玻璃或珍珠光泽	2.5～3	一组极完全解理	3.02～3.13	解理、颜色、薄片有弹性
角闪石 $(Ca,Na)_{2\sim3}(Mg,Fe,Al)_5[Si_3(SI,Al)O_{11}]_2[OH]_2$	长柱状、纤维状	绿黑色、黑色	玻璃光泽	5.5～6	两组完全解理，交角近 56°	3.02～3.45	形状、颜色
辉石 $Ca(Mg,Fe,Al)[(SI,Al)_2O_6]$	粒状、块状	深黑色、褐黑、棕黑	玻璃光泽	5～6	两组完全解理，交角 87°	3.23～3.52	形状、颜色
橄榄石 $(Fe,Mg)_2[SiO_4]$	粒状	橄榄绿、淡黄绿色至黑绿色	玻璃光泽、断口为油脂光泽	6.5～7	无解理，贝壳状断口	3.27～4.37	颜色、硬度、形态
石榴子石 $(Fe,Mg,Ca)_3(Fe,Al)_2[SiO_4]_3$	菱形十二面体、二十四面体、粒状	棕、棕红或黑红色	玻璃光泽	6.5～7.5	无解理，不规则断口	3.5～4.2	形状、颜色、硬度

续上表

矿物名称及化学成分	形态	物理性质					主要鉴别特征
		颜色	光泽	硬度	解理、断口	相对密度	
绿泥石 $(Fe,Mg)_5Al[AlSi_3O_{10}][OH]_8$	片状、粒状	浅绿、深绿或黑绿色	玻璃光泽、珍珠光泽	2～2.5	一组极完全解理	2.68～3.40	颜色、薄片有挠性无弹性
蛇纹石 $Mg_6[Si_4O_{10}][OH]_8$	致密块状、片状、纤维状	淡黄绿色、淡绿、淡黄色	油脂光泽、蜡状光泽、丝绢光泽	2～3	无解理、贝壳状断口	2.6～2.9	颜色、光泽
方解石 $CaCO_3$	菱面体、块状、粒状	白、灰白，含杂质时呈其他颜色	玻璃光泽	3	三组完全解理，斜交呈菱面体	2.6～2.9	颜色、硬度，遇盐酸起泡
白云石 $CaMg[CO_3]_2$	菱面体、块状、粒状	灰白、淡红、淡黄色	玻璃光泽	3.5～4	三组完全解理，斜交呈菱面体	2.8～2.9	解理、硬度
石膏 $CaSO_4 \cdot 2H_2O$	板状、片状、纤维状	无色、白色、灰白色	珍珠光泽、丝绢光泽	2	一组完全解理	2.3	解理、硬度，颜色
高岭石 $Al_4[Si_4O_{10}][OH]_8$	鳞片状、细粒状、土状集合体	白、灰白或其他颜色	土状光泽	2.0～3.5	一组完全解理	2.60～2.63	性软、黏舌、具可塑性
滑石 $Mg_3[Si_4O_{10}][OH]_2$	片状、块状	白、淡黄、淡绿或浅灰色	蜡状或珍珠光泽	1	一组极完全解理	2.58～2.83	颜色、硬度、触摸有滑腻感
黄铁矿 FeS_2	立方体、致密块状	浅黄铜色	金属光泽	6～6.5	不规则断口	4.9～5.2	颜色、硬度、光泽
赤铁矿 Fe_2O_3	板状、粒状、鲕状、肾状、豆状	钢灰至铁黑色	金属光泽至半金属光泽	5～6	无解理	5.0～5.3	形状、颜色、光泽

常具有不同的硬度。硬度是矿物的一个重要的鉴别特征。一般较普遍采用的是矿物的相对硬度,即通过多种矿物相互刻划的方法所确定的硬度等级。以实际矿物为标准,共分10个等级,称为摩氏硬度计,见表2-1。一般铁刀的相对硬度为3～3.5,钢刀的相对硬度为6～6.5,指甲的相对硬度为2～2.5,是野外经常用到的测试依据。

5.节理和断口

矿物受外力打击后,按一定方向裂开成光滑平面的性质称为解理。破裂形成的平面叫解理面。解理是造岩矿物的一个主要的鉴别特征。按照解理产生的难易程度,可将矿物的解理分成四个等级:极完全解理,解理面极完好、平坦、光亮,矿物极易裂开成薄片,如云母;完全解理,矿物容易裂开成规则的小块或厚板块,解理面完好、平整、光亮,如方解石;中等解理,破裂面不甚光滑,往往不连续,如辉石;不完全解理,一般很难发现解理面,偶尔可见小而粗糙的解理面,如磷灰石。如矿物受外力打击后,无固定方向的破裂并呈各种凹凸不平的断面,如贝壳、参差状等,则称为断口。

矿物的解理和断口是互相消长的,解理完全时则不显断口。反之,解理不完全或无解理时,则断口显著。如不具解理的石英,呈现贝壳状断口。

此外,矿物的密度、弹性、挠性等对某些矿物的鉴别有时是十分重要的,滑石的滑腻感、方解石遇盐酸起泡等,都可作为鉴别该矿物的依据。

三、常见的造岩矿物

野外正确识别和鉴定常见的造岩矿物,对鉴定岩石和研究岩石的工程地质性质,是一项不可缺少而且非常重要的工作,同时也是土木工程技术人员应掌握的一门技能。野外常见造岩矿物的鉴别大致可按以下步骤进行:

首先,应找到矿物的新鲜面,只有矿物的新鲜面才能真实地反映矿物的化学成分和特征。

其次,观察鉴别矿物的形态和物理性质。

第三,根据观察到的矿物的物理性质,结合常见造岩矿物的特征,对矿物进行命名。

常见的造岩矿物的形态和主要特征见表2-2。

第四节　岩　浆　岩

一、岩浆岩的成因与产状

岩浆岩又称火成岩,是由岩浆冷凝固结所形成的岩石。岩浆位于上地幔和地壳深处,以硅酸岩为主要成分和一部分金属硫化物、氧化物、水蒸气及其他挥发性物质(CO、CO_2、H_2S等)组成的高温、高压熔融体。一般分为基性岩浆和酸性岩浆两大类。基性岩浆富含铁、镁等氧化物,黏性小,流动性大。酸性岩浆富含钾、钠等氧化物和硅酸,黏性较大,流动性小。

岩浆经常处于活动状态中,当地壳发生变动或受到其他内力作用时,承受巨大压力的岩浆,沿着构造薄弱带上升,侵入地壳或喷出地面。岩浆在上升过程中,由于压力减小,热量散失,经过复杂的物理化学过程,最后冷却凝结形成岩浆岩。

岩浆上升侵入周围岩层中所形成的岩石称为侵入岩。根据其规模及形成深度,侵入岩又可分为深成岩和浅成岩两大类。岩浆侵入地壳某深度处(约距地表3km以下)冷凝形成的岩石即深成岩,由于形成时,受岩体大小和环境温度的影响,组成岩石的矿物结晶良好;岩浆沿地壳裂缝上升至地面以下较浅处(约距地表3km以内)形成的岩石即浅成岩,由于岩体较小,温度降低较快，组成岩石的矿物结晶细小。岩浆喷出地表形成的岩浆岩称为喷出岩。

岩浆岩的产状，是指岩浆岩体的形态、规模、与围岩的接触关系、形成时所处的地质构造环境等。岩浆岩的产状大致有以下几种，见图 2-4。

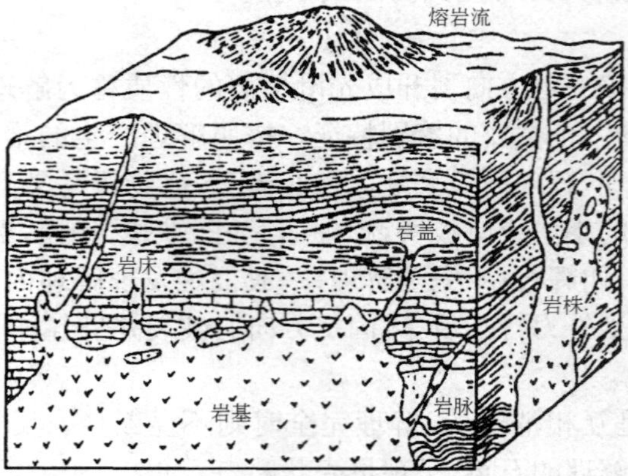

图 2-4 岩浆岩体的产状

(一)岩基

岩基是一种规模庞大的岩体，其分布面积一般大于 $60km^2$，形态不一，与围岩接触面不规则。构成岩基的岩石多是花岗岩或花岗闪长岩等，岩性均匀稳定，是良好的建筑地基。

(二)岩株

岩株是一种形状较岩基小的岩体，平面上呈圆形或不规则状，面积小于 $60km^2$，和围岩的接触面陡直，也常是良好的地基。

(三)岩盖和岩盆

岩盖是一种中心厚度较大，底部较平，顶部穹隆状的层间侵入体，分布范围可达数平方公里，多由酸性、中性岩石组成。中心下凹形如碟或浅盆的层间侵入体叫岩盆。组成岩盆的岩石以基性岩为主。

(四)岩床

岩床是一种沿原有岩层层面侵入、延伸分布且厚度稳定的层状侵入体。常见的厚度多为几十厘米至几米，延伸长度多为几百米至几千米。组成岩床的岩石以基性岩为主。

(五)岩脉

岩脉是岩浆沿岩层裂隙侵入形成的狭长形的岩体，与围岩层理或片理斜交。

(六)火山锥

火山喷发物(熔岩和火山碎屑物)围绕火山通道堆积形成的锥状体。

二、岩浆岩的矿物成分

组成岩浆岩的矿物，根据颜色可分为浅色矿物和深色矿物两类。浅色矿物包括石英、正长石、斜长石、白云母等;深色矿物有角闪石、辉石、橄榄石、黑云母等。

岩浆岩的矿物成分是岩浆化学成分的反映。岩浆的化学成分相当复杂，主要有：SiO_2、Al_2O_3、Fe_2O_3、MgO、H_2O 等氧化物。其中含量高、对岩石的矿物成分影响最大的是 SiO_2。根据 SiO_2 的含量，岩浆岩可分为以下几类：

(一)酸性岩类(SiO_2 含量>65%)

矿物成分以石英、正长石为主，并含有少量的黑云母和角闪石，岩石的颜色较浅。

(二)中性岩类(SiO_2 含量为 65%～52%)

矿物成分以正长石、斜长石、角闪石为主，并含有少量的黑云母和辉石，岩石的颜色较深。

(三)基性岩类(SiO_2 含量为 52%～45%)

矿物成分以斜长石、辉石为主，并含有少量的角闪石和橄榄石，岩石的颜色深。

(四)超基性岩类(SiO_2 含量<45%)

矿物成分以橄榄石、辉石为主，并含有少量的角闪石，一般不含硅铝矿物，岩石的颜色很深。

三、岩浆岩的结构

岩浆岩的结构是指组成岩石的矿物的结晶程度、晶粒大小、晶体形状及其相互结合的方式，岩浆岩的结构特征是岩浆成分和岩浆冷凝时物理环境的综合反映。岩浆岩的结构可划分为以下几类：

(一)全晶质结构

岩石全部由结晶矿物所组成，多见于深成岩中。岩石中的矿物颗粒较粗，凭肉眼或借助于放大镜能辨别出矿物的不同颗粒。可进一步划分为：粗粒(颗粒直径>5mm)、中粒(颗粒直径5～2mm)、细粒(颗粒直径 1～0.2mm)。

(二)隐晶质结构

隐晶质结构呈致密状，矿物晶粒细小(颗粒直径<0.2mm)，肉眼和放大镜均不能分辨。

(三)斑状、似斑状结构

斑状结构岩石由两组直径相差甚大的矿物颗粒组成，其中大晶粒散布于细小晶粒之间，大的晶粒通常称为斑晶，小的晶粒称为基质。该结构多见于深成岩体的边缘或浅成岩中。类似的似斑状结构，但基质为隐晶质或玻璃质矿物，该结构是浅成岩或喷出岩的重要特征，见图 2-5。

图 2-5 花岗斑岩的斑状结构

注：大晶粒为斑晶；小晶粒为基质

(四)玻璃质结构

岩石全部为非晶质所组成，均匀致密似玻璃。

四、岩浆岩的构造

岩浆岩的构造是指岩石中不同矿物颗粒集合体分布与排列的特征。岩浆岩的主要构造有：

(一)块状构造

矿物在岩石中分布比较均匀,无定向排列。块状构造是岩浆岩最常见的一种构造。

(二)流纹状构造

岩石中不同颜色的条纹、拉长了的气孔以及长条形矿物按一定方向排列所形成的流动状构造。它反映了岩浆半凝固时的流动特点,是喷出岩所具有的构造。

图 2-6　气孔构造

(三)气孔状构造

岩石中有圆形或拉长圆形的孔洞,洞壁较圆滑,为岩浆迅速减压冷凝时,气体析出,在黏稠的岩浆中成为气泡,如浮岩(图 2-6)。

(四)杏仁状构造

岩石中的气孔被后来形成的矿物(如方解石、石英等)充填所形成的一种形似杏仁的构造。

五、岩浆岩的分类与常见的岩浆岩

(一)岩浆岩的分类

自然界中的岩浆岩多种多样,它们彼此之间存在着成分、结构、构造、产状以及成因等多方面的差别,因而其工程地质性质也有明显差别。因此,对岩浆岩进行分类、鉴定、识别,进而分析其工程地质性质,具有十分重要的意义。

现行岩浆岩的分类方案主要考虑岩石的化学成分和冷凝固结成岩时的环境。首先,根据岩浆岩的化学成分主要是 SiO_2 的含量,将岩浆岩分为超基性岩、基性岩、中性岩及酸性岩;其次,根据成岩环境,分成喷出岩、浅成岩、深成岩。在此基础上,进一步考虑岩浆岩的矿物成分、结构、构造等因素,对岩浆岩进行了具体的分类见表 2-3。

岩浆岩分类表　　表 2-3

岩石类型				酸性岩	中性岩		基性岩	超基性岩
SiO_2 含量(%)				富含 Si、Al			富含 Fe、Mg	
				>65	65～52		52～45	<45
颜色				浅色(浅灰、浅红、黄、褐等)→深色(深灰、黑绿、黑等)				
矿物成分(主要、次要)				正长石		斜长石		不含长石
产状		构造	结构	石英 黑云母 角闪石	角闪石 黑云母	角闪石 辉石 黑云母	辉石 角闪石 橄榄石	辉石 橄榄石 角闪石
侵入岩	深成岩	块状	中、粗粒,等粒	花岗岩	正长岩	闪长岩	辉长岩	橄榄岩 辉岩
	浅成岩	块状	等粒、似斑状、斑状	花岗斑岩	正长斑岩	闪长玢岩	辉绿岩	少见
喷出岩		块状、流纹状、气孔状、杏仁状	隐晶质、玻璃质、斑状	流纹岩	粗面岩	安山岩	玄武岩	少见
			玻璃质、碎屑状	黑曜岩、浮岩、火山凝灰岩、火山碎屑岩				

(二)常见的岩浆岩

1.酸性岩

(1)花岗岩

花岗岩为深成岩,肉红、浅灰、灰白等色。中粗粒等粒结构,块状构造。其主要矿物成分为石英和正长石,次要矿物有黑云母、角闪石等。根据所含深色矿物的不同,可进一步划分为黑云母花岗岩、角闪石花岗岩等。花岗岩分布广泛,致密坚硬,强度高,是良好的建筑材料。

(2)花岗斑岩

花岗斑岩为浅成岩,成分与花岗岩相似,所不同的是具斑状结构或似斑状结构,斑晶为长石或石英,基质多为长石、石英及其他矿物组成。

(3)流纹岩

流纹岩为喷出岩,肉红、灰白、黄白色。斑状结构,具典型的流纹构造。细小的斑晶由石英和长石组成,岩石断面细微似瓷状。

2.中性岩

(1)正长岩

正长岩为深成岩,多呈肉红、浅灰、浅黄色。全晶质等粒结构,块状构造。其主要矿物成分为正长石,其次为黑云母和角闪石,不含石英或石英含量极少。物理力学性质与花岗岩相似,但不如花岗岩坚硬,且易风化。

(2)正长斑岩

正长斑岩为浅成岩,棕灰色或浅红褐色。矿物成分同正长岩,与正长岩所不同的是具斑状结构。斑晶主要是正长石,基质比较致密。

(3)粗面岩

粗面岩为喷出岩,浅灰、浅褐黄、淡红色。矿物成分同正长岩。斑状结构,斑晶多为正长石,基质为隐晶质,具有细小孔隙,表面粗糙。块状构造或气孔状构造。

(4)闪长岩

闪长岩为深成岩,浅灰、深灰、黑灰、绿色。等粒结构,块状构造。其主要矿物成分为角闪石和斜长石,其次为黑云母和辉石。结构致密,强度高,具有较高的韧性和抗风化能力,是良好的建筑石料。

(5)闪长玢岩

闪长玢岩为浅成岩,灰色、灰绿色。矿物成分同闪长岩。斑状结构,块状构造。斑晶主要为斜长石,有时为角闪石,岩石中常含有绿泥石、高岭石等次生矿物。

(6)安山岩

安山石为喷出岩,灰绿色、紫红色。斑状结构,块状或气孔状构造。矿物成分同闪长岩。斑晶斜长石、辉石和角闪石。深色的安山岩与玄武岩肉眼不易区分,如果斑晶为角闪石,则一般可定为安山岩;安山岩中有时可找到黑云母,玄武岩一般极少见黑云母;安山岩中斜长石多较粗短,断面呈近方形的矩形。

3.基性岩

(1)辉长岩

辉长岩为深成岩,灰黑、黑色、暗绿色。中、粗粒等粒结构,块状构造。其主要矿物成分为斜长石和辉石,次要矿物为橄榄石、角闪石和黑云母。辉长岩强度高,抗风化能力强。

(2)辉绿岩

辉绿岩为浅成岩,灰绿、暗绿色,成分同辉长岩,具有特殊的辉绿结构(辉石充填于斜长石晶体格架的空隙中)。常含有绿泥石等次生矿物,具有良好的物理力学性质。

(3)玄武岩

玄武岩为喷出岩,灰黑、绿黑、紫红色,成分同辉长岩。细粒、隐晶质结构,斑状结构。气孔状或杏仁状构造。斑晶多为斜长石、辉石和橄榄石。常发育有原生多边形柱状节理。玄武岩致密坚硬,力学强度很大,性脆,是良好的地基和建筑材料。

4. 超基性岩

超基性岩为橄榄岩、深成岩,灰黑、褐至绿色。中、粗粒等粒结构,块状构造。其主要矿物成分为橄榄石、辉石等,一般无浅色矿物。橄榄石和辉石常因后期变化,部分或全部变为蛇纹石。新鲜的橄榄岩很少见。

第五节　沉　积　岩

沉积岩是在地表环境中形成的。沉积物质来自先成岩的化学和物理破坏产物。沉积岩是地壳表面分布最广的一种岩石,虽然它的体积只占地壳的5%,但出露面积约占陆地表面积的75%。因此,研究沉积岩的形成条件及其特征性质,对工程建筑具有实际意义。

一、沉积岩的形成

沉积岩的形成是一个长期而复杂的地质作用过程,一般可分为四个阶段:

(一)风化、剥蚀阶段

地壳表面原来的各种岩石,长期遭受自然界的风化、剥蚀作用,主要是风吹、雨淋、冰冻、日晒、水流或波浪的冲刷和淋蚀作用,以及生物机械作用和化学作用,使原来坚固的岩石,逐渐破碎,形成大小不同的松散物质,甚至改变原来的物质成分和化学成分,形成一种新的风化产物。

(二)搬运阶段

岩石经风化、剥蚀后的产物,除一部分残积在原地外,大多数破碎物质被流水、风、冰川、海水和重力等作用,搬运到其他地方。流水的机械搬运作用,使具有棱角的碎屑物不断磨蚀,颗粒逐渐变细磨圆。溶解物则随水溶液带到河口和湖海中。

(三)沉积阶段

当搬运能力减弱或物理化学环境改变时,携带的物质逐渐沉积下来。一般可分为机械沉积、化学沉积和生物化学沉积。沉积物具有明显的分选性,因此,在同一地区便沉积着直径大小相近似的颗粒。如当河流由山区流向平原时,随着河床坡度的减小,水流速度减慢。因此,上游沉积颗粒粗,下游沉积颗粒细,海洋中沉积的颗粒更细。碎屑物是碎屑岩的物质来源,黏土矿物是泥质岩的主要物质来源,溶解物则是化学岩的物质来源。这些呈松散状态的物质,称为松散沉积物。

(四)硬结成岩阶段

最初沉积的松散物质,被后继沉积物所覆盖,在上覆岩层压力和胶结物质(如胶体颗粒、硅质、钙质、铁质等)的作用下,逐渐使原物质压密,孔隙减小,脱水固结或重结晶作用而成较坚硬的岩层,这种作用称为硬结成岩或石化作用。

二、沉积岩的矿物组成

沉积岩主要由下面一些物质组成:

(一)碎屑物质

碎屑物质由先成岩石经物理风化作用产生的碎屑物质组成。其中大部分是化学性质比较稳定,难溶于水的原生矿物的碎屑,如石英、长石、白云母等;一部分则是岩石的碎屑。此外,还有其他方式生成的一些物质,如火山喷发产生的火山灰等。

(二)黏土矿物

黏土矿物主要是由含铝硅酸盐类矿物的岩石,经化学风化作用形成的次生矿物,如高岭石、微晶高岭石及水云母等。这类矿物的颗粒极细(<0.005mm),具有亲水性、可塑性及膨胀性。

(三)化学沉积矿物

化学沉积矿物是由纯化学作用或生物化学作用从溶液中沉淀结晶产生的沉积矿物。如方解石、白云石、石膏、石盐、铁和锰的氧化物或氢氧化物等。

(四)有机质及生物残骸

有机质及生物残骸由生物残骸或有机化可变化而成的物质组成,如贝壳等。

在上述的沉积岩组成物质中还有胶结物,这些胶结物或是通过矿化水的运动带到沉积物中,或是来自原始沉积物矿物组分的溶解和再沉淀。碎屑岩类岩石物理力学性质的好坏与其胶结物有密切关系。常见的胶结物有以下几种。

(1)硅质:胶结成分为石英及其他二氧化硅。颜色浅,强度比较高,具有可溶性。

(2)铁质:胶结成分为铁的氧化物及氢氧化物。颜色深,呈红色,强度仅次于硅质胶结。

(3)钙质:胶结成分为碳酸钙一类的物质。颜色浅,强度比较低,具有可溶性。

(4)泥质:胶结成分为黏土。多呈黄褐色,胶结松散,强度低,易湿软、风化。

沉积岩常见的胶结方式主要有基底胶结、孔隙胶结、接触胶结三种形式,见图2-7。其中基底胶结的强度最高,接触胶结的强度最低。

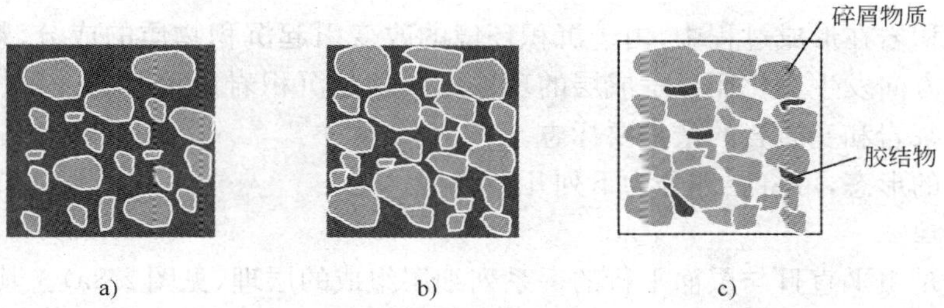

图2-7 沉积岩的胶结方式
a)基底胶结;b)孔隙胶结;b)接触胶结

三、沉积岩的结构

沉积岩的结构是指沉积岩的组成物质、颗粒大小、形状及结晶程度。它不仅决定了岩性特征，也反映了形成条件，沉积岩的结构可分为以下四种。

（一）碎屑结构

碎屑结构由碎屑物质被胶结物胶结而成，是沉积岩所特有的结构。按碎屑粒径的大小可分为：

1. 砾状结构

碎屑粒径大于 2mm。碎屑形成后未经搬运或搬运不远而留有棱角者，称为角砾状结构；碎屑经过搬运呈浑圆状或具有一定磨圆度者，称为砾状结构。

2. 砂质结构

碎屑粒径为 2～0.05mm。其中 2～0.5mm 的为粗粒结构，如粗粒砂岩；0.5～0.25mm 的为中粒结构，如中粒砂岩；0.25～0.05mm 的为细粒结构，如细粒砂岩。

3. 粉砂质结构

碎屑粒径为 0.05～0.005mm，如粉砂岩。

（二）泥质结构

泥质结构由粒径小于 0.005mm 的黏土矿物颗粒组成。它是泥岩、页岩等黏土岩的主要结构。特征是手摸有滑感，用刀切成平滑切面，断口成贝壳状。

（三）结晶结构

结晶结构由溶液中沉淀或经重结晶所形成的结构。结晶结构为石灰岩、白云岩等化学岩的主要结构。

（四）生物结构

生物结构由生物遗体或碎片所组成，贝壳结构、珊瑚结构等。它是生物化学岩所具有的结构。

四、沉积岩的构造

沉积岩的构造，是指沉积岩各个组成部分的空间分布和排列方式。

（一）层理构造

层理是沉积岩在形成过程中，由于沉积环境的改变引起沉积物质的成分、颗粒大小、形状或颜色在垂直方向发生变化而显示成层的现象。层理是沉积岩最重要的一种构造特征，是沉积岩区别于岩浆岩和变质岩的最主要标志。

根据层理的形态，可将层理分为下列几种类型：

1. 水平层理

水平层理是由平直且与层面平行的一系列细层组成的层理，见图 2-8a)。其主要见于细粒岩石（黏土岩、粉细砂岩、泥晶灰岩等）中。它是在比较稳定的水动力条件下（如河流的堤岸带、闭塞海湾、海和湖的深水带），从悬浮物或溶液中缓慢沉积而成的。此外，还有平行层理，它貌似水平层理，但出现在粒度较粗的砂岩中，沿细层易剥开，在剥开面上有平行的条纹，它形成于急流、水浅的水流条件下。

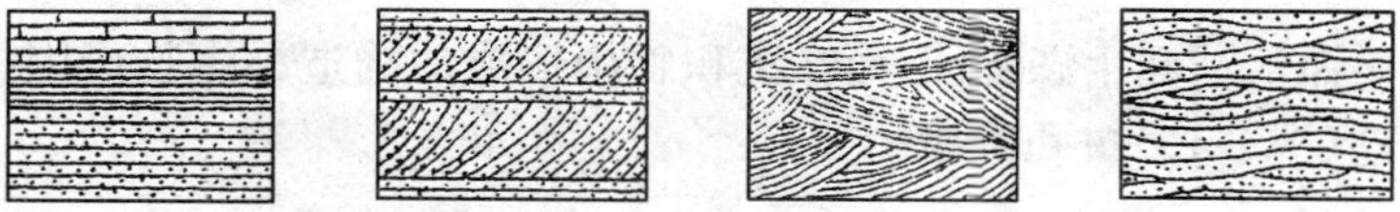

a) b) c) d)

图 2-8 层理类型

a)平行层理；b)单斜层理；c)交错层理；d)波状层理

2. 单斜层理

单斜层理是由一系列与层面斜交的细层组成的，细层的层理向同一方向倾斜并相互平行，见图 2-8b)。相互平行的上下层面斜交，它是由单向水流所造成的，多见于河床或滨海三角洲沉积物中。

3. 交错层理

交错层理是由多组不同方向的斜层理互相交错重叠而成的，见图 2-8c)。它是由于水流的运动方向频繁变化所造成的，多见于河流沉积层中。

此外，还有层理呈波状的波状层理，见图 2-8d)，以及层内从底到顶粒度由粗向细逐渐变化的序粒层理等类型。

层或岩层是组成沉积地层的基本单位，其成分、结构、内部构造和颜色基本均一。它是在较大区域内生成条件基本一致的情况下形成的。层与层之间的分界面叫做层面。层面反映了沉积过程中气候的变化，也反映了沉积过程中隔一定时期重复出现的沉积作用停顿。岩层从顶面到底面的垂直距离为岩层的厚度，岩层的厚度是沉积岩的重要描述标志。根据单层厚度，岩层可分为巨厚层（>1m）、厚层（1～0.5m）、中厚层（0.5～0.1m）、薄层（1<0.1m）。

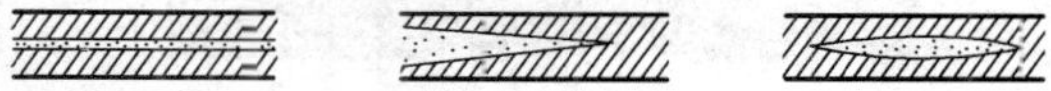

a) b) c)

图 2-9 岩层的三种形态

a)夹层；b)尖灭层；c)透镜体

厚度较大岩层中所夹的薄层称为夹层，见图 2-9a)；岩层一端较厚，另一端逐渐变薄以至消失，这种现象称为尖灭层，见图 2-9b)；若在不大的距离内两端都尖灭，而中间较厚，则称为透镜体，见图 2-9c)。

（二）层面构造

层面构造指岩层层面上由于水流、风、生物活动、阳光曝晒等作用留下的痕迹，如波痕、泥裂、雨痕等。

波痕是由于风力、流水或波浪的作用，在沉积层表面所形成的波状起伏现象。

泥裂主要是由于沉积物在尚未固结时即露出水面，经曝晒后成张开的多边形网状裂缝，断面呈“V”字形。刚形成时泥裂缝是空的，以后常被砂、粉砂或其他物质填充，见图 2-10。

雨痕是雨滴落于松软的泥质沉积物表面之后，在沉积物表面上所形成的圆形或椭圆形凹穴，见图 2-11。

（三）结核

结核是与周围沉积物(岩)有着不同的、成分、结构、构造及颜色等规模不大的团块体。结核形态很多，有球状、不规则团块状等，见图 2-12。如石灰岩中常见的燧石结核，主要是 SiO_2 在沉积物沉积的同时以胶体凝聚方式形成的。黄土中的钙质结核，是地下水从沉积物中溶解 $CaCO_3$ 后在适当地点再沉积形成的。

(四)生物成因构造

由于生物的生命活动和生态特征，而在沉积物中形成的构造称生物成因构造。如生物礁体、叠层构造、虫迹(图 2-13)虫孔等。

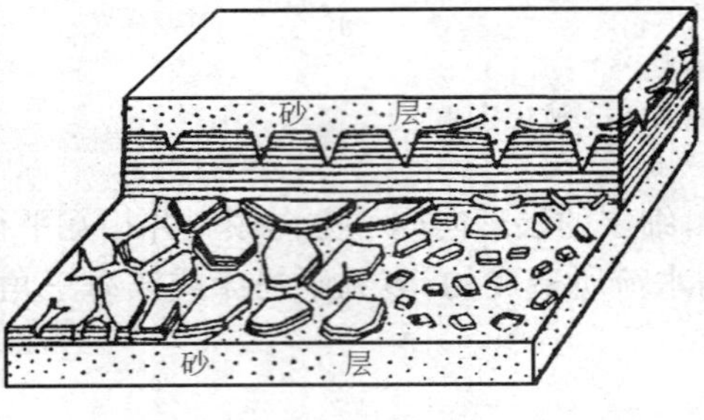

图 2-10 泥裂痕及其形成示意图

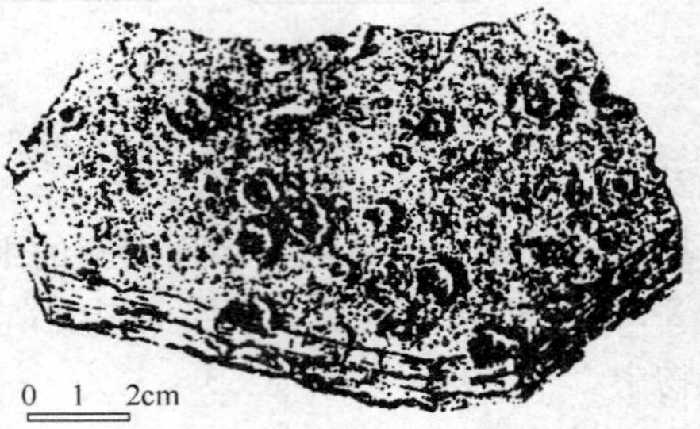

图 2-11 雨痕

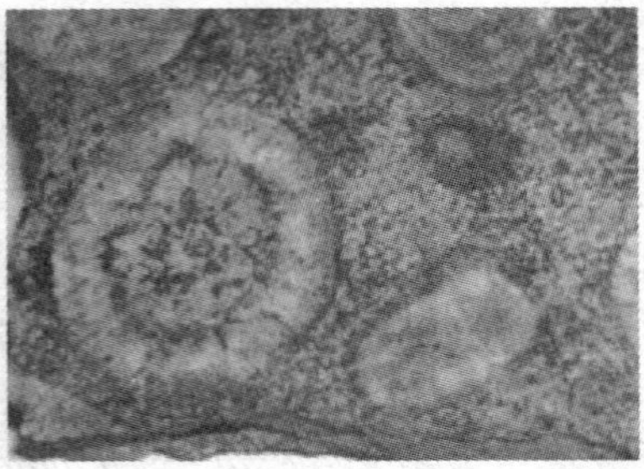
图 2-12 结核

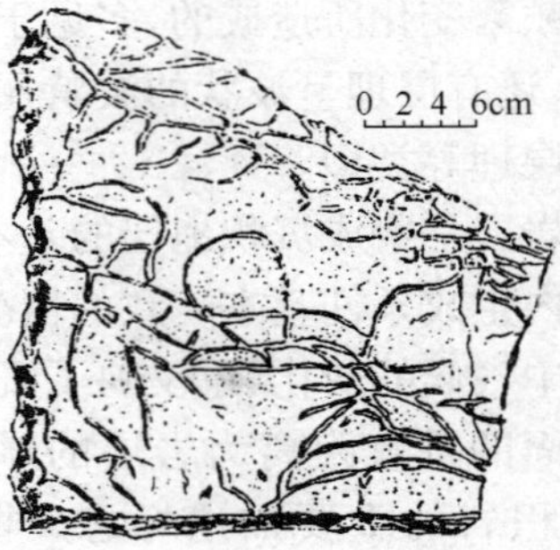

图 2-13 虫迹

在沉积过程中，若有各种生物遗体或遗迹(如动物的骨骼、甲壳、蛋卵、足迹及植物的根、茎、叶等)埋藏于沉积物中，后经石化保存于岩石中，则称为化石。根据化石种类可以确定岩石形成的环境和地质年代。

(五)沉积岩的分类和常见的沉积岩

1. 沉积岩的分类

根据沉积岩的组成成分、结构和形成条件，可分为碎屑岩类、黏土岩类、化学岩及生物化学岩类，见表 2-4。

沉积岩分类表 表 2-4

<table>
<tr><th rowspan="2">岩类</th><th rowspan="2">结构</th><th rowspan="2">主要矿物成分</th><th colspan="2">主要岩石</th></tr>
<tr><th>松散的</th><th>胶结的</th></tr>
<tr><td rowspan="4">碎屑岩</td><td rowspan="2">砾状结构>2mm</td><td rowspan="2">岩石碎屑或岩石块</td><td>角砾、碎石、块石</td><td>角砾岩</td></tr>
<tr><td>卵石、砾石</td><td>砾岩</td></tr>
<tr><td>砂质结构 2～0.05mm</td><td>石英、长石、黏土矿物、碳酸盐矿物</td><td>砂土</td><td>石英砂岩
长石砂岩</td></tr>
<tr><td>粉质结构<0.05～0.005mm</td><td>石英、长石、黏土矿物、碳酸盐矿物</td><td>粉砂土</td><td>粉砂岩</td></tr>
<tr><td>黏土岩</td><td>泥质结构<0.005mm</td><td>黏土矿物为主，含少量石英、云母等</td><td>黏土</td><td>泥岩
页岩</td></tr>
</table>

续上表

<table>
<tr><th rowspan="2">岩类</th><th rowspan="2" colspan="2">结构</th><th rowspan="2">主要矿物成分</th><th colspan="2">主要岩石</th></tr>
<tr><th>松散的</th><th>胶结的</th></tr>
<tr><td rowspan="5">化学岩及生物化学岩</td><td rowspan="5">化学结构及生物结构</td><td rowspan="2">致密状
粒状
鲕状</td><td>方解石为主,白云石</td><td></td><td>泥灰岩
石灰岩</td></tr>
<tr><td>白云石、方解石</td><td></td><td>白云质灰岩
白云岩</td></tr>
<tr><td rowspan="3">结核状
鲕状
块状
纤维状
致密状</td><td>石英、蛋白石、硅胶</td><td>硅藻土</td><td>燧石岩
硅藻岩</td></tr>
<tr><td>钾、钠、镁的硫酸盐及氧化物</td><td></td><td>石膏
岩盐、钾盐</td></tr>
<tr><td>碳、碳氢化合物,有机质</td><td>泥炭</td><td>煤、油页岩</td></tr>
</table>

2.常见的沉积岩

1)碎屑岩类

(1)火山碎屑岩

火山碎屑岩是由火山喷发的碎屑物质在地表经短距离搬运,或就地沉积而成。由于它的成因,使其具有火山喷出与沉积的双重性,所以是介于喷出岩和沉积岩之间的过渡类型,常见的岩石有:

①火山集块岩主要由粒径大于100mm的粗火山碎屑物质组成,胶结物主要为火山灰或熔岩,有时为碳酸钙、二氧化硅或泥质。

②火山角砾岩为火山碎屑占90%以上,粒径一般为2~100mm,多呈棱角状,常为火山灰或硅质胶结。颜色常呈暗灰、蓝灰或褐灰色。

③凝灰岩一般由小于2mm的火山灰及细碎屑组成。碎屑主要是岩屑等,胶结物为火山灰等。凝灰岩孔隙性高,重度小,易风化。

(2)沉积碎屑岩

沉积碎屑岩又称为正常碎屑岩。它是由先成岩石风化剥蚀的碎屑物质,经搬运、沉积、胶结而成的岩石。常见的有:

①砾岩及角砾岩。砾岩及角砾岩由50%以上大于2mm的碎屑颗粒胶结而成。由磨圆较好的砾石胶结而成的称为砾岩;由带棱角的角砾胶结而成的称为角砾岩。角砾岩是由于带棱角的岩块搬运距离不远即沉积胶结而成,如洞穴角砾岩、滨岸角砾岩等;砾岩则是岩屑经较长距离搬运磨蚀后再沉积、胶结而成的。砾石成分可能是矿物碎屑,但主要是岩屑。按砾石成分砾岩可分为单成分砾岩和复成分砾岩。胶结物的成分与胶结类型,对砾岩的物理力学性质有很大影响。如硅质基底胶结的石英砾岩,非常坚硬,难以风化,而泥质胶结的砾岩则相反。

②砂岩。砂岩是由50%以上2~0.05mm粒级的颗粒胶结而成的。按粒度大小可细分为粗粒、中粒、细粒及粉粒砂岩。根据其主要碎屑成分又可分为石英砂岩、长石砂岩和岩屑砂岩。石英砂岩中90%以上的碎屑物质是石英,碎屑粒度均一、分选好、磨圆度好,一般为硅质胶结,呈白色,质地坚硬,多为滨海沉积物。在长石砂岩的碎石屑中,长石含量大于25%,岩屑含量小于10%,常为红色或黄色,一般为中、粗粒,分选性和磨圆度变化大,常为钙质或泥质胶结。岩屑砂岩中的岩屑占碎屑总量的25%以上,长石含量小于10%,岩屑成分多样,胶结物多为硅

质、钙质，碎屑的分选、磨圆度不好，颜色较深，呈灰、灰绿、灰黑等色。

③粉砂岩。粉砂岩是0.05～0.005mm粒级颗粒含量大于50%的岩石，碎屑成分以石英为主，长石次之，碎屑的磨圆度差，分选好，胶结物常为黏土、钙质和铁质。常见颜色为棕红色或暗褐色，常具有薄的水平层理。粉砂岩的性质介于砂岩与黏土岩之间。

砂岩随胶结物成分和胶结类型不同，抗压强度也不同。由于多数砂岩岩性坚硬而质脆，在地质构造作用下张性裂隙发育，所以，常具有较强的透水性。

2)黏土岩类

黏土岩是粒径小于0.005mm，主要由黏土矿物组成的岩石。常见的黏土矿物有高岭石、蒙脱石、水云母等。黏土岩中的其他成分有石英、长石、云母、褐铁矿等。黏土具可塑性、烧结性、吸附性、吸水性、耐火性等特性。黏土岩性质软弱，强度低，易产生压缩变形，抗风化能力较低。尤其是含蒙脱石等矿物的黏土岩，遇水后具有膨胀、崩解等特性。主要的黏土岩有以下两大类。

(1)泥岩

泥岩是由黏土经脱水固结而形成的，其特点是：固结不紧密、不牢固；层理不发育，常呈厚层状、块状；强度较低，一般干试样的抗压强度为5～35MPa，遇水易泥化，强度显著降低，饱水试样的抗压强度可降低50%左右；泥岩多形成于较新的地质时期。

(2)页岩

页岩是由黏土经脱水胶结而成，大部分有明显的薄层理，能沿层理分成薄片，这种特征也称页理，风化后多呈碎片状或泥土状。根据混入物的成分或岩石的颜色可分为：钙质页岩、铁质页岩、硅质页岩、黑色页岩及碳质页岩等。除硅质页岩强度稍高外，其余的易风化，性质软弱，浸水后强度显著降低。

3)化学岩及生物化学岩

最常见的是由碳酸盐组成的岩石，以石灰岩和白云岩分布最为广泛。鉴别这种岩石时，要特别注意盐酸试剂的反应。石灰岩在常温下遇稀盐酸剧烈起泡；泥灰岩遇稀盐酸起泡后留有泥点；白云岩在常温下遇稀盐酸不起泡，但加热或研成粉末后则起泡。多数岩石结构致密，性质坚硬，强度较高。但主要特征是具有可溶性，在水流的用下形成溶蚀裂隙、洞穴、地下河等岩溶现象。

(1)石灰岩

石灰岩简称灰岩，在深海或浅海环境中形成，矿物成分以方解石为主，有时还可含白云石、燧石等硅质矿物和黏土矿物等。常呈深灰、浅灰色，纯质灰岩呈白色。多呈致密状，叫做结晶灰岩。另外，在其形成过程中，由于风浪振动，常形成一些特殊结构，如鲕状、竹叶状、团块状等，还有生物碎屑灰岩等类型。

(2)白云岩

其矿物成分主要为白云石，其次含有少量的方解石等。形成环境同灰岩，常为浅灰色、灰白色，呈隐晶质或细晶粒状结构，硬度较灰岩略大。岩石风化面上常有刀砍状溶蚀沟纹。纯白云岩可作耐火材料。

石灰岩与白云岩之间的过渡类型有灰质白云岩、白云质灰岩等。

(3)泥灰岩

当石灰岩中黏土矿物含量达25%～50%时，称为泥灰岩。颜色有灰色、黄色、褐色、红色等。强度低、易风化。泥灰岩可作水泥原料。

第六节　变　质　岩

地壳中已形成的岩石（岩浆岩、沉积岩、变质岩），由于地壳运动和岩浆活动等造成地质环境和物理化学条件的改变，在高温高压和其他化学因素作用下，使岩石的成分、结构、构造发生一系列变化。由地球内力作用促使岩石发生矿物成分及结构构造变化的作用称为变质作用。由变质作用形成的岩石称为变质岩。

一、变质作用的因素及类型

变质作用的因素指在变质过程中起作用的物理化学条件，即引起岩石变质的外部因素。促使岩石变质的因素主要有温度、压力、具化学活动性流体及时间。

温度是变质作用得以进行的能量来源，也是变质作用中最主要和最积极的因素。大多数变质作用是在温度升高的条件下进行的。引起温度升高的热能来源包括地壳深处的高温、岩石浆热及构造运动所产生的摩擦热等。除了温度条件外，岩石发生变质还需在一定的压力条件下进行，引起岩石变质的压力包括上覆岩石荷重引起的静压力，存在于岩石颗粒之间、裂隙中的流体如水、二氧化碳等对周围物质所产生的粒间流体压力以及由于地壳构造运动和岩浆活动所产生的定向压力。具化学活动性的流体是指在较高温度、压力条件下，处于气液之间的 H_2O、O_2、CO_2 以及硫化氢等。时间是指变质作用持续的时间，也是变质作用很重要的因素。有些变质作用看来不易发生，但在长时间变质因素作用下，却可以进行，进而导致变质结构的生成、岩石的塑性变形等。

根据变质作用的主要因素和地质条件，可将变质作用分为以下几种类型。

（一）接触变质作用

接触变质作用指发生在侵入岩与围岩之间的接触带上，并主要由温度和挥发物所引起的变质作用。其中，接触热变质作用中引起变质的主要因素是温度。岩石受热后发生矿物的重结晶、脱水、脱炭以及物质的重新组合，形成新矿物与变晶结构。在接触交代变质作用中引起变质的因素除温度以外的其他作用同样具有重要意义。故岩石的化学成分有显著变化，产生大量新矿物，形成的岩石有大理岩、角岩、硅卡岩等。

接触变质带的岩石一般较破碎，裂隙发育，透水性大，强度较低。

（二）区域变质作用

区域变质作用是在广大范围内发生，并由温度、压力以及化学活动性流体等多种因素引起的变质作用。变质作用方式以重结晶、重组合为主。如黏土质岩石可变为片麻岩。区域变质岩的岩性在很大范围内是比较均匀一致的，其强度则取决于岩石本身的结构和成分等。

（三）混合岩化作用

混合岩化作用是指原有的区域变质岩体与岩浆状的流体互相交代而形成新岩石（混合岩）的作用。流体的来源可能是原来的变质岩体局部熔化产生的重熔岩浆，也可能是地壳深部富含 K、Na、Si 的热液引起的再生岩浆。

(四)动力变质作用

动力变质作用指在地壳构造变质时产生的强烈定向压力使岩石发生的变质作用，也叫碎裂变质作用。其特征是常与较大的断层带伴生，原岩挤压破碎、变形并有重结晶现象，可形成糜棱岩、压碎岩，并可有叶蜡石、蛇纹石、绿帘石等变质矿物产生。

二、变质岩的矿物成分

组成变质岩的矿物，一部分是与岩浆岩或沉积岩所共有的，如石英、长石、云母、角闪石、辉石、方解石等；另一部分是变质作用后产生的特有的变质矿物，如红柱石、硅线石、蓝晶石、硅灰石、刚玉、绿泥石、绿帘石、绢云母、滑石、叶蜡石、蛇纹石、石榴子石、石墨等。这些矿物具有变质分带指示作用，如绿泥石、绢云母、蛇纹石多出现在浅变质带，白云母、黑云母、蓝晶石代表中变质带，而硅线石、硅灰石则存在于深变质带中，这类矿物称为标准变质矿物。

三、变质岩的结构

(一)变余结构

由于变质重结晶进行得不完全，原来岩石的矿物成分和结构特征被部分地保留下来，这样形成的结构称为变余结构。变余结构常见于变质程度较浅的变质岩中，通常情况下原岩的粒度愈粗，矿物成分愈稳定，愈易形成变余结构。如石英斑岩、流纹岩变质后，基质的矿物成分可能已完全变为石英、绢云母、绿泥石等，但石英斑晶仍然较好地保存；砂砾岩经变质后，常保留有砾石式砂粒外形，但胶结物已变为绢云母、绿泥石等矿物或有明显的重结晶，形成变余砾状或砂状结构。

(二)变晶结构

变晶结构是岩石在固态条件下由重结晶和变质结晶作用形成的结构。它是变质岩中最常见的结构，可根据其晶粒大小、形状和相互关系作进一步划分。

1. 根据变晶矿物的相对大小划分

(1)等粒变晶结构：主要的变晶颗粒大小近于相等的结构。

(2)不等粒变晶结构：岩石中主要变晶矿物的大小不相等且呈连续变化。

(3)斑状变晶结构：在细粒的矿物集合体中分布有较大的变晶矿物，这些大的变晶矿物称为“变斑晶”。

2. 当岩石具等粒变晶结构时，按变晶矿物晶粒的绝对大小划分

(1)粗粒变晶结构：主要矿物颗粒的平均直径大于 3mm。

(2)中粒变晶结构：主要矿物颗粒的平均直径为 1～3mm。

(3)细粒变晶结构：主要矿物颗粒的平均粒径小于 1mm。

变晶的粒度一般随变质程度的增强而加大，但在相同的变质条件下，不同地段的变晶粒度不完全相同，这主要与矿物的成核能力，生长速度有关。

3. 按变晶矿物的形态划分

(1)粒状变晶结构：又称为花岗变晶结构，变晶矿物近等轴状。

(2)角岩结构：一些泥质岩石由接触热变质作用形成的稳晶质变晶结构(显微花岗变晶结构)

称为角岩结构。具有这种结构的岩石呈灰黑色，质地均一致密、坚硬，呈块状构造，很似牛角质。

(3)鳞片变晶结构：部分变晶矿物为片状。因变质作用的类型不同，片状矿物可呈定向排列，如绿泥石片岩中的绿泥石；也可不呈定向排列，如云英岩中的白云母。

(4)纤状变晶结构：大部分变晶矿物为单向延长的纤维状颗粒。若变晶矿物为柱状，则称为柱状变晶结构。

(三)碎裂结构

这是由于岩石在低温下受定向压力作用，当压力超过其强度极限时发生破裂、错动，形成碎块甚至粉末状后又被胶结在一起的结构，见图 2-14。常具条带和片理，是动力变质岩中常见的结构。根据破碎程度可分为碎裂结构、碎斑结构、糜棱结构等。

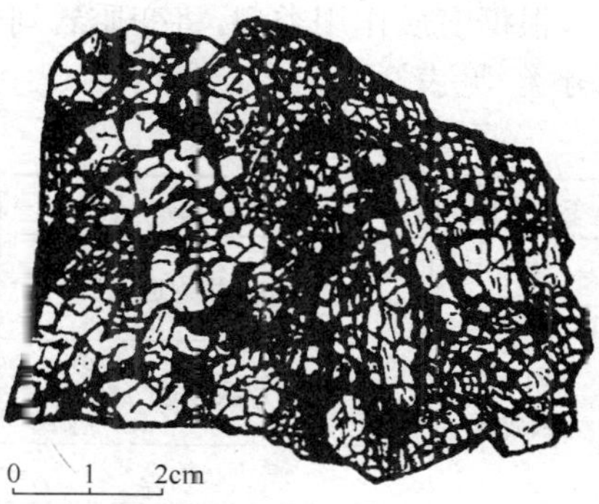

图 2-14 碎裂结构

(四)变质岩的构造

1. 变余构造

岩石经变质后仍保留有原岩部分的构造特征，这种构造称为变余构造。变余构造是恢复原岩的重要依据，如变余气孔构造、变余杏仁构造、变余层理构造等。

2. 变成构造

由变质作用所形成的新的构造称为变成构造。其主要有：

(1)板状构造

一般泥质或硅质岩受应力后产生的一组平行破裂面，使岩石呈板状剥离，板状劈理常与原始层理斜交。岩石可伴有轻微的重结晶，但肉眼分不出矿物颗粒，表面光滑平整。

(2)千枚状构造

岩石中组分已基本重结晶，而且矿物已初步有定向排列，但结晶程度较弱，用肉眼不能分辨矿物，仅在岩石的自然破裂面上呈现强烈的丝绢光泽。岩石发育小的褶皱和挠曲，在手标本上有时明显可见。

(3)片状构造

这是变质岩最常见、最典型的构造，其特点是岩石中所含大量片状和粒状矿物都呈平行排列，是岩石组分在定向压力下产生变形、转动或受应力溶解、再结晶而成。岩石中各组分全部重结晶，而且肉眼可以分出矿物颗粒，这一点是与上述定向构造不同的。

(4)片麻状构造

岩石具显晶质变晶结构，以粒状矿物为主，片状或柱状矿物定向排列，但因数量不多而使得彼此不连接，被粒状矿物(长石、石英)所隔开。

(5)块状构造

岩石中的矿物均匀分布、结构均一、无定向排列，这种构造称为块状构造，如大理岩和石英岩的构造。

观察岩石的构造最好要遵循一定的步骤：首先观察岩石中各组分是否具有定向性，若具定向性再根据重结晶程度和颗粒的肉眼分辨程度依次确定板状、千枚状、片状、片麻状等构造；若岩石不具定向构造，则可直接确定为块状构造。

(五)变质岩的分类与主要变质岩

1. 变质岩的类型

根据变质作用类型,将变质岩划分为三大类,然后依据岩石的构造、结构、矿物成分进行详细分类,见表 2-5。

变 质 岩 分 类 表 2-5

变质作用	构造、结构		岩石名称	主要矿物成分	原岩
区域变质	片麻状构造		片麻岩	石英、长石、云母、角闪石等	中、酸性岩浆岩、砂岩、粉砂岩、黏土岩
	片状构造		片岩	云母、滑石、绿泥石、石英等	黏土岩、砂岩、泥灰岩、岩浆岩、凝灰岩
	千枚状构造		千枚岩	绢云母、石英、绿泥石等	黏土岩、粉砂岩、凝灰岩
	板状构造		板岩	黏土矿物、绢云母、绿泥石、石英等	黏土岩、黏土质粉砂岩
区域变质 接触变质	块状构造	变晶结构	石英岩	石英为主,有时含绢云母等	砂岩、硅质岩
			大理岩	方解石、白云石	石灰岩、白云岩
动力变质		碎裂结构	碎裂岩	原岩岩块	各类岩石
		糜棱结构	糜棱岩	原岩碎屑	各类岩石

2. 主要变质岩

(1)片麻岩

由岩浆岩变质而成的片麻岩称正片麻岩,由沉积岩变质而成的片麻岩称副片麻岩。正片麻岩的矿物成分与其相应的岩浆岩相似,最常见的是与花岗岩成分一致的片麻岩,主要含有正长石、石英、云母等矿物。与闪长岩、辉长岩及其喷出岩相应的片麻岩,其主要成分为斜长石、石英、角闪石、黑云母、辉石等。在正片麻岩中副矿物成分有磁铁矿、石榴子石、绢云母等。副片麻岩除含有石英、长石、云母外,常与沉积岩不同,富含有硅铝的变质矿物,如硅线石、蓝晶石、石墨等。

片麻岩可根据其成分进一步分类和命名,例如花岗片麻岩、角闪石片麻岩、黑云母片麻岩等。

片麻岩具有典型的片麻状构造、变晶结构。岩石的物理力学性质视含有矿物成分不同而异,一般抗压强度达 1 200～2 000×10^5 Pa,若云母含量增多且富集在一起的岩石,则强度大为降低。由于片理发育,故较易风化。片麻岩在我国华北、东北、内蒙等地广泛分布,为古老的太古界地层。

(2)片岩

片岩具有典型的片状构造,主要由云母和石英矿物组成,其次为角闪石、绿泥石、滑石、石墨、石榴子石等,以不含长石区别于片麻岩。片岩依所含矿物成分不同可分为云母片岩、绿泥石片岩、角闪石片岩、滑石片岩等。片岩强度较低且易风化,由于片理发育,易于沿片理裂开。

(3)板岩

板岩是页岩经浅变质而成,多为深灰至黑灰色,也有绿色及紫色。其主要成分为硅质和泥质矿物,肉眼不易辨别,结构致密均匀,具有板状构造,沿板状构造易于裂开成薄板状。击打发出的清脆声可与页岩区别。能加工成各种尺寸的石板,作为建筑材料。板岩透水性弱,可作隔水层加以利用,但在水的长期作用下易软化、泥化形成软弱夹层。

(4)千枚岩

千枚岩是变质程度介于板岩与片岩之间的一种岩石，多由黏土质岩石变质而成。矿物成分主要为石英、绢云母、绿泥石等，但结晶程度差，晶粒极细小、致密，肉眼不能直接辨别。外表呈黄绿、褐红、灰黑等色。由于含有较多的绢云母矿物，使片理面上常具有微弱的丝绢光泽，构成特有的千枚状构造，可作为鉴定标志。千枚岩性质软弱，易风化破碎，在荷载作用下容易产生蠕动变形和滑动破坏。

(5)石英岩

石英岩由石英砂岩和硅质岩变质而成，矿物成分以石英为主，其次为云母、磁铁矿和角闪石。一般呈白色，含铁质氧化物时呈红褐色或紫褐色，油脂光泽，具有变余粒状结构、块状构造，是一种坚硬抗风化能力很强的岩石，岩块抗压强度可达 $3\,000\times10^5$Pa 以上，可作为良好的建筑物地基，但因性脆，较易产生密集性裂隙，影响建筑物的稳定与安全。

(6)大理岩

大理岩为石灰岩重结晶而成，具有细粒、中粒和粗粒结构。其主要矿物为方解石和白云石，纯大理岩是白色，含有杂质时带有灰色、黄色、蔷薇色，具有美丽花纹，是贵重的雕刻和建筑石料。

大理岩硬度较小，与盐酸作用起泡，所以很容易鉴别。它具有可溶性，强度随其颗粒胶结性质及颗粒大小而异，抗压强度一般为 $500\sim1\,200\times10^5$Pa。

第七节　岩石的工程地质性质

岩石的工程地质性质，包括物理性质、水理性质和力学性质三个主要方面。就大多数的工程地质问题来看，岩体的工程地质性质，主要决定于岩体内部裂隙系统的性质及其分布情况，但岩石本身的性质起着重要的作用。这里主要介绍有关岩石工程地质性质的一些常用指标和影响岩石工程地质性质的一些因素。

一、岩石工种地质性质的常用指标

岩石的工程性质包括物理性质、水理性质和力学性质。

(一)岩石的物理性质

岩石的物理性质是岩石的基本工程地质性质，主要是重力性质和空隙性质。

1. 岩石的重力性质

岩石的重力性质是岩石最基本的物理性质之一，一般用比重和密度等指标表示。

(1)岩石的相对密度(d_s)

岩石单位体积固体部分的质量与同体积水的质量(4℃)之比称为岩石的相对密度或比重(d_s)，可用下式表示：

$$d_s=\frac{m_s}{V_s\cdot\rho_w}\tag{2-1}$$

式中：m_s——岩石固体部分的质量(g)；

V_s——岩石的固体部分(不包含空隙)的体积(cm^3)；

ρ_w——纯水单位体积(4℃)的质量，取 $1g/cm^3$。

岩石比重取决于组成岩石矿物的比重及其在岩石中的相对含量。如基性、超基性岩含比重大的矿物多，其比重一般较大；酸性岩石相反，其比重较小。常见岩石比重多为 2.5～3.3。

(2)岩石的密度(P)和重度(γ)

①岩石的密度也称容重是指单位体积岩石的质量,即

$$\rho=\frac{m}{V} \tag{2-2}$$

式中:m——岩石的质量(g);

V——岩石的体积(包含空隙体积)(cm^3)。

岩石的天然密度取决于组成岩石的矿物成分、空隙发育程度及其含水情况。大多数岩石的密度为2.3～3.1g/cm^3。

②岩石的重度是指单位体积岩石的重力,即

$$\gamma=\frac{W}{V} \tag{2-3}$$

式中:W——岩石的重力(kN);

V——岩石的体积(包含空隙体积)(m^3)。

2.*岩石的空隙性*

岩石的空隙性是指岩石孔隙性和裂隙性的统称,岩石空隙性常用空隙率表示。

岩石的空隙率(n)是指岩石空隙体积与岩石总体积之比,以百分数表示,即

$$n=\frac{V_v}{V} \tag{2-4}$$

式中:V_v——岩石中空隙总体积(cm^3);

V——岩石总体积(cm^3)。

岩石空隙率的大小,主要决定于岩石的结构和构造,同时也受风化或构造作用因素的影响。一般坚硬岩石的空隙率小于2%～3%,沉积岩空隙率,一般小于10%,但部分砾岩和充填胶结差的砂岩空隙率可达10%～20%。

(二)岩石的水理性质

岩石的水理性质是指岩石与水作用时的性质,包括吸水性、透水性、溶解性、软化性、抗冻性等。

1.*岩石的吸水性*

岩石在一定试验条件下的吸水性能称为岩石的吸水性。它取决于岩石空隙数量、大小、开闭程度和分布情况。表征岩石吸水性的指标有吸水率、饱水率和饱水系数。

(1)岩石吸水率(ω_1)

岩石吸水率是指岩石在常压条件下吸入水的质量(m_{ω_1})与干燥岩石质量(m_s)之比,用百分数表示。

$$\omega_1=\frac{m_{\omega_1}}{m_s}\times100\% \tag{2-5}$$

(2)岩石饱水率(ω_2)

岩石饱水率是指在高压(150个大气压)下或真空条件下岩石吸入水的质量(m_{ω_2})与干燥岩石质量(m_s)之比,用百分数表示。

$$\omega_2=\frac{m_{\omega_2}}{m_s}\times100\% \tag{2-6}$$

这种条件下,通常认为水能进入所有张开型空隙中。岩石饱水率反映总张开型空隙发育程度,可用来间接判定岩石抗冻性和抗风化能力。

(3)岩石饱水系数(K_s)

岩石的吸水率(ω_1)与饱水率(ω_2)的比值,称为岩石的饱水系数。

$$K_s = \frac{\omega_1}{\omega_2} \tag{2-7}$$

一般认为,饱水系数小于0.8的岩石是抗冻的,多数岩石的饱水系数为0.5~0.8。

2. *岩石的透水性*

岩石的透水性是指岩石允许水通过的能力。岩石透水性的大小,主要取决于岩石中裂隙、孔隙及孔洞的大小和连通情况。岩石的透水性用渗透系数(k)来表示。渗透系数等于水力坡降为1时,水在岩石中的渗透速度,其单位用m/d或cm/s表示。常见岩石渗透系数见表2-6。

常见岩石渗透系数值 表2-6

岩石名称	空隙情况	渗透系数(k)(cm/s)
花岗岩	较致密	$1.1\times10^{-12}\sim9.5\times10^{-11}$
	微裂隙	$1.1\times10^{-11}\sim2.5\times10^{-11}$
	裂隙较发育	$2.8\times10^{-9}\sim7.0\times10^{-8}$
石灰岩	致密	$3\times10^{-12}\sim6\times10^{-10}$
	微裂隙	$2\times10^{-9}\sim3\times10^{-6}$
	裂隙较发育	$9\times10^{-5}\sim3\times10^{-4}$
片麻岩	致密	$<10^{-12}$
	微裂隙	$9\times10^{-8}\sim4\times10^{-7}$
	微裂隙发育	$2\times10^{-6}\sim3\times10^{-5}$
砂岩	较致密	$10^{-13}\sim2.5\times10^{-18}$
	裂隙较发育	5.5×10^{-6}
页岩	微裂隙发育	$2\times10^{-10}\sim8\times10^{-9}$
片岩	微裂隙发育	$10^{-9}\sim5\times10^{-8}$

3. *岩石的溶解性*

岩石的溶解性是指岩石溶解于水的性质,常用溶解度或溶解速度来表示。在自然界中常见的可溶性岩石,有石膏、盐岩、石灰岩、白云岩及大理石等。岩石的溶解性不但和岩石的化学成分有关,而且还和水的性质有很大的关系。淡水一般溶解能力较小,而富含CO_2的水,则具有较大的溶解能力。

4. *岩石的软化性*

岩石的软化性是指岩石在水的作用下,强度和稳定性降低的一种性质。岩石的软化性主要取决于岩石的矿物成分、结构和构造特征。黏土矿物含量高、孔隙率大、吸水率高的岩石,与水作用容易软化而丧失其强度和稳定性。

岩石软化性的指标是软化系数(K_d),它等于岩石在饱水状态下的极限抗压强度(R_ω)与岩石在风干状态下极限抗压强度(R_d)的比值。

其值越小,表示岩石在水作用下的强度和稳定性越差。未受风化作用的岩浆岩和某些变质岩,软化系数大都接近于1,是弱软化的岩石,其抗水、抗风化和抗冻性强;软化系数小于0.75的岩石,认为是强软化的岩石,工程性质比较差。

$$K_d = \frac{R_\omega}{R_d} \tag{2-8}$$

5. *岩石的抗冻性*

岩石孔隙中有水存在时，水一结冰，体积膨胀，就产生巨大的压力。由于这种压力的作用，会促使岩石强度和稳定性破坏。岩石抵抗这种冰冻作用的能力，称为岩石的抗冻性。可用强度损失率和重量损失率表示岩石的抗冻性能。

强度损失率(R_t)指饱和岩石在一定负温度(−25℃)条件下，冻融 10～25 次(视工程具体要求而定，有的要求冻融 100～200 次或更高)，冻融前后的抗压强度之差与冻融前抗压强度的比值，以百分数表示。

$$R_t = \frac{R_{s2} - R_{s1}}{R_{s2}} \times 100\% \tag{2-9}$$

式中：R_{s2}——冻融前饱和岩石抗压强度；

R_{s1}——冻融后饱和岩石抗压强度。

质量损失率(m_t)系在上述条件下，冻融前后干试样质量之差与冻融前干试样质量的比值，以百分数表示，即：

$$m_t = \frac{m_{s2} - m_{s1}}{m_{s2}} \times 100\% \tag{2-10}$$

式中：m_{s2}——冻融前干试样质量；

m_{s1}——冻融后干试样质量。

岩石强度损失率与质量损失率的大小，主要取决于岩石开型孔隙发育程度、亲水性和可溶性矿物含量以及矿物颗粒间连接强度。开型孔隙越多越大，亲水性和可溶性矿物含量越多，则强度损失率越高；反之则越低。一般认为，强度损失率小于 25%或重量损失率小于 2%的岩石为抗冻的。

(三)岩石的力学性质

岩石的力学性质指岩石在各种静力、动力作用下所表现的性质，主要包括变形和强度。

1. *岩石的变形*

表征岩石变形的指标主要有弹性模量、变形模量和泊松比。

弹性模量是应力与弹性应变的比值，即：

$$E = \frac{\sigma}{\varepsilon_y} \tag{2-11}$$

式中：E——弹性模量(Pa)；

σ——应力(Pa)；

ε_y——弹性应变。

变形模量是应力与总应变的比值，即：

$$E_0 = \frac{\sigma}{\varepsilon_0 + \varepsilon_y} \tag{2-12}$$

式中：E_0——变形模量(Pa)；

ε_0——塑性应变；

σ、ε_y——意义同上。

岩石在轴向压力的作用下，除产生纵向压缩外，还会产生横向膨胀。这种横向应变与纵向应变的比值，称为泊松比，即：

$$\mu = \frac{\varepsilon_1}{\varepsilon} \tag{2-13}$$

式中：μ——泊松比；

ε_1——横向应变；

ε——纵向应变。

泊松比越大，表示岩石受力作用后的横向变形越大。岩石的泊松比一般为0.2～0.4。

2. *岩石的强度*

岩石受力作用破坏有压碎、拉断及剪断等形式，故岩石的强度可分抗压、抗拉及抗剪强度。岩石的强度单位用Pa表示。

(1)抗压强度

岩石的抗压强度是岩石的重要力学指标，是岩石在单向压力作用下，抵抗压碎破坏的能力，即：

$$R = \frac{P}{F} \tag{2-14}$$

式中：R——岩石抗压强度(Pa)；

P——岩石破坏时的压力(N)；

F——岩石受压面面积(m^2)。

各种岩石抗压强度值差别很大(表2-7)，主要取决于岩石的结构和构造，同时受矿物成分和岩石生成条件的影响。

常见岩石的极限抗压强度 表2-7

岩石名称及主要特征	极限抗压强度(MPa)
胶结不良的砾石、各种不坚固的页岩	＜20
中等坚硬的泥灰岩、凝灰岩、页岩、软而有裂缝的石灰岩	20～39
钙质砾岩，裂隙发育、风化强烈的泥质砂岩，坚固的泥灰岩、页岩	39～59
泥质灰岩、泥质砂岩、砂质页岩	59～79
强烈风化的软弱花岗岩、正长岩、片麻岩、致密的石灰岩	79～98
白云岩，坚固的石灰岩、大理岩，钙质致密砂岩，坚固的砂质页岩	98～118
粗粒花岗岩、正长岩，非常坚固的白云岩，硅质坚固的砂岩	118～137
片麻岩，粗面岩，非常坚固的石灰岩，轻微风化的玄武岩、安山岩	137～157
中粒花岗岩、正长岩、辉绿岩，坚固的片麻岩、粗面岩	157～177
非常坚固的细粒花岗岩、花岗片麻岩，闪长岩，最坚固的石灰岩	177～196
玄武岩，安山岩，坚固的辉长岩、石英岩，最坚固的闪长岩、辉绿岩	196～245
非常坚固的辉长岩、辉绿岩、石英岩、玄武岩	＞245

(2)抗剪强度

岩石的抗剪强度是岩石抵抗剪切破坏的能力，以岩石被剪破时的极限应力表示，即

$$\tau = c + \sigma\tan\varphi \tag{2-15}$$

式中：τ——岩石抗剪断强度(Pa)；

σ——破裂面上的法向应力(Pa)；

φ——岩石的内摩擦角；

c——岩石的内聚力(Pa)。

坚硬岩石因有牢固的结晶联结或胶结联结，故其抗剪断强度一般都比较高。

(3)抗拉强度

岩石的抗拉强度是岩石单向拉伸时抵抗拉断破坏的能力，以拉断破坏时的最大张应力表示。

岩石的抗压强度最高，抗剪强度居中，抗拉强度最小。岩石越坚硬，其值相差越大，软弱岩石的差别较小。岩石的抗剪强度和抗压强度，是评价岩石(岩体)稳定性的指标，是对岩石(岩体)的稳定性进行定量分析的依据。由于岩石的抗拉强度很小，所以当岩层受到挤压形成褶皱时，常在弯曲变形较大的部位因受拉破坏，产生张性裂隙。

二、影响岩石工程地质性质的因素

从以上介绍中可以看出，影响岩石工程地质性质的因素是多方面的，但归纳起来，主要的有两个方面：一是岩石的地质特征，如岩石的矿物成分、结构、构造及成因等；另一方面是岩石受外部因素的影响，如水及其他因素等。现就上述因素对岩石工程地质性质的影响，作一些说明。

(一)矿物成分

岩石是由矿物组成的，矿物成分对岩石的物理力学性质产生直接的影响，这是容易理解的。例如辉长岩的比重比花岗岩大，这是因为辉长岩的主要矿物成分辉石和角闪石的比重比石英正长石大的缘故。又如石英岩的抗压强度比大理岩要高得多，这是因为石英的强度比方解石高的缘故。两例说明，尽管岩类相同，结构和构造也相同，如果矿物成分不同，岩石的物理力学性质会有明显的差别。但也不能简单地认为，含有高强度矿物的岩石，其强度一定就高。因为岩石受力作用后，内部应力是通过矿物颗粒的直接接触来传递的，如果强度较高的矿物在岩石中互不接触，则应力的传递必然会受中间低强度矿物的影响，岩石不一定就能显示出高的强度。

从工程要求来看，大多数岩石的强度相对来说都是比较高的。所以，在对岩石的工程地质性质进行分析和评价时，更应该注意那些可能降低岩石强度的因素，如花岗岩中的黑云母含量是否过高，石灰岩、砂岩中黏土类矿物的含量是否过高等。黑云母是硅酸盐类矿物中硬度低、节理最发育的矿物之一，它容易遭受风化而剥落，也易于发生次生变化，最后成为强度较低的铁的氧化物和黏土类矿物。石灰岩和砂岩，当黏土类矿物的含量大于20%时，就会直接降低岩石的强度和稳定性。

(二)结构

岩石的结构特征，是影响岩石物理力学性质的一个重要因素。根据岩石的结构特征，可将岩石分为两类：一类是结晶联结的岩石，如大部分的岩浆岩、变质岩和一部分沉积岩；另一类是由胶结物联结的岩石，如沉积岩中的碎屑岩等。

结晶联结是由岩浆或溶液结晶或重结晶形成的。矿物的结晶颗粒靠接触产生的力牢固地联结在一起，结合力强，孔隙度小，比胶结联结的岩石具有较高的强度和稳定性。结晶联结的岩石，结晶颗粒的大小对岩石的强度有明显影响。如粗粒花岗岩的抗压强度，一般为120～140MPa，而细粒花岗岩有的则可达200～250MPa。又如大理岩的抗压强度一般为100～120MPa，而最坚固的石灰岩则可达250MPa。这说明，矿物成分和结构类型相同的岩石，其矿物结晶颗粒的大小对强度的影响是显著的。

胶结联结是矿物碎屑由胶结物联结在一起的。胶结联结的岩石，其强度和稳定性主要取决于胶结物的成分和胶结的形式，同时也受碎屑成分的影响，变化很大。就胶结物的成分来说，硅质胶结的强度和稳定性高，泥质胶结的强度和稳定性低，铁质和钙质胶结的介于两者之间。如泥质胶结的砂岩，其抗压强度一般只有 60～80MPa 钙质胶结的可达 120MPa，而硅质胶结的则可高达 170MPa。

胶结联结的形式，有基底胶结、孔隙胶结和接触胶结三种(图 2-7)。肉眼不易分辨，但对岩石的强度有重要影响。基底胶结的碎屑物质散布于胶结物中，碎屑颗粒互不接触，所以基底胶结的岩石孔隙度小，强度和稳定性完全取决于胶结物的成分。当胶结物和碎屑的成分相同时(如硅质)，经重结晶作用可以转化为结晶联结，强度和稳定性将会随之提高。孔隙胶结的碎屑颗粒互相间直接接触，胶结物充填于碎屑间的孔隙中，所以其强度与碎屑和胶石，一般都是孔隙度大、重度小、吸水率高、强度低、易透水。

(三)构造

构造对岩石物理力学性质的影响，主要是由矿物成分在岩石中分布的不均匀性和岩石结构的不连续性所决定的。前者是指某些岩石所具有的片状构造、板状构造、千枚状构造、片麻构造以及流纹构造等。岩石的这些构造，往往使矿物成分在岩石中的分布极不均匀。一些强度低、易风化的矿物，多沿一定方向富集，或成条带状分布，或成局部的聚集体，从而使岩石的物理力学性质发生很大变化。观察和试验证明，受力破坏的岩石遭受风化，首先是从岩石的这些缺陷中发生的。后者是指不同的矿物成分虽然在岩石中的分布是均匀的，但由于存在着层理、裂隙和各种成因的孔隙，致使岩石结构的连续性与整体性受到一定程度的影响，从而使岩石的强度和透水性在不同的方向上发生明显的差异。一般来说，垂直层面的抗压强度大于平行层面的抗压强度，平行层面的透水性大于垂直层面的透水性。

(四)水

岩石饱水后强度降低，已为大量的试验资料所证实。当岩石受到水的作用时，水就沿着岩石中可见和不可见的孔隙、裂隙侵入，浸湿岩石自由表面上的矿物颗粒，并继续沿着矿物颗粒间的接触面向深部浸入，削弱矿物颗粒间的联结，使岩石的强度受到影响，如石灰岩和砂岩被水饱和后，其极限抗压强度会降低 25%～45%左右。就是象花岗岩、闪长岩及石英岩等一类的岩石，被水饱和后，其强度了均有一定程度的降低。降低程度在很大程度上取决于岩石的孔隙度。当其他条件相同时，孔隙度大的岩石，被水饱和后其强度降低的幅度也大。

和上述的几种影响因素比较起来，水对岩石强度的影响，在一定程度上是可逆的，当岩石干燥后其强度仍然可以得到恢复。但是，如果伴随干湿变化，出现化学溶解、结晶膨胀等作用，使岩石的结构状态发生改变，则岩石强度的降低，就转化成为不可逆的过程了。

思 考 题

1. 地球的内、外圈层分别是由什么构成的？什么是莫霍面？什么是古登堡面？
2. 什么是内力地质作用？什么是外力地质作用？各自包括哪些内容？
3. 矿物的主要物理性质有哪些？定义是什么？
4. 什么是岩浆岩的产状？主要有哪几种类型？

5. 岩浆岩是如何进行分类的？

6. 简述沉积岩的形成过程。

7. 沉积岩中的胶结物和胶结类型分别有哪几种？强度最高和最低的分别是哪种类型？

8. 变质作用分为哪几种类型？简述产生每种变质作用的主要因素。

9. 什么是变质矿物？分别说出三种深色和浅色变质矿物的名称。

10. 简述岩浆岩、沉积岩、变质岩的结构和构造的异同点。

11. 岩石的水理性质指标有哪些？各有什么用途？

12. 影响岩石工程地质性质的主要因素有哪些？

第三章 岩层与地质构造
DISANZHANG

由于地壳中存在很大的应力，组成地壳的岩层或岩体，在地应力的长期作用下，发生变形、变位形成各种构造运动。构造运动在岩层或岩体中遗留下来的各种构造形迹称为地质构造，如褶皱、断裂。褶皱、断裂破坏了岩层或岩体的连续性和完整性，降低了岩层的稳定性，使工程建筑的地质环境复杂化，因此，学习并了解地质构造的基本知识，对各类土木工程建筑的布置、设计、施工及正常使用，都具有重要的实际意义。

第一节 地质年代

地球形成到现在至少已有46亿年的历史，在这漫长的地质历史中，地球经历了构造运动、岩浆活动和海陆变迁等许多地质事件，搞清各个地质事件及相应地质体的发生时间及形成的先后顺序是十分重要的基础工作。

一、地质年代的确定方法

岩层的地质年代有两种，一种是绝对地质年代，另一种是相对地质年代。绝对地质年代是指组成地壳的岩层从形成到现在有多少"年"。它能说明岩层形成的确切时间，但不能反映岩层形成的地质过程。相对地质年代能说明岩层形成的先后顺序及其相对的新老关系，如哪些岩层是先形成的，是老的；哪些岩层是后形成的，是新的，它并不包含用"年"表示的时间概念。可以看出，相对地质年代虽然不能说明岩层形成的确切时间，但能反映岩层形成的自然阶段，从而说明地壳发展的历史过程。所以在地质工作中，一般以应用相对地质年代为主。

(一)绝对地质年代确定

许多岩石中含有微量的放射性元素，岩石形成初期，放射性元素的含量比(丰度)是固定的，自岩石形成开始，其所含的放射性同位素(称母体)开始蜕变，如无特殊的地质作用影响，蜕变产物(子体)仍保存于岩石的矿物晶体格架之中，通过仪器可测定岩石中放射性元素(母体)和蜕变产物(子体)的含量，进而可推算出岩石已经形成多少年了。母体现存数量可按下式计算：

$$N_t = N_0 e^{-\lambda t} \quad (3\text{-}1)$$

式中：N_0——母体原始数量（按原子数计，下同）；

t——衰变时间（即岩石年龄）；

N_t——N_0 经 t 时间衰变后剩下的数量，即母体现存数量；

e——自然对数底；

λ——该同位素的衰变常数，可根据物理或地球化学方法求得，是已知数。

由于 N_0 是未知数，但现存子体数（M）可以测定，是已知数，因衰变时一个母体原子蜕变为一个子体原子，所以 $M=N_0-N_t$。

放射性同位素很多，但大多数衰变速度很快，甚至几天、几年就基本蜕变完毕，不能用于地质年代的测定。一般用半衰期表示衰变速度，半衰期即母体减少到一半所需时间。常用的用于测定绝对地质年代的同位素如表 3-1 所示。

用于测定地质年代的放射性同位素 表 3-1

同位素母体	蜕变产生的子体	半 衰 期
铀—238(U^{238})	铅—206(Pb^{206})	45 亿年
铀—235(U^{235})	铅—207(Pb^{207})	7.13 亿年
钍—232(Th^{232})	铅—208(Pb^{208})	139 亿年
铷—87(Rb^{87})	锶—87(Sr^{87})	500 亿年
钾—40(K^{40})	氩—40(Ar^{40})	15 亿年
炭—14(C^{14})	氮—14(N^{14})	5 692 年

(二)相对地质年代的确定

许多地质事件，如火山喷发、河谷切割、沉积岩形成、岩层的变形等，都可以根据最简单的原理，确定其有关岩石记录的相对新老，地质学确定岩石相对新老顺序主要依据下述基本规律或方法。

1. 地层层序律

在地质历史中的每个地质年代都有相应的沉积岩层（部分地区还有喷出岩）形成，这种在一定地质年代内形成的层状岩石称为地层。在一个地区内，如果没有发生巨大的构造变动，沉积岩层的原始产状会保留下来，它们大部分是水平或接近水平的状态，而且都是先形成的在下面，后形成的在上面。这种正常的地层叠置关系，称为地层层序律，即叠置律。因此，人们根据地层层序律便可将地层的先后顺序确定下来。

2. 生物演化律

地质历史上的生物称为古生物，其遗体和遗迹可保存在沉积岩层中，它们一般被钙质、硅质等所充填或交代（石化），形成化石（fossil）。生物界的演化具有明显的不可逆性和阶段性；生物演化总的趋势是从简单到复杂，从低级到高级。以往出现过的生物类型，在以后的演化过程中绝不会重复出现。因此，随着地质历史的发展，每个历史阶段都有其特有的生物组合。生物界的演化历史也是生物不断适应生活环境的过程。地壳的发展演变具有阶段性和周期性，在地壳演变的激烈时期，往往伴有强烈地壳运动和岩浆活动并引起自然环境的巨大变化，因而会促使生物界的面貌发生巨大的改变，有些生物属种绝灭，有些生物属种延续了下来，也有一些新的生物属种出现，从而显示出生物演化的阶段性。

因此，可以利用一些演化较快、存在时间短、分布较广泛、特征较明显的生物化石种类或生物化石组合，作为划分相对地质年代的依据。每一地质时代以某种标准化石或化石组合作为标志。

3. 岩性对比法

岩性对比法以岩石的组成、结构、构造等岩性方面的特点作为对比的基础，认为在一定区域内同一时期形成的岩层，其岩性特点基本上是一致的或近似的。此法具有一定的局限性，因为同一地质年代的不同地区，其沉积物的组成、性质并不一定都是相同的；而同一地区在不同的地质年代，也可能形成某些性质类似的岩层。所以，岩性对比的方法只能适用于一定地区。

4. 地质体之间的切割律

生物演化律和地层层序律主要适用于确立沉积岩的新老顺序，这是建立相对地质年代的基础。但在无化石的岩系和变质岩中，这种方法将无能为力。地质历史上，地壳运动和岩浆活动的结果，往往可使不同岩层之间、岩层和侵入体之间、侵入体和侵入体之间发生相互穿插的切割关系，可以利用这种切割规律来确定地质事件的先后顺序。地质体之间的相互穿插切割关系有沉积岩之间的整合接触、平行不整和接触、角度不整合接触，岩浆岩之间的穿插接触以及岩浆岩与围岩之间的沉积接触和侵入接触。

1)沉积岩间的接触关系

(1)整合接触，即相邻的新、老两套地层产状一致，岩石性质与生物演化连续而渐变，沉积作用没有间断。整合接触的形成背景是较长时期处于构造稳定的条件下，沉积地区缓慢下降，或虽上升但未超过沉积的基准面以上。

(2)平行不整合接触，又叫假整合接触，见图 3-1。指相邻的新、老地层产状基本相同，但两套地层之间发生了较长期的沉积间断，期间缺失了部分时代的地层。两套地层之间的界面叫做剥蚀面，又叫不整合面。它与相邻的上、下两套地层产状一致，并有一定程度的起伏。界面上可能保存有风化剥蚀的痕迹，有时在界面靠近上覆岩层底面一侧还有源于下伏岩层的底砾岩。平行不整合接触主要由于地壳均衡上升，老岩层露出水面，遭受剥蚀，发生沉积间断，随后地壳均衡下降，在剥蚀面上重新接受沉积，形成上覆新地层。

(3)角度不整合接触，即相邻的新、老地层之间缺失了部分地层，且彼此之间的产状不相同，呈一定角度相交，见图 3-2。剥蚀面上具有明显的风化剥蚀痕迹，且保存着古土风化壳、古土壤层，常具有底砾岩。角度不整合接触表示较老的地层形成以后，因强烈的构造运动形成褶皱、断裂，并隆起、遭受剥蚀，造成沉积间断，然后地壳再下降，在剥蚀面上接受沉积，形成新地层。

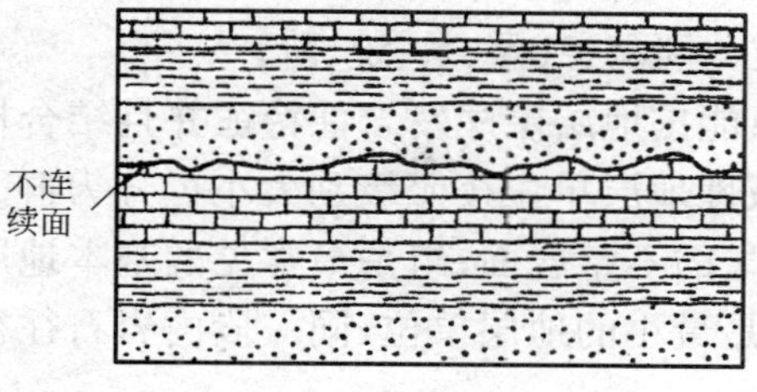

图 3-1　平行不整合接触

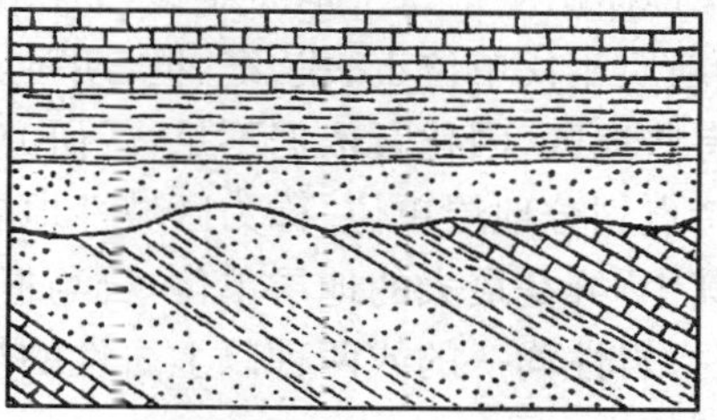

图 3-2　角度不整合接触

2)岩浆岩间的接触关系

岩浆岩间的接触关系主要表现为岩浆岩的穿插接触，后期生成的岩浆岩插入早期生成的岩浆岩之中，将早期形成的岩脉或岩体切割，见图 3-3。

3)沉积岩与岩浆岩间的接触关系

(1)侵入接触,这是由岩浆侵入于先形成的岩层中形成的接触关系,见图 3-4。侵入接触的主要标志是侵入体与其围岩之间的接触带有接触变质现象,侵入体与围岩的界线常常不很规则。

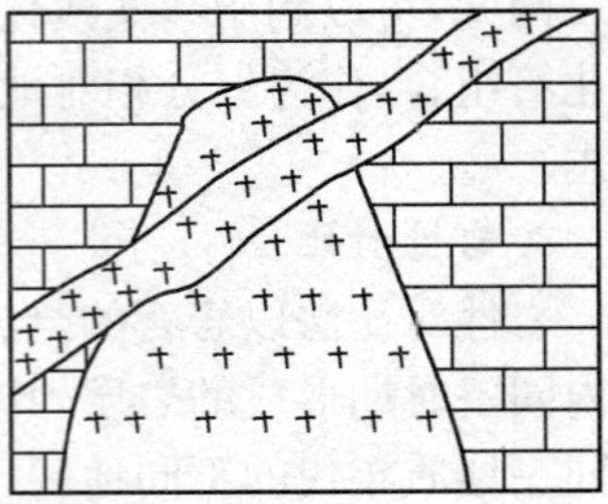

图 3-3　穿插构造

(2)沉积接触,地层覆盖于侵入体之上,其间有剥蚀面相分隔,剥蚀面上堆积有由该侵入体被风化剥蚀形成的碎屑物质,见图 3-5。沉积接触的形成过程是当侵入体形成后,地壳上升并遭受剥蚀,侵入体上部的围岩及侵入体的一部分被剥蚀,形成剥蚀面,然后地壳下降,在剥蚀面上接受沉积,形成新的地层。

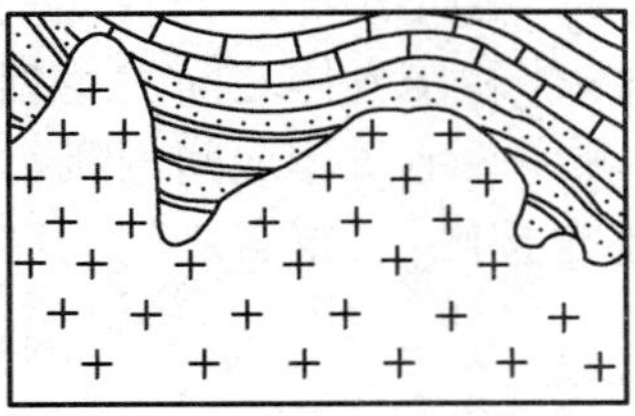

图 3-4　侵入接触

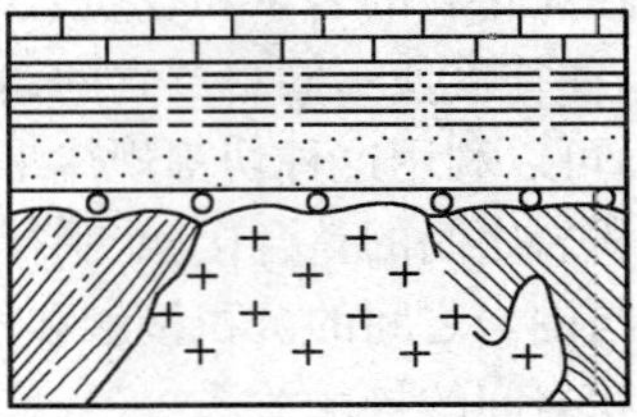

图 3-5　沉积接触

二、地质年代单位和地层单位

根据地壳运动和生物演化等特征,将地质历史划分为若干个大小级别不同的时间段落。地质年代按时间的长短依次是宙、代、纪、世、期。首先把地质历史分为两个最大的阶段,分别叫做隐生宙和显生宙。隐生宙也叫前寒武纪,其早期阶段为太古代,晚期则为元古代。隐生宙的特点是生物的遗迹不明显,而显生宙时期具有大量的生物。显生宙分为古生代、中生代和新生代三个阶段。每一个代均与生物界的某些“纲”或“目”的发育和演化有一定的对应关系。每个代又可分为若干个纪,纪与纪之间的生物可在“目”和“科”的范围内有重大变化。每个纪一般分为早、中、晚三个世(二叠纪、白垩纪及第三纪只作早、晚二分),世与世之间的生物可在“科”和“属”的范围内有一定的变化。最小的地质年代为“期”,期与期之间的生物只有属和种的区别。以上宙、代、纪、世、期等均为国际上统一规定的相对地质年代单位。

在地质历史上每个地质年代都有相应的地层形成,因此地质年代单位和地层单位是对应的,与地质年代单位宙、代、纪、世、期对应的地层单位分别是宇、界、系、统、阶。

有些地区,因化石依据不足,或研究程度不够,只能按地层层序及岩性特征并且结合构造运动特点划分地层单位,称为区域性地层单位。区域性地层单位按照级别大小可分为群、组、段。其中,群是最大的地层单位,群与群之间常有明显的不整合面;组是最常见的基本地层单位,是指岩性均一的或两种以上岩性的规律组合;段是最小的地层单位,同一段内岩石往往具有相同特性。

三、地质年代表

通过已经建立的各地区的区域地层系统的对比和补充,已建立起包括整个地质时代所有地层在内的、完整的、世界性的标准地层表及相应的地质年代表,见表 3-2。它的内容包括各个地质年代单位的名称、代号和同位素年龄值以及世界和我国主要的构造运动的时间段落和名称等。表中构造运动的名称源于最早发现并经过详细研究的典型地区的地名。

地 质 年 代 表

表 3-2

宙（相对年代）	代	纪	世	绝对年龄（百万年）	主要构造运动	我国地史简要特征
显生宙	新生代（K_z）	第四纪（Q）	全新世（Q_4）	0.01	喜马拉雅运动	地球表面发展成现代地貌，多次冰川活动，近代各种类型的松散堆积物、黄土形成，华北、东北有火山喷发，人类出现
			更新世上（Q_3）	0.12		
			更新世中（Q_2）	1		
			更新世下（Q_1）	2		
		第三纪（R）晚第三纪（N）	上新世（N_2）	12		我国大陆轮廓基本形成，大部分地区为陆相沉积，有火山岩分布，台湾岛、喜马拉雅山形成。哺乳动物和被子植物繁盛，是重要的成煤时期，有主要的含油地层
			中新世（N_1）	26		
		第三纪（R）早第三纪（E）	渐新世（E_3）	40		
			始新世（E_2）	60		
			古新世（E_1）	65		
	中生代（M_z）	白垩纪（K）	晚白垩世（K_2）	137	燕山运动	中生代构造运动频繁，岩浆活动强烈，我国东部有大规模的岩浆岩侵人和喷发，形成丰富的金属矿；我国中生界地层极为发育，华北形成许多内陆盆地，为主要成煤时期；三叠纪时华南仍为浅海沉积，以后为大陆环境；生物显著进化，爬行类恐龙繁盛，海生头足类菊石发育，裸子植物以松柏、苏铁及银杏为主，被子植物出现
			早白垩世（K_1）			
		侏罗纪（J）	晚侏罗世（J_3）	195		
			中侏罗世（J_2）			
			早侏罗世（J_1）			
		三叠纪（T）	晚三叠世（T_3）	230	印支运动	
			中三叠世（T_2）			
			早三叠世（T_1）			
	古生代（P_z）晚古生代（P_{z2}）	二叠纪（P）	晚二叠世（P_2）	285	海西运动	晚古生代我国构造运动十分广泛，尤以天山地区较强烈；华北地区缺失泥盆系和早石炭系，遭受风化剥蚀，中石炭世至二叠纪由海陆交替相变为陆相沉积；植物繁盛，为主要成煤期；华南地区一直为浅海相沉积，晚期成煤，晚古生界地层以砂岩、页岩、石灰岩为主，是鱼类和两栖类动物大量繁殖时代
			早二叠世（P_1）			
		石炭纪（C）	晚石炭世（C_3）	350		
			中石炭世（C_2）			
			早石炭世（C_1）			
		泥盆纪（D）	晚泥盆世（D_3）	400		
			中泥盆世（D_2）			
			早泥盆世（D_1）			
	古生代（P_z）早古生代（P_{z1}）	志留纪（S）	晚志留世（S_3）	435	加里东运动	寒武纪时，我国大部分地区为海相沉积，生物初步发育，三叶虫极盛；至中奥陶世后，华南仍为浅海，头足类，三叶虫，腕足类笔石、珊瑚、蕨类植物发育，是海生无脊椎动物繁盛时代；早古生界地层以海相石灰岩、砂岩、页岩等为主
			中志留世（S_2）			
			早志留世（S_1）			
		奥陶纪（O）	晚奥陶世（O_3）	500		
			中奥陶世（O_2）			
			早奥世陶（O_1）			
		寒武纪（∈）	晚寒武世（$\in_3$）	570		
			中寒武世（$\in_2$）			
			早寒武世（$\in_1$）			

续上表

相对年代					绝对年龄（百万年）	主要构造运动	我国地史简要特征
宙	代		纪	世			
隐生宙	元古代（Pt）	晚元古代	震旦纪（Z）		800		元古界地层在我国分布广、发育厚度大，出露好。华北地区主要为未变质或浅变质的海相硅镁质碳酸盐岩及碎屑岩类夹火山岩；华南地区下部以陆相红色碎屑河湖相沉积为主，上部以浅海相沉积为主，含冰碛物为特征；低等生特开始大量繁殖；菌藻类化石较丰富
			青白口纪（Qn）		1 000		
		中元古代	蓟县纪（Jx）		1 400	晋宁运动	
			长成纪（Ch）		1 900	吕梁运动	
		早元古代			2 500		
	太古代（Ar）				4 000	五台运动	太古代构造运动频繁，岩浆活动强烈，侵入岩和火山岩和火山岩广泛分布，岩石普遍变质很深，形成古老的片麻岩、结晶片岩、石英岩、大理岩等；构成地壳的古老基底； 目前已知最古老岩石的年龄为45.8亿年，最老的菌化石为32亿年
地球初期发展阶段							

确定和了解地层的时代，在工程地质工作中是很重要的，同一时代形成的岩层常具有共同的工程地质特性，同时，分析地质构造时，必须首先查明地层的时代关系才能进行。

第二节　岩层产状

一、产状要素

岩层的产状是指岩层在空间的位置。对岩层的产状，地质学上用走向、倾向和倾角产状三要素来确定，见图3-6。

（一）走向

走向是表示岩层在空间的水平延伸方向。岩层面与水平面的交线称为走向线（图3-6*AB*）。走向线与地理子午线间所夹的方位角就是走向方位角。岩层的走向用走向线的方位角表示。同一岩层的走向有两个值，其数值相差180°。

（二）倾向

倾向表示岩层倾斜的方向。垂直于走向线、沿层面倾斜向下所引的直线称为倾斜线。倾斜线在水平面上的投影线称为倾向线（图3-6*CD*）倾向线所指的方向称为倾向。倾向一般用方位角表示，数值与走向相差90°。

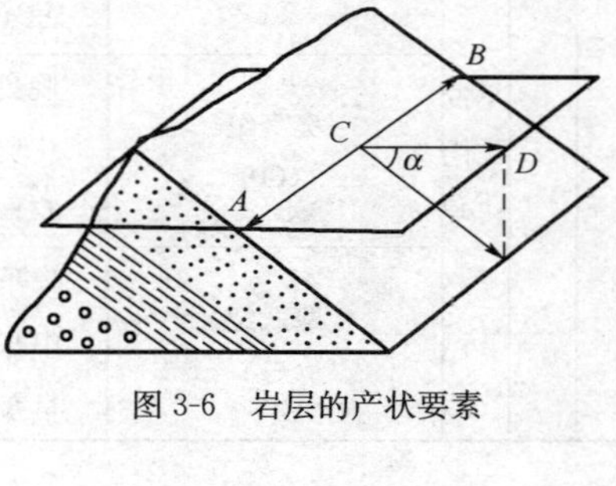

图3-6　岩层的产状要素

(三)倾角

岩层层面与水平面所夹的锐角称为岩层的倾角 α(图 3-6),岩层倾角表示岩层在空间倾斜角度的大小。

二、产状要素的测量、记录和图示

(一)产状要素的测量

岩层产状要素是在野外直接用地质罗盘仪(图 3-7)在岩层层面上测量出来的。

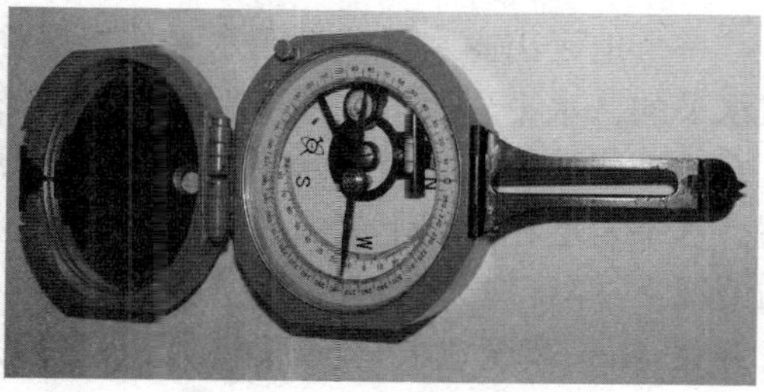

图 3-7 地质罗盘仪

测量走向时,使罗盘的长边紧贴层面,将罗盘放平,水准泡居中,读指北针所示的方位角,就是岩层的走向。测量倾向时,将罗盘的短边紧贴层面,将罗盘放平,水准泡居中,读指北针所示的方位角,就是岩层的倾向。因为岩层的倾向只有一个,所以在测量岩层的倾向时,要注意将罗盘的北端朝向岩层的倾斜方向。测量倾角时,需将罗盘横着竖起来,使长边与岩层的走向垂直,紧贴层面,等倾斜器上的水准泡居中后,读悬锤所示的角度,就是岩层的倾角(图 3-8)。

(二)产状要素的记录

记录描述岩层产状时,岩层产状要素用规定的文字和符号。一般以东(E)、南(S)、西(W)、北(N)为标志将水平面划分为四个象限,以正北为 0°,正东为 90°,正南为 180°,正西为 270°,将岩层产状投影在该水平面上,记录下走向、倾向与正北方向的夹角。如图 3-9 所示的倾斜岩层,走向为 NE 40°或 SW220°;倾向为 SE130°;倾角为 50°,因为走向的方位角是倾向方位角加或减 90°,所以一般不必记录走向,直接记下倾向就可以了,按倾向、倾角顺序记录,SE130°∠ 50°表示岩层倾向为南偏东 130°,倾角 50°。

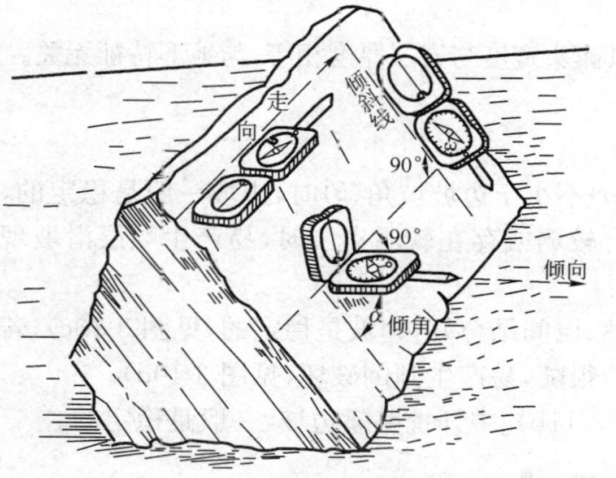

图 3-8 产状要素的测量

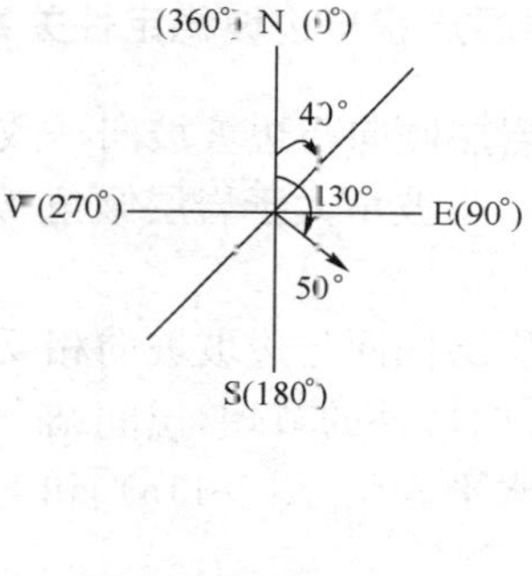

图 3-9 产状要素的记录

(三)产状要素的图示

走向、倾向及倾角在平面图上用 50°来表示。符号中的长线代表走向,短线代表倾向,符号旁边加注的数字为倾角。在平面上画产状符号时，走向及倾向应按实测数值标定，长短线的交点应落在测量位置上。

三、水平岩层、倾斜岩层和直立岩层

岩层在空间的位置各不相同，但概括来说只有水平的、倾斜的和直立的三种基本情况，其中以倾斜的最常见、分布最广。水平的只有少数地区才能看到，直立的岩层也是局部现象。

（一）水平岩层

一个地区出露水平或近于水平的岩层称为水平岩层。一般认为沉积岩的原始产状都是大致水平的。水平岩层多局限于受构造运动影响比较轻微的地区，或只发生了大面积地块均衡上升或下降的地区。对于水平岩层，一般岩层时代越老，出露位置越低，越新则出露的位置越高。水平岩层在地面上的露头宽度及形状主要与地形特征和岩层厚度有关。在地面坡度相同的情况下，厚度愈大，露头宽度愈大；厚度愈小，露头宽度愈小。在岩层厚度相同的情况下，坡度愈缓，露头宽度愈大；坡度愈陡，露头宽度愈小。

（二）倾斜岩层

除了某些原始倾斜岩层以外，绝大多数倾斜岩层都是由于构造运动使原来的水平岩层发生倾斜。

如果在一定地区内一套岩层的倾斜方向和倾角基本一致则称为单斜岩层。倾斜岩层在大范围内，常常是褶皱的一翼或断层的一盘。岩层顺序正常时，地面出露的顺序为顺倾向方向由老到新变化，从逆倾向方向观察，地层是从新到老依次出露的。如果地层顺序是倒转的，则顺倾向与逆倾向方向地层出露的新老次序与上述情况相反。倾斜岩层的露头宽度取决于岩层厚度、地面坡度和岩层倾角三者的关系，露头形态受地形坡向与岩层倾向之间的关系以及岩层倾角与坡角大小关系等因素影响。

（三）直立岩层

岩层层面与水平面相垂直时，称直立岩层。其露头宽度与岩层厚度相等，与地形特征无关。

（四）岩层产状与边坡稳定性关系

（1）当岩层倾向与边坡坡向一致，岩层倾角（α）不小于边坡坡角（β）时，边坡一般是稳定的，见图 3-10a）；当坡角大于岩层倾角，如果层间结合较弱或存在软弱夹层时，易产生顺层滑坡现象，见图 3-10b）。

（2）当岩层倾向与边坡坡向相反，若岩层完整、层间结合好，边坡是稳定的，见图 3-10c）；若岩层内有倾向坡外的节理，层间结合差，岩层倾角很陡，易产生倾倒破坏，见图 3-10d）。

（3）在水平岩层[图 3-11a）]和直立岩层，[图 3-11b）]中开挖路堑边坡，一般是稳定的。

四、褶 皱 构 造

组成地壳的岩层，受构造应力的强烈作用，使岩层形成一系列波状弯曲而不丧失其连续性的构造，称为褶皱构造。褶皱构造是岩层产生的塑性变形，是地壳表层广泛发育的基本构造之一。褶皱构造中一个单独的弯曲称为褶曲。

(一)褶曲的基本类型

褶曲的基本类型有两种，见图 3-12，一是背斜，为岩层向上拱起的拱形褶皱，经风化、剥蚀后露出地面的地层，分别向两侧呈对称出现，老地层在中间，新地层在两侧；一是向斜，为岩层向下弯曲的槽形褶皱，经风化、剥蚀后，露出地面的地层分别向两侧呈对称出现，新地层在中间，老地层在两侧。自然界的背斜和向斜相互连接、相间排列，常是多个连续出现。

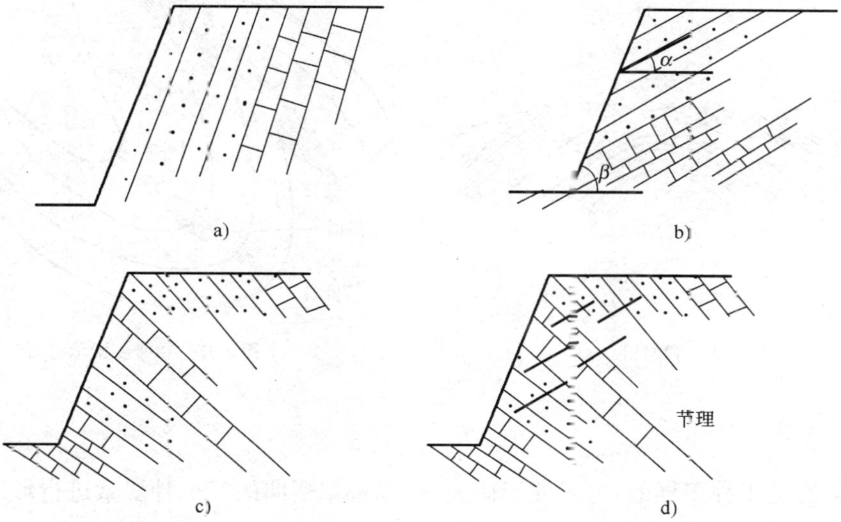

图 3-10　岩层倾向与边坡坡向一致时，岩层产状与边坡稳定性关系

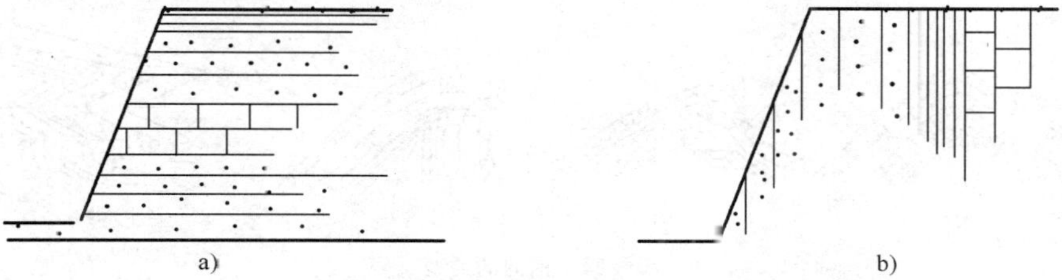

图 3-11　水平岩层、直立岩层与边坡稳定性关系

(二)褶曲要素

褶曲的组成部分叫褶曲要素。为了正确描述和研究褶曲，必须弄清褶曲各个组成部分及其相互关系。褶曲要素主要有核、翼、转折端、枢纽、轴面等，见图 3-13。

核：组成褶皱中心部分的岩石叫核。它的范围是相对的，一般只把位于褶皱内的某一地层定为核。出露于地面的褶皱核，通常是指最中心的地层。背斜的核是最老的地层，向斜的核是最新的地层。

翼：翼是褶皱两侧的岩层。当背斜与向斜相连时，翼是公用的。

转折端：转折端是连接两翼的部分，或从一翼向另一翼过渡的弯曲部分。它的形态以圆滑的弧形为最多，也有成直线形的或者在剖面上集中成一点(这时两翼成折线相交成尖棱状)。

枢纽：组成褶皱的岩层的同一层面上各个最大弯曲点的连线叫枢纽。枢纽可以是直线，也可以是曲线或折线。枢纽的空间产状可以是水平的、倾斜的或直立的，但以倾斜的最常见。

轴面：轴面是连接褶曲各层枢纽构成的面，它是一个抽象的面。一般可把轴面看成是平分褶曲两翼的对称面。当两翼倾角不等时，轴面的倾向与倾角小的一翼的倾向相同。两翼平行时，轴面与翼部的倾向角相同。轴面可以是平面，也可以是曲面。

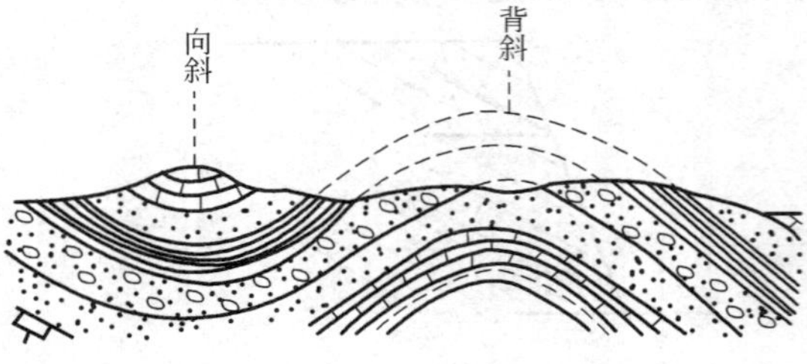

图 3-12　背斜和向斜

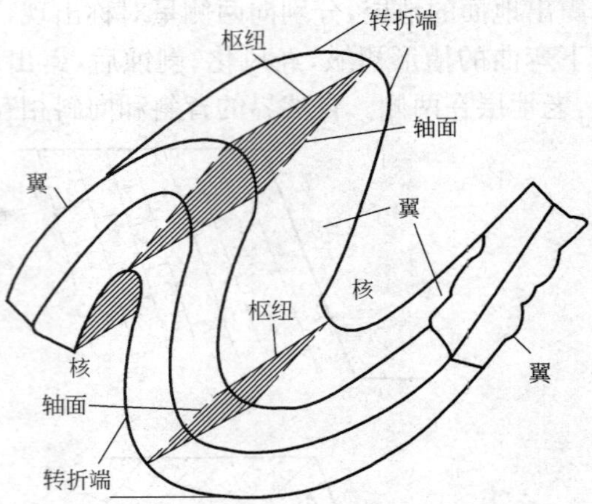

图 3-13　褶皱要素示意图

(三)褶曲分类

褶曲的形态是多种多样的，为了便于研究，可以根据褶曲的某一种要素进行形态分类。

1. 根据褶曲横剖面进行分类

根据褶曲轴面和两翼产状以及两者的关系，可分为下面几种常见的类型，见图 3-14。

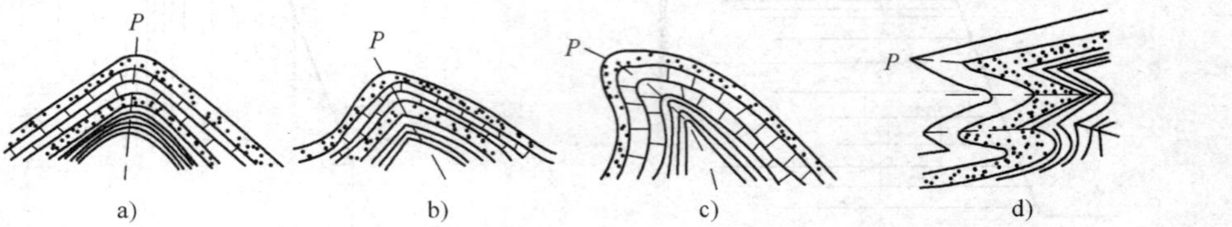

图 3-14　褶曲的类型

a)直立褶曲；b)斜歪褶曲；c)倒转褶曲；d)横卧褶曲

直立褶曲：轴面直立，两翼向不同方向倾斜，倾角相等。

斜歪褶曲：轴面倾斜，两翼向不同方向倾斜，但倾角不同，轴面与褶皱平缓翼倾向相同。

倒转褶曲：轴面倾斜，两翼与轴面均向一个方向倾斜，两翼倾角不等，其中一翼的层序发生倒转，即老岩层盖在新岩层之上。当褶曲的两翼与轴面倾向相同、倾角相等时，叫同斜褶皱。如果两翼都是倒转的，即背斜两翼向中心倾斜，向斜两翼向两侧倾斜，皱曲在剖面上的完整形态构成扇形的褶曲，叫扇状褶曲。

横卧褶曲：其轴面水平，两翼产状也近于平行，其中一翼产状是正常的，另一翼产状是倒转的。

对上述褶皱的各种形态特征，应注意分析其在剖面及平面图中新老地层的分布关系，以及两翼倾角及倾向的变化。

2. 根据褶曲纵剖面（枢纽产状）进行分类

水平褶曲：枢纽近于水平，呈直线段延伸较远，两翼岩层界限基本平行的褶曲，见图 3-15。

当褶曲在平面图上的长宽比(一般可用褶曲核部的长度和宽度作代表,或以某一岩层为准来计算)大于 10∶1 时为为线状褶曲,它向一个方向延伸甚远,线状褶曲的枢纽在两端之间可以是水平的,也可以是波状的。

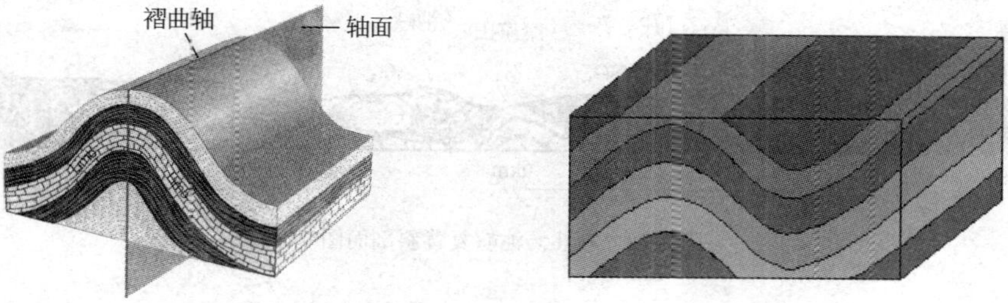

图 3-15　水平褶曲

倾伏褶曲:枢纽倾斜两翼岩层界限不平行,在倾伏端交汇成封闭弯曲曲线的褶曲,见图 3-16。

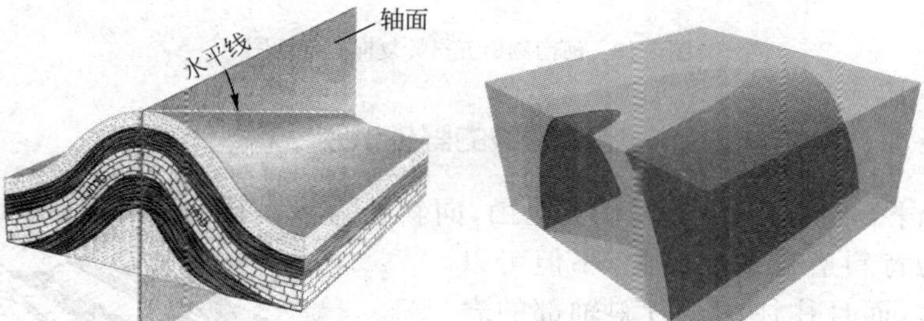

图 3-16　倾伏褶曲

当岩层界限呈环状封闭,褶曲长宽比为 3～10 时,若为背斜则称为短轴背斜,向斜则称为短轴向斜。当长宽比为 1～3 时,如果核部由老地层组成,岩层产状向四周倾斜的背斜叫穹窿,见图 3-17a)。核部由新地层组成,岩层产状向中心倾斜的向斜叫构造盆地,见图 3-17b)。它们的平面形态可以是圆形或近于圆形,也可以是不规则的。穹窿和构造盆地是岩层构成的构造形态,不要与地形上的隆起和盆地相混。

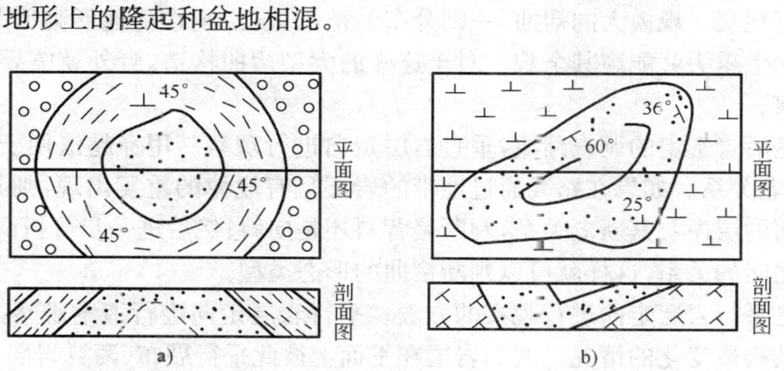

图 3-17　穹窿与构造盆地

a)穹隆;b)构造盆地

复背斜和复向斜:一个区域内的褶皱构造常常连续出现,它们往往是在垂直于本枢纽方向的水平挤压应力作用下形成的。这种一系列相互平行褶皱的发育地带,叫褶皱带。如我国的天山、祁连山、秦岭等大山脉，都是由褶皱带构成的。在褶皱带中的大型褶皱两翼，常被一系列次一级褶皱所复杂化。由许多小的次一级背斜、向斜组成的大背斜叫复背斜，见图 3-18；大的向斜叫复向斜，见图 3-19。

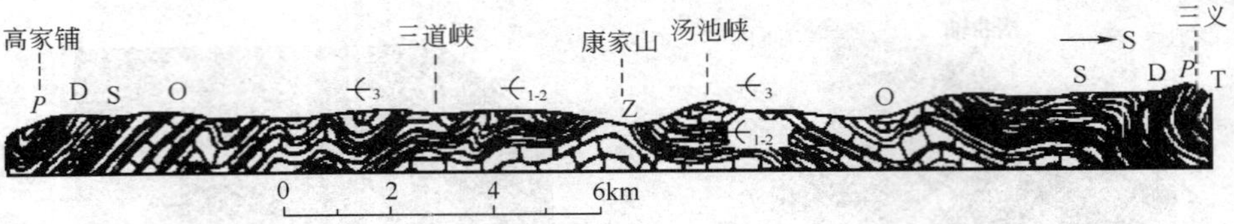

图 3-18 湖北汤池峡复背斜剖面图

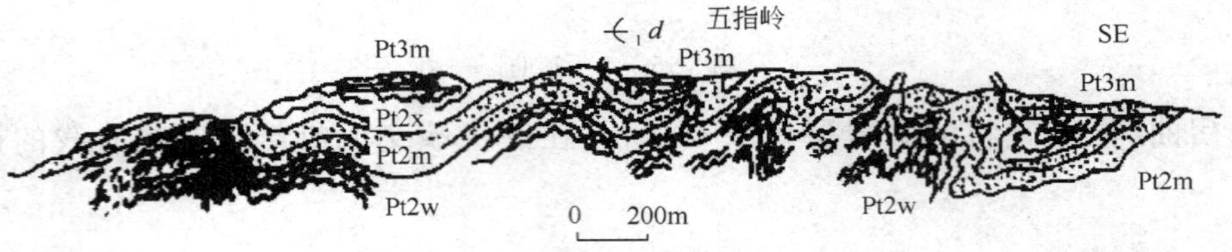

图 3-19 河南嵩山五指岭复向斜剖面图

五、褶皱的野外识别

在一般情况下，人们容易认为背斜处为山，向斜处为谷。有这种情形，但实际情况要比这复杂得多。因为背斜遭受长期剥蚀，不但可以逐渐被夷为平地，而且往往由于背斜轴部的岩层遭到构造作用的强烈破坏，在一定的外力条件下，甚至可以发展成为谷地。所以向斜山与背斜谷（图 3-20）的情况，在野外也是比较常见的。因此，不能够完全以地形的起伏情况作为识别褶曲构造的主要标志。

图 3-20 褶皱构造与地形

褶曲的规模，有的较小，但也有很大的。小的褶曲，可以在小范围内，通过几个出露在地表的基岩露头进行观察。规模大的褶曲，一则分布的范围大，二则常受地形高低起伏的影响，不可能通过少数几个露头就能窥其全貌。对于这样的大型褶曲构造，野外就需要采用穿越法和追索法进行观察。

穿越法就是沿着选定的调查路线，垂直岩层走向进行观察。用穿越法便于了解岩层的产状、层序及其新老关系。如果在路线通过地带的岩层呈有规律的重复出现，则必为褶曲构造；再根据岩层出露的层序及其新老关系，判断是背斜还是向斜；然后进一步分析两翼岩层的产状和两翼与轴面之间的关系，这样就可以判断褶曲的形态类型。

追索法就是平行岩层走向进行观察的方法。平行岩层走向进行追索观察，便于查明褶曲延伸的方向及其构造变化的情况。两翼岩层在平面上彼此平行展布（两翼岩层走向线平行）为水平褶曲，如果两翼岩层在转折端闭合或呈“S”形弯曲，则为倾伏褶曲。

穿越法和追索法，不仅是野外观察褶曲的主要方法，同时也是野外观察和研究其他地质构造现象的一种基本方法。在实践中一般以穿越法为主，追索法为辅，根据不同情况，穿插运用。

六、褶皱的工程地质评价

褶皱核部岩层由于受水平挤压或张力作用，产生许多裂隙，直接影响到岩体的完整性和强度，可能产生塌落；另一方面，向斜核部还是储水丰富的地段。因此在核部布置各种建筑工程，如厂房、路桥、坝址、隧道等，必须注意岩层的坍落、漏水及涌水问题，在石灰岩地区还要注意岩溶发育对工程建设带来的不利影响。对于隧道等深埋地下的工程，一般应布置在褶皱翼部，因为翼部岩层稳定性好。垂直穿越褶皱构造的隧道，特别要注意隧道顶部应力的不均匀性，通常背斜核部下方压力较大，翼部下方压力较小；向斜则相反，翼部下方压力较大，核部下方压力较小。

第三节　断 裂 构 造

构成地壳的岩体，受构造应力作用发生变形，当变形达到一定程度后，使岩体的连续性和完整性遭到破坏，产生各种大小不一的断裂，称为断裂构造。地壳中断裂构造的规模有大有小，巨型的可达上千公里，微细的要在显微镜下才能看出来。断裂构造是地壳中常见地质构造，包括节理和断层两类。

一、节　　理

节理也称为裂隙，是岩体受力断裂后两侧岩块没有显著位移的小型断裂构造。节理按成因可分为两大类：一类是由构造运动产生的节理叫构造节理，它在地壳中分布极为广泛，分布也有一定的规律；另一类是由成岩作用、外动力、重力非构造因素形成的裂隙称为非构造裂隙。非构造裂隙分布的规律性不明显，常常出现在小范围内。

（一）节理的分类

节理的分类主要从两个方面来考虑，一是几何关系；二是力学成因。前者指节理与所在岩层或其他构造的几何关系；后者指形成节理的应力性质。

1.节理的几何分类

按与其他主要构造的关系（如与所在岩层产状的关系；与褶皱、断层构造在空间方位上的关系等）来划分，一般分为走向节理，节理的走向与所在岩层的走向大致平行；倾向节理，节理的走向与所在岩层走向斜交；顺层节理，节理的走向大致平行于岩层层面。

根据节理走向与区域褶皱枢纽方向、主要断层走向或其他线状构造延伸方向的关系，可将节理分为纵节理，两者大致平行；横节理，两者大致垂直；斜节理，两者斜交。

对没有倾伏的褶皱，以上两种分类可以吻合，即走向节理相当于纵节理，倾向节理相当于横节理见图3-21。

2.节理的力学成因分类

节理按其形成时的力学性质，主要分为由张应力形成的张节理和剪应力形成的剪节理。

1）张节理

张节理的主要特征是产状不很稳定，在平面上和剖面上的延展均不远；节理面粗糙不平，擦痕不发育，节理两壁裂开距离较大，且裂缝的宽度变化也较大，节理内常充填有呈脉状的方解石、石英，以及松散土及胶结的黏性土和岩屑等；当张节理发育于碎屑岩中时，常绕过较大的碎屑颗粒或砾石，而不是切穿砾石；张节理一般发育稀疏，节理间的距离较大，分布不均匀。

2)剪节理

剪节理的特征是产状稳定，在平面和剖面上延续均较长；节理面光滑，常具擦痕、镜面等现象，节理两壁之间紧密闭合；发育于碎屑岩中的剪节理，常切割较大的碎屑颗粒或砾石；一般发育较密，常有等间距分布的特点；常成对出现，呈两组共轭剪节理，见图 3-22。

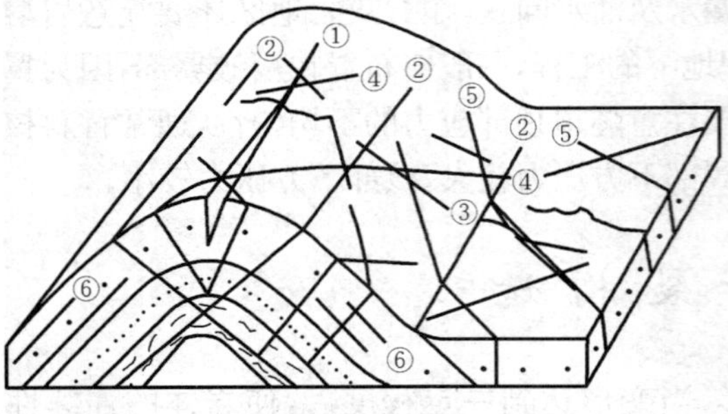

图 3-21 节理的几何分类

①、②-走向节理或纵节理；③-倾向节理或横节理；④、⑤-斜向节理或斜节理；⑥-顺层节理

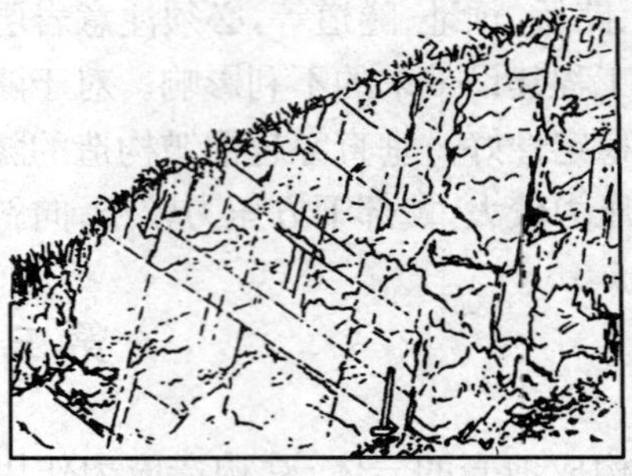

图 3-22 山东诸城白垩系砂岩中的两组剪节理

(二)节理的工程地质评价

岩体中的裂隙，在工程上虽有利于开挖，但对岩体的强度和稳定性均有不利的影响。

岩体中存在裂隙，破坏了岩体的整体性，加速岩体风化，增强岩体的透水性，因而使岩体的强度和稳定性降低。当裂隙主要发育方向与路线走向平行，倾向与边坡一致时，不论岩体的产状如何，路堑边坡都容易发生崩塌等不稳定现象。在路基施工中，如果岩体存在裂隙，还会影响爆破作业的效果。所以，当裂隙有可能成为影响工程设计的重要因素时，应当对裂隙进行深入的调查研究，详细论证裂隙对岩体工程建筑条件的影响，采取相应措施，以保证建筑物的稳定和正常使用。

(三)节理的调查、统计和表示方法

为了反映裂隙的分布规律及其对岩体稳定性的影响，需要进行野外调查和室内资料整理工作，并用统计图的形式把岩体裂隙的分布情况表示出来。调查裂隙时，应先在工点(野外工作时，标绘在地形图中的一些观测点。)选择一具有代表性的基岩露头，对一定面积内的裂隙，按表 3-3 所列内容进行测量，同时要注意研究裂隙的成因和填充情况。测量裂隙产状的方法和测量岩层产状的方法相同。为测量方便起见常用硬纸片，当裂隙面出露不佳时，可将纸片插入裂隙，用测得的纸片产状，代替裂隙的产状。

裂隙野外测量记录表 表 3-3

编号	裂隙产状			长度	宽度	条数	填充情况	裂隙成因类型
	走向	倾向	倾角					
1	NW307°	NE37°	18°			22	裂隙面夹泥	扭性裂隙
2	NW332°	NE62°	10°			15	裂隙面夹泥	扭性裂隙
3	NE7°	NW277°	80°			2	裂隙面夹泥	张性裂隙
4	NE15°	NW285°	60°			4	裂隙面夹泥	张性裂隙

统计节理有不同的图式，节理玫瑰图就是其中比较常用的一种。节理玫瑰图可以用节理走向编制，也可以用节理倾向编制，其编制方法如下：

1. 节理走向玫瑰图

在一任意半径的半圆上，画上刻度网。把测得的节理按走向以每 5°或 10°分组，统计每一组内的节理数并算出其平均走向。自圆心沿半径引射线，射线方位代表每组节理平均走向的方位，射线的长度代表每组节理的条数，然后用折线把射线的端点连接起来，即得节理走向玫瑰图，见图 3-23a)。

图 3-23a)中的每一个"玫瑰花瓣"，代表一组节理的走向，"花瓣"的长度，代表这个方向上节理的条数，"花瓣"越长，反映沿这个方向分布的节理越多。从 3-23a)图上可以看出，比较发育的节理有：走向 300°～330°、0°～18°、60°～80°。

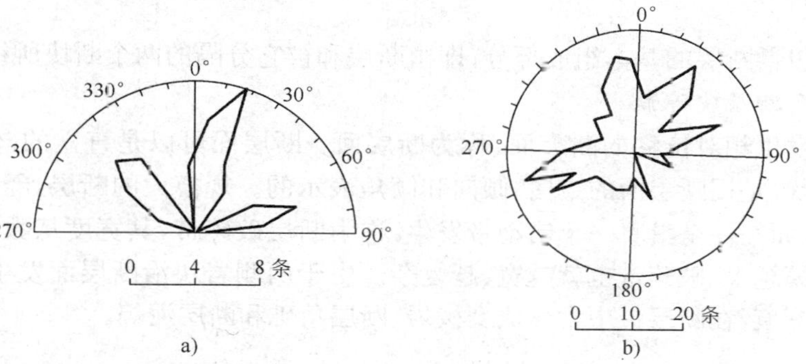

图 3-23 节理玫瑰图

2. 节理倾向玫瑰图

先将测得的节理，按倾向以每 5°或每 10°分组，统计每一组内节理的条数，并算出其平均倾向。用绘制走向玫瑰图的方法，在注有方位的圆周上，根据平均倾向和节理的条数，定出各组相应的点子。用折线将这些点子连接起来，即得节理倾向玫瑰图，见图 3-23b)。

如果用平均倾角表示半径方向的长度，用同样方法可以编制节理倾角玫瑰图。同时也可看出，节理玫瑰图编制方法简单，但最大的缺点是不能在同一张图上把节理的走向、倾向和倾角同时表示出来。

节理的发育程度，在数量上有时用裂隙率表示。裂隙率是指岩石中裂隙的面积与岩石总面积的百分比。裂隙率越大，表示岩石中的裂隙越发育；反之，则表明裂隙不发育。公路工程地质常用的裂隙发育程度的分级，如表 3-4 所示。

裂隙发育程度的分级 表 3-4

发育程度等级	基本特征	附注
裂隙不发育	裂隙 1～2 组，构造型，间距在 1m 以上，多为密闭裂隙；岩体被切割成巨块状	对基础工程无影响，在不含水且无其他不良因素时，对岩体稳定性影响不大
裂隙较发育	裂隙 2～3 组，呈 X 形，较规则，以构造型为主，多数间距大于 0.4m，多为密闭裂隙，部分为微张裂隙，少有填充物；岩体被切割成大块状	对基础工程影响不大，对其他工程可能产生相当影响
裂隙发育	裂隙 3 组以上，不规则，以构造型或风化型为主，多数间距小于 0.4m，大部分张开裂隙，部分有裂隙；岩体被切割成小块状	对工程建筑物可能产生很大影响

续上表

发育程度等级	基本特征	附注
裂隙很发育	裂隙3组以上，杂乱，以风化型和构造型为主，多数间距小于0.2m，以张开裂隙为主，一般均有填充物；岩体被切割成碎石状	对工程建筑物产生严重影响

二、断　　层

断层是岩体断裂后产生显著位移的断裂构造，断层的规模可大可小，小的仅几厘米，大的断层延伸长度可达数百公里，在工程实践中，研究断层具有很重要的意义。

（一）断层要素

断层要素包括断层的基本组成部分，即由断层和被它分隔的两个断块所组成。

1. 断层面及断层破碎带

两侧岩块发生相对位移的断裂面，称为断层面。断层面可以是直立的，但大多数是倾斜的。断层的产状，是用断层面的走向、倾向和倾角表示的。规模大的断层，经常不是沿着一个简单的面发生，而往往是沿着一个错动带发生，称为断层破碎带，其宽度从数厘米到数十米不等。断层的规模越大，破碎带也就越宽、越复杂。由于两侧岩块沿断层面发生错动，所以在断层面上常留有擦痕，在断层带中常形成糜棱岩、断层角砾和断层泥等。

2. 断层线

断层面与地面的交线，称为断层线。断层线表示断层的延伸方向，其形状取决于断层面的形状和地面起伏情况。

3. 上盘、下盘和断盘

断层面两侧发生相对位移的岩块，称为断盘。当断层面倾斜时，位于断层面上部的称为上盘；位于断层面下部的称为下盘。当断层面直立时，常用断块所在的方位表示，如东盘、西盘等。如以断盘位移的相对关系为依据，则将相对上升的一盘称为上升盘，相对下降的一盘称为下降盘。上升盘和上盘，下降盘和下盘并不完全一致，上升盘可以是上盘，也可以是下盘；同样下降盘可以是下盘，也可以是上盘，两者不能混淆。

4. 断距

断层两盘沿断层面相对移动开的距离。

（二）断层类型

断层有形态和成因两种主要分类方法，另外还有由多条断层组合的组合类型。

1. 断层的基本形态类型

根据两盘相对移动的特点，可分为以下三种类型。

正断层：上盘相对下降，下盘相对上升的断层为正断层，见图3-24a)。正断层的断层面倾角一般在45°以上，断层线也比较平直，它一般是在张力和重力作用下形成的。

逆断层：上盘相对上升，下盘相对下降的断层，称逆断层，见图3-24b)。如果其倾角较陡(在45°以上)称为逆冲断层；如果断层面倾角在25°至45°之间称为逆掩断层；如果断层面倾角小于25°，称为辗掩断层或推覆构造。这类断层倾角一般较为平缓。

平移断层：两盘沿断层走向相对水平移动的断层，称平移断层，见图3-24c)，也称为走向滑动断层。可按两盘相对平移的方向细分为左行(或左旋,即逆时针方向旋转)与右行(右旋,即顺时针方向旋转)。图 3-24c)即为左行平移断层。平移断层面倾角通常很陡,甚至是直立的。它常是在水平压力作用下褶曲形成过程中产生的,其走向常与褶皱轴斜交或垂直。在脆性岩层中,因水平挤压也可在没有发生褶皱的情况下沿剪节理方向发育而形成平移断层。

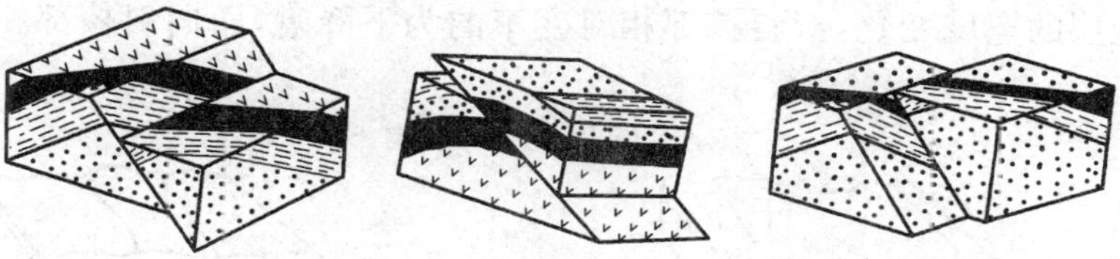

图 3-24 断层的形态分类

2. 断层的组合类型

在一个地区断层往往是成群出现的,而且具有一定的组合形态,常见的断层组合类型有下列三种。

阶梯状断层:这种断层是由许多大致平行的正断层沿着同一方向呈阶梯状下滑而形成的断层组合。因其形如下降的台阶,故称阶梯状断层,见图 3-25。

地堑和地垒:地堑和地垒是由两条或两条以上大致平行的断层形成的断层组合。如果两个或组断层之间的岩块相对下降,两边岩块相以上升的叫地堑,反之中间上升两侧下降者则称地垒。地堑和地垒都可由正断层或逆断层组成,见图 3-26。地堑远比地垒重要。在地形上地堑常形成狭长的凹陷地带,而且常常控制后来沉积盆地的发育。我国山西和陕西的汾渭地堑及东非大地堑等都是世界上有名的地堑构造。

图 3-25 阶梯状断层

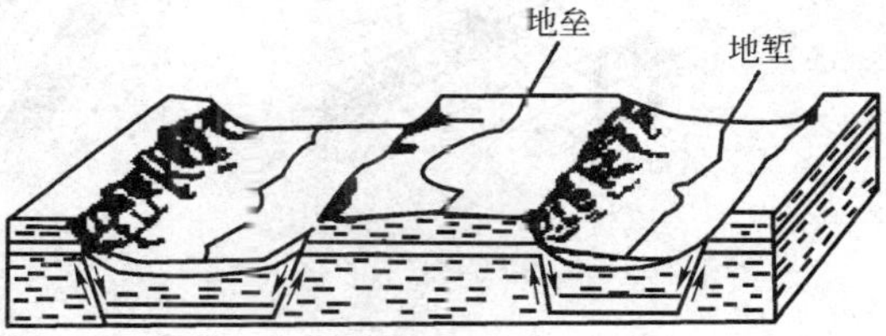

图 3-26 地堑和地垒

叠瓦状构造:这种构造由一系列大致平行的逆断层组成,其倾向相同。一般是老岩层依次冲于新岩层之上,每个断层的上盘为相邻另一断层的下盘,状如叠瓦,所以称为叠瓦状构造,见图 3-27。它常同剧烈的褶皱伴生,说明曾经历了强烈的水平挤压作用。正断层及其组合表现为地层被拉断,距离拉长,它一般是在地壳的伸张状况下形成的。逆断层及其组合表现为地层重叠,水平距离缩短,一般认为它与水平运动有关,是在地壳压缩的状况下形成的。

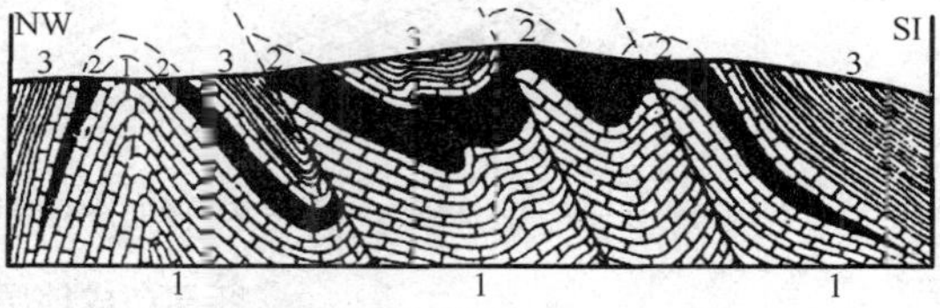

图 3-27 逆断层组成的叠瓦状构造

(三)断层的野外识别

在自然界,大部分断层由于后期遭受剥蚀破坏和覆盖,在地表上暴露得不清楚,因此需根据地层、构造等直接证据和地貌、水文等方面的间接证据来判断断层的存在与否及断层类型。

1. 构造线和地质体的不连续

任何线状或面状的地质体，如地层、岩脉、岩体、不整合面、侵入体与围岩的接触界面、褶皱的枢纽及早期形成的断层等，在平面或剖面上的突然中断、错开等不连续现象是判断断层存在的一个重要标志，见图 3-28。断层横切岩层走向，岩层沿走向突然中断，又由于该断层横切褶皱，导致核部地层的宽度变化，背斜核部相对变窄的为下降盘，而向斜核部相对变窄的为上升盘。

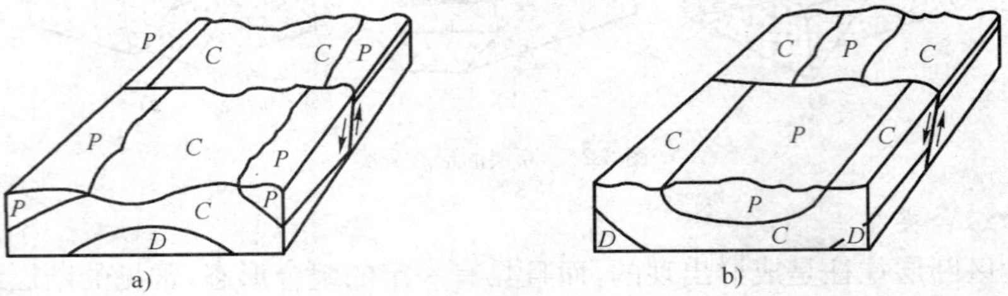

图 3-28 断层横切褶皱核部立体示意图

2. 地层的重复与缺失

在层状岩石分布地区，沿岩层的倾向，原来层序连续的地层发生不对称的重复或是某些层位缺失现象，一般是倾向正（或逆）断层造成的，见图 3-29。根据正、逆断层面同岩层面倾向、倾角的关系可产生如表 3-5 所列的重复、缺失规律。反之，根据这些重复、缺失以及倾向和倾角的关系，可以推断断层的类型。

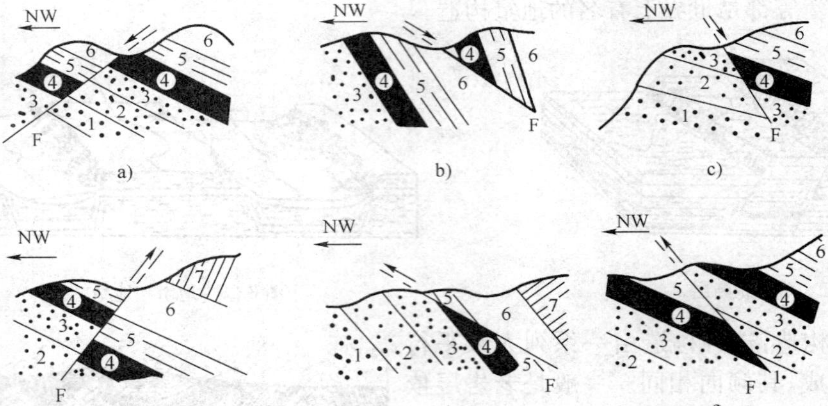

图 3-29 倾向滑移断层造成地层重复、缺失现象

断层造成地层重复、缺失变化表 表 3-5

断层类型	断层面与岩层面的倾向相反	断层面与岩层面的倾向相同	
		断层面倾角＜岩层倾角	断层面倾角＞岩层倾角
正断层	a）重复	b）重复	c）缺失
逆断层	d）缺失	e）缺失	f）重复

3. 断层面（带）的构造特征

断层面（带）的构造特征指由于断层面两侧岩块的相互滑动和摩擦，在断层面上及其附近留下的各种证据。

(1)擦痕和阶步:两者都是断层两盘岩块相对错动时在断层面因摩擦和碎屑刻划而留下的痕迹,见图 3-30。擦痕常表现为一组彼此平行而且比较均匀细密的相间排列的脊和槽,有时可见擦痕一端粗而深,另一端细而浅,则由粗的一端向细的一端的指向即为对盘运动方向。在硬而脆的岩石中,有的摩擦面光滑如镜,称为摩擦镜面。阶步是指断层面上与擦痕垂直的微小陡坡,在平行运动方向的剖面上其形状特征呈不对称波状,陡坡倾斜方向指示对盘错动方向。

(2)牵引构造:断层两盘沿断层面作相对滑动时,断层附近的岩层因受断层面摩擦力而产生的弧形弯曲现象。岩石弧形弯曲突出的方向大体指本盘错动方向,见图 3-31。

图 3-30　断层擦痕与阶步

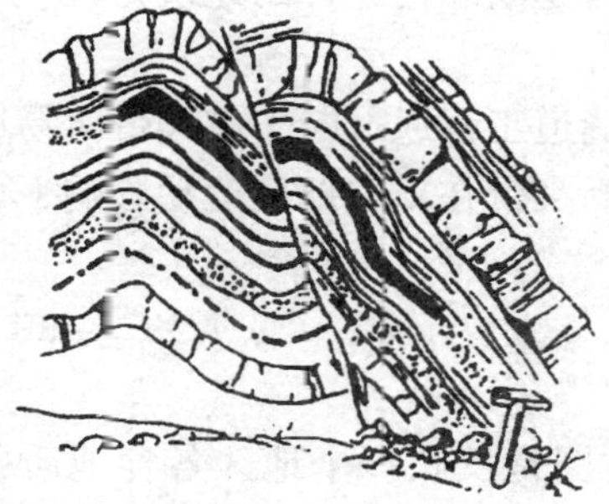

图 3-31　断层的牵引构造

(3)构造透镜体:断层带中常发育规模不等。并呈一定方向排列的透镜状岩块。部分构造透镜体是由于断层形成时的挤压作用,产生的共轭剪节理把岩石切割成菱形岩块,再进一步挤压研磨而成。

(4)断层岩:断层带中因断层动力作用的搓碎、研磨,有时伴有重结晶作用而形成的一种岩石。根据研磨程度以及重结晶作用所反映的结构构造特征,可分为断层角砾岩、碎裂岩、糜棱岩等类型,见图 3-32。

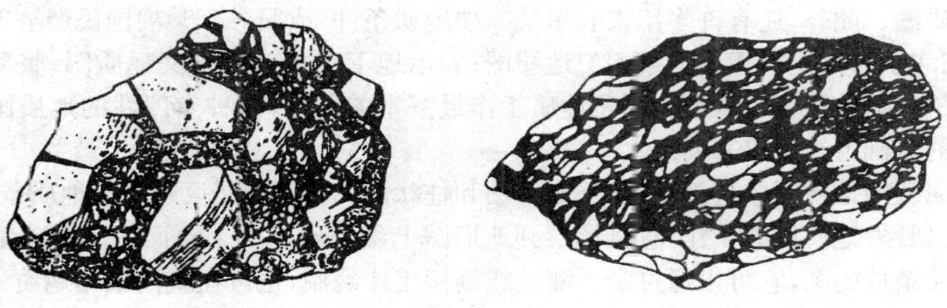

a)　　　　　　　　b)

图 3-32　断层角砾岩

4.地貌及其他标志

较大的断层由于断层面直接出露,在地貌上形成陡立的峭壁,称为断层崖。当断层崖遭受与崖面垂直的水流侵蚀切割后,可形成一系列的三角形陡崖,叫做断层三角面,见图 3-33。断层的存在常常控制和影响水系的发育,并可引起河流遇断层面而急剧改向。温泉和冷泉呈带状分布

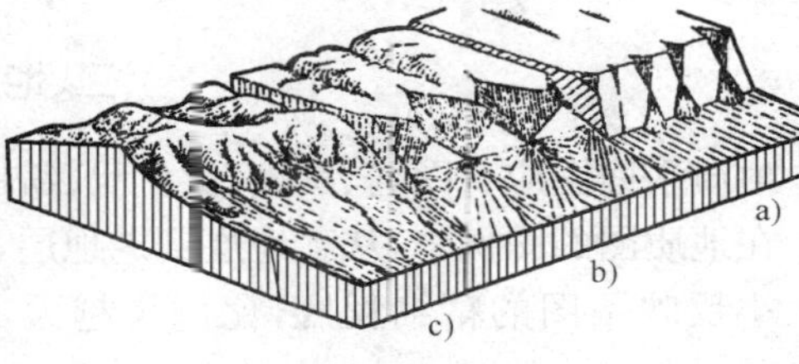

图 3-33　断层三角面形成示意图

往往也是断层存在的标志。线状分布小型侵入体也常反映断层的存在。

(四)断层的工程地质评价

由于断裂构造的存在,破坏了岩体的完整性,加速风化作用、地下水的活动及岩溶发育,可能在以下几方面对工程建筑产生影响。

(1)降低地基岩体的强度稳定性。断层破碎带力学强度低、压缩性大,建于其上的建筑物由于地基的较大沉陷,易造成断裂或倾斜。断裂面对岩质边坡、坝基及桥基稳定常有重要影响。

(2)跨越断裂构造带的建筑物,由于断裂带及其两侧上、下盘的岩性均可能不同,易产生不均匀沉降。

(3)隧道工程通过断裂破碎带时易产生坍塌。

(4)断裂带在新的地壳运动影响下,可能发生新的移动,从而影响建筑物的稳定。

第四节 地 质 图

地质图是反映一个地区各种地质条件并将自然界的地质情况,用规定的符号按一定的比例缩小后投影绘制在平面上的图件,是工程实践中需要搜集和研究的一项重要地质资料。要清楚地了解一个地区的地质情况,需要花费不少时间和精力,通过对已有地质图的分析和阅读,就可以帮助我们具体了解一个地区的地质情况,这对研究工程的布局、类型、确定野外工程地质工作的重点等,都可以提供很好的帮助。因此,学会分析和阅读地质图是十分必要的。

一、地质图的类型

地质图的种类很多,主要用来表示地层、岩性和地质构造条件的地质图,称为普通地质图,简称为地质图。此外,还有许多用来表示某一项地质条件,或服务于某项国民经济专门性地质图,如专门表示第四纪沉积层的第四纪地质图;表示地下水条件的水文地质图;服务于各种工程建设的工程地质图等。但地质图是地质工作最基本的图件,各种专门性的地质图一般都是在地质图的基础上绘制出来的。

一幅完整的地质图应包括平面图、剖面图和柱状图。平面图是反映地表地质条件的图,它一般是通过野外地质勘测工作,直接填绘到地形图上编制出来的。剖面图是反映地表以下某一断面地质条件的图,它可以通过野外测绘或勘探工作编制,也可在室内根据地质平面图来绘制。综合地层柱状图综合反映一个地区各地质年代的地层特征、厚度和接触关系等。地质平面图全面地反映了一个地区的地质条件,是最基本的图件。地质剖面图是配合平面图,反映一些重要部位的地质条件,它对地层层序和地质构造现象的反映比平面图更清晰、更直观,因此,一般地质平面图都附有剖面图。

二、地质图的规格

地质平面图应有图名、图例、比例尺、编制单位和编制日期等。

在地质图的图例中,从新地层到老地层,严格要求自上而下或自左到右顺次排列。比例尺的大小反映了图的精细程度,比例尺越大,图的精度越高,对地质条件的反映也越详细、越准确。

三、地质条件在地质图上的反映

地质图上一般反映地层岩性和地质构造等条件。这些条件需采用不同的符号和方法，才能综合在一幅图中。

(一)地层岩性

地层岩性是通过地层分界线、年代符号或岩性代号，再配合图例说明来反映的。地层分界线表示在地质图上有以下几种情况：

1. 层状岩层

在地质图上出现最多，其分界线规律性强，它的形状是由岩层产状和地形之间的关系决定的。

(1)当岩层水平时，岩层分界线与地形等高线平行或重合，水平岩层厚度为该岩层顶面和底面的高程差。在地质平面图上露头宽度，取决于岩层厚度及地形坡度，见图 3-34。

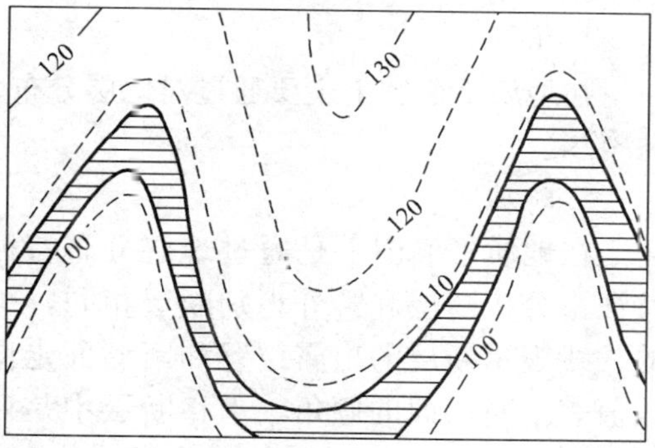

图 3-34　水平岩层在地质图上的特征

(2)当岩层倾向与地形坡向相反时，岩层分界线的弯曲方向和地形等高线的弯曲方向一致，即在沟谷处，岩层界线的“V”字形尖端指向沟谷的上游；穿越山脊时，“V”字形尖端指向山脊的坡脚。但岩层界线的弯曲度比地形等高线的弯曲度要小，见图 3-35a)。

(3)当岩层倾向与地形坡向一致时，若岩层倾角大于地形坡角，则岩层分界线弯曲方向和等高线弯曲方向相反，即在沟谷中，岩层界线“V”字形尖端指向下游；在山脊上，则“V”字形指向山脊的上坡顶，见图 3-35b)。

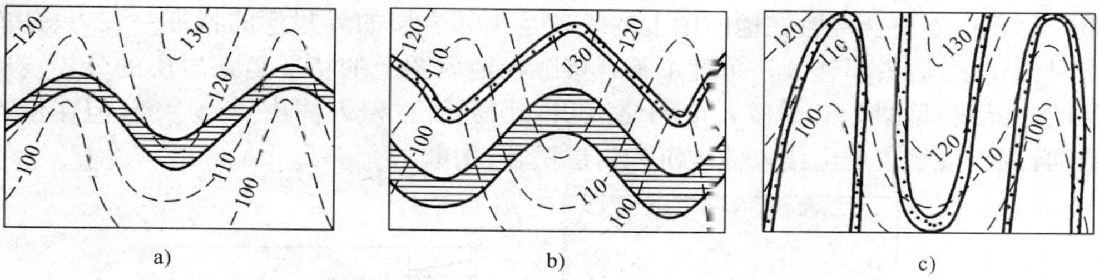

图 3-35　倾斜岩层在地质图上的特征

(4)当岩层倾向与地形坡向一致时，若岩层倾角小于地形坡角，则岩层分界线弯曲方向和等高线相同。在沟谷中，“V”字形尖端指向沟谷上游；在山脊上，“V”字形尖端指向山脊的坡脚，见图 3-35c)，但与(2)不同的是岩层界线的弯曲度明显大于地形等高线的弯曲度。

(5)当岩层直立时，岩层分界线沿岩层走向延伸，不受地形影响，一般为直线，只有当岩层走向改变或弯曲时，它才相应地转折或弯曲。

2. 第四系松散沉积层和基岩

第四系松散沉积层和基岩分界线较不规则，但也有一定规律性，常在河谷斜坡、盆地边缘、平原和山区交界处，大体沿山脚等高线延伸。在冲沟发育、厚度大的松散沉积层分布区，基岩常在冲沟底部出露。

3. *岩浆岩类岩体*

岩浆岩类岩体的形状不规则，表示在地质图上为不规则的分界线。

(二)地质构造

褶皱、断层及岩层接触关系，在地质图上的表示方法如下：

1. *褶皱*

在地质平面图上主要通过对地层分布、年代新老和岩层产状来分析，具体符号为背斜╳，向斜╳。

2. *断层*

在地质平面图上是通过地层分布特征用规定的符号来表示。在地质平面图中用地层特征来分析断层和野外识别断层相同，一般断层的符号见图 3-36。除平移断层外，符号中的长线表示断层的出露位置和断层面走向；垂直于长线带箭头的短线表示断层面的倾向；数值表示断层面的倾角。平移断层中是用平行于长线带箭头的短线来表示断层两盘的相对运动方向。

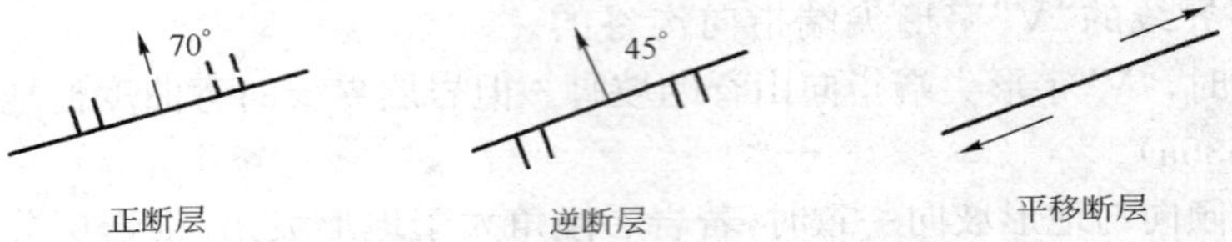

图 3-36　断层符号

3. *岩层接触关系*

整合和平行不整合接触在地质图上的表现是相邻岩层的界限弯曲特征一致，只是前者相邻岩层时代连续，后者不连续。角度不整合接触在地质图上的特征是新岩层的分界线遮断了老岩层的分界线，见图 3-37。侵入接触使沉积岩层界线在侵入体出露处中断，但在侵入体两侧无错动；沉积接触表现出侵入体被沉积岩层覆盖、中断。

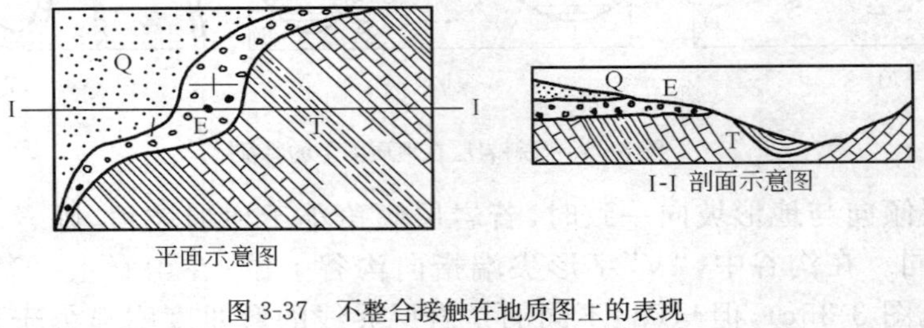

图 3-37　不整合接触在地质图上的表现

四、阅读地质图

在学习地质图基本知识的基础上，进行地质图的阅读和分析，了解工程建筑地区的区域地层岩性分布和地质构造特征，分析其有利的地质条件，对工程建筑物的影响，具有重要的实际意义。

(一)阅读地质图的方法

(1)先看图和比例尺

了解地质图所表示的内容，图幅的位置，地点范围及其精度。如图比例尺是 1∶5 000，即图上 1cm 相当于实地距离 50m。

(2)阅读图例

了解图中有哪些地质时代的岩层及其新老关系，并熟悉图例的颜色及符号附有地层柱状图时，可与图例配合阅读。综合地层柱状图，见图 3-38，它较完整、清楚地表示地层的新老次序、分布程度、岩性特征及接触关系。

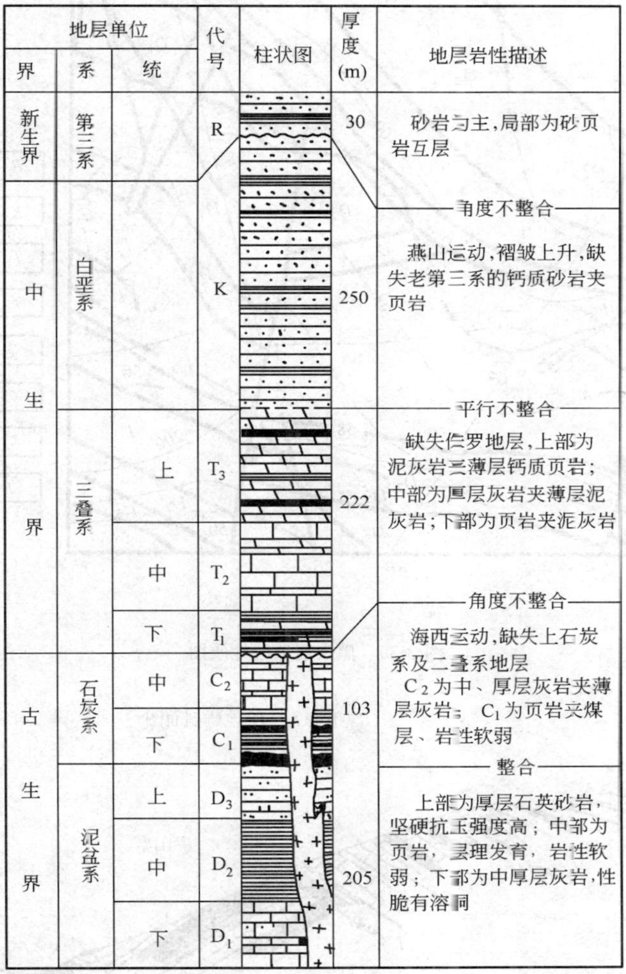

图 3-38 综合地层柱状图

(3)分析地形地貌，了解本区的地形起伏，相对高差，山川形势，地貌特征等。

(4)阅读地层分布、产状及其和地形关系，分析不同地质时代的分布规律，岩性特征，及新老接触关系，了解区域地层的基本特点。

(5)阅读图上有无褶皱，褶皱类型、轴部、翼部的位置；有无断层，断层性质、分布，以及断层两侧地层的特征，分析本地区地质构造形态的基本特征。

(6)综合分析各种地质现象之间的关系及规律性。

(7)在上述阅读分析的基础上，对图幅范围内的区域地层岩性条件和地质构造特征，应结合工程建设的要求，进行初步分析评价。

(二)黑山寨地区地质图的阅读分析

以黑山寨地区地质图为例，见图 3-39 和图 3-40，对该区地质条件进行分析阅读如下：

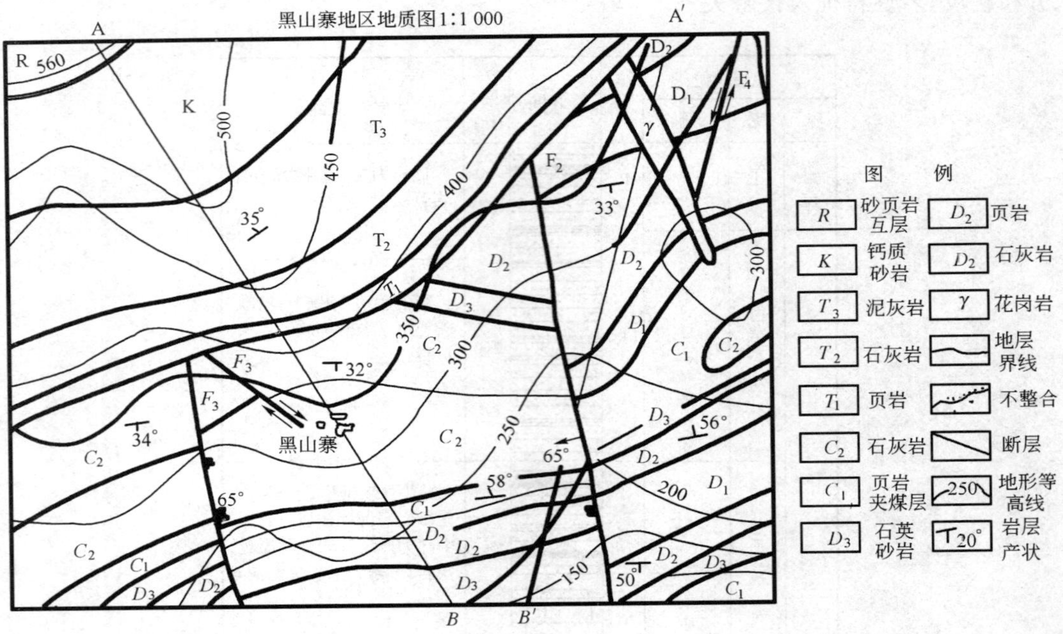

图 3-39 黑山寨地区地质图

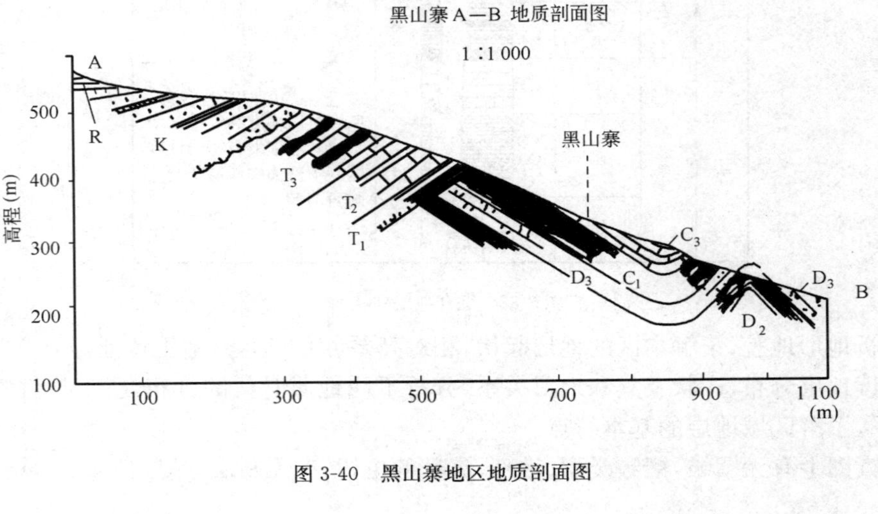

图 3-40 黑山寨地区地质剖面图

1. 比例尺

地质图比例尺为 1∶10 000，即 1cm 代表实地距离为 100m。

2. 地形地貌

本区西北部最高，高程约为 570m；东南较低，高程约 100m；相对高差约达 470m。地势为西北高、东南低，东部有一山冈，高程约为 300m。顺地形坡向有两条沟谷，近南北向为 F_1、F_2 断层，是岩石破碎，风化侵蚀所形成。

3. 地层岩性

本区出露地层从老到新有：古生界——下泥盆统（D_1）石灰岩、中泥盆统（D_2）页岩、上泥盆统（D_3）石英砂岩、下石炭统（C_1）页岩夹煤层、中石炭统（C_2）石灰岩；中生界——下三叠统（T_1）页岩、中三叠统（T_2）石灰岩、上三叠统（T_3）泥岩，垩系（K）钙质砾岩；新生界——第三系（R）砂页岩互层。古生界地层分布面积较大，中生界、新生界地层出露在北、西北部。

除沉积岩层外，还有细晶花岗岩脉（γ）侵入，出露在东北部。

4. 地质构造

1）岩层产状

R 为水平岩层；T、K 为单斜岩层，其产状 300°∠35°（即岩层倾向 300°，倾角 35°，以下同），D、C 地层大致近东西—北东向延伸。

2）褶皱

古生界地层从 D_1 至 D_2 由北部到南部形成三个褶皱，依次为背斜、向斜、背斜。褶皱轴向为 75°～80。

（1）东北部背斜：背斜核部较新地层为 D_1，北翼为 D_2，产状 345°∠33°；南翼由老到新为 D_2、D_3、D_1、D_2，岩层产状 165°∠33°；两翼岩层产状对称，为直立褶皱。

（2）中部向斜：向斜核部较新地层为 C_2，北翼地层由新到老为 C_1、D_3、D_2、D_1，其产状 345°∠56°；由于两翼岩层倾角不同，北翼倾角缓、南翼倾角较，故为倾斜褶皱。中部背斜近东西向延伸远，出露面较大，为本区主要褶皱。

（3）南部背斜：背斜核部地层为较老地层 D_1；北翼地层为 D_2、D_3、D_1、D_2，产状 345°∠56°；南翼地层为 D_2、D_3、D_1，产状 165°∠50°，也为倾斜褶皱。

褶皱发生在中石炭世（C_2）之后下三迭世（T_1）以前，因为 T_1 以前 D_1 至 D_2 的地层全部经过褶皱变动。

3）断层

本区有 F_1、F_2 两条较大断层，因岩层沿走向延伸方向不连续，断层走向 345°，断层面倾角较陡，微向中间倾斜（F_1：25°∠65°、F_2：225°∠65°），两断层都横切向斜轴和背轴的正断层，从断层两侧向斜核部 C_2 地层出露宽度分析，说明 F_1-F_2 间岩体相对下移为下降盘，所以 F_1、F_2 断层的组合关系为地堑。

此外，尚有 F_3、F_4 二条断层，F_3 走向 300°，F_4 走向 30°，为规模较小的平移断层。

断层也形成于中石炭世（C_2）之后，下三迭世（T_1）以前，因为断层没有截断 T_1 以后的岩层。

从该区褶皱和断层分布的时间和空间来分析，它们是形成于中石炭世之后，下三迭世（T_1）以前，同是处于同一构造应力场，受同一次构造运动所形成的。压力主要来自近南北向（NNW—SSE 方向），故褶皱轴向近东西向（NEE-NWW 方向），F_1、F_2 两断层主要受张应力作用形成的正断层，故断层走向与张应力垂直，大致与压应力方向平行，而 F_3、F_4 则为剪应力所形成的扭断层。

5.接触关系

第三系(R)与其下伏白垩系(K)角度不整合接触。

白垩系(K)与下伏三迭系(T_3)之间，缺失侏罗系(J)，但 T_3 与 K 岩层产状大致平行，故为不平行、不整合接触。

下三迭系(T_1)与下伏石炭系(C_1、C_2)及泥盆系(D_1、D_2、D_3)地层直接接触，中间缺失二迭系(P)及上石炭统 C_3，且产状呈角度相交，故为角度不整合接触。

细晶花岗岩脉(γ)切穿泥盆系(D_1、D_2、D_3)及下石炭统(C_1)地层并侵入其中，故为侵入接触，因未切穿上覆下三迭统(T_1)地层，故 γ 与 T_1 为沉积接触。这说明细晶花岗岩脉(γ)形成于下石炭世(C_1)以后，下三迭世(T_1)以前，但规模较小，其岩脉产状大致呈北北西—南南东条状分布的直立岩墙。

思考题

1.根据岩层的接触关系如何确定岩层的新老关系？

2.什么是相对地质年代？从古生代到新生代，各个地质年代的主要代表性植物、动物和构造运动分别是什么？

3.简述倾斜岩层产状三要素的定义、测量方法和记录方法。

4.简述岩层产状与边坡稳定性的关系。

5.如何依据地质平面图识别褶曲的类型？

6.简述背斜成谷、向斜成山的原因。

7.在褶皱构造中进行隧道建设应注意什么？

8.节理的主要类型有哪些？走向玫瑰图与倾向玫瑰图有何异同？

9.断层存在的标志有哪些？

10.断裂构造对工程建筑会产生哪些不利影响？

11.一幅完整的地质图应包括哪几种图？各自反应的主要内容是什么？

12.水平岩层、倾斜岩层在地质图上的特征分别是什么？

第四章 地下水

DISIZHANG

地球总面积的 3/4 被水覆盖，在地球 13.84 亿 m^3 水资源中，可供人类生存使用的淡水仅占 0.026%，而这其中的 77% 又是人类无法利用的极地冰山、冰川。通常把以各种形式存在于地壳岩石或土中空隙(孔隙、裂隙、溶洞)中的水，称为地下水。

大气降水、地表水经岩石或土中空隙不断渗入地下就会形成地下水，同时地下水在地下渗流后，又可能溢出地表，形成地表水，地表水经蒸发又会返回到大气中，因此大气降水、地表水和地下水之间在不断的相互转化中，它们共同构成了地球的水圈。

地下水分布范围很广，与人们的生产、生活和工程活动有着十分密切的关系。它一方面可以作为居民生活用水、工业用水及农业灌溉用水的水源，含有特殊矿物成分及较高温度的地下水，还可用于医疗、热能利用和提取有用元素，是宝贵的天然资源。但另一方面，过量抽取地下水而造成地下水位的持续性下降，是区域地下水资源枯竭的表征；当大量取用地下水后，会引起土层变形，产生大范围地面沉降。由于长期超量抽取地下水，我国近 50 座城市地面沉降，目前在长江以南的长三角 10 万 km^2 的范围内，已经引起了区域性地面沉降与地裂缝等地质灾害。区内三分之一范围内累计沉降已超 200mm，面积近 1 万 km^2。其中上海市是我国发生地面沉降现象最早、影响最大、危害最严重的城市；江苏省的苏、锡、常地区，浙江省的杭、嘉、湖等地已经形成三个区域性沉降中心，最大累计沉降量分别达到 2.63m、1.08m 和 0.82m，形成了三个大“漏斗”，并且地面沉降在长三角地区有连成一片的趋势。地面沉降和海平面上升正在不知不觉中侵蚀着人类创造出的财富，根据测算，地面沉降已给江南的长三角地区造成损失近 3 500 亿元人民币。北京供水曾三分之二来自地下水，由于地下水的超量开采，地下水也曾年均下降 1.3m，平原地面沉降呈快速增加趋势。到目前为止，在东郊八里庄—大郊亭、东北郊来广营、昌平沙河—八仙庄、大兴榆垡—礼贤、顺义平各庄等地已经形成了五个较大的沉降区，沉降中心累计沉降量分别达到 722mm、565mm、688mm、661mm、250mm。最严重的地方，地表还在以每年 20～30mm 的速度下沉。由于地面沉降，北京城市基础设施受到一定程度的损害。在部分沉降区发现工厂、居民区楼房墙壁开裂、地基下沉、地下管道工程损坏，一些建筑物的抗震能力和使用寿命也受到影响。在美国 50 个州中，大约有 24 个州由于开采地下水、石油和可燃性天然气而产生不同程度的地面沉降。意大利的威尼斯，素有“水都”之称，地面沉降非常严重，著名的市政府大楼罗内丹宫已下沉了 3.18m。由于地下水位的持续性上升而造成矿坑淹没、地面建筑破坏、土地盐渍化和沼泽化，也是地质灾害的种类之一。如青海格尔木、德令哈等地由于水库的渗漏、降水量的增加等因素，造成地下水位普遍升高 1～3m，最高达 25m，致使大面积土地盐渍化、沼泽化、农作物大量减产、建筑物倒塌、树木死亡，该省由此造成的直接经济损失达每年 9 158 万元。甘肃兰州市由于池、排水沟、农田灌溉、城市绿化用水和上、下水管网的渗漏等，也造成了西固区和城关区两个地段共 47.05km² 范围的地下水位升高，累计上升达 10m，结果引起地下人防工程破坏、地面建筑变形破坏等危害。

对土木工程而言，当岩土体中的含水率增大，其强度和稳定性都会不同程度降低，会引发各种不良工程地质现象，如滑坡、地基沉陷、道路冻胀翻浆等，给土木工程的建设和正常使用造成极大危害。此外，如果地下水中富含侵蚀性二氧化碳、硫酸根离子或氯离子，地下水还会对工程中常用的混凝土产生侵蚀作用，使混凝土结构遭到破坏。因此，在土木工程的设计与施工中，都必须研究地下水问题，只有掌握了建设场地的地下水埋藏条件、地下水的类型及其活动规律，才能有针对性地采取相应措施，保证建筑物的安全施工和正常使用。

第一节　地下水的物理性质与化学性质

由于地下水在运动过程中与各种岩石矿物相互作用，溶解其中的可溶性物质，形成一种复杂的溶液，使地下水与纯水有一些区别。

研究地下水的物理性质和化学成分，对于了解地下水的形成条件和动态变化、确定地下水对建筑材料的侵蚀性及进行水质评价等，都具有实际意义。

一、地下水的物理性质

地下水的物理性质包括温度、颜色、透明度、臭(气味)、味(味道)和导电性等。

由于放射热的影响，地温随深度增加而增加，因此地下水的温度随埋藏深度增大而增大，并且变化范围很大，可从－5℃到 100℃以上。

地下水一般是无色、透明的，但当水中含有某些元素或含有较多的悬浮物质时，便会带有各种颜色而显得混浊。如含铁高的水为黄褐色，含腐殖质的水为淡黄色。

地下水一般是无臭、无味的，但当水中含有某些气体和盐分时，会呈现不同的味道。如水中含有硫化氢气体时，便具有臭鸡蛋味；水中含有氯化钠时，便具有咸味。

地下水的导电性取决于所含电解质的数量与性质。离子含量越多，离子价越高，水的导电性就越强。

需引起特别关注的是地下水污染在全国范围内已非常普遍，尤其在城市地域更为严重。据统计，严重水污染的城市达 50 座以上。此外，随着沿海地区地下水开采量的不断增大，各沿海省区普遍出现了海水入侵现象，以山东半岛、辽东半岛和河北平原最为严重，使当地地下水变咸、水源地报废，平均每年造成经济损失达数亿元。

二、地下水的化学性质

由于地貌、地层岩性、地质构造等地质条件的差异，地下水的化学成分和化学性质因地区不同而存在一定差异，形成了某些地区的地下水中某些元素含量过高(如氟、砷)或过低(如碘)的现象。

(一)地下水的化学成分

1. 主要的离子成分

地下水中含有数十种离子成分，离子成分的种类和多少决定了地下水的化学性质。

(1)常见的阳离子主要有：氢离子(H^+)、钠离子(Na^+)、钾离子(K^+)、镁离子(Mg^{2+})、钙离子(Ca^{2+})、铁离子(Fe^{2+}或Fe^{3+})和锰离子(Mn^{2+})等。

(2)常见的阴离子主要有：氢氧离子(OH^-)、氯离子(Cl^-)、硫酸根离子(SO_4^{2-})、硝酸根离子(NO_3^-)、亘碳酸根离子(HCO_3^-)、碳酸根离子(CO_3^{2-})、硅酸根离子(SiO_3^{2-})、磷酸根离子(PO_4^{3-})等。

上述离子中的氯离子(Cl^-)、硫酸根离子(SO_4^{2-})、重碳酸根离子(HCO_3^-)、钾离子(K^+)、钠离子(Na^+)、钙离子(Ca^{2+})和镁离子(Mg^{2+})是地下水中七种主要离子成分。

2. 主要的气体成分

地下水中常见的气体成分有氧气(O_2)、氮气(N_2)、二氧化碳(CO_2)、硫化氢(H_2S)等气体。

3. 呈分子状态的化合物(胶体)

地下水有三氧化二铁(Fe_2O_3)、三氧化二铝(Al_2O_3)和偏硅酸(H_2SiO_3)等。

(二)地下水的化学性质

1. 氢离子浓度(pH 值)

地下水的氢离子浓度是指水的酸碱度，常用 pH 值表示。pH 值是水溶液中氢离子浓度，常用对数的负值，即 $pH=-\lg(H^+)$。

地下水的氢离子浓度主要取决于水中重碳酸根离子(HCO_3^-)、碳酸根离子(CO_3^{2-})和碳酸(H_2CO_3)的数量。自然界中的地下水大多数呈弱酸性、中性或弱碱性，pH 值为 6.5～8.5。根据 pH 值将地下水分为五类，详见表 4-1。

地下水按 pH 值分类 表 4-1

水的类别	强酸性水	弱酸性水	中性水	弱碱性水	强碱性水
pH 值	<5	5～7	7	7～9	>9

2. 矿化度

地下水中各种元素的离子、分子和化合物的总含量称为矿化度。通常根据一定体积的水在 105～110℃的温度下蒸干后所得残渣的质量来确定。

矿化度与水的化学成分之间有密切的关系。淡水和微咸水常以重碳酸根离子(HCO_3^-)为主要成分，称碳酸盐水；咸水常以硫酸根离子(SO_4^{2-})为主要成分，称硫酸盐水；盐水和卤水常以氯离子(Cl^-)为主要成分，称氯化物水。我国《生活饮用水卫生标准》(GB 5749—2006)规定，饮用水的矿化度应小于 1g/L。

根据矿化度将地下水分为五类，详见表 4-2。

地下水按矿化度分类 表 4-2

水的类别	淡水	微咸水	咸水	盐水	卤水
矿化度(g/L)	<1	1～3	3～10	10～50	>50

我国各个地区的地下水矿化度差异很大，昆仑山—秦岭—淮河一线以南的湿润地带，大多数地区的地下水矿化度小于 1.0g/L(滨海平原除外)，而其中大部分地区为 0.2～0.5g/L。松

辽平原中部、辽河平原和黄淮海平原的地下水矿化度普遍大于 1.0g/L，黄河三角洲及江苏省滨海平原地下水矿化度由 1.0g/L 渐增至 10.0g/L 以上。所以东部平原的浅层地下水主要表现是盐化特征，在基岩山地中准平原化的低山、残山地带（如库鲁克山至马鬃山一带），处于没有外来水源，且年降水量仅为 20～50mm，甚至还有 10mm 的极端荒漠化地区，地下水矿化度高达 5～30g/L。青藏高原的多年冻土区冻结层上的水，由于大气降水和冰雪融水补给，水质良好，多为重碳酸盐型，矿化度一般小于 1.0g/L。

高矿化度的水能降低混凝土强度、腐蚀钢筋、促使混凝土表面风化，所以拌和混凝土时不允许选用高矿化度的水；对建于高矿化度的水中混凝土建筑物、构筑物，应采取相应防护措施。

3. 水的硬度

水的硬度为水质指标之一，能够反映水的含盐特性。通常把水中钙离子（Ca^{2+}）、镁离子（Mg^{2+}）的总含量称为总硬度。将水煮沸后，水中损失的 Ca^{2+}、Mg^{2+} 的含量称为暂时硬度；未发生碳酸盐沉淀的那部分 Ca^{2+}、Mg^{2+} 的含量称为永久硬度。所以，总硬度等于暂时硬度与永久硬度之和。

我国采用的硬度表示法有两种。一种用毫克当量表示，指每升水中的 Ca^{2+} 和 Mg^{2+} 的毫克当量数；另一种用德国度表示，一德国度相当于 lL 水中含氧化钙（CaO）10mg。1mg 当量的硬度＝2.8 德国度。

硬度对评价生活用水和工程用水均有很大意义。硬度高的水对洗涤、煮食等有不良影响。硬度过高的水对人体健康不利，我国规定饮用水的硬度标准为每升水中碳酸钙（$CaCO_3$）含量应小于 450mg。根据暂时硬度还可以判定水溶解混凝土的流出侵蚀性。

根据总硬度将地下水分为五类，详见表 4-3。

地下水按总硬度分类 表 4-3

水的类别		极软水	软水	微硬水	硬水	极硬水
硬度	Ca^{2+} 和 Mg^{2+} 的 mg 当量/L	＜1.5	1.5～3.0	3.0～6.0	6.0～9.0	＞9.0
	德国度	＜4.2	4.2～8.4	8.4～16.8	16.8～25.2	＞25.2

（三）地下水对混凝土的侵蚀性

因地下水含有各种化学成分，使水溶液具有不同的化学性质。pH 值小于 7 的酸性地下水，会对混凝土中的氢氧化钙［$Ca(OH)_2$］及碳酸钙（$CaCO_3$）起溶解破坏作用；矿化度及暂时硬度过高或地下水中侵蚀性二氧化碳（CO_2）含量过多时，也会对混凝土产生侵蚀，从而对土木工程造成危害。地下水对混凝土的侵蚀可以分为结晶类侵蚀、分解类侵蚀和结晶分解复合类侵蚀。

1. 结晶类侵蚀

结晶类侵蚀属于硫酸型侵蚀。当地下水中的硫酸根离子（SO_4^{2-}）含量过多时，将与水泥硬化后生成的氢氧化钙［$Ca(OH)_2$］起化学反应，生成石膏结晶（$CaSO_4 \cdot 2H_2O$），石膏再与混凝土中的铝酸四钙（$4CaO \cdot Al_2O_3$）发生反应，生成含水硫酸盐结晶铝和钙的复硫酸盐（$3CaO \cdot Al_2O_3 \cdot 3CaSO_4 \cdot 31H_2O$），这种化合物的体积比化合前膨胀 2.5 倍，从而使混凝土的结构遭到破坏。

2. 分解类侵蚀

分解类侵蚀属于碳酸型侵蚀。二氧化碳（CO_2）是地下水中的气体成分之一，以气体状态存在于水中的二氧化碳称为游离二氧化碳，由于游离二氧化碳的存在使水呈酸性。地下水中的游离二氧化碳可与混凝土中的氢氧化钙($Ca(OH)_2$)反应生成碳酸钙($CaCO_3$)，在混凝土表面生成一层起保护作用的硬壳，但当二氧化碳含量过多时，它还会与碳酸钙反应，生成易溶于水的碳酸氢钙[$Ca(HCO_3)_2$]，这些能与碳酸钙反应的那一部分二氧化碳被称为侵蚀性二氧化碳。所以当水中游离二氧化碳的含量增加时，侵蚀性二氧化碳随之增多，水溶解碳酸盐的能力有所增强，使混凝土构件遭到破坏。

三、岩土的水理性质

岩土的水理性质是指与岩土中水分的存储、运移等有关的性质，包括岩土的容水性、持水性、给水性和透水性等。岩土中空隙的数量、大小等性质不同，其水理性质则不同。

1. 容水性

岩土空隙能容纳一定水量的特性称为岩土的容水性，通常用容水度表示。容水度是指岩土在饱水状态下，所能容纳的最大水体积与岩土总体积之比，用小数或百分数表示。理论上容水度应等于空隙率(空隙率指岩土体中空隙体积与岩土总体积之比)，但由于岩土中部分空隙不连通及某些封闭气泡存在，实际上，容水度小于空隙率。

2. 持水性

饱水岩土体在重力作用下排水后仍能在岩土中保持一定水量的特性称为岩土的持水性，通常用持水度表示。持水度是指饱水岩土在重力作用后，保持在岩土中水体积与岩土总体积之比，用小数或百分数表示。能够保持在岩土中的这部分水主要为结合水和毛细水，颗粒越细的土，持水度越大。

3. 给水性

饱和岩土体在重力作用下能自由排出一定水量的性能称为岩土的给水性，通常用给水度表示。给水度是指饱水岩土在重力作用下，能排出水的体积与岩土总体积之比，用小数或百分数表示。给水度＝容水度－持水度。显然，颗粒越细的土，给水度越小。

常见土的给水度见表 4-4。

土给水度平均值　　　表 4-4

土的名称	给水度	土的名称	给水度
砾石	0.30～0.35	粉砂	0.10～0.15
粗砂	0.25～0.30	粉土	0.07～0.10
中砂	0.20～0.25	黏性土	0～0.05
细砂	0.15～0.20		

4. 透水性

岩土体能允许水通过的性能称为岩土的透水性，通常用渗透系数(K)表示。渗透系数大小为水头梯度等于 1 时水在岩土中的渗流速度。

影响透水性的因素主要有岩土空隙的大小、多少、形状和连通性，其中最主要的因素为岩土空隙的大小。水在空隙大的岩土中流动时，因所受阻力小，流动速度快；反之，水在空隙小的岩土中流动时，因所受阻力大，流动速度慢，特别是当水在黏土中流动时，由于孔隙被结合水充满，流动空间很小，因此流动速度很慢。

常见岩土的渗透系数见表 4-5。

岩土的渗透系数 K(cm/s)　　表 4-5

岩土名称	渗透系数	岩土名称	渗透系数
黏土	$10^{-7} \sim 10^{-8}$	黏土质岩体	$<10^{-6}$
粉质黏土	$10^{-5} \sim 10^{-6}$	微裂隙化岩体	$10^{-5} \sim 10^{-7}$
粉土	$10^{-4} \sim 10^{-5}$	细裂隙化岩体	$10^{-3} \sim 10^{-5}$
粉砂、细砂	$10^{-3} \sim 10^{-4}$	裂隙化岩体	$10^{-2} \sim 10^{-3}$
中砂、粗砂	$10^{-1} \sim 10^{-2}$	岩溶化岩体	$>10^{-2}$
砾石	$>10^{-1}$		

第二节　地下水的类型

岩土中的水与普通水一样，可以气态、液态、固态三种状态存在，大多数情况下水是以液态形式存在。存在于岩土中的液态水可分为结合水和自由水，结合水是指受电分子引力吸附于岩体裂隙或土颗粒表面的水，分为强结合水和弱结合水。紧靠近岩体裂隙或土颗粒表面的水称为强结合水；强结合水外围的结合水膜称为弱结合水。自由水是存在于岩体裂隙或土颗粒表面电场影响范围以外的水，分为重力水和毛细水。重力水是存在于地下水位以下透水层中的地下水，在重力作用下能自由运动；毛细水是存在于地下水位以上透水层中受到水与空气交界面处表面张力作用的自由水。

根据地下水的埋藏条件，可以把地下水划分为包气带水、潜水和承压水三类；根据含水层空隙性质的不同，可将地下水划分为孔隙水、裂隙水和岩溶水三类。根据这两种分类方法，组合成九种不同类型的地下水，包括存在于土孔隙中的包气带水、潜水、承压水；存在于岩石裂隙中的包气带水、潜水、承压水及存在于溶隙中的包气带水、潜水、承压水，见表 4-6。

地下水分类表　　表 4-6

含水介质类型 / 埋藏条件	孔隙水	裂隙水	岩溶水
包气带水	土壤水、局部黏性土隔水层上季节性存在的重力水（上层滞水）、过路及悬留毛细水及重力水	裂隙岩层浅部季节性存在的重力水及毛细水	裸露岩溶化岩层上部岩溶通道中季节性存在的重力水
潜水	各类松散沉积物浅部的水	裸露于地表的各类裂隙岩层中的水	裸露于地表的岩溶化岩层中的水
承压水	山间盆地及平原松散沉积物深部的水	组成构造盆地、向斜构造或单斜断块的被掩覆的各类裂隙岩层中的水	组成构造盆地、向斜构造或单斜断块的被掩覆的岩溶化岩层中的水

泉是地下水在地表的天然露头，非承压水的露头为下降泉，承压水的露头为上升泉，能对人的身体起生理作用，并被用于治疗目的的地下水称为矿泉水。泉水出露地表时，由于温度压力等因素的变化，泉水中所含物质沉淀在露头附近形成独特的堆积物，称之为泉华。中国出露

地面的温泉和矿泉有 2 600 多处，有从内陆向东南沿海地区和云南及青藏高原温泉数量逐渐增多，水温逐渐增高的趋势。仅粤、闽、台 3 省温泉就有 500 多处，温度多为 50～60℃以上，属中、高温泉水。广东东山湖温泉区已发现有 104℃的高温泉水，台湾屏东温泉水温高达 140℃。在我国，云南省温泉分布最为集中，有 480 处左右，仅滇西著名的腾冲火山温泉，在南北长 115km，东西宽 55km 的范围内，即有温泉 50 多处，最高温度为 105～110℃，有些属间歇性喷泉。西藏高原也分布有许多高温间歇性喷泉，水温在 80℃以上(相当于当地水的沸点)，著名的羊八井温泉属高温气泉，水温高达 92℃。中国的冷矿水主要分布在东北长白山脉，大、小兴安岭及内蒙古高原，青海东部等地，大多为碳酸泉，如黑龙江省的五大连池冷碳酸矿泉水。

一、含水层、隔水层

1. 含水层

含水层是指在正常水力梯度下，能透水而又见含重力水的岩土层。含水层的形成应具备以下条件：岩土体中存在能储水的空隙；含水层下部有隔水层等能储水的地质构造以及维持渗流的补给水源。

2. 隔水层

隔水层是指在正常水力梯度下，不透水或透水性相对微弱的岩土层。通常把渗透系数小于 0.001m/d 的岩土层视为隔水层。隔水层可以为不含水的致密岩石，也可以为含水的黏土。

二、地下水按埋藏条件分类

地下水按其埋藏条件，可分为包气带水、潜水和承压水 见图 4-1。

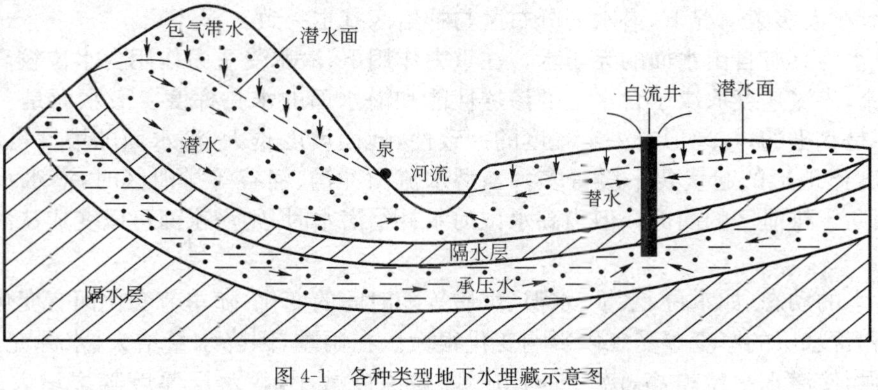

图 4-1　各种类型地下水埋藏示意图

(一)包气带水

地面以下岩土空隙充满水的地带称为饱和带，饱和带的地下水称为饱和带水。在饱和带以上，未被水充满的地带称为包气带或未饱和带，包气带中的地下水称为包气带水。在包气带内存在局部隔水层时，大气降水或地表水渗入后会在隔水层上面积聚形成的饱和带水称为上层滞水。

上层滞水最接近地表，接受大气降水的补给，以蒸发形式或向隔水底板边缘排泄。雨季获得补充，积存一定水量，旱季水量逐渐耗失，水质容易受污染。上层潜水的分布区与补给区一致，分布范围一般不大。由于上层滞水的主要来源为大气降水，因此，它的动态变化与气候、季节、降雨量、隔水层厚度和面积的大小等因素有关。隔水层的厚度薄、面积小，则上层滞水的分布范围较小而且存在时间较短；反之，隔水层的厚度大、面积大，则上层滞水的分布范围较大而且存在时间较长。当包气带存在局部隔水层时，在局部隔水层上积聚具有自由水面的重力水，便是上层滞水。

上层滞水只有在大量降水时才能积聚较多的水，因此只能被作为季节性或临时性水源。但由于上层滞水的存在，可使地基土强度减弱、压缩性增大，同样会给工程建设带来危害，造成基坑涌水、坍塌。对于季节性冻土，还要注意上层滞水可能引起的路基土冻胀和融陷现象。此外，由于上层滞水水位变化幅度较大，故常给工程的设计和施工带来一定困难。

(二)潜水

潜水是指埋藏在地表以下第一个稳定隔水层之上且具有自由水面的地下水。一般埋藏在第四纪沉积层及岩石的风化层中，是良好的供水水源。

潜水的自由水面称为潜水面，潜水面的高程称为潜水水位(地下水位通常指的就是潜水水位)，潜水面至地面的垂直距离称为潜水的埋藏深度，潜水面到其下隔水层顶板之间的垂直距离称为含水层厚度，见图 4-2。

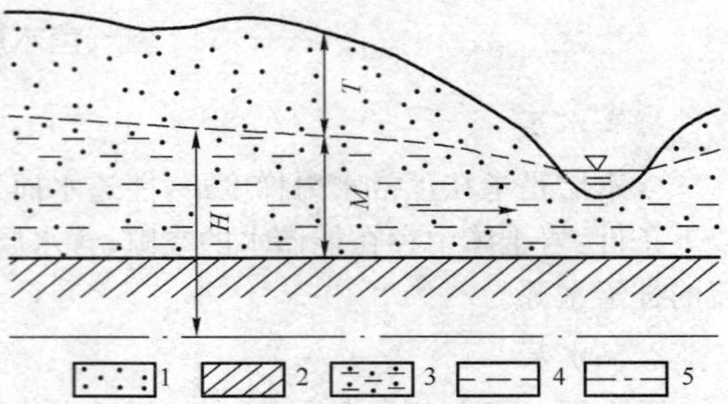

图 4-2　潜水埋藏示意图

1-沙层；2-隔水层；3-含水层；4-潜水面；5-基准线；T—潜水埋藏深度；M—含水层厚度；H—潜水位

1. 潜水的特征

(1)潜水的分布区和补给区基本一致。潜水直接受大气降水渗透或河流渗入土中而得到补给，因此，在大多数情况下，潜水的分布区与补给区基本一致。

(2)潜水为具有自由水面的无压水。在重力作用下，潜水受重力作用自水位较高处向水位较低处渗流，渗流速度取决于含水层的渗透性能和潜水面的水头梯度。潜水面是一个自由水面，通常不是水平的，与地形有一定程度的一致性，地面坡度越大，潜水面的坡度也越大，但潜水面的坡度比地形的起伏要平缓得多。当潜水流向冲沟、河谷等排泄区时，潜水水位逐渐下降，形成倾向于排泄区的曲面。但当高水位河水补给潜水时，则潜水面可以变成从河水倾向潜水的曲面。

(3)潜水的动态(如水位、水量、水温、水质等随时间的变化)随季节变化而有变化。潜水的埋藏深度和含水层的厚度等受气候影响变化很大。在雨季，因降水量增大、水源充足，地表水下渗作用强，使潜水水位增高，潜水面上升、埋藏深度减小，含水层厚度随之增大；在旱季则相反。

(4)潜水的水质易被污染。因潜水是直接受大气降水渗透或河流渗入土中而得到补给，且潜水上方没有稳定隔水顶板，所以水质易被污染。

2. 潜水的补给、径流与排泄

补给与排泄是地下水形成的两个重要环节，不同的补给与排泄方式决定着含水层内部的径流、水量与水质的变化。对补给与排泄的定量研究有助于掌握地下水的动态和均衡，正确地分析与评价区域地下水资源的特征。

(1)潜水的补给：含水层自外界获得水量的作用过程称为补给。潜水的补给主要有大气降水的渗入、地表水的渗入、大气中水汽和包气带岩石空隙中水汽的凝结和承压水等，见图 4-3。

此外，当承压水位高于潜水位时，承压水可通过断层破碎带等补给潜水，这种补给称为越流补给，见图 4-4。

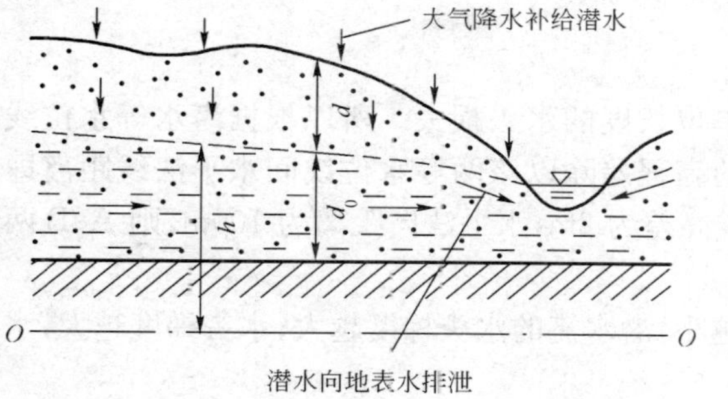

图 4-3　大气降水、地表水补给潜水示意图

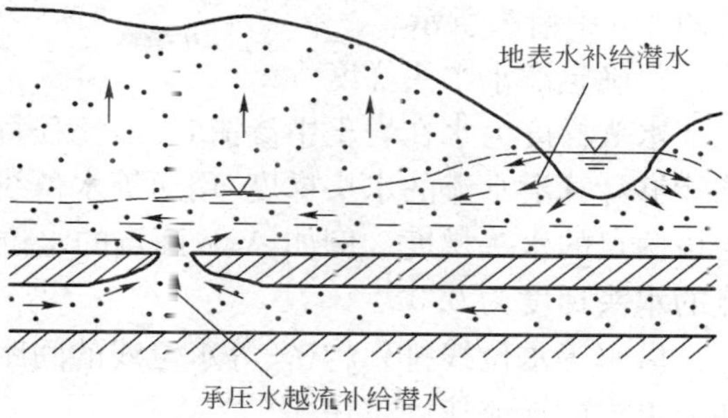

图 4-4　承压水补给潜水示意图

(2)潜水的径流：地下水由补给区流向排泄区的作用过程称为径流。径流主要与地形坡度、地表切割程度及含水层的透水性有关。

(3)潜水排泄：含水层失去水量的作用过程称为排泄。潜水既可以通过水平排泄也可以通过垂直排泄。因水分蒸发而使潜水含水层水量减少的过程称为垂直排泄，它是平原地区与干旱地区潜水排泄的主要方式。因垂直排泄不排泄水中的盐分而只有水分蒸发，会导致水的矿化度升高、水质变差，还可能导致土壤盐渍化、使路基出现盐胀和吸湿软化等问题。潜水因渗流或以泉(地下水在地表的天然出露)的方式出露地表而使潜水含水层水量减少的过程称为水平排泄。水平排泄方式在地势比较陡峻的河流中、上游地区最为普遍。由于水平排泄可使溶解于水中的盐分随水一同流走，地下水矿化度变化不大，所以山区潜水的矿化度一般较低。

3.潜水等水位线图

潜水等水位线是指潜水水位高程相同各点的连线，在地形图上，将潜水水位高程相同的各点连接起来得到的就是潜水等水位线图，见图 4-5。

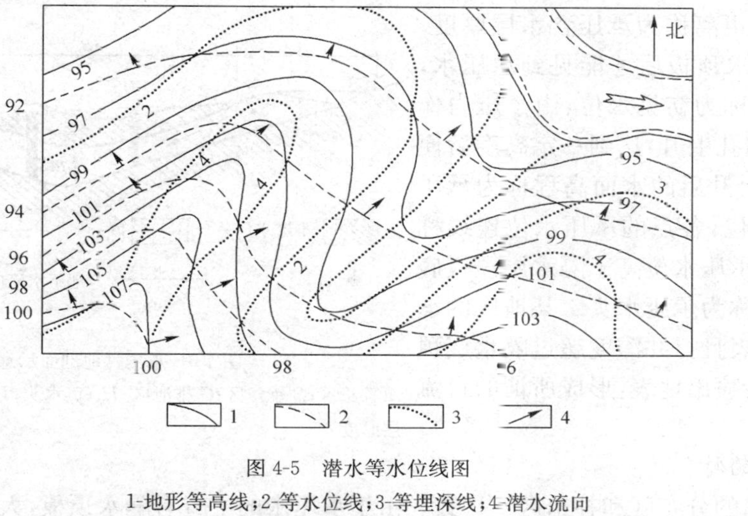

图 4-5　潜水等水位线图

1-地形等高线；2-等水位线；3-等埋深线；4-潜水流向

由于潜水水位随季节变化而变化，因此，即使在同一地区，不同时间绘制的潜水等水位线图是有所不同的。通常可根据该地区的最高、最低潜水水位分别绘制潜水最高等水位线图和潜水最低等水位线图。潜水等水位线图在工程上有很大的实用价值，可以解决如下问题：

1)确定潜水流向

潜水在重力作用下总是从高水位向低水位流动，形成潜水流且流动方向与等水位线垂直，如图4-5中箭头所示。

2)确定潜水水头梯度

水头梯度为水在岩土中渗流时，沿流程每单位长度的水头损失。所以根据潜水等水位线图能够计算潜水流的水头梯度，用两等水位线的高程差除以该两等水位线间水平法线距离即为该两点的水头梯度。例如A、B两点的水位线高差为2m，水平法向距离为100m，则A、B两点的水头梯度为0.02。

潜水等水位线排列越密、等水位线的间距越小，潜水流的水头梯度越大；水头梯度越大，水在岩土中的渗流速度越快。

3)确定潜水埋藏深度

潜水埋藏深度为某点的地形等高线高程与该点的潜水等水位线高程之差。例如A点的地形等高线高程为101m，潜水等水位线高程为91m，则A点的潜水埋藏深度为10m。

4)确定潜水与地表水的关系

当潜水流向指向河流，则潜水补给河水，当潜水流向背向河流，则河水补给潜水。

河流对地下水的补给与大气降水不同，后者是面状补给，这种补给均匀普遍，而河流是线状补给，局限于河槽周围。对于地面水来说，补给地下水量的大小，取决于地表水体底部岩石的透水性，地表水位与地下水位的相对高差，以及地表水与地下水有联系地段的长度等。

(三)承压水

承压水是指充满于两个稳定隔水层之间的，含水层中承受静水压力的地下水。通常存在于承压盆地或承压斜地之中，是良好的供水水源。如果两个稳定隔水层之间的含水层没有被水充满，则地下水仍具有自由水面，称为层间无压水。

承压含水层上部的隔水层称为隔水顶板，下部的隔水层称为隔水底板，隔水顶板与隔水底板之间的垂直距离称为承压含水层厚度。当钻孔钻穿隔水顶板后才能见到承压水，此水面的高程称为初见水位，由于压力作用，承压水沿钻孔上升，达到一定高度后便稳定下来，此上升后的水面高程称为承压水位或测压水位，各点的承压水位连线称为承压水面。承压水位高于隔水层顶板底面的垂直距离称为承压水头。某地区的承压水位高于地表且打井深度超过隔水层顶板底面，井水会喷出地表，形成所谓的自流井，见图4-6。

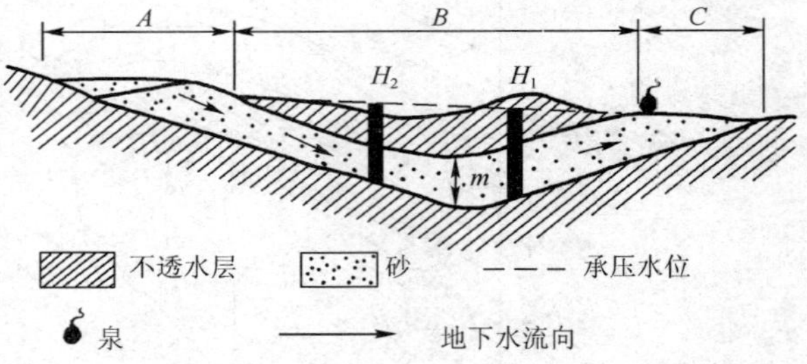

图4-6 承压盆地剖面示意图

A-补给区；*B*-承压区；*C*-排泄区；H_1-负水头；H_2-负水头；*m*-承压水层厚度

1.承压水的特征

(1)承压水的分布区和补给区不一致。由于承压水的上方有隔水顶板，大气降水和地表水不能直接渗入承压含水层，它的补给只能靠和它相邻的潜水来补给。承压区范围越大，相邻的潜水区也越大，补给水量越充分，通常补给区远小于分布区。

(2)承压水为具有非自由水面的承压水。承压水承受的压力来自于补给区的静水压力和上覆岩土层的压力，承压水头的高度随补给区静水压力的增大而增大。承压水的流动，如同自来水管中的水，受静水压力的作用，水从水位高的地方向水位低的地方流动。

(3)承压水的动态受季节性变化影响不显著。由于承压水上方隔水顶板的阻隔，水不易蒸发，与大气圈、水圈的联系较弱。承压水受气候和其他水文因素的影响较小，因此水量变化不大，动态较稳定。承压水资源不像潜水资源那样容易补充、恢复，但由于其含水层厚度一般较大，往往具有良好的多年调节性能。

(4)承压水的水质不易受到污染。因大气降水或地表水渗入土中时受到隔水顶板的阻隔，所以水质不易被污染。但一经污染，很难使其净化，因此在开发利用承压水时应注意水源的保护。

(5)承压水主要通过水平排泄。由于承压水上方隔水顶板的阻隔，承压水不易蒸发，因此承压水主要通过水平方式排泄。承压水总是从水头压力高的地区流向水头压力低的地区，它既能以上升泉的形式出露地表也能通过补给该区的潜水和地表水而得到排泄。

2.承压水的埋藏类型

承压水的形成主要取决于地质构造条件，最适宜于承压水形成的是向斜构造和单斜构造。

(1)向斜构造(承压盆地)

向斜构造是承压水形成和埋藏最有利的地方。埋藏承压水的向斜构造，称为承压盆地。中国的沙漠地区，如柴达木、准噶尔、塔里木和河西走廊等，都是盆地结构，周围有积雪的高山。盆地里特别是靠近巨大山体的山麓地带，沉积了巨厚的松散沙砾物质，为地下水提供了良好的贮存条件。源自山区靠降水和冰雪融水补给的河流，在流盆地后，河水除一部分消耗于蒸发外，大部分都渗漏到松散的地层中，以地下水的形式存在。如准噶尔盆地古尔班通古特沙漠的边缘地带，埋藏着丰富的潜水，而在中部沙漠下面的冲积、湖积层中，更有丰富的承压水，是一个巨大的自流水盆地，有"地下海"之称。塔里木盆地的塔克拉玛干沙漠和柴达木盆地沙漠地区，也都有丰富的潜水和深层承压水。

承压盆地由补给区、排泄区、承压区三部分组成。出露于地表的含水层，海拔较高部分成为地下水的补给区，海拔较低部分就成为排泄区。在补给区和排泄区之间的承压区打井或钻孔，穿过隔水顶板之后，水就涌到井中。图4-6表示的向斜盆地，含水层中心部分埋没于隔水层之下，两端出露于地表。含水层从出露位置较高的补给区获得大气降水补给，并沿透水层的倾向流向中间的承压区(承压水的主要分布区)，再向位于低洼区的排泄区排泄。补给区位置较高，水由补给区进入承压区，受到隔水顶、底板的限制，含水层充满水，水自身承受压力，并以一定压力作用于隔水顶板。

(2)单斜构造(承压斜地)

埋藏有承压水的单斜构造，称为承压斜地。图4-7所示为断层形成的承压斜地，图4-8所示

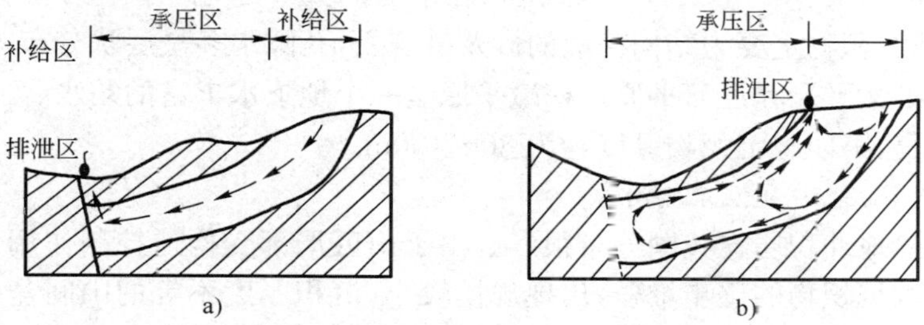

图4-7　断层承压斜地剖面示意图

a)导水断层；b)阻水断层

为岩层尖灭形成的承压斜地。承压斜地也是由补给区、排泄区、承压区组成的，但有时排泄区和补给区同在一侧，不易截然分开。单斜构造也可以构成自流含水层。当单斜含水层的一侧出露地表成为补给区，另一侧被断层切割，而断层构成水的通道时，则成为单斜含水层的自流排泄区，此时承压区介于补给区与排泄区之间，情况与自流盆地相似。当含水层一端出露于地表，另一端在某一深度上尖灭或被断层切割而不导水时，一旦补给量超过含水层的容水量，水就从含水层出露带的较低部分外溢，其余部分则成为承压区。

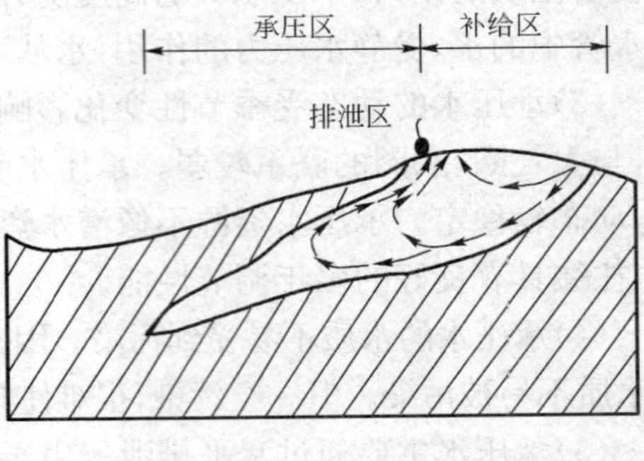

图 4-8　岩层尖灭承压斜地剖面示意图

承压水一般是以泉的形式排泄，排泄区往往是潜水，因此当排泄区降水很丰富的时候，下渗作用会通过潜水补给承压水，当排泄区的地下水已达饱和的时候，下渗补给是不可能进行的，那时就是承压水向潜水区排泄。

3. 承压水等水压线图

所谓承压水等水压线图就是承压水面上高程相等点的连线图。与潜水等水位线图类似，承压水等水压线图也可以解决以下工程问题：

(1)确定承压水埋藏深度。

(2)确定承压水水头。

(3)确定承压水的水头梯度。

(4)确定承压水流向。

三、地下水按含水介质分类

地下水按含水介质类型和赋存状态可分为孔隙水、裂隙水和岩溶水。

(一)孔隙水

孔隙水主要赋存在松散沉积物颗粒间孔隙中，主要分布于堆积平原、河谷平原和山间盆地的第四纪松散沉积地层中。孔隙水的天然资源量为每年 2 810 亿 m^3，可开采资源量为每年 1 686 亿 m^3，是工农业和生活用水的重要供水水源。孔隙水的分布、补给、径流和排泄决定于沉积物的类型、地质构造和地貌等因素。不同成因的沉积物中，存在着不同的孔隙水。

1. 堆积平原冲积层、洪积层中的孔隙水

堆积平原冲积层、洪积层主要分布在我国东部的大平原地区。由于平原规模大、地形平坦，巨厚的松散沉积物主要为结构松散的砂及砂砾石，孔隙水多呈层状分布。如松辽平原由松辽分水岭隔为松嫩平原和辽河平原。松嫩平原是一个地下水丰富的贮水、汇水盆地，地下水从四周向中心汇集，第四纪沉积物厚度约为 80～150m。

2. 山间盆(谷)地冲积层孔隙水

山间盆(谷)地冲积层在我国分布很广。由于山区局部受构造控制作用形成断陷盆地，经河流冲刷及松散沉积物的逐步堆积，出现规模较小，沉积厚度不等的山间盆(谷)地，这里松散沉积物孔隙水分布广泛，且水量较丰富。在全国山区范围的山间盆地及谷地约有百余个，其中较大的有新疆的吐鲁番—哈密盆地和伊犁盆地，这两个盆地面积都是约 5 万 km^2。该类型地下水的特点是含水层的分布与构造成因关系密切，常常是各自构成独立的水文地质系统且具有封闭、半封闭式的承压自流盆地的特征，形成独立的汇水中心。但水位埋深各地不一，有些山间盆地或谷地的潜水水位埋藏较浅，常小于10m。冲积层十分发育，含水层岩性分选较好，含水岩层厚度由数米至数十米，大多数盆地的含水层分上下两层结构，即上部为潜水，下部普遍分布承压水，承压水头一般为数米，个别达数十米。

3.滨海平原冲、海积层孔隙水

滨海平原冲积、海积层主要分布在我国东部沿海地带。其主要是大平原或山前河流向沿海推进的冲积物与海积物交互沉积。以此构成滨海平原或三角洲松散沉积物孔隙含水层，含水层岩性主要为细、粉砂及淤泥质黏土、砂质黏土等，局部地区含水砂层分布零星。三角洲地区常有砂砾石层呈镶嵌叠置。地下水径流总的趋势较为滞缓，如在沿渤海和黄海的滨海地带，潜水含水层多为海相淤泥质黏土夹粉砂透镜体、水位埋藏较浅，含水层富水程度极弱，水质较差，但深部一般有承压水分布、埋藏深度各地不一、约为80～200m或更深。承压水水质较好，水量丰富。

4.内陆盆地山前带冲积、洪积层孔隙水

在我国西北地区分布着准噶尔、塔里木、柴达木等内陆盆地。盆地边缘地域辽阔，冲洪积物沉积巨厚。广布的山前倾斜平原，顶部常为戈壁砾石层。各盆地周边多为高山环绕，山顶终年积雪，为盆地的地下水补给提供了优越条件。准噶尔盆地北缘沉积层分布于高台地上部，厚度极薄，地下水补给条件差，洪积层含水极弱或不含水；在盆地南缘的向斜拗陷中填充了卵砾石堆积物，形成厚达300～500m的第四纪卵砾石层潜水带，水位埋藏较深，一般在地表下50m左右，富水程度较强，水质良好。

5.黄土高原黄土层孔隙水

在我国的分布较广，但集中区域是黄河中下游地区，其特点是沉积厚度大且连续。黄土层中孔隙水的分布与降水有关，并严格受黄土地貌的制约。在黄土塬区（如西峰、洛川塬）和台塬区，由于塬面宽阔平坦，有利于降水汇集，且渗入补给条件较好，潜水分布普遍，含水层主要由孔隙、孔洞发育的黄土及古土壤层所构成，塬内水量和水位的变化取决于塬面的大小和与冲沟的距离远近，以及黄土层的结构；在梁、峁及撑、坟地区的黄土层中，黄土状土与粉细砂为主要含水层，厚度一般为10～40m，水位埋藏较深，水量较少，水质变化不大。

6.沙漠风积砂丘孔隙水

我国沙漠面积约占全国陆地总面积的九分之一，主要集中在北部和西北部的内陆盆地中部地区。较大的沙漠有塔克拉玛干、古尔班通古特等。沙漠分布地区气候极为干旱，蒸发强烈，地表水缺乏，地下水主要是埋藏于砂丘中的潜水或砂丘下伏的孔隙水。砂丘岩性以细砂、细粉砂为主，厚度由几米至几十米，颗粒均一。

（二）裂隙水

裂隙水的形成和分布直接受裂隙成因的控制。按裂隙成因分为风化裂隙水、成岩裂隙水和构造裂隙水。风化裂隙水埋藏在风化壳中密集、均匀、相互连通的风化裂隙网络之中，在一定范围内有统一的水力联系、统一的水面。风化裂隙水分布广，埋深不大，一般为10～50m，局部地区为100多米，易于开采，但水量不大，只能作为分散的山区居民生活用水或农业用水。成岩裂隙水赋存在岩石形成过程中产生的原生裂隙之中。沉积岩和火成岩中均可形成成岩裂隙。喷发岩中的玄武岩层，一般岩性硬脆，裂隙发育，张开性强。裂隙网络中往往形成强大的潜水流，当被地形切割时，常呈泉群涌出。当具有成岩裂隙的岩层被隔水层覆盖时，成岩裂隙水就成为承压水。如中国云南阿直盆地峨眉山玄武岩成岩裂隙水的水头高出地面17m。构造裂隙水赋存于岩石在地质构造运动中因受力而产生的裂隙之中。构造裂隙水按产状又分层状裂隙水和脉状裂隙水。层状构造裂隙水因各组裂隙相互切割，形成统一的含水层，一般分布均匀，水量不大。脉状构造裂隙水是埋藏在断层破碎带或接触破碎带中的地下水。这种裂隙水往往汇集周围透水性较差的层状构造裂隙水，水量较大，具有局部承压性质。

1. 丘陵、高原碎屑岩裂隙水

碎屑岩类主要包括砂岩、砂砾岩、页岩等。岩石结构极密，且较脆硬，抗风化能力强，风化裂隙不甚发育，透水性微弱。但在构造作用下，往往产生延伸性较大的构造裂隙，从而有利于地下水的富集，出现富水地带，其富水程度大小与构造带的特征以及地貌有直接关系。实践证明，如果破碎带和裂隙带的规模大、延伸远、裂隙密集，以及所处地貌位置低时，其水量就相对较为丰富。

2. 山地、丘陵岩浆岩裂隙水

岩浆岩结晶致密，多呈块状或似块状结构，抗风化能力相对较弱，表层裂隙极为发育，其风化厚度一般为10～30m，局部地段大于30m。因此浅部常常富含风化裂隙潜水，深部岩层含水甚弱或不含水。东北的大小兴安岭及长白山地区，主要分布于华力西期花岗岩及火山岩类，风化程度由东向西逐渐减弱，裂隙深度由山顶向山麓地带逐渐加深，地下水水质良好，多以泉流形式流出，水量较小。东南沿海地区广泛分布有侏罗纪火山岩及燕山期花岗岩，岩石致密坚硬，地下水赋存条件较差，泉水多沿风化壳以下降泉出现，且多为季节性泉，含水微弱。

3. 山地变质岩裂隙水

变质岩类分布地区地下水主要赋存于构造裂隙中，水量富集程度取决于构造的性质、不同岩层的组合关系及破碎带的胶结物充填程度等。西北的山地褶皱断裂和构造裂隙极为发育，当补给条件充足时泉水出露较多，泉水流量较大。秦岭变质岩分布地带，褶皱断裂也很发育，但多为泥质岩层，一般裂隙和断裂带的储水及导水条件较差，所以泉的出露不多。该类型地下水一般矿化度较低，多为重酸盐型淡水。

(三)岩溶水

赋存于不同埋藏深度的碳酸盐岩层的溶洞、溶隙裂隙中。岩溶水的天然资源量每年为2 116亿m^3，可开采资源量每年为870亿m^3。碳酸盐岩类喀斯特(岩溶)裂隙溶洞水在南北方的分布有明显差异。北方喀斯特裂隙溶洞水主要发育在下古生代寒武、奥陶纪的石灰岩中，喀斯特水以大泉或泉群泄出。南方特别是中国西南地区的云、贵、川、粤、桂、湘、鄂等省区，多分布在上古生代和下中生代的地层中，形成一系列的地下暗河和规模巨大的溶洞。

1. 熔岩孔隙裂隙水

熔岩孔隙裂隙水主要存在于成岩裂隙及气孔发育的玄武岩隙裂隙水赋存的熔岩出露地区。在我国的新生代地层的熔岩中，伴随有发育良好的柱状节理和气孔构造产生，从而为地下水的蓄积提供了良好条件，但其富水程度取决于玄武岩喷发的形成环境、埋藏条件及岩性等。吉林省东部地区，玄武岩出露于地势低洼的河谷，所以富水条件较好，内蒙古高原有些地区，玄武岩直接覆盖不透水第三纪红土层和第四纪黏土层上，由于玄武岩喷发前古地形存在谷或洼地，所以有利于地下水的蓄积，从而沿古沟谷分布地段形成水带，有时砂质泥岩与玄武岩常常形成层间孔隙裂隙水，一般富水度较好。

2. 峰丛峰林裂隙溶洞水

峰丛峰林裂隙溶洞水主要分布在我国最南部的珠江流域地区。这里气候炎热，雨量充沛，碳酸盐岩层分布广阔、厚度大、岩性纯。如在广西壮族自治区从中泥盆纪至下三叠纪碳酸盐岩层总厚度达 8 000 余米，出露面积约占全区总面积的 40%。贵州省境内由下古生代至中生代的酸盐岩层总厚度近万米，出露面积约占全省总面积的 70%。云南省的碳酸盐岩层分布亦相当可观，出露面积约占全省总面积的 60%。在碳酸盐岩分布地区广泛发育地下河系，其流量可观，成为当地地下径流的集中排泄点。如贵州独山南部地下河系长 40km，补给面积近 350km^2，出口处枯水流量为 4 320m^3/h。

3. 岩溶丘陵裂隙溶洞水

岩溶丘陵裂隙溶洞水主要分布在长江中下游，发育在岩溶丘陵与溶蚀洼地相组合的地貌景观地区。这些地区的地下河及溶洞均较发育，为地下水的蕴藏提供了有利条件。如四川省东部及南部碳酸盐岩层厚达 1 000m 左右，溶洞直径最大可达 30m，地下河的长度竟达数千米，最大流量也超过 4 000m^3/h。但地下河系的流量分布不均匀且随季节的不同流量变化很大，相差悬殊。

4. 岩溶山地裂隙溶洞水

岩溶山地裂隙溶洞水主要分布于黄河流域，在东北和西北亦零星可见。特点是地表岩溶不太显著，仅发育在溶沟和溶槽等地貌形态区域，以岩溶泉出露为主要特征。因补给区范围广阔，泉水流量大而稳定，在华北地区碳酸盐岩层厚达 1 000m 以上，地下岩溶形态主要是溶孔和小型溶洞，一般直径为 0.2～0.5m。如太行山中段的娘子关泉群，泉域面积达 4 480km^2，流量为 9～16m^3/s；山西平朔神头泉，泉域面积为 2 910km^2，流量为 7～9m^3/s；河北峰峰黑龙洞泉，泉域面积为 2 140km^2，流量达 6～9m^3/s；山东济南附近有百余处泉水出露，总流量为 1.4 万 m^3/h。

第三节　地下水的地质作用

一、地下水的潜蚀作用

1. 机械潜蚀作用

由于在土孔隙或岩石裂隙中的地下水流动速度非常缓慢，其机械作用一般较弱，只能对细小颗粒的粉砂、黏土等松散碎屑物进行机械潜蚀。只有当地下水发育成地下河，才可以形成与地表流水类似的侵蚀作用。

2. 化学溶蚀作用

这是地下水潜蚀作用的主要形式，通常地下水的溶蚀作用主要是富含 CO_2 的水对碳酸类等溶水性的岩石产生溶蚀，长期作用的结果可形成各种地下岩溶地貌。

二、地下水的搬运作用

地下水流动速度非常缓慢，所以地下水的搬运能力不强，其搬运能力的大小与潜蚀能力的大小成正比，而地下河搬运能力很强。机械潜蚀的产物以机械搬运为主；溶蚀的产物则以溶液的形式搬运。通过地下水所搬运的物质成分，可以了解地下水所通过的岩石的物质组成。

三、地下水的沉积作用

地下水在运动过程中，由于温度、压力的变化，可使地下水的溶解物产生过饱和，使搬运物沉积下来。地下水的过饱和沉积物有以下一些主要类型。

(1)泉华：以 $CaCO_3$ 为主要成分的称为钙华；SiO_2 为主要成分的称为硅华。

(2)溶洞滴石：由于 CO_2 的逸出，使 $CaCO_3$ 沉淀下来而成，有石笋、石钟乳等。

(3)矿脉和假化石：溶解了矿物质的地下水在流入岩石的裂隙后，由于压力的降低，矿物质会沉淀或结晶出来，形成矿脉。在一些较紧闭的裂隙中，有时会沉淀一些树枝状的铁、锰氧化物，称之为假化石。

四、石 化 作 用

石化作用是指地下水中溶解的矿物质与掩埋在沉积物中的生物体之间进行的物质交换。在石化过程中，生物体内能够被地下水溶解的物质被地下水溶解带走，留下的空间则被地下水所携带的矿物质所充填。生物体的物质成分虽然发生了变化，但其生物结构却被保留了下来，这就是化石形成的基本原理。

第四节　地下水的运动规律和涌水量计算

一、地下水的运动规律

(一)渗流

地下水在土孔隙或岩石裂隙中的运动，称为渗流或渗透。地下水的渗流有层流和紊流两种形式。流线彼此平行的称为层流，流线相交的称为紊流。地下水在土中孔隙以较小的速度流动时属于层流，在岩石裂隙或空洞中流动时，渗流速度较大，会有紊流发生。

(二)渗透定律

1. 达西定律

法国水力学家达西，于 1852～1855 年通过对大量均匀砂土进行渗透试验，发现渗透层流运动的基本定律，即水的渗流速度与水头梯度成正比，其表达式为：

$$v=\frac{Q}{At}=\frac{q}{A}=ki \tag{4-1}$$

式中：v——水的渗透速度为单位时间内流过单位岩土横截面面积的水量(cm/s)；

Q——水通过截面面积为 A 的岩土体 t 时间的总流量(cm^3)；

q——水通过截面面积为 A 的岩土体单位时间的流量(cm^3/s)；

i——水头梯度，代表渗透流程中单位长度的水头损失，按下式计算：

$$i=\frac{\Delta h}{l}=\frac{h_1-h_2}{l} \tag{4-2}$$

Δh——a、b 两点的水头差，$\Delta h=h_1-h_2$；

h_1——a 点的总水头；

h_2——b 点的总水头；

l——a、b 两点之间的距离(渗透路径)；

k——渗透系数(cm/s)，常见岩土的渗透系数见表 4-5。

需要说明的是，水在岩土中的实际流速往往小于由式(4-1)计算的假想流速，由于岩土横截面面积包括岩土空隙和颗粒骨架，实际水在渗流时，仅通过空隙面积。实际流速与假想流速之间存在如下关系：

$$v'=\mu v \tag{4-3}$$

式中：v'——实际渗透速度(cm/s)；

μ——给水度，常见土的给水度见表 4-4。

在黏性土中，由于土颗粒周围存在着结合水具有较大的黏滞阻力，只有当水头梯度达到某一数值，克服了黏滞阻力以后，才能发生渗流。我们把克服此黏滞阻力所需要的水头梯度称为黏性土的起始水头梯度 i_0。

在黏性土中，应按修正后的达西定律计算渗流速度，如下：

$$v=k(i-i_0) \tag{4-4}$$

图 4-9 中的直线 oa 表示砂土的渗流速度与水头梯度的关系，曲线 bc 表示黏性土的渗流速度与水头梯度的关系，一般可用直线 de 代替。

试验也表明，水在砾石等粗大颗粒土中，因呈紊流状态，渗透速度与水力坡降呈非线性关系，故此时达西定律不适用。

2. 非线性渗透定律

当地下水在较宽大的空隙中以相当快的速度运动时，呈现紊流运动。此时渗透服从 A. Chezy定律：$v=k\sqrt{i}$

关于非线性渗透问题，此处不做详细介绍。

(三)渗透系数的测定

渗透系数是反映岩土渗透能力的定量指标，它是渗流量计算不可缺少的参数。同时，水在土中渗流产生的动水力大小与渗透系数有关，当水的渗流自下而上，且动水力大于土的有效重度时，会对水工建筑物、土坝、地铁及基坑工程施工中带来不良影响，造成流砂或管涌现象，导致工程施工中断，危及邻近建筑物与设施的安全。如 2003 年 7 月 1 日，上海轨道交通 4 号线(浦东南路至南浦大桥)区间隧道浦西联络通道发生渗水，随后出现大量流砂涌入，引起地面大幅沉降，直接经济损失 1.5 亿元左右。

渗透系数可以通过室内渗透试验、现场抽水试验或经验方法确定。

1. 室内渗透试验

室内测定岩土的渗透系数的方法主要分为常水头测定法和变水头测定法。

(1)常水头测定法

常水头测定法是指在整个试验过程中，试样的水头差保持不变，其试验装置如图 4-10 所示。

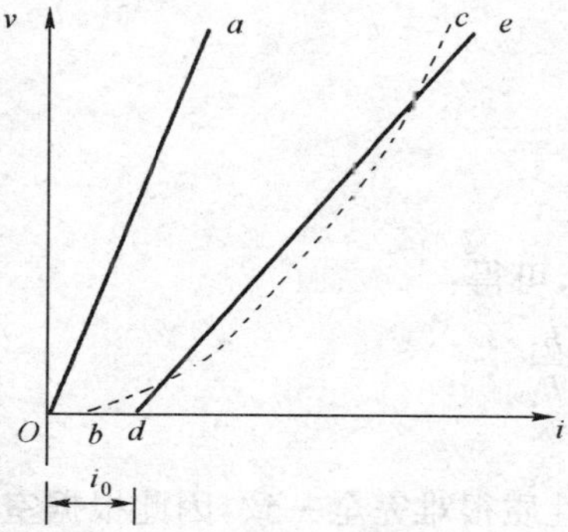

图 4-9　砂土和黏性土的渗透规律

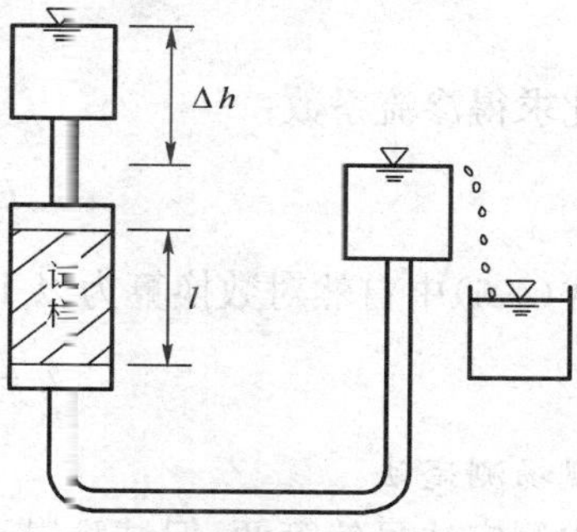

图 4-10　常水头试验装置

常水头测定法适用于透水性较大的土，如细砂、中砂、粗砂、碎石土。

试验时首先将高度为 l，横截面积为 A 试样装入圆柱形试验筒内，然后从土样的上端注入与现场温度完全相同的水，并用溢水口使水头保持不变。土样在不变的水头差 $\triangle h$ 作用下产生渗流，当渗流达到稳定后，量测在时间 t 内流经试样的水量 Q，同时两侧 ab 两点测压管的水头差 $\triangle h$。

根据式(4-1)求得渗流系数：

$$k=\frac{Q}{tiA}=\frac{Ql}{t\Delta hA} \tag{4-5}$$

(2)变水头试验法

变水头测定法是指在整个试验过程中，试样的水头差随时间而变化，其试验装置如图4-11所示。

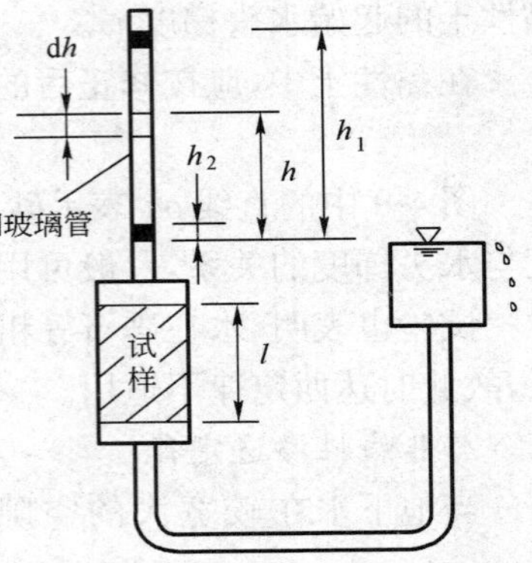

图4-11　变水头试验装

变水头试验适用于透水性较小的黏性土等。当土样的透水性较小时，由于渗流量太小，加上水的蒸发，使量测非常困难，宜采用变水头试验。

试验首先将高度为 l，横截面积为 A 试样装入圆柱形试验筒内，圆筒上端与一根细玻璃量管连接，量管的截面积为 a。水在压力差作用下经试样渗流，玻璃量管中的水位慢慢下降，即水柱高度 h 随时间 t 逐渐减小。若试验开始后，t_1 和 t_2 对应的水头高度分别为 h_1 和 h_2。设经过 dt 时间，量管的水位下降了 dh，渗流速率为 $-\mathrm{d}h/\mathrm{d}t$，则在 dt 时间内通过土样的流量为：

$$\mathrm{d}Q=-a\mathrm{d}h$$

根据公式(4-1)可知：

$$\mathrm{d}Q=q\mathrm{d}t=kiA\mathrm{d}t=k\frac{h}{l}A\mathrm{d}t$$

所以

$$-a\mathrm{d}h=k\frac{h}{l}A\mathrm{d}t$$

将上式两边积分得：

$$-\int_{h_1}^{h_2}\frac{\mathrm{d}h}{h}=\frac{kA}{al}\int_{t_1}^{t_2}\mathrm{d}t$$

于是可得：

$$\ln\frac{h_1}{h_2}=\frac{kA}{al}(t_2-t_1)$$

由此求得渗流系数：

$$k=\frac{al}{A(t_2-t_1)}\ln\frac{h_1}{h_2} \tag{4-6}$$

将式(4-6)中自然对数换算为以10为底的常用对数，可得：

$$k=2.3\frac{al}{A(t_2-t_1)}\lg\frac{h_1}{h_2} \tag{4-7}$$

2. 现场测定法

室内测定法虽然简便，但试验岩土样与现场岩土体性质很难完全一致，因此根据室内试验所得到的渗透系数与实际岩土体存在一定误差。采用现场测定岩土的渗透系数因其更符合实际岩土层的渗透情况，测得的渗透系数 k 值为整个渗流区较大范围内岩土体渗透系数的平均值，数值比较准确，在水文地质勘察中广泛采用。野外测定岩土的渗透系数，在饱和岩土层内，通常采用抽水试验方法进行，在非饱和岩土层内，一般采用渗水试验方法确定。

1)抽水试验

抽水试验开始前，先在测定地区打一钻井。根据揭露地下水的类型，将井分为潜水井和承压水井，向潜水井中流动的水为潜水层中的水，向承压井中流动的水为承压水层中的水。根据井穿进含水层的程度和井壁进水条件，将井分为完整井和非完整井。穿过饱水岩土层，当井底达到其下隔水层时，这种情况称为完整井；当井底下为透水层时，这种情况称为非完整井。根据上述组合，井可以划分为潜水完整井、潜水非完整井、承压水完整井和承压水非完整井四种类型。此处仅介绍完整井渗透系数的计算公式。

(1)潜水完整井

对于潜水完整井，假设井底下的隔水层是水平的，含水层是均质的，井壁可以使水自由流通，如图 4-12 所示。当从井中抽水时，井中水位会降低，与周围含水层便产生了水位差，水便会向井内流动。若从井中抽出的水量大于向井内流进的水量时，井中水位持续下降，造成与周围含水层的水位差持续加大，向井内流动的水量随之加大。当向井内流动的水量与自井内抽出的水量相等时，则井内水位保持不变。

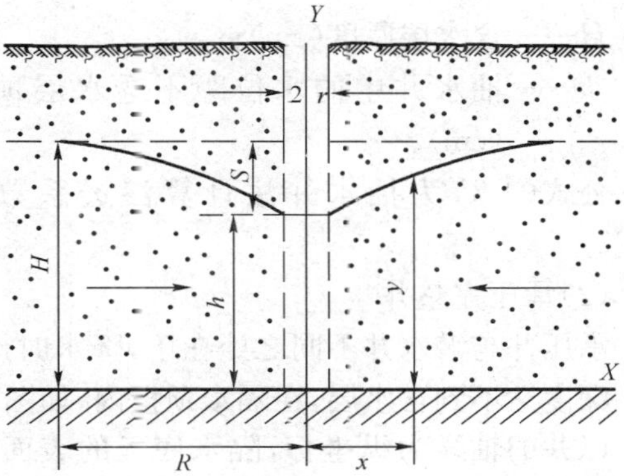

图 4-12 潜水完整井示意图

抽水开始阶段，与井中水位下降相适应，井周围含水层中的水位也由于水不断流向井内而相应降低。下降幅度随离井壁距离增大而逐渐减小，水面形成以井为中心的漏斗状，称为下降漏斗。下降漏斗随井中水位的不断降低而扩大其范围。当井中水位趋于稳定后，下降漏斗的大小也渐趋稳定。此时漏斗所达到的范围，为抽水时的影响范围，从井中心到影响范围边界的距离，称为降水影响半径，以 R 表示，R 的取值对 k 值的影响不大，在无实测资料时可采用经验值计算。通常卵石、砾石层的影响半径为 200～500m，中砂、细砂的影响半径为 100～200m。

以井的轴线为纵坐标，隔水层的表面为横坐标，则离井轴 x 处任意断面上的流量为：

$$q=kiA$$

因为

$$A=2\pi xy,\ i=\frac{\mathrm{d}y}{\mathrm{d}x}$$

所以

$$q=2\pi xyk\frac{\mathrm{d}y}{\mathrm{d}x}$$

分离变量并积分得：

$$q\frac{\mathrm{d}x}{x}=2\pi yk\,\mathrm{d}y$$

$$q\int_{r}^{R}\frac{\mathrm{d}x}{x}=2\pi k\int_{h}^{H}y\,\mathrm{d}y$$

$$q\ln\frac{R}{r}=2\pi k\frac{H^2-h^2}{2}$$

所以

$$k=\frac{q\ln\frac{R}{r}}{\pi(H^2-h^2)} \tag{4-8}$$

将式(4-8)中自然对数换算为以10为底的常用对数，并将π的数值代入，可得：

$$k=\frac{0.733q\lg\frac{R}{r}}{H^2-h^2} \tag{4-9}$$

式中：q——单位时间抽水量(cm^3/s)；

R——降水影响半径(m)；

r——抽水井半径(m)；

H——含水层厚度(cm)；

h——抽水井中的水位距不透水层顶面的高度(cm)。

公式(4-8)为抽水井法计算渗透系数的裘布依公式。

(2)承压完整井

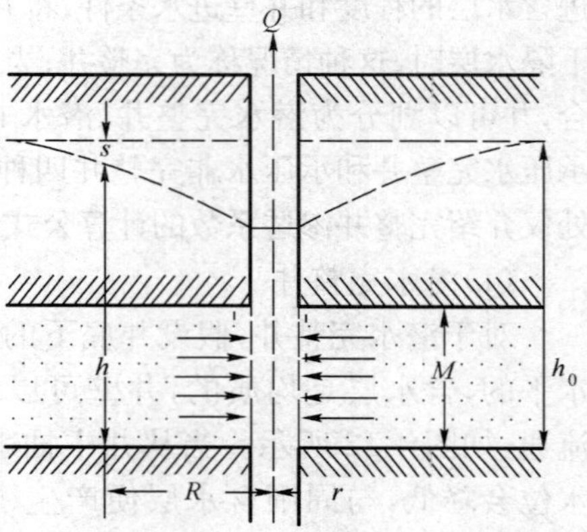

图4-13 承压完整井示意图

承压井与潜水井不同之处在于，降水时产生的降水漏斗深度达不到含水层，在隔水顶板内，如图4-13所示。

以井的轴线为纵坐标，隔水底板的表面为横坐标，则离井轴x处任意断面上的流量为：

$$q=kiA$$

因为

$$A=2\pi xM,\ i=\frac{dy}{dx}$$

所以

$$q=2\pi xkM\frac{dy}{dx}$$

分离变量并积分得：

$$q\frac{dx}{x}=2\pi kM dy$$

$$q\int_r^R\frac{dx}{x}=2\pi kM\int_h^H dy$$

$$q\ln\frac{R}{r}=2\pi kM(H-h)$$

所以

$$k=\frac{q\ln\frac{R}{r}}{2\pi M(H-h)} \tag{4-10}$$

将式(4-10)中自然对数换算为以10为底的常用对数，并将π的数值代入，可得：

$$k=\frac{0.366q\lg\frac{R}{r}}{M(H-h)} \tag{4-11}$$

式中：M——承压含水层厚度。

2)渗水试验

首先在需要测试的岩土层地表挖一试坑，坑底需要达到进行试验的岩土层，然后在试坑底部再挖一平底方形小坑，边长 35～40cm，坑深 10cm。为防止坑底岩土在注水时受到冲刷，小坑底部需要铺 2cm 厚的小砾石。之后将水注入小坑，水层厚 3～4cm 并保持水位固定。通过测定时间和水量的消耗，便可以确定单位时间渗入岩土层的水量 q。小坑的面积 A 可以通过测量得到，由此可以计算水在土中的渗透速度 v：

$$v = \frac{q}{A}$$

当试验经过较长时间以后，水渗入地下深度很大，此时小坑中水层厚度 z 与渗透深度 h 之和与渗透深度 h 很接近，即水头梯度 i 接近于 1，即：

$$i = \frac{z+h}{h} \approx 1$$

由此得到：

$$v = ki \approx k$$

需要说明的是，试验开始时，单位时间消耗的水量很大，渗透速度较快，但随着时间的增长，渗透速度逐渐减小，而接近于某一常数，此时的渗透速度才与渗透系数大致相等。

3. 经验估算法

渗透系数 k 值与土的颗粒级配、孔隙比有直接关系，实用时还可以用一些经验公式进行估算。

1)哈森公式

哈森通过对各种砂土渗透试验结果，于 1892 年提出了用有效粒径 d_{10} 计算较均匀砂土的渗透系数的公式，该公式适用于粒径为 0.1～3mm 且不均匀系数小于或等于 5 的匀质砂土。

$$k = Cd_{10}^2(0.7 + 0.03t) \tag{4-12}$$

式中：k——渗透系数(mm/s)；

C——经验系数，根据砂土的均匀性和孔隙度确定，C 的数值为 400～1 200；

d_{10}——砂土的有效粒径，为砂土颗粒级配曲线上对应于小于某粒径的土粒质量累计百分数为 10%时，相对应的粒径(mm)；

t——试验时的水温(℃)。

2)太沙基公式

1955 年，太沙基除了考虑砂土的有效粒径外，还考虑了砂土的孔隙比 e，提出了渗透系数计算的经验公式：

$$k = 2d_{10}^2 e^2 \tag{4-13}$$

3)斯力哈吉尔公式

斯力哈吉尔除了考虑砂土的有效粒径和砂土孔隙比 e 外，还考虑了水的黏滞性，提出了渗透系数计算的经验公式：

$$k = Ad_{10}^2 m \frac{1}{\mu} \tag{4-14}$$

式中：A——与渗透系数单位有关的系数，当 k 的单位为 m/d 时，A=88.3；

m——与孔隙度有关的系数；

μ——与水的温度有关的黏滞性系数。

该公式适用于匀质砂土。

4)克留盖尔公式

克留盖尔提出了适用于非匀质砂土和无结构的黏性土的渗透系数计算公式：

$$k = 1.44 \times 10^6 \frac{n}{\omega^2} \tag{4-15}$$

式中：k——渗透系数(m/d)；

n——孔隙度；

ω——$1cm^3$ 与中全部土颗粒的表面积(cm^2)。

根据上述这些经验公式虽然简单、方便，具有实用的一面，但有些情况下可靠性较差，一般只在作粗略估算时采用。常见岩土的渗透系数参考值见表 4-5 。

二、地下水涌水量计算

随着高层建筑的增多，基础的埋深也随之增大，特别是很多桥梁基础，常常需要埋置在含水层中，因此地下水是深基础施工中最常见的问题，会给土木工程施工带来许多困难。例如在人工挖孔桩施工中，由于土层的开挖，破坏了土层中水的动态平衡状态，使周围的静态水渗入桩孔内，从而影响了人工挖孔桩的正常施工。如果遇到有动态水压土层时，不仅开挖困难，连护壁混凝土也易被水压冲刷穿透，发生桩身质量问题。如果在挖孔过程中遇到细砂、粉砂层时，在动水压力的作用下，还极易发生流砂现象。所以在土木工程施工前，正确预测基坑可能的涌水量，对编制施工组织计划、制定降低地下水位方案等有重要意义。

地下水位降低方法可分为集水明排、降水、截水和回灌等形式，可单独或组合使用。下面简单介绍渗沟、潜水井和基坑的涌水量计算方法。

(一)渗沟

当基坑开挖不深时，特别是含水层中存在漂石、卵石时，降低地下水位常采用集水明排的方法。渗沟是一种水平排除地下水的构筑物。根据渗沟深度与含水层厚度的关系，可分为完整渗沟和不完整渗沟两种形式。当渗沟穿过整个含水层直达其下隔水层且隔永层表面是水平的，属于完整渗沟，当渗沟未穿过含水层，沟底位于含水层中的，属于非完整渗沟。下面仅介绍完整渗沟涌水量的计算方法，如图 4-14 所示。

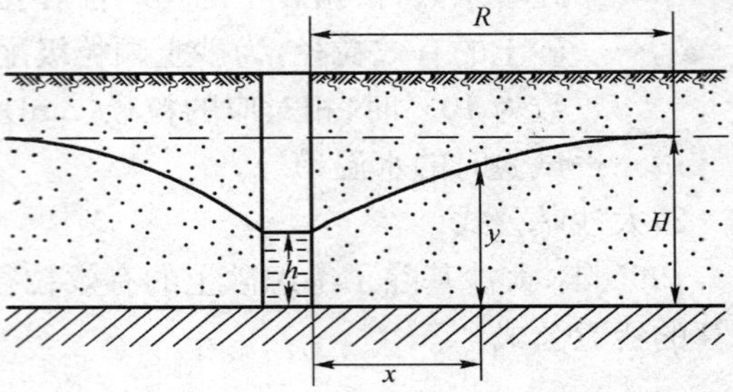

图 4-14 完整渗沟示意图

根据图 4-14，以渗沟壁为纵坐标，隔水层的表面为横坐标，根据达西定律，离沟壁 x 处任意断面上，沿单位长度从沟壁一侧的流量 q 为：

$$q = ky\frac{dy}{dx}$$

将上式分离变量，进行积分，可得：

$$qdx = kydy$$

$$q\int_0^R dx = k\int_h^H ydy$$

$$qR = k\frac{H^2 - h^2}{2}$$

$$q = k\frac{H^2 - h^2}{2R} \tag{4-16}$$

从渗沟两侧进入长度为 L 渗沟的总水量为：

$$Q = 2qLt = ktL\frac{(H^2 - h^2)}{R} \tag{4-17}$$

式中各符号意义同前。

(二)井

轻型井点降水和深井降水是现在施工中应用最广泛的降水方法。井是一种垂直排除地下水的构筑物。下面仅介绍潜水完整井、承压水完整井涌水量计算公式。

1. 潜水完整井

潜水完整井是指穿透整个含水层，且井壁全能进水的井。

根据公式(4-9)，因为

$$k = \frac{0.733q\lg\frac{R}{r}}{H^2 - h^2}$$

所以

$$q = 1.366k\frac{(H^2 - h^2)}{\lg\frac{R}{r}} \tag{4-18}$$

2. 承压完整井

承压井与潜水井不同之处在于，降水时产生的降水漏斗深度达不到含水层，在隔水顶板内。

根据公式(4-11)，因为：

$$k = \frac{0.366q\lg\frac{R}{r}}{M(H-h)}$$

所以

$$q = 2.73kM\frac{(H-h)}{\lg\frac{R}{r}} \tag{4-19}$$

(三)基坑

基坑与井的区别是基坑的平面尺寸比井的截面尺寸大得多，且平面形状各式各样。因此，在使用井涌水量公式计算基坑涌水量时，需把基坑假想为圆形大井，求其假想半径或引用半径 R_0，并以引用影响半径 $R_0 = R + r$ 代替前面公式中的影响半径 R 即可。

1. 等效半径 r_0

当基坑为圆形时，基坑等效半径应取圆的半径。当基坑为非圆形时，等效半径可按下列公式计算。

(1) 矩形基坑的等效半径可按下式计算：

$$r_0 = 0.29(a + b) \tag{4-20}$$

式中：a——基坑的长边尺寸；

b——基坑的短边尺寸。

(2)不规则形状基坑的等效半径可按下式计算：

$$r_0=\sqrt{\frac{A}{\pi}} \tag{4-21}$$

式中：A——基坑面积。

2.降水影响半径

降水影响半径宜通过试验或当地经验确定。当坑侧壁安全等级为二、三级时，可根据下面经验公式计算。

(1)潜水含水层：

$$R=2s\sqrt{kH} \tag{4-22}$$

式中：R——降水影响半径(m)；

s——基坑中水位降低深度(m)，$s=H-h$；

k——渗透系数(m/d)；

H——含水层厚度(m)；

h——抽水井中的水位距不透水层顶面的高度(cm)。

(2)承压含水层：

$$R=10s\sqrt{k} \tag{4-23}$$

3.潜水完整井基坑涌水量按下式计算

$$Q=1.366\frac{k(H^2-h^2)}{\lg\left(1+\frac{R}{r_0}\right)} \tag{4-24}$$

4.承压完整井基坑涌水量按下式计算

$$Q=2.73k\frac{Ms}{\lg\left(1+\frac{R}{r_0}\right)} \tag{4-25}$$

公式中各符号意义同上。

对于潜水非完整井、承压非完整井的涌水量计算公式不再赘述，可参考相关规范。

第五节　地下水对土木工程建设的影响

地下水不仅直接影响着地基岩土的性状与行为，同时作为环境条件，对建筑物的稳定性和耐久性也有着重要影响。地下水位的变化，还会对建筑物的建设带来许多不利影响，近年来，随着高层建筑的建设，基础埋置越来越深，因流砂、管涌或地下水位变化造成的基坑坍塌、建筑物不均匀沉降、基础上浮及建筑物开裂、倒塌等事故屡屡出现，给工程造成了很大的损失。因此在设计和施工中必须重视地下水对土木工程建设的不利影响。

一、地下水对地基承载力和变形的影响

在地下水的影响下，地基承载力会有明显的下降，特别是当地下水位埋藏较浅，地基压缩层范围内的土体呈饱和状态时，地下水充满土的孔隙，土颗粒间的作用力减小，导致土质软化，压缩性增大，承载力降低。“掠夺式开采”地下水诱发了地面沉降、塌陷、开裂(图 4-15)、海水入侵等一系列地质灾害现象。目前，全国有近 70 个城市因不合理开采地下水诱发了地面沉降，

沉降范围 6.4 万 km^2，沉降中心最大沉降量超过 2m 的有上海、天津、太原、西安、苏州、无锡、常州等城市，其中天津塘沽的沉降量达到 3.1m。

在湿陷性黄土地区，当地下水位上升时，土体中的可溶盐类被溶解，黄土特有的粒状架空结构遭到破坏，导致土体强度降低，在自重或附加应力作用下，会发生湿陷变形，基础产生不均匀沉降。如某综合楼，施工前因没有搞清场地地下水位的变化幅度，地基处理措施不当，雨季时地下水位显著上升，黄土层发生湿陷变形，导致基础产生不均匀沉降，最大沉降量达 25cm。

在膨胀土地区，地下水多为上层滞水或裂隙水，随着季节水位的变化，可使膨胀土产生不均匀的胀缩变形，而当地下水位变化频繁或变化幅度较大时，不仅土的膨胀收缩变形往复，而且胀缩幅度也大，常常引起基础不均匀沉降，建筑物开裂、变形而破坏。图 4-16 为膨胀土地基上建筑物墙体开裂的情况。

图 4-15　超采地下水造成的地面开裂

图 4-16　地基土膨胀导致建筑物墙体开裂

在寒冷地区，地下水位升高，由于冻结作用，土中的水分往往向冻结区迁移和集聚，冰冻形成冰夹层或冰锥等，使地基土产生冻胀，地面隆起，使建筑物开裂破坏。此外，土体在冻结状态时虽具有较高的强度和较低的压缩性，但当温度升高土解冻后，其抗压和抗剪强度就会大大降低，对于含水率很大的土体，融化后的黏聚力约为冻结时的 1/10。

此外，地下水位的下降同样会给工程造成危害，如由于过量开采地下水引起水位下降，造成土中孔隙水压力减小、有效应力增大，土层压缩量增大，造成地面沉降或塌陷，导致房屋开裂、井管上拔、地下铁路轨道错开等问题。

由此可见，地下水对地基承载力、变形和地基稳定等均会产生不利影响，对此必须予以高度重视，工程地质勘察不仅要重视水文地质参数的测定，还应注意收集与整理区域性水位动态变化资料，建立区域性水文地质资料数据库，对建筑物范围内的地下水位变化规律进行定量分析，做好地下水位的预测、预报工作。

二、地下水对基础工程施工的影响

对于深基坑开挖，如果地下水位较高，会遇到地下水以及水压带来的一系列问题。所以，有效治理地下水，是维护深基坑工程稳定的一项重要措施。常用的治理方法有明沟排水、井点降水、堵水、截水等方法。

1.流砂

在基坑底部，地下水由下向上渗流时，当向上的动水力 j（渗流力）大于等于土的有效重度 γ' 时，即 $j \geqslant \gamma'$，将会产生流砂现象。一般多发生在级配均匀的饱和粉砂、细砂和粉土层中。在地基或土坝下游渗流溢出处及基坑或渠道开挖过程中可能发生，流砂一般是突发性的，对工程危害极大。如 2003 年 7 月 1 日 9 时左右，流砂涌入建设中的上海地铁四号线（浦东南路至南浦大桥）区间隧道中的浦西联络通道，引起部分隧道结构损坏及周边地区地面严重沉降（图 4-17），三栋建筑物严重倾斜，黄浦江防汛墙局部坍塌，直接经济损失达 1.5 亿元，属于重大工程责任事故。

流砂的防治可以通过以下途径：

(1)减小或消除水头差，采用坑外降低地下水位或采用水下挖掘。

(2)加固土层，如冻结法、注浆法。

(3)在向上渗流出口处的地表压重。

(4)增长渗流路径，如打板桩、混凝土搅拌桩等。

当采用板桩时，桩的嵌入深度应根据抗流砂稳定安全系数的要求确定（图 4-18）。在基坑底部，抗流砂稳定安全系数应满足式(4-26)的要求：

$$K_{LS}=\frac{(h-h_w+2t)\gamma'}{(h-h_w)\gamma_w}\geqslant 1.5\sim 2.0 \tag{4-26}$$

式中：h——基坑深度(m)；

t——桩的入土深度(m)；

h_w——墙后地下水位埋深(m)；

γ'——土的有效重度(kN/m³)；

γ_w——水的重度(kN/m³)。

图 4-17　上海地铁四号线因流砂引起的地面沉降

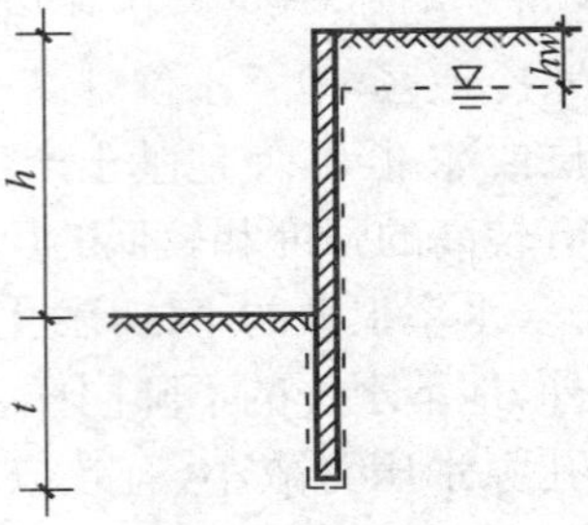

图 4-18　基坑坑流砂验算示意图

2.管涌

在渗流作用下土体中的细小颗粒在粗颗粒形成的孔隙通道中发生移动并被带走，在土中形成管状孔洞的现象，与人类活动有关的称为管涌，自然形成的称为潜蚀。管涌破坏一般有个时间发育过程，是一种渐进性的破坏，按其发展的过程，可分为两类：①危险性管涌土，一旦发生渗透变形就不能承受较大的水力坡降的土；②非危险性管涌土，当出现渗透变形后，仍能承受较大的水力坡降，最后试样表面出现许多大泉眼，渗透量不断增大，或者发生流土，如图4-19 所示。

管涌的形成主要决定于土本身的性质，对于某些土，即使在很大的水力坡降下也不会出现管涌，而对于另一些土（如缺乏中间粒径的砂砾土）却在不大的水力坡降下就可以发生，一般来说，黏性土只有流土而无管涌。产生管涌的必要条件是土中粗颗粒所构成的孔隙直径必须大于细颗粒的直径，产生管涌的水力条件是动水力能带动细颗粒在孔隙间滚动或移动。

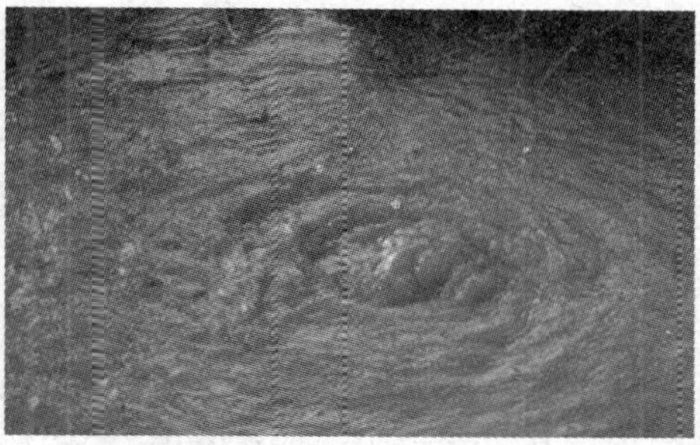

图 4-19　危险性管涌土示意图

管涌的防治主要通过以下途径：

(1)改变几何条件，如在渗流逸出部位铺设反滤层(图 4-20)。

(2)改变水力条件，降低水力梯度，如打板桩等。

当采用板桩时，桩的嵌入深度应根据抗管涌稳定安全系数的要求确定。基坑土体抗管涌稳定安全系数应满足式(4-27)要求。

试验表明，管涌一般发生在离基坑壁大约等于板桩入土深度一半的范围内。为简化计算，近似地按邻近板桩的最短路线计算，如图 4-21 所示。

图 4-20　渗流逸出部位铺设反滤层

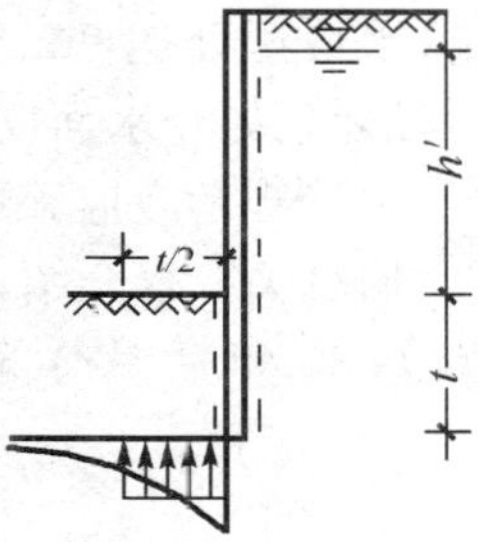

图 4-21　基坑抗管涌验算示意图

$$K_G = \frac{2\gamma' t + \gamma' h'}{\gamma_w h'} \geqslant 1.5 \sim 1.6 \tag{4-27}$$

式中：t ——板桩入土深度(m)；

γ' ——土的有效重度(kN/m^3)；

γ_w ——水的重度(kN/m^3)；

h' ——地下水位至坑底的距离。

如坑底以上为透水性好的土层，则可略去该层的水头损失，即 $\gamma' h' \approx 0$

3. 基坑突涌

当基坑下有承压含水层时，若基坑开挖深度太大、基坑底部隔水层太薄，承压水层顶板经受不住承压水压力作用时，基坑底部隔水层会被承压水顶裂或冲毁，这种现象被称为基坑突涌(图 4-22)。

为防止基坑突涌现象发生(图 4-22、图 4-23)，必须验算基坑底部土层的安全厚度，基坑突

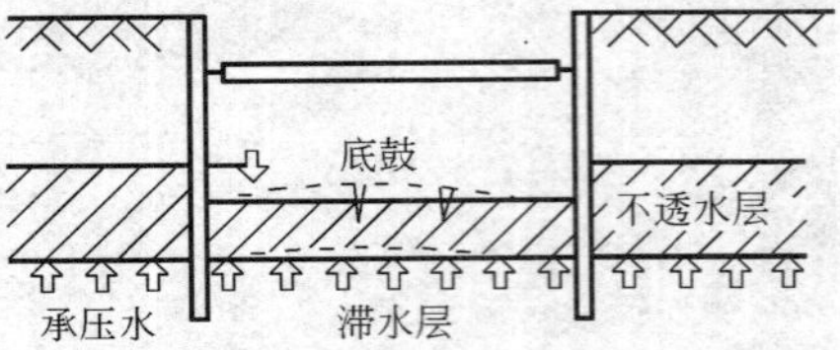

图 4-22　基坑突涌示意图

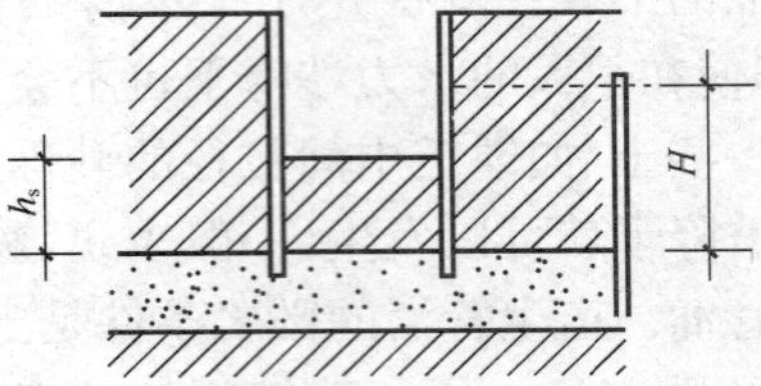

图 4-23　基坑抗突涌稳定性验算示意图

涌稳定性安全系数 K_{TY} 应满足式(4-28)要求：

$$K_{TY}=\frac{\gamma h_s}{\gamma_w H}\geqslant 1.1\sim1.3 \tag{4-28}$$

式中：h_s ——基坑下不透水层的厚度(m)；

γ ——土的重度，地下水位以下用饱和重度(kN/m³)；

γ_w ——水的重度(kN/m³)；

H ——承压水头(m)。

此外，地下水的不断下降，还会造成很多自然景观面临消失的危险，必须引起人类的高度重视。如举世闻名的甘肃敦煌月牙泉在 20 世纪 70 年代占地 22 亩，水最深处达 9m。由于地表水减少、地下水下降，月牙泉如今水面仅有 8 亩，水深不足 3m(图 4-24)。尽管当地政府采取多种措施进行补救，效果不大。据有关专家介绍，如不采取更加有力措施进行抢救，30 年后月牙泉将面临不复存在的危险。

图 4-24　日益变小的月牙泉

思 考 题

1. 地下水的水理性质指标有哪些？定义是什么？
2. 什么是矿化度？拌和混凝土为什么不允许选用高矿化度的水？
3. 地下水对混凝土的侵蚀性有哪几种类型？
4. 地下水按埋藏条件分为哪几种类型？潜水与承压水有何不同？
5. 简述潜水的补给与排泄特征。
6. 如何测定土的渗透系数？每种方法的适用条件是什么？
7. 地下水对土木工程建设会带来哪些不利影响？如何减少地下水引起的工程事故？

第五章 DIWUZHANG 地表水的地质作用及风化作用

地表水是指陆地表面在重力作用下流动着的液态水，包括河流、冰川、湖泊和沼泽。中国大小河流总长度约 42 万 km，流域面积在 $100km^2$ 以上的河流约 5 万多条，河川径流总量 27 115 亿 m^3。冰川融水为河流的重要补给来源，中国冰川总面积 5.65 万 km^2，总储水量约为 29 640 亿 m^3，年融水量约达 504.6 亿 m^3。这些冰川分布在许多江河源头，对西北干旱区河流水量补给影响尤大。中国湖泊面积在 $1km^2$ 以上的有 2 800 余个（不包括时令湖），总面积约 8 万 km。其中面积在 $1\,000km^2$ 以上的有 11 个。中国湖泊分布很不均匀，以青藏高原和长江中下游平原最为集中，形成中国两大稠密湖区。此外，近 40 年来，兴建了许多人工湖泊，各种类型的水库达 8.6 万多座。中国沼泽分布很广，仅泥炭沼泽和潜育沼泽两类面积超过 11 万 km^2，三江平原和若尔盖高原是中国沼泽最集中的两个区域。地表流水会产生剥蚀、搬运、沉积作用，会对土木工程建设带来不利影响，地表水的地质作用为本章的主要内容之一。

地球上的物质永无止境地运动着，高山、湖泊和沙漠都不是永恒不变的，高山可以被风化、剥蚀为平地，湖泊可被沉积物和植被填平。由于暴露在地壳表面的大部分岩石都处在与其形成时不同的物理化学条件下，而且地表富含氧气、二氧化碳和水，因而岩石极易发生变化和破坏，表现为整块的岩石变为碎块，或其成分发生变化，最终使坚硬的岩石变成松散的沉积物，风化作用是导致岩石发生破坏的重要因素之一，它为地表各种外营力（块体运动、流水、冰川、波浪及风等）的剥蚀和侵蚀作用创造了条件，没有风化作用为先导，剥蚀和侵蚀作用难以进行。风化作用会使原有坚硬而稳定的岩石变得软弱而易变，对建筑物十分不利。在工程地质学中对岩石风化进行研究，以便于根据岩石风化的深度及其分布情况，选择建筑物场地；确定重大建筑物地基中需要挖除的风化层厚度；确定合理的边坡坡度，以及基坑、路堑保持开敞状态的安全期限；确定防治岩石风化的措施。所以在工程地质学中，对岩土风化的研究是一个重要的课题。

第一节　暂时性流水的地质作用及其沉积物

根据流动时间长短，地表水可分为暂时性流水和经常性流水。暂时性流水是一种季节性、间歇性流水，时有时无，如雨水、融雪水和山洪急流。经常性流水是指一年中大部分时间流动不息的水流，如河水、江水。地表水在流动过程中会与地表的岩土发生相互作用，通过剥蚀、搬运和沉积作用，形成各种不同地貌和松散沉积物。一般将由间歇性流水产生的地质作用称为暂时性流水地质作用，由经常性流水产生的地质作用称为经常性流水地质作用。

一、片流的地质作用及其沉积物

（一）片流的地质作用

片流是降雨或融雪顺斜坡无固定流道的、面状流动的细小流水。片流的地质作用也称为洗刷作用。当雨水降落到地表或覆盖地表的积雪融化时，一部分被蒸发，一部分渗入地下，剩下的部分则形成无数的网状坡面细流，从高处沿斜坡向低处缓慢流动；在流动过程中，流水可冲走松散物质，一部分直接或间接流入江河，成为江河泥沙的主要来源，另一部分被搬运到斜坡下部，并在坡脚或山坡低凹处沉积下来，形成了坡积物。洗刷作用的结果，一方面山坡上会出现无数小沟，裸露的土壤受到面流的洗刷，造成水土流失；另一方面由于斜坡面流把坡顶的松散物质带到坡脚处堆积起来，其结果就是使斜坡的坡度逐渐减小，对坡面地貌形态的发展产生重要影响。

洗刷作用的强度和规模与降水量和降雨速度、山体坡度、植被覆盖程度、岩石的岩性及风化程度有直接关系，降水量越大、越猛烈，洗刷作用的强度就越大；植被稀少的土质山坡或风化严重的软弱岩质山坡洗刷作用的强度较大；山坡坡度较陡时洗刷作用强度较大。

（二）坡积物

坡积物是片流地质作用将高处的松散物质、岩石风化产物缓慢地洗刷剥蚀、顺着斜坡逐渐移动、沉积在较平缓的山坡上而形成的沉积物。它一般分布在山腰上或坡脚下，如图 5-1 所示。

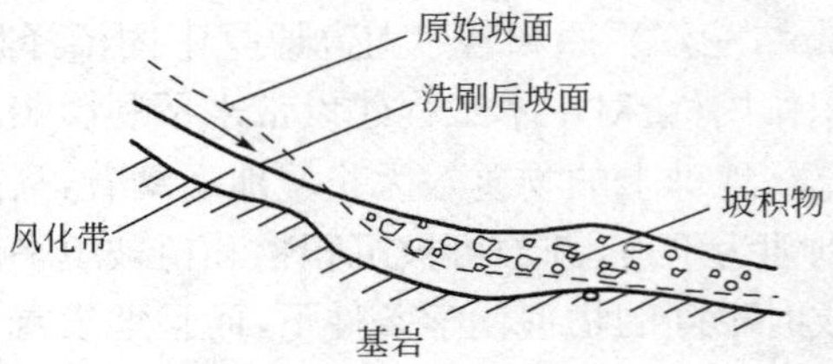

图 5-1　坡积物断面示意图

（三）坡积物的特性

(1)坡积物一般为细碎屑物，如亚砂土、亚黏土等，分选现象不明显。

(2)坡积物质未经长途搬运，碎屑棱角明显，磨圆程度不好，层理构造不明显。

(3)坡积物质的矿物成分与下卧基岩没有直接关系，这是它与残积物的明显区别。

(4)坡积物土质不均匀，新近堆积的坡积物孔隙比大、压缩性较高且变形不均匀。

(5)坡积物土层薄厚不均，一般是山坡下部较厚，向山坡上部逐渐变薄以至尖灭。

(6)除下伏基岩顶面的坡度平缓者外，坡积层多处于不稳定状态。

（四）影响坡积层稳定性的因素

影响坡积物沉积层稳定性的因素主要有以下三个方面：

1. 下伏基岩顶面的倾斜程度

当坡积层厚度较小时，其稳定程度首先取决于下伏岩层顶面的倾斜程度。下伏地形或岩层顶面与坡积层的倾斜方向一致且坡度较大时，尽管坡积层表面坡度很缓，也容易发生滑动，如山坡或河谷谷坡上的坡积层的滑动，经常是沿着下伏地面或基岩的顶面发生的。

2. 下伏基岩与坡积层接触带的含水情况

当坡积层与下伏基岩接触带有水渗入而变得软弱湿润时，坡积层与下伏基岩之间的摩阻力将明显减小，抗滑能力大大降低，从而容易引起坡积层产生滑动。因此，在雨季坡积层发生滑坡的数量比平时多得多。

3. 坡积层本身的性质

由于坡积层的组成物质结构松散，孔隙比和压缩性大，抗剪切强度比较低，特别是在黏土颗粒含量高的坡积层中，雨季会造成含水量的显著增加导致土的抗剪强度随之降低，土坡容易失稳。

二、洪流的地质作用及其沉积物

（一）洪流的地质作用

当暴雨或大量融雪产生的水流，在山间低洼地带形成汇水区，并迅速汇集成暂时性山洪急流，即山洪。由于山洪水量大、流速快，所以具有很强的剥蚀和搬运能力，它冲刷地表，形成冲沟，并挟带着大量碎屑物质堆积于山谷冲沟出口或山前倾斜平原而形成洪积物，暴雨形成的洪流挟带大量石块和泥沙，容易形成泥石流灾害，它的破坏性强、危害大，顷刻之间就可造成村庄建筑和桥梁倒塌、公路中断、溪河改道，常会对水利、交通、电力、通信、农田等基础设施造成毁灭性的破坏，图 5-2为瑞士山区发生的泥石流造成的山坡破坏状况。

图 5-2　泥石流造成的破坏

洪流的地质作用也称为冲刷作用，即洪流以巨大的机械冲击力猛烈冲刷沟底及沟壁岩石的过程。洪流沿沟谷流动时，由于集中了大量的水，沟底坡度大、流速快，因而拥有巨大的动能，对沟谷的岩石有很大的破坏力。由冲刷作用形成的沟底狭窄、两壁陡峭的地貌称为冲沟。冲沟在土质疏松、缺少植被和暴雨较多的地区是常见地形，我国西北黄土分布地区是冲沟发育比较典型的地区。

冲沟的发展可分为三个阶段，第一阶段会形成断面呈 U 字形的沟槽，在洪流的冲刷作用下，冲沟不断扩大，在冲沟的最上部经常形成地貌落差较大的顶部跌水，冲沟从沟头向上不断发展的过程称为溯源侵蚀；冲沟发展的第二阶段会形成断面呈 V 字形的沟槽，在此阶段，以强烈的下蚀作用为主，使沟槽不断加深，在冲沟的出口处经常出现悬沟陡坎。由于受到条件的限制，冲沟下蚀作用到达某一基准面之后便不能继续下蚀，这一基准面通常是冲沟排泄口处的河流或任一盆地的水面，称为侵蚀基准面。冲沟发展的第三阶段是使谷底逐渐变缓，同时冲沟的岸坡逐渐塌落，形成天然稳定的坡度。

（二）洪积物

洪流不但具有强大的侵蚀能力，而且具有较强的搬运能力，洪流的沉积作用很普遍，特别是在干旱和半干旱地区，洪流是主要的地质营力。当洪流携带大量碎屑物质，抵达冲沟口时，沟床纵坡变缓、地形开阔、水流分散、流速降低，搬运能力骤然减小，碎屑物质便沉积下来，较细的泥砂继续随水搬运，多堆积在沟口外围一带，由洪流形成的沉积物称为洪积物，洪积物在沟口一带形成的扇形展布的堆积体，在地貌上称为洪积扇，见图 5-3。大型的洪积扇中，洪积物具有明显的分带现象，在洪积扇顶部，堆积有粗大的砾石，这是由于水动力在此地带突然降低所致，在洪积扇边缘，地形较缓，水动力更弱，沉积物主要为砂和黏土，并具有层理构造。在扇顶与扇缘之间，沉积物既有砾石，又有砂及黏土，洪积物这种分带现象是粗略的，各带之间没有截然明显的界线。

图 5-3　洪积扇示意图

若干个相邻的洪积扇扩大相连形成围绕山脚的洪积裙，见图 5-4。洪积裙进一步发展，可形成微向山外倾斜的洪积平原。在河流不发育的地区，洪积平原常成为大城市建设的首选之地，如北京就位于大洪积扇的边缘。

1. 洪积物的特性

洪积物的特性主要反映在以下几个方面：

(1)洪积物颗粒粗细混杂，虽存在随坡脚由近而远呈现由粗而细的分选现象，但分选不良。

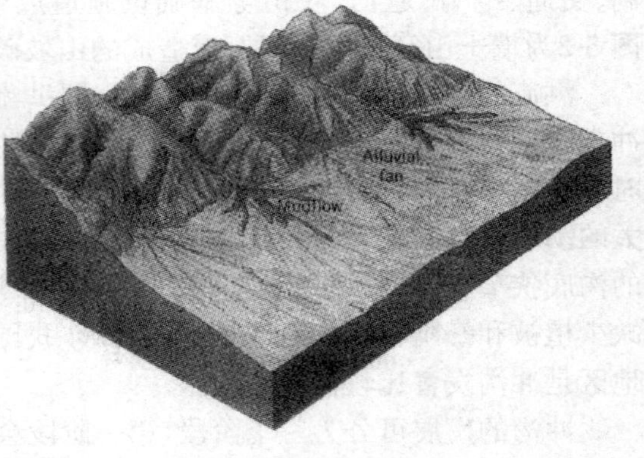

图 5-4　洪积裙

(2)洪积物质因搬运距离短，颗粒的磨圆程度仍不好，一般介于次圆状和次棱角状之间。

(3)因山洪是周期性产生的，每次的大小不同，堆积的物质也不一样，所有洪积物常呈现不规则交错的层理构造，如透镜体、尖灭和夹层等。

(4)洪积物分布有明显的地域性，不同冲沟中的洪积物岩性差别较大。

2. 洪积物的工程地质特性

规模较大的洪积扇一般可划分为三个地段，见图 5-5。不同地段的洪积物，其工程地质特性不同。

(1)靠近沟口地段：由于靠近沟口处的洪积物颗粒较粗、孔隙大、透水性强，加之地下水埋藏较深，土的承载力一般较高，通常是良好的天然地基。

(2)外围地段：洪积层的外围颗粒较细，成分比较均匀，在沉积过程中受到周期性干旱的影响，细小的黏土颗粒发生凝聚，同时析出可溶性盐类，洪积层的结构较牢固，承载力也比较高，通常也是良好的天然地基。

(3)过渡地段：在上述两地段之间的过渡地段，水文地质条件不良，由于经常有地下水溢出地表形成宽广的沼泽地带，因此土质软弱，承载力较低，对工程建设不利。

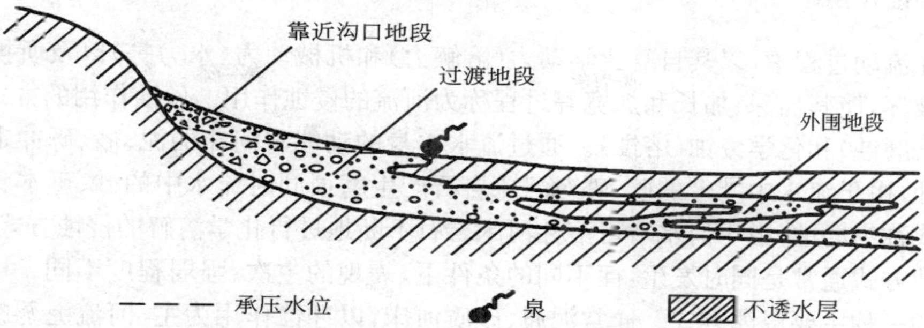

图 5-5 洪积层剖面示意图

第二节 经常性流水的地质作用及其沉积物

最常见的经常性流水是河流流水，河流是地表上有固定河道的经常性水流，它与人类的生活生产有着极其密切的关系。河流是陆地上最为活跃的地质动力，流水的作用不断对地表进行改造，河流的地质作用是陆地上最强烈的外力地质作用。河流中水的运动主要为紊流运动，有时会以湍流或层流的形式运动。流速指单位时间内流通过的距离，河流流量指单位时间内通过水断面的水量。河流的流量随季节发生变化，洪水期和枯水期流量的差别很大，长江洪水期的径流量可达 70 000m^3/s。

河流流水的地质作用能力与河流流量、流速、地质构造、泥沙含量等因素有关。

中国河流的含沙量各地相差很大，以流经第四纪黄土大面积分布地区的河流含沙量最大。如黄河多年平均含沙量为 36.9kg/m^3，永定河在修建水库以前含沙量为 60.8 kg/m^3，水库修建后含沙量减小到 49.2 kg/m^3。其次是流经较易侵蚀的云南高原的红色岩系和四川盆地的松散的紫色岩系的河流，如元江的含沙量为 3.55kg/m^3，嘉陵江的含沙量为 2.31kg /m^3。含沙量最小的是黑龙江流域各河和东南沿海河流，如松花江的含沙量只有 0.16kg /m^3，闽江的含沙量只有 0.14 kg/m^3。流经石灰岩地区的河流含沙量也很小，如西江的含沙量只有 0.34 kg/m^3。黄河是中国输沙量最大的河流，年总输沙量达 16 亿吨，几乎占外流地区输沙量的 48%。长江的含沙量就全国而言不算高，但因长江年总径流量很大，因而其年总输沙量达 5 亿吨以上，仅次于黄河。

河流的补给分为雨水补给、积雪、冰川等融水补给和地下水补给。几乎所有的中国河流都获得两种或两种以上的补给，而且补给的种类一般是由南而北、由东而西增加。秦岭淮河以南、青藏高原以东地区，只有雨水和地下水两种补给，且以雨水补给为主，一般都占年径流量的 60%～70%，浙闽沿海和四川盆地雨水补给甚至高达 80%～90%。秦岭淮河以北的河流，也以雨水补给为主，地下水补给为辅。东北地区的河流除雨水、地下水补给外，还有季节积雪融水补给，融水补给约占年径流量的 10%～15%。华北地区季节积雪融水对河流的补给甚微，融水主要由河冰融化所形成的消冰水。西北地区和青藏高原山地河流，除雨水、地下水、季节积雪融水补给外，还有高山冰川融水补给。融水补给占年径流量的比重各地不一，总趋势是自四周向内陆随气候干燥度增加而增大。

河流的地质作用主要包括侵蚀作用、搬运作用和沉积作用。

(一)侵蚀作用

河水在流动过程中,以其自身化学动力(溶解力)和机械动力(水力等)以及所携带的泥沙对河床的破坏,使其加深、加长和加宽等过程称为河流的侵蚀作用。侵蚀作用的方式分为机械侵蚀(冲蚀、磨蚀)和化学侵蚀(溶蚀)。通过流水本身的动能将河床的泥、砂、砾冲走的侵蚀方式称为冲蚀,由于流水中携带的砂、砾对河床岩石产生磨损同时流水中的砂、砾本身也被磨损的侵蚀方式称为磨蚀,由于河水对可溶性河床岩石不断地进行化学溶解的侵蚀方式称为溶蚀。这三种侵蚀方式通常是同时发生,而不同的条件下,表现的主次、强弱程度不同。机械侵蚀是山区河流的一种主要侵蚀方式。通常泥质、砂质河床,以冲蚀作用为主,河流上游磨蚀作用明显,河流下游溶蚀作用明显,对石灰岩、白云岩等可溶性岩石河床,溶蚀作用强烈。

河流的侵蚀作用,按照河床不断加深和拓宽的发展过程,可分为下蚀作用和侧蚀作用。

1. 下蚀作用

河水在流动过程中使河床逐渐下切加深的作用,称为河流的下蚀作用。

1)影响下蚀作用的因素

(1)河床坡度越陡,下蚀作用越强烈。流水顺坡而下产生的向下运动分量对河底不断进行冲刷,因此河床坡度越大,向下侵蚀作用力越大。下蚀最强烈的是瀑布地区,下蚀作用的结果使瀑布不断后退,如我国黄河壶口瀑布以平均每年5cm的速度后退。

(2)河水的流速和流量越大,搬用碎屑物质的颗粒越大,下蚀作用越强烈。流水携带的砾、砂在河底滚动、跳跃,不断磨蚀河底基岩,在洪水期因其搬运量大,下蚀作用强烈。

(3)下蚀作用的强烈程度与河床的岩性和地质构造有密切关系。如果组成河床的岩石坚硬且无构造破坏现象,则会抑制河水对河床下蚀的速度;反之,如果组成河床的岩石岩性松软或受到构造作用产生裂隙、断裂,则下蚀速度明显加快。

(4)涡流和双向环流作用大,下蚀作用强烈。涡流使携带的砾石像钻具一样作用于河底,在河床上形成凹坑。当河水涌入峡谷时,河床峡谷中的流水形为双向环流,促使峡谷加深。

2)下蚀作用的过程

下蚀作用使河床底部逐渐加深,在向下切割的同时,河流向源头方向发展,缩小和破坏分水岭(流域与流域之间由山体或高地所分开,水流方向不同,这种分开相邻流域的高地为分水岭),这种作用称为河流的溯源侵蚀。两条河流向同一分水岭溯源侵蚀时,当某一向源侵蚀较快的河流向上伸长并中途切断另一条河流时,于是就把另一河流上游的河水夺过来,此为河流袭夺现象。下蚀作用不能无止境地发展下去,它有一定的侵蚀界限,当河床趋于流入水体的水面时,河水失去了势能差,不再流动,这时下蚀作用也就停止了,通常将河流下蚀作用消失的平面称为侵蚀基准面。有些内陆河流,河水流入湖泊,因此湖面可以说是地方暂时性的侵蚀基准面,地球上大多数河流最终要流入海洋,所以河流的最终侵蚀基准面是海平面。

3)下蚀作用的结果

河流下蚀作用的结果是形成河流平衡剖面。河流平衡剖面是一种动态平衡,当河流的侵蚀能力、搬运能力和岩石的抗冲刷能力达到动态平衡时即形成平衡剖面。由于下蚀作用的结果使河床高度降低,坡度变缓,河床趋于平滑,水动能减少。当流水既不发生侵蚀,也不发生较大的沉积作用,河底的纵向剖面成为光滑平缓的曲线,此剖面为河流平衡剖面。

下蚀作用使河床不断加深,切割成槽形凹地,形成河谷。在山区由于河流下蚀作用强烈,可形成横剖面呈"V"字形的峡谷。著名的金沙江虎跳峡江面最窄处仅为30m,最陡的坡谷可达 70°，峡谷深度达 3 000m，如图 5-6 所示。

2. 侧蚀作用

河流流水冲刷两岸，对河床岩石进行侵蚀，使河谷加宽或使河道左右迁移的作用称侧蚀作用。

1）侧蚀作用的过程

河水在运动过程中的横向环流作用（图 5-7），是促使河流产生侧蚀的经常性因素。此外，如河水受支流或支沟排泄的洪积物以及其他重力堆积物的障碍顶托，致使主流流向发生改变，引起对岸产生局部冲刷，这也是一种在特殊条件下产生的河流侧蚀现象。在天然河道上能形成横向环流的地方很多，但在河湾部分最为显著。当运动的河水进入河湾后，由于受离心力的作用，以很大的流速冲向凹岸，产生强烈冲刷，使凹岸岸壁不断坍塌后退，并将冲刷下来的碎屑物质由底层流束带向凸岸堆积下来。同时，受纵向流的影响，使河湾逐渐向下游移动，因而导致河床发生平面摆动，致使河湾的曲率越来越大，河流的长度越来越长，河床的比降逐渐减小，流速不断降低，侵蚀能量逐渐削弱，直至常水位时已无能量继续发生侧蚀为止。

图 5-6　虎跳峡

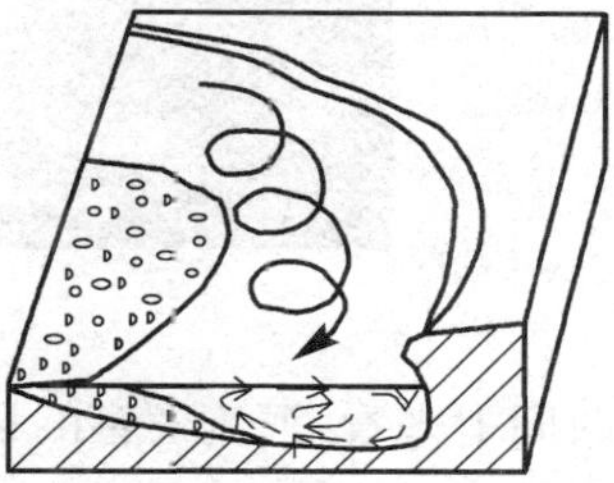

图 5-7　侧蚀作用

2）侧蚀作用的结果

自然界中任何一条河流总有弯曲，当河水流入凹岸而受到阻挡就沿谷底流向凸岸，因而产生单向环流。在单向环流的作用下，使河水冲向弯曲河床的凹岸，造成凹岸下部岩石不断受到侵蚀而被掏空，同时上部岩石也随之崩塌，凹岸变得陡峭。因凸岸水流减缓，在凸岸河水携带岩石碎屑及泥沙就会沉积下来，使得凸岸变缓，这种河流侵蚀作用的结果使河床的凹岸不断向谷坡方向后退，而凸岸不断前伸，整个河床就逐渐地被拓宽，河床弯道处曲率增大，形成河床在平面上蜿蜒回环，形状像蛇摆动一样，这种异常弯曲的河流弯道称为蛇曲。随着河床的摆动，当蛇曲河床相邻两个河湾的距离不断靠近，一旦河水流量增大，河水冲溃两个河湾之间的河岸，从上一个河湾直接流入相邻的下一个河湾，这种现象称为河流的截弯取直。被遗弃的弯曲河道的两个河口被泥砂堵塞而与原河道隔离，演变成像牛轭状湖泊，人们称其为牛轭湖。蛇曲的发展过程与牛轭湖的形成参见图 5-8。图 5-9 为延川黄河蛇曲，气势恢弘，景色壮观。

3. 下蚀与侧蚀的关系

河流在运动过程中通常是下蚀、侧蚀同时进行，但在河流的不同发展阶段，或同一条河流的不同河段，由于河水动力条件的差异，下蚀和侧蚀所显示的优势会有明显的区别。

从空间上来看，河流上游因地形起伏大、河床坡度陡、水流急、流速大，河流以下蚀作用为主。下蚀作用的产物主要有"V"形谷、急流（湍流）、小型瀑布、局部侵蚀基准面及河流阶地。河流中游既有下蚀作用，又有侧蚀作用，侵蚀作用的产物主要有壶口瀑布群、十里龙槽、涡穴及漏斗、侧蚀洞穴及凹槽、离堆山等。河流下游河水流出山地之后，地形相对平缓，水面变得开阔，水流相对平稳，平原区河流以侧蚀作用为主，在河水流出山地时往往会形成河漫滩和心滩，在下游平原区形成蛇曲以及“U”形谷和牛轭湖。

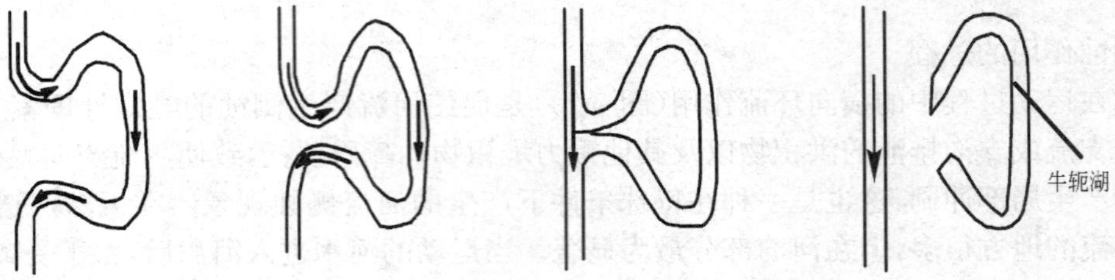

图 5-8　蛇曲的发展与牛轭湖的形成

图 5-9　延川黄河蛇曲

从时间上来看，河流发育的早期以下蚀作用为主，随着河流坡度的不断减小，河流发育的晚期逐渐转为以侧蚀作用为主。

(二)搬运作用

河水在流动过程中，将所携带泥沙向下游方向搬运和移动的作用，称为流水搬用作用。被河流搬运的物质主要是片流的洗刷作用和洪流的冲刷作用带来的物质及少量河流侵蚀作用的产物。河流搬运能力、搬运物质、搬运形式与河流的流速、流量、岩石成分、构造作用和地表形态等多种因素有关。河流以机械搬运(悬运、跃运)为主，化学搬运(溶运)为辅。碎屑物以何种方式被搬运，主要取决于颗粒的沉降速度与上举力的对比情况。颗粒的沉降速度即在静态液体中的下沉速度，不仅取决于颗粒的大小，还取决于颗粒的比重、形状以及液体的密度。上举力包括紊流中向上流动的分量与因流速差而产生的上升力。河流搬运物的粒径 d 与水流流速 v 的平方成正比，即 $d \propto v^2$ 。河流搬运物的重力 w 与粒径 d 的 3 次方成正比，即 $w \propto d^3$。

1. 悬运

当颗粒的沉降速度小于紊流的向上分力时，紊流的向上分力作用使颗粒悬浮在水体中，颗粒随水向前移动的搬运方式称为悬运，见图 5-10。搬运的物质主要是黏土和粉砂粒，它是河流搬运的重要方式，搬运物质最多。

图 5-10　河流的搬运作用

2. 跃运

河流上部流速较大，底部受河床磨阻力的影响流速减少，河底附近上下流速不同，便产生了流速差，产生的上举力使砂石跃起，而后上举力消失落下，被水流推着沿河底滚动，颗粒跳跃式随水流向前移动的搬运方式称为跃运，搬运的物质主要是砾石、砂粒。

3. 溶运

当河水溶解了 $CaCO_3$、$MgCO_3$、KCl、NaCl 等可溶盐类或含有 SiO_2、MnO_2 胶体物质，便形成了水溶液，这种搬运方式称为溶运，搬运的物质主要为可溶盐，溶运搬运的距离最远。

(三)沉积作用及冲积物

1. 沉积作用

河流搬运物从水中沉积下来的过程称为河流的沉积作用。河流的沉积作用，自上游至下游普遍存在。但由于上游水流急，搬运动力强，沉积物较少。河流中、下游地势较平坦，沉积作用明显。河流在运动过程中，能量不断受到损失，当河水夹带的泥砂、砾石等搬运物质的重力超过水的搬运能力时，被搬运的物质便在重力作用下逐渐沉积下来，形成冲积层。发生沉积作用的原因，一是水体的阻滞或河床变得平缓时，使河流流速减小、搬运能力降低，发生沉积；二是进入河流的碎屑过多，超出河流的搬运能力而发生沉积。河流发生沉积作用主要集中在河流入海口、入湖口处、河流的凸岸及河床纵剖面坡度由陡变缓部位。河流沉积的物质有粗碎屑的漂石、块石、卵石、砾石及细碎屑的砂、黏性土、淤泥等。

2. 冲积物

河流水的地质作用将两岸基岩及其上部覆盖的坡积、洪积物剥蚀后搬运、沉积在河流坡降平缓地带形成的沉积物称为冲积物。根据沉积位置，可将其分为以下几种类型：

(1)平原河谷冲积物

平原河谷冲积物包括河床冲积物、河漫滩冲积物、牛轭湖冲积物、三角洲冲积物等类型。

河床是经常性流水占据的部分，通常将河床中间的沉积地貌称为心滩(图 5-11)，将河床边缘的沉积地貌称为边滩。心滩形成于洪水期，此期间形成双向环流。表流从中央向两侧流，底流从两侧向中心汇聚，然后上升，由于水流的相互抵触和重力作用，使碎屑在河心发生沉积。每一次洪水期，使心滩扩展、加高，最后露出水面，造成河流分叉。这种分叉过程在河道内反复进行，即形成了心滩密布的、网状的游荡性河流。心滩在枯水期高出河面，而在洪水期可能又被淹没。心滩在平面上多呈梭形、长轴平行于流向，在平原的河流中经常出现这种地貌。心滩沉积物成分复杂，粒度变化范围比边滩大得多，也更粗一些，可以有砾石、粗砂，有时还有粉砂和黏土夹层。心滩沉积物中的层理发育，常见大型槽状交错层理，层理的底界面常为明显的冲刷面，并有砾石分布。河流在迁移弯曲的过程中，由于单向环流作用，将所携带的碎屑物在凸岸一侧沉积下来，开始仅仅形成浅滩，随着河流不断侧向迁移，浅滩也不断增长，最后形成向河流方向倾斜的宽阔边滩。边滩沉积物成分复杂，常含有植物碎片，粒度变化范围大，规模较大河流的边滩沉积，都是以砂为主，有少量的砾石和粉砂；较小河流的边滩沉积，粒度可粗至砾石级。边滩沉积中的层理以大型板状交错层理为主。

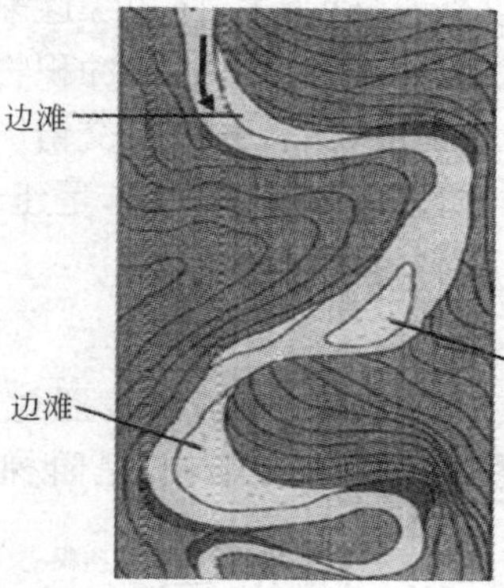

图 5-11　心滩与边滩示意图

河漫滩冲积物是洪水期河水溢出河床两侧时形成的泛滥沉积物。当洪水期来到时，水位增高，边滩被没于水下，洪水中的细粒物质，如细砂、黏性土等就会叠积在边滩沉积物之上，形成河漫滩，因此，河漫滩具有二元结构，即底部为边滩沉积，顶部为河漫滩沉积，并具有斜层理与交错层理。河漫滩只有在洪水期才会被淹没，在枯水期露出水面，相邻的河漫滩可连成一片形成广阔的冲积平原。

在牛轭湖范围内形成的沉积物称为牛轭湖冲积物。它主要是在静水条件下发生的沉积，一般多由富含有机质的淤泥和泥炭组成，天然含水量极高，压缩性很大且不均匀，抗压、抗剪强度很低，对工程建设十分不利。

三角洲沉积物是河流所搬运的大量物质在河流入海口或入湖口处形成的大致呈三角形的沉积物。河流入海、入湖的地方叫河口，它是河流主要的沉积场所。当河流入湖泊、海洋时水域骤然变宽，再加上海水或湖水对河流的阻挡作用，流速迅速减小，使河水搬运能力减弱甚至消失，大量机械搬运物质在河口沉积下来。另一方面由于湖水、海水中富含有电解质，当河流中以胶体搬运的溶运物与湖水、海水相混合后，海水中的电解质破坏了胶体的稳定性，致使胶体凝聚，而沉积在河口。三角洲沉积物的厚度很大，能达几百米或几千米，面积也很大，三角洲沉积物可分为水上部分及水下部分。水上部分主要是河床及河漫滩冲积物组成，呈水平层理构造或有透镜体存在，水下部分则由河流冲积物和海或湖的堆积物混合组成，呈倾斜层理构造。三角洲沉积物的颗粒较细，含水量较大，有的还有淤泥分布，压缩性较高，承载力较低。但在三角洲沉积物的最上层，由于经过长期的干燥和压实形成所谓硬壳，承载力较下面的为高。

(2)山区河谷冲积物

山区河谷冲积物是指来自山区的河流，携带着大量机械搬运物到达山口开阔的平地上，由于河床坡度明显减小，水流又无地形约束而散开，河水动力突然减小，机械搬运能力迅速降低，搬运物就会在山口沉积下来形成沉积物。山口沉积物常堆积成半圆锥形或扇状地貌，称为冲积锥或冲积扇。山口沉积是在水位突然退落，动力变小过程中沉积的，因此在锥顶的沉积物粒度粗，以砾石、砂为主，向边缘逐渐变细，但分选性较平原河谷冲积物差一些。由于山区河流流速大而河床的深度不大，故冲积物的厚度不大，当山区河谷宽广时，也会有河漫滩洪积物出现，主要为含泥的砾石，并具有交错层理。此外，山区河谷中还可能有泥石流沉积物。山区河谷冲积物透水性大，抗剪强度高，是建筑物的良好地基。

(四)河流阶地

在河谷地貌的形成和发展过程中，不同时期的河漫滩，由于受到地壳构造运动与河流侵蚀、堆积作用的综合影响，呈阶梯状分布于河谷谷坡上，这种地貌称为河流阶地，见图5-12。

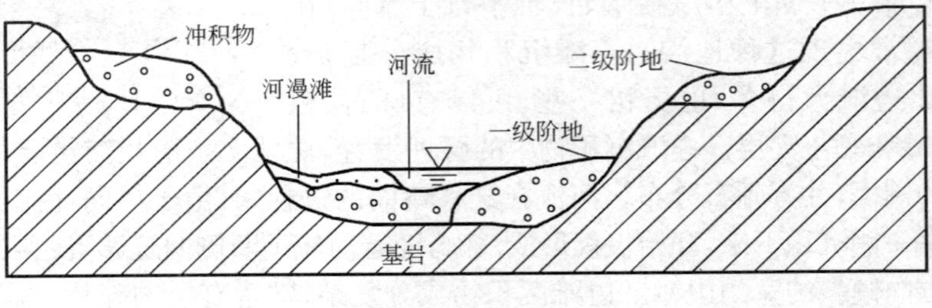

图5-12　河流阶地

阶地只有在河床下切侵蚀的基础上才能形成，引起河床下切侵蚀的主要原因是地壳的升降运动。当地壳相对稳定和下降时，河流以侧向侵蚀为主，形成河漫滩，一旦发生地壳的抬升，或者暂时性的侵蚀基准面被破坏，河流垂直侵蚀作用加强，下切河漫滩，形成阶地陡坎，原有的河漫滩也就成了河流阶地。如果地壳发生多次升降运动，则引起河流侵蚀与堆积交替发生，从而在河谷中形成多级阶地，黄河、长江均有五级以上的阶地，如黄河在兰州附近就有六级阶地。河流阶地的形成反映了河谷发育过程具有平稳和突变的双重性。

阶地的次序采用从新到老的方法，从河漫滩算起，依次向上，分别为一级阶地、二级阶地、三级阶地等，一级阶地形成时间最晚，一般保存最完好，当有几级阶地时，除考虑过岭高程外，选线一般以利用一级阶地、二级阶地为好。

不同类型的河流阶地具有不同的成因机制，河流阶地按成因可以分为以下三种类型：

1.侵蚀阶地

侵蚀阶地主要是由于河流的侵蚀作用形成的，当地壳上升速度较快，河流下蚀作用强烈时，在基岩中不断下切而形成的。阶地主要由基岩组成，其上很少或没有河流冲积物覆盖，因此也称其为基岩阶地，见图 5-13，这类阶地多见于山区河谷中。

2.基座阶地

基座阶地一般是由构造运动引起的，是一种构造成因型阶地。在地壳运动相对稳定阶段，河流的侧蚀作用形成了宽广的河谷，当地壳下降后，河谷中堆积了冲积物，随后，当地壳再次上升后，河流的下切强度较大，下切深度超过早先的冲积物而达于基岩之中，便形成了上部为河流冲积物，下部为基岩的侵蚀—堆积型阶地。上部的冲积物包括河床相冲积物和河漫滩相冲积物，这类阶地基岩上部冲积物厚度一般比较薄，阶地下方有基岩裸露，因此将其称为基座阶地，见图 5-14，这类阶地多见于河流的中游地区。

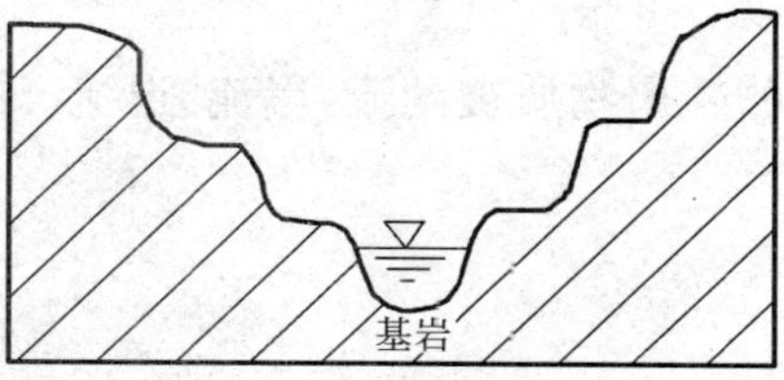

图 5-13　侵蚀阶地

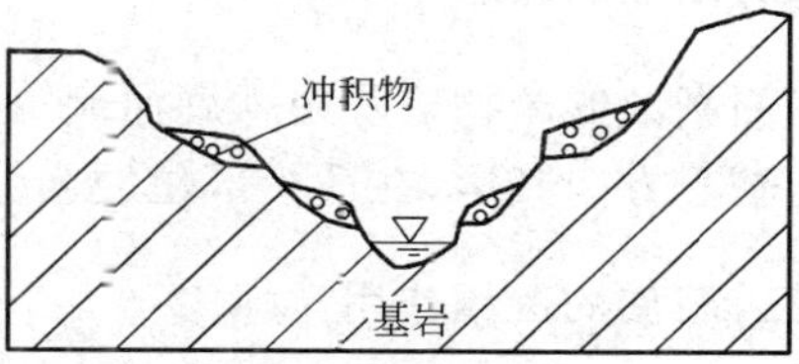

图 5-14　基座阶地

3.堆积阶地

堆积阶也是一种构造成因的阶地。在地壳运动相对稳定阶段，河流的侧蚀作用形成了宽广的河谷，当地壳下降后，河谷中堆积了冲积物，随后，当地壳再次上升后，河流的下切强度不大或早先的冲积物厚度较大，下切深度未能超过早先的冲积物，便形成了全部由冲积物组成的堆积型阶地，这类阶地基岩上部冲积物一般比较厚，阶地面和阶地斜坡全由河流沉积物组成，无基岩暴露。这种阶地多见于山地边缘地带及河流的中、下游地区。

堆积阶地根据河流下切深度的不同又可分为两类：

(1)内迭阶地：河流下切深度与冲积物厚度基本相同，见图 5-15a)。

(2)上迭阶地：河流下切深度小于冲积物的厚度，没有切穿冲积物，见图 5-15b)。

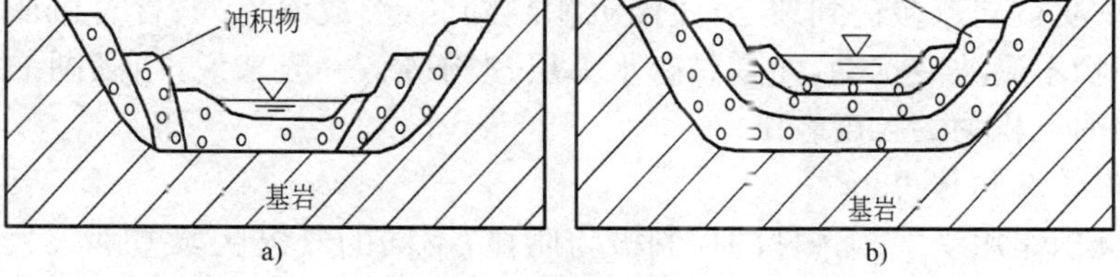

a)　　b)

图 5-15　堆积阶地

a)内迭阶地；b)上迭阶地

第三节　湖泊海洋的地质作用

一、湖泊的地质作用

湖泊是陆地上的集水洼地，由储水洼地和水组成。根据成因不同，湖泊可分为构造湖、火山湖、岩溶湖泊、河成湖泊、海成湖泊、冰川湖泊、风成湖泊、人工湖泊等。根据含盐量不同，湖泊可分为淡水湖和咸水湖两类，淡水湖多发育在潮湿气候区，水位随季节不同发生变化，一般为泄水湖。咸水湖发育在干旱气候区，一般为不泄水湖。湖泊的地质作用包括剥蚀、搬运和沉积作用，由于湖泊中的水体除表面和靠近湖岸的部分外，运动很微弱，因此，剥蚀和搬运作用都比较微弱，而沉积作用占主导地位。

（一）湖泊的剥蚀作用

湖泊的剥蚀作用包括机械冲刷、磨蚀和化学溶蚀等，其中以机械剥蚀为主。湖泊的剥蚀主要是由波浪运动而引起的，波浪越大，剥蚀作用越强。湖泊的剥蚀作用主要发生在湖岸地带，较大湖泊的湖岸在湖浪的冲击和磨蚀下可形成湖蚀洞穴、湖蚀凹槽等地形。

（二）湖泊的搬运作用

湖泊剥蚀的产物以及由入湖河流等各种外力带来的碎屑物质被湖流、岸流、退流、浊流等动力向湖心方向搬运，在适当部位便会停留下来。

（三）湖泊的沉积作用

湖泊是大陆上良好的沉积场所，可接纳周围的地面流水、地下水和风等动力带来的物质，有的湖泊还可以大量繁殖生物，形成生物沉积，湖泊的沉积作用过程也就是其发展和消亡的过程。在不同气候的区域，由于湖泊的排泄、蒸发方式以及湖水的成分不同，沉积特征也不一样，通常淡水湖以机械沉积为主，咸水湖以化学沉积为主。在潮湿气候区域，沉积作用既有机械的，也有化学的和生物的，但往往以机械碎屑沉积和生物沉积较为显著。在干旱气候区域，湖泊的沉积则以化学沉积为主，机械沉积退居次要地位。

1. 湖泊的机械沉积作用

湖水的机械沉积物主要来源于河流，其次为湖岸岩石的破碎产物。碎屑物质从浅水区进入深水区，由于动力逐渐减小，逐步发生沉积，从湖滨到湖心，沉积物粒度由粗变细，呈同心环带状分布。机械沉积作用使得粗粒碎屑物沉积于湖岸附近，形成平行湖岸的浅滩，叫湖滩。由河流携带来的泥沙，入湖后因流速骤减大部分的物质可沉积下来，形成湖三角洲。细小的呈悬浮搬运的黏土物质被湖流搬运到湖心，缓慢沉积到湖底，形成深色的、含有机质的湖泥。因湖底较平静，沉积物不受波浪扰动，使其具有水平层理构造。一般来说，山区湖泊沉积物的粒度较粗，平原区湖泊沉积物的粒度较细。

2. 湖泊的化学沉积作用

湖水化学沉积作用受气候条件的控制极为明显，不同的气候区域差别很大。在潮湿气候区域，降水充沛，湖泊多为泄水湖，溶解度大的卤化物、硫酸盐很少发生沉淀。而河流及地下水带入的Fe、Mn、Al等胶体物质或盐类物质易受水质变化的影响，成为湖泊化学沉积的主要组成部分。这些物质沉积后，常形成湖相的铁、锰、铝矿床，其中最常见的是铁矿床，矿物成分以褐铁矿、菱铁矿及黄铁矿为主。湖水中的钙质可以 $CaCO_3$ 的形式沉淀出来，并与湖底淤泥混在一起，形成钙质泥，成岩后形成泥灰岩，有时钙质沉淀较少，则形成钙质结核。在干旱气候区域，湖水的排泄以垂直排泄为主，湖水的含盐度逐渐增加，以致形成咸水湖甚至盐湖。在湖水逐渐咸化的过程中，溶解度小者首先沉淀，依照溶解度的大小沉淀的顺序大致为碳酸盐沉积物、硫酸盐沉积物、氯化物沉积物。

3. 湖泊的生物沉积作用

潮湿地区的淡水湖泊中，适合大量的生物存在，动植物的遗骸为生物沉积作用提供了丰富的物质来源，植物、动物和菌类死亡后和湖泥沉积湖底，会形成一些非常有用的沉积物。大量低等生物遗体在缺氧和多硫化氢环境下经过细菌分解，合成为沥青，沥青分散在湖泥中形成颜色不同的胶状泥为腐泥。当腐泥上堆积物增多，压力增大(深处大于 1 500m，温度达到 50～200℃)，经过成岩作用，形成油页岩，油经运移，聚集于多孔岩石形成油田。大量高等植物遗体在缺氧的环境中，经过细菌的分解，形成富含碳(含碳 59%)、质体疏松而呈棕褐或黑色的泥炭。泥炭呈稠泥状，含水量较大，在泥炭堆积过程中，伴随有地壳的缓慢下降，就会形成较厚的泥炭层，被埋藏到地下一定深度的地方，在高温高压环境下，泥炭层经过一系列作用会形成煤。

二、海洋的地质作用

海洋约占地球表面积的 71%，是地球上最大的沉积场所。海洋地质作用包括海洋的剥蚀(海蚀)作用、搬运作用和沉积作用。波浪、潮汐、洋流和浊流是海洋地质作用的重要机械动力。波浪是指由于风的摩擦，海水有规律的波状起伏运动。潮汐是指海水在月球和太阳的引力作用下所发生的周期性涨落运动，与周期性升降同时发生的海水水平运动称潮流。洋流是指海水沿固定途径的大规模流动。浊流是一种含大量悬移质，主要靠自重沿海底斜坡呈片状向下流动的高密度海流，浊流具有极强大的搬运力，流速达 3m/s 的浊流能搬运重达 30t 的岩块。由于海水深度和海底地形的影响，它们在海洋中构成了不同的水动力带。海水较浅的滨海带和大陆架是波浪和潮汐为主的水动力带，在波浪影响不到的大陆坡和深海盆地，是洋流和浊流的水动力带。滨海地区海水动力强劲，海蚀作用显著而强烈。绝大部分海域中的水体处于相对静止状态，因此海洋地质作用以沉积作用为主。现代大陆上大部分地区都有不同地质时期的古海洋沉积物。

(一)海蚀作用

海水的机械动能、溶解作用和海洋生物活动等因素引起的海岸及海底的破坏作用，被称为海蚀作用。海蚀作用以机械剥蚀为主，对于易溶岩石还有化学溶蚀作用。

海蚀作用主要发生在海陆界线附近的狭长地带，海水直接冲击海岸或携带的砂砾磨蚀海底。激浪施加于海岸岩石的压力，每平方米可达几千公斤以上，海水挤进岩石的裂缝以后，压迫裂缝中的空气，促进岩石崩裂瓦解，对由基岩组成的海岸造成强烈的侵蚀破坏。同时，强大的激浪还可以抛掷岩屑，甚至巨大的石块撞击海岸，加速海岸基岩的破坏过程。此外，对于由可溶性岩石组成的海岸，由于海水具有溶解能力而发生溶蚀，在机械剥蚀和化学溶蚀的共同作用下，海岸的破坏尤为强烈。坚硬的以及断裂不发育的岩石抵抗海蚀的能力较强，形成海峡，软弱的或断裂发育的岩石抵抗海蚀的能力较弱，形成海湾。因海蚀作用，会形成各种地貌，主要有：

1. 海蚀崖

坚硬岩石组成的海岸因受海蚀而崩塌，形成的直立陡崖(图 5-16)。

2. 海蚀洞

海蚀崖的下部因受激浪及其携带的石块撞击而形成的洞穴(图 5-17)。

图 5-16　海蚀崖

图 5-17　海蚀洞

3. 海蚀凹槽

岸边形成沿海岸延伸的凹槽(图 5-18)。

4. 海蚀阶地

地壳上升，海水面下降，形成的台阶(图 5-19)。

图 5-18　海蚀槽

图 5-19　海蚀阶地

(二)海洋的搬运作用

海洋的搬运作用以机械搬运和化学搬运同时进行。机械搬运有推移、跃移和悬移三种方式，粗大碎屑沿海底的搬运主要是推移，较粗碎屑的搬运主要是跃移，而细小碎屑的搬运主要是悬移。海洋的搬运作用有时推移、跃移和悬移同时存在，有时推移和跃移并存，或者仅有悬移存在。

海水搬运物质包括海蚀产物、大陆上河流、地下水、冰川、风等携带入海的物质、生物遗体以及火山物质等。

海浪主要对砂砾来回搬运、顺岸搬运，有磨圆和分选作用。因浊流具有极强大的搬运力，可将砂砾搬走至深海。

(三)海洋的沉积作用

海洋是巨大的汇水盆地，是最终的沉积场所，每年都有数百亿吨的物质被搬运到海洋沉积下来。整个海底都有沉积物，但以大陆架上(是大陆向海洋的自然延伸，通常被认为是陆地的一部分，它是指环绕大陆的浅海地带，见图 5-20)的沉积物数量大、种类多，因此大陆架是海洋中最重要的沉积区域。海洋的沉积作用在滨海、浅海、半深海和深海四个不同的区域有所不同。

图 5-20　大陆架与大陆坡示意图

1. 滨海的沉积作用

滨海是海陆交互地带，其范围是最低的低潮线与最高的高潮线之间的海岸地带。滨海区当潮汐、波浪和沿岸流的搬运动力变小时，就产生机械沉积。滨海区由于潮汐、波浪的作用还可带来较多的生物碎屑，形成一定的生物沉积。滨海的沉积作用会形成以下几种地貌形态：

1)海滩

海滩是在海岸地带由碎屑沉积物堆积而成的平坦地形，根据组成物质不同，分为砾滩、沙滩、泥滩，其中以沙滩最常见。沙滩表面具有不对称波痕，内部具有交错层理构造。

2)潮坪

在宽阔平缓的海岸地带，波浪波及不到这里，只有高潮时海水才能到达，因而这里以潮汐作用为主，此地带称为潮坪。潮流动能小于波浪，仅能把细砂、粉砂和黏土搬运到潮坪上沉积。由于潮水周期性的往复运动，潮坪沉积具有双向斜层理，沉积物表面发育波痕、泥裂、虫迹等。

3)沙坝

水下与海岸平行的泥沙堆积的长条形垅岗地形。当海浪从沙质海底的浅水区向岸推进时，在水深约等于两个波高处，进浪与底流相遇。波浪的破碎使动能减小，所携带的泥沙便堆积下来，开始形成水下沙埂，沙埂进一步增高加宽，形成沙坝。

4)沙嘴

由沙粒堆积而成的长条形垅岗，它一端与海岸相连，另一端伸入海中。它的形成过程与沿岸流有关，由于海岸曲折，每一股沿岸流并不随之曲折，当沿岸流推动砂粒前进时，因惯性使砂粒进入海湾区，然后减速发生沉积。另外，两股反向沿岸流相遇时，能量相互抵消，也能使砂粒沉积形成沙嘴。

2. 浅海的沉积作用

浅海是海岸以外较平坦的浅水海域，其水深自低潮线以下至水深 200m 之间。许多地区的大陆架水深在 200m 以内，地势开阔平坦，所以浅海大致与大陆架相当。浅海距大陆较近，各种生物极其繁盛，是海洋中的最主要沉积区，无论沉积物数量及沉积作用的类型都比海洋中的其他区域多，既有碎屑沉积、化学沉积还有生物沉积。古代海相沉积岩中绝大部分也为浅海沉积。

浅海带沉积物随离岸远近不同，性质不同。离岸近的区域以砂、砾粗颗粒为主，具交错层理和不对称波痕，含大量生物化石，有良好的磨圆度和分选性，成分较单一；离岸远的区域以粉砂、泥质细颗粒为主，具水平层理，波痕不发育，有时有对称波痕，分选好但磨圆度不高，成分较复杂。

3. 半深海及深海的沉积作用

半深海是从浅海向广阔深海的过渡地带，水深一般为200～2 000m，在海底地形上相当于大陆坡(向海一侧，从大陆架外缘较陡的地方下降到深海底的斜坡)的位置，通常地形坡度较陡。深海是水深大于2 000m的广大海域，其海底地形主要包括大陆基、大洋盆地及海沟等。

半深海及深海离大陆较远，一般来说，粗粒物质很难到达这里，只有浊流、冰川和风以及火山作用，能产生较粗的物质沉积。浊流所悬浮和挟带的大量物质，在进入大陆坡脚和深海盆地时，因搬运能力剧减发生堆积，所形成的沉积物叫浊积物。由浊积物构成的扇状地形叫深海扇。扇体的沉积厚度较大，向深海平原厚度减小。浊积物主要由黏土和砂组成，还有砾石、岩块、生物碎屑等，具分选性和层理。

大陆坡上分布最广的沉积物是形成于还原环境中的蓝色软泥；分布于热带、亚热带海岸大河口外的红色软泥和发育于大陆架与大陆坡接壤地带的绿色软泥。

深海沉积物，通常以浮游生物遗体为主，而极少有陆源物质。深海区生物源沉积物通常为各种生物软泥，包括硅藻软泥和放射虫软泥的硅质软泥；有孔虫软泥、翼足类软泥和颗石软泥的钙质软泥。此外，还有深海褐色黏土和少量陆源物质等。

第四节　风 化 作 用

风化作用是岩石在地表新的物理、化学条件下所产生的一切物理状态与化学成分变化的总称，它是一种在大气及生物的影响下使岩石在原地发生的破坏作用。碎石和泥土就是岩石风化后的产物。风化作用是在各种营力的作用下进行的，主要的风化营力有：太阳热能、大气降水、地下水、水蒸气、冰，以及二氧化碳、氧和动植物有机体等。风化作用使岩石发生崩解和分解，所能达到的深度为风化壳的厚度，可以从几十厘米至几百米。在寒冷地区风化壳的厚度较小，在湿热的热带地区可以达到100～200m，在断裂带发育区风化壳可以达到更大深度。

风化作用的速度虽然比较缓慢，但风化作用的研究有着十分重要的意义。对整个人类而言，土壤的形成以及诸如铁、镍、铝等矿产的聚集无疑是风化作用最为重要的结果。风化作用还是侵蚀和搬运的前提条件，对地貌的形成与发展起着重要的作用，是一切其他外营力作用的先导。只有岩石经过了较强的风化作用，流水、冰川、风和波浪等外力作用才能施展其强大的侵蚀能力和搬运能力，造就出丰富多彩的地貌形态。风化作用不仅是其他外力过程作用的基础，而且它本身也能造就地貌形态，世界上很多著名景观的形成都与风化作用有关，如我国西部地区著名的雅丹地貌(图5-21)，雅丹泛指干燥地区的一种风蚀地貌，它是河湖相土状沉积物地面，经风化作用、间歇性流水冲刷和风蚀作用，形成的与盛行风向平行、相间排列的风蚀土墩和风蚀凹地地貌的组合。

图5-21　雅丹地貌

位于台北县万里乡野柳地质公园的“女王石”(图5-22)是闻名世界的景观，它是台湾北海岸风景区中地质地貌最有特色的一部分。“女王石”是砂岩经过地壳上升、海水侵蚀和风化作用后形成的，现在“女王石”还在继续风化，脖颈将越来越细，一旦颈部承受不了头部重量，就有

“断头”的危险。

众所周知，新鲜岩石的力学性质和风化岩石的力学性质有较大区别，岩石的风化程度越深，岩石的强度和稳定性降低得越多，发生滑坡、崩塌的可能性越大，同时对石质文物保护也越不利。图 5-23 为岩石风化导致边坡崩塌的实例。我国还有很多文物因风化损害十分严重，如北魏时期建造的云冈石佛，与敦煌莫高窟、洛阳龙门石窟并称为中国三大石刻艺术宝库，2001 年 12 月，被联合国教科文组织列入《世界文化遗产名录》，由于风化的影响，石佛们的容颜。有的脸部破裂，有的腿脚残疾，还有的全身“瘦”得不成佛形，四肢脱落，面目全非。石窟在建造初

图 5-22　台湾“女王石”

图 5-23　岩石风化导致边坡崩塌

期，为了支撑山体的重力，留下了很多粗壮的石柱，然而，随着风雨的侵蚀，石柱已经“消瘦”，有的呈现出下粗上细的形状，有的已经被风化得不一般齐，柱顶已经和窟顶分离，外壁雕刻荡然无存。石佛就像一张张“酥饼”(图 5-24)，如果不及时对砂砾岩质的石窟进行有效保护，这些石佛将会从人们的视野中消失。再如始建于金世宗大定二十九年的北京卢沟桥，是北京市现存最古老、最雄伟的一座联拱石桥，1961 年被国务院公布为全国重点文物保护单位。桥上的华表、石狮(图 5-25)、望柱等石质文物和桥面，由于自然和人为因素的影响，受到了不同程度的损坏。485 个石狮子中多数都存在缺损、表层剥落、开裂等损害，其中桥两侧望柱上的 281 个大石狮子均有风化损伤，约两成受损严重，119个石狮子受到中等程度以上的破坏，这部分

图 5-24　云冈石佛胸部风化严重

图 5-25　卢沟桥石狮风化破坏

约占到石狮子总数的25%。受损严重的文物，用手指就可以在石头的表面搓下粉末，雕刻纹饰已经难以辨认，短期内风化可以对文物产生彻底的破坏作用或对其结构产生影响。

由于组成岩石的各种矿物颗粒的膨胀率不同，在冬夏或昼夜气温变化时，岩石中的各种颗粒便会发生不均匀的膨胀和收缩，会使岩石发生破碎；或者由于水的作用，溶蚀、水解岩石中的某些可溶物质，也将削弱或破坏矿物颗粒间的联结，使岩石破碎。由于气温和干湿变化，会使岩石沿着已有的层理、片理、劈理，以及矿物节理面等形成新的裂隙，即风化裂隙，或对原有裂隙进一步增宽、加深、延展和扩大。另外，在岩石裂隙面上存在着许多大小、高低不同的"石齿"，"石齿"愈大、愈高、愈多，其抗剪强度愈高，风化降低了"石齿"高度，从而降低了岩石结构面的抗剪强度。风化作用还能使成分复杂的矿物分解破坏，并产生次生黏土矿物，黏土矿物与水作用后，产生复杂的物理、化学变化，将降低岩石的力学强度，改变岩石的物理性质和水理性质。由此可见，风化作用会降低岩体的强度和稳定性，对土木工程建设十分不利，水库工程若对风化壳厚度估计不准，蓄水后坝下还会产生严重渗漏，危害极大。

根据风化作用性质，风化作用通常分为物理风化、化学风化和生物风化三种类型。物理风化作用以温度变化为主要影响因素，是一种不改变或很少改变岩石化学成分的破坏作用，这种破坏只是使岩石由大块变成小块，由小块变成砂土。化学风化作用是以水为主要影响因素，是一种通过化学反应来改变岩石化学成分的破坏作用。生物风化作用是在生物参与下的机械、化学破坏作用。风化过程十分复杂，上述三种风化作用是相互紧密联系的，通常是同时进行的，而且是相互影响、相互促进的。物理风化作用，加大了岩石的裂隙，增加了岩石的表面积，使岩石获得了较好的透水性和透气性，越来越多的水分、气体和微生物等不断侵入，从而促进了化学风化作用的进行。另一方面，化学风化在改变岩石化学成分和性质的同时，也在改变其物理性质。一般说来，物理风化只能使颗粒破碎到，0.02mm粒径的下限，然而化学风化却能使岩石破碎到更小的粒径，从某种意义上说，化学风化是物理风化的继续和深入。但在不同气候、环境条件下，某种风化作用将起主导作用。

一、风化作用的类型

(一)物理风化作用

在地表或接近地表，岩石或矿物发生机械破碎而不改变其化学成分的风化作用，被称为物理风化作用或机械风化作用。它仅使岩石物理状态发生变化，孔隙度和表面积增加，而化学成分和性质并没有变化。岩石产生物理风化的主要因素如下：

1. 温度变化(热胀冷缩)

岩石因温度变化发生的风化作用也称为热力风化作用，它是岩石发生物理风化作用的主要因素。地表受太阳辐射气温和地温不仅有昼夜变化还有季节变化，昼夜温差对热力风化影响最大，热胀冷缩是岩石风化的主要原因，尤其是内陆干旱沙漠地区，因昼夜温差变化大，所以物理风化非常强烈。

(1)岩石是热的不良导体，所以受阳光影响的岩石温度变化主要在岩石表面。白天岩石受太阳暴晒时，岩石表面受热发生膨胀，内部岩石因其导热较差温度较低，膨胀量较小，岩石内外膨胀量大小不同，便造成各部分受力不均匀而发生破碎、剥落。夜晚岩石表面因气温降低温度迅速下降，体积收缩，而岩石内部的温度仍保持较高，岩石内外收缩量大小不同，也会造成各部分受力不均匀而发生破碎、剥落(图5-26)。

(2)多数岩石并非由单一矿物组成，各种矿物的膨胀系数和收缩系数的不同，即使温度相同，不同矿物的胀缩差异同样可以导致岩石各部分受力不均匀，发生崩解和剥落。

图 5-26　热力风化作用过程示意图

2. 冻融作用（冰劈作用）

当温度下降到摄氏零度以下时，贮藏在地表岩石裂隙中的液态水，就会结冰，水在结冰时，体积膨胀大约 9%，它对周围岩石产生很大的压力，致使岩石裂隙加宽、加深。试验表明，在封闭条件下，－22℃的冰对围岩的压力可达 2 000MPa/cm^2 以上，而在开放条件下，其压力仅为封闭条件下的十分之一左右。当冰融化为水时，水沿扩大了的裂隙渗入到岩石的内部，同时水量也可能增加，当水再次结冰时，体积进一步增大。水的这种反复冻结融化，造成岩石的裂隙不断加深、加宽，以致最后破裂成碎屑。因为岩石的这种风化作用，主要是由结冰导致岩石裂隙加宽、加深造成的，所以又将此类风化称为冰劈作用（图 5-27）。冻融风化能否进行，取决于水能否结冰。在标准状态下，水结冰的温度是 0℃，但岩石裂隙和孔隙中的水并非处于标准条件下，而是在较大压力环境下，随着压力的增加，水的冰点温度要降低，在高压下，水的冰点可降到－22℃。

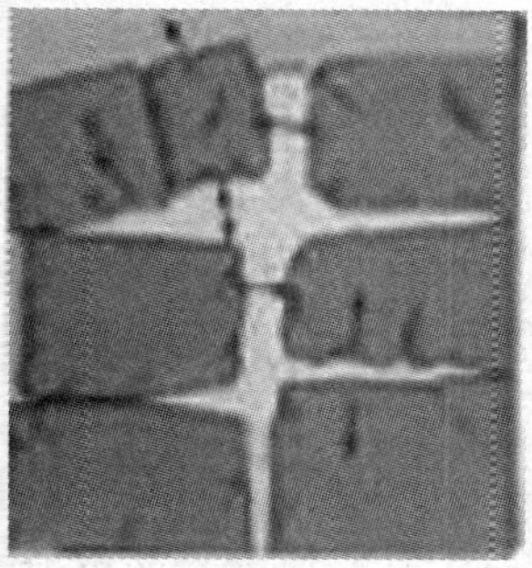

图 5-27　冰劈作用示意图

3. 盐类结晶作用

岩石裂隙中的水溶液由于水分蒸发，盐分逐渐达到饱和，当气温降低，溶解度减小时，盐分结晶析出导致体积增大，对其围岩产生膨胀压力，使裂隙扩大加深，逐渐促使岩石破裂。图 5-28 为海边风化后的岩石，岩石早期受外力作用形成两组剪节理，在海水长期侵蚀和风化作用下，形成“豆腐块”状。

4. 卸荷剥离作用

大量证据表明，现在位于地表的岩石以前可能曾被埋在地下 20km 以下。在瑞士的阿尔卑斯山脉，据推算在最近 3 000 万年中地表被剥蚀了大约 30km，也就是说现在出露于地表的岩石在 3 000 万年以前位于地下 30km 深度处。在新西兰的惠灵顿地区，自三叠纪以来，地表的剥蚀量约为 16～24km。

当岩石处于地下深处时，承受着巨大的压力，潜在的膨胀力很大，当岩石自距地表以下深处剥露至地表，其原有的压力环境发生了变化，上覆压力减小，当减小到岩石产生的张应力超过岩石的抗拉强度时，岩石就会发生破裂，形成一系列与地表平行的破裂面，具有页理构造（图 5-29），页理构造为水分、盐类等溶液侵入提供了便利条件，致使风化速度加快。

（二）化学风化作用

地表或接近地表的岩石或矿物，发生成分和性质改变的风化作用，称为化学风化作用。引起化学风化作用的主要因素是氧和水，矿物通过与氧和水产生化学反应，可以生成新的矿物。自然界的水，无论是地下水还是地表水，都溶有多种气体和化合物，因此都是水溶液，水溶液的运动不仅可以使地表的岩石发生破碎，而且还可以通过溶解、水解、水化、碳酸化等方式促使岩石或矿物发生化学风化作用。化学风化作用的方式主要有以下几种：

图 5-28 海边风化形成的"豆腐块"状岩石

图 5-29 卸荷剥离作用

1.溶解作用

水或水溶液直接溶解矿物的作用称为溶解作用。水是一种良好的溶剂，能直接溶解岩石中的矿物，致使岩石破碎。水分子能与同极性型或离子型的其他分子产生相互吸引，致使将其他分子溶入其中，而矿物绝大部分都是由离子型分子组成的，因此当它们遇水后，就会不同程度地被溶解，其结果是易溶物质流失，难溶物质残留原地，岩石的孔隙加大、硬度减少，加速岩石的破坏。

各类矿物、岩石的溶解度不同，决定了它们被溶解的速度。自然界中的氯化物最容易被溶解，所以岩盐最容易被溶解，其次是硫酸盐，随后是碳酸盐岩。组成矿物的各种元素的电价、离子半径、负电性、离子电位和化合键类型等。K^+、Na^+的各种化合物，包括卤化物、氟化物、硫酸盐、硝酸盐、碳酸盐和硅酸盐等为极易溶矿物；Ca^{2+}、Mg^{2+}、Fe^{3+}、Mn^{2+}、Al^{3+}、Cu^{2+}的卤化物和硫酸盐等为易溶矿物；Ba^{2+}、Sr^{2+}、Zn^{2+}和Ag^+等的硫酸盐类为微溶矿物；Zn^{2+}、Ca^{2+}、Mg^{2+}的硅酸盐和Cu^{2+}、Pb^{2+}的碳酸盐等为难溶矿物；Fe^{3+}、Al^{3+}等组成的氢氧化物等为极难溶矿物。常见的主要造岩矿物的溶解度的大小顺序如下：岩盐＞石膏＞方解石＞橄榄石＞辉石＞角闪石＞滑石＞蛇纹石＞绿帘石＞正长石＞黑云母＞白云母＞石英。

影响矿物在水中溶解度的另一个因素是水的温度、压力、pH 值等外界条件。当水的温度增高，压力增大时，溶解能力增强。许多矿物在盐水中比在淡水中更易溶解。特别是当水中含有侵蚀性二氧化碳时，水的溶解作用就会显著增强。如纯水对于碳酸盐几乎不起作用，一旦加入二氧化碳，难溶的碳酸钙可以变为易溶于水的重碳酸钙：

$$\underset{\text{方解石}}{CaCO_3} + CO_2 + H_2O \longrightarrow \underset{\text{重碳酸钙}}{Ca(HCO_3)_2}$$

在可溶岩分布地区，溶解作用会形成溶洞、石芽、溶穴、溶蚀洼地等溶蚀地貌（图 5-30）。我国著名的石林、黄龙、九寨沟等景观的形成都与溶解作用密切相关。

2.水解作用

矿物遇水后解离，与H^+和$(OH)^-$离子起化学作用生成化合物的作用，称为水解作用。复杂的水解作用对于硅酸盐类和铝硅酸盐类岩石的风化具有特别重要的意义。这种作用过程包括分解矿物、带出某些元素、与氢氧离子组合、水化作用等。纯水虽然是中性的，但它离解后可形成H^+和$(OH)^-$离子，从而使水具有一定的酸性或碱性。当一些强碱弱酸或强酸弱碱的盐类矿物溶于水后，其离子与水中的 H^+ 或 $(OH)^-$ 离子结合，从而生成新的矿物。造岩矿物多数为硅酸盐类，属于强碱弱酸盐，因此经水解作用而分解的现象很普遍。如硬度较高的正长石经水解作用可变为硬度很低的高岭石（图 5-31 为显微镜下，水解后的长石的残余部分被腐蚀并被黏土包裹的样子），其化学反应式为：

$$\underset{\text{正长石}}{4K(AlSi_3O_8)}+6H_2O\longrightarrow 4KOH+8SiO_2+\underset{\text{高岭石}}{Al_4(Si_4O_{10})(OH)_8}$$

图 5-30　溶洞

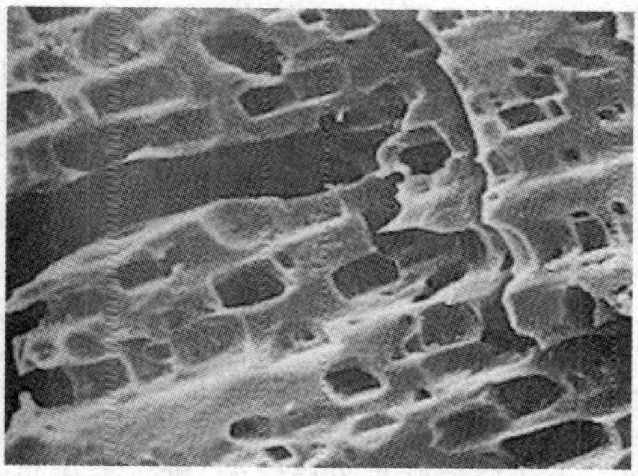

图 5-31　水解作用

在上述过程中形成的 KOH 易溶于水，很快随水流失。分解出的 SiO_2，在温带气候条件下，它可能会凝聚形成蛋白石残留下来，而在热带、亚热带湿热气候条件下，在碱性溶液中不能凝聚下来，而成胶体溶液被带走。次生矿物高岭石则残留在原地，但在热带、亚热带湿热气候条件下，高岭石还可以进一步水解，析出 SiO_2 后，生成铝土矿（$Al_2O_3\cdot nH_2O$）。

3. 水化作用

岩石中的某些矿物与水接触后，与水分子发生化学反应，吸收一定的水到矿物的晶体结构中，形成新的含水矿物的作用称为水化作用。如硬石膏经水化作用后可变成石膏，在一定条件下该反应是可逆的：

$$\underset{\text{硬石膏}}{CaSO_4}+2H_2O\longleftrightarrow \underset{\text{石膏}}{CaSO_4\cdot 2H_2O}$$

水化作用形成新的含水矿物改变了矿物原来的结构，岩石的抗风化能力减弱，风化进程加快。经水化作用后生成的含水矿物，其硬度低于无水矿物，同时含水矿物的体积比无水矿物大、比重小。当硬石膏经水化作用变成石膏后，体积膨胀 1.5 倍，膨胀力致使岩石破裂、崩解，更容易被物理风化和外营力侵蚀。在隧道、地铁施工过程中，水化作用产生的膨胀力会引起支撑倾斜，衬砌开裂破坏，必须引起足够重视。

4. 碳酸化作用

溶有 CO_2 的水电离后形成的 HCO_3^- 和 CO_3^{2-}，与碱金属及碱土金属发生化学反应生成碳酸盐的作用，称为碳酸化作用。由于 CO_2 与水化合可生成碳酸，碳酸在水溶液中发生电离后可以形成 H^+ 和 HCO_3^-，HCO_3^- 又可以形成 H^+ 和 CO_3^{2-}，一方面造成 H^+ 离子增多，水的溶解能力提高，另一方面，HCO_3^- 和 CO_3^{2-} 与碱金属及碱土金属发生化学反应可以生成碳酸盐。如正长石经碳酸化作用也可变成高岭石：

$$\underset{\text{正长石}}{4K(AlSi_3O_8)}+2CO_2+4H_2O\longrightarrow 2K_2CO_3+8SiO_2+\underset{\text{高岭石}}{Al_4(Si_4O_{10})(OH)_8}$$

5. 氧化作用

地表或接近地表的某些矿物，与大气或水中的氧气发生化学反应生成新矿物的作用，称为氧化作用。空气中、水中有大量的游离氧，因此氧化作用是岩石进行化学风化的主要方式之一。此外，氧化作用的强弱还与水有直接关系，因此在潮湿、高温条件下氧化作用显著增强。铁很容易与水和氧结合，形成各种氧化铁的水化物，许多风化剖面呈黄色或红色的原因即在于此。自然界的有机化合物、硫化物和低价氧化物容易被氧化，许多高价元素在地下缺氧条件下常形成低价元素矿物，当其出露地表后，这些低价元素矿物极不稳定，容易被氧化形成新的矿物。如黄铁矿经氧化作用后变成褐铁矿的过程如下：

$$\underset{\text{黄铁矿}}{2FeS_2} + 7O_2 + 2H_2O \longrightarrow \underset{\text{硫酸亚铁}}{2FeSO_4} + 2H_2SO_4$$

$$\underset{\text{硫酸亚铁}}{12FeSO_4} + 3O_2 + 6H_2O \longrightarrow \underset{\text{硫酸铁}}{4Fe_2(SO_4)_3} + \underset{\text{褐铁矿}}{4Fe(OH)_3}$$

$$\underset{\text{硫酸铁}}{Fe_2(SO_4)_3} + 6H_2O \longrightarrow \underset{\text{褐铁矿}}{2Fe(OH)_3} + \underset{\text{硫酸}}{3H_2SO_4}$$

氧化作用发生的第一阶段形成硫酸亚铁和硫酸，第二阶段从硫酸亚铁变成硫酸铁和褐铁矿。由于硫酸铁是不稳定的，进一步转变成褐铁矿和硫酸。黄铁矿经氧化作用形成褐铁矿后，密度降低、体积增大，产生的硫酸具有很强的腐蚀性，可使岩石中某些矿物分解形成洞穴和斑点，为进一步风化创造了条件并使风化速度加快，因此黄铁矿含量高的岩石不宜作为建筑材料。

以上五种化学风化形式在自然界中较常见，除此之外还有硫酸化作用、还原作用、去碳作用、脱水作用、中和作用等。自然界中岩石的化学风化往往不是仅以一种方式进行，而是以多种方式同时进行的，在许多情况下，溶解作用可能是化学风化的第一阶段。

除石英外，所有常见的其他造岩矿物，经过化学风化作用都会转变为黏土矿物。经过彻底的化学风化作用，一切活泼的元素均从矿物中风化出来并随水流失，只有性质稳定的元素 Fe、Mn、Al、Ni 等残留原地，如果这些元素富集到具有工业价值时，就成为残余矿床。

(三)生物风化作用

地表或接近地表的岩石或矿物，在生物影响下发生的风化作用，称为生物风化作用。生物的生命活动过程和尸体腐烂分解过程对岩石的破坏作用分为生物物理风化和生物化学风化作用两种类型。

1. 生物物理风化作用

岩石由于植物生长过程中，其根系对岩石的劈裂、穿凿或动物的挖掘等产生的机械破碎作用称为生物物理风化作用。一般的植物根系可以深入地下数十厘米到一米左右，高等植物的根系有时可达十几米。据研究，树根对围岩施加的压力可达 1.0～1.5MPa，当植物的根在岩石裂隙中生长加粗时，能把大量岩块推开，并使原有的裂隙加宽加深，类似于结冰对岩石的冰劈作用，所以也把它称为根劈作用(图 5-32)。另外，大部分啮齿类动物都以洞穴为生，其洞深有时可达距地表数米以下，动物打洞时的挖掘和穿凿活动一方面为其他营力尤其是水分开辟了通道，另一方面也会

图 5-32 根劈作用

加速岩石的破碎和崩解。

2. 生物化学风化作用

岩石通过生物的新陈代谢、生物死亡后腐烂分解形成的腐殖质对岩石施加的破坏作用称为生物化学风化作用。生物在新陈代谢过程中，要从土壤和岩石中吸取养分，这就改变了岩石的风化环境，促进了元素的迁移；同时，生物和生物遗体能分泌出诸如碳酸、硝酸、各类有机酸之类的化合物，这些化合物能溶解和腐蚀岩石，对岩石造成破坏。各类生物，特别是植物对岩石的风化作用是显而易见的，但是各类微生物的作用更不能忽视。因为它们的个体很小，又能忍耐各种环境，在距地表很深的地下和致密的岩石节理面上都可以发现它们的踪迹，它们对岩石的破坏作用极大。岩土中的腐殖质有助于保持土壤中的水分，从而以各种方式加速风化作用。

二、影响风化作用的因素

虽然岩石都会风化，但并不是所有的岩石都按同一方式、同一速率发生风化。地表岩体的风化程度是由浅到深逐步减弱的，一般风化深度由数米到十几米，但少量地区有深度达数十米，个别到百米以上的。有些地方近期的风化深度不大，在几米深处岩石即呈未风化状态，可是在继续向深处钻探，却又发现有较厚的风化岩石，这就是所谓的古风化壳。它是在前期某次地质构造运动后露出地表的岩石，经剥蚀夷平受到风化侵蚀，而在后一次构造运动中又被埋入地下的。研究表明，岩石的风化作用与很多因素有关，但主要因素是气候条件、地形条件、地质构造和岩石本身的特征。

1. 气候条件

气候对风化作用的影响主要是通过气温、降雨量以及生物的繁殖状况而表现出来的。昼夜温差和季节温度变化幅度大，有利于物理风化的进行，而高湿高温条件，有利于化学风化的进行。

在不同的气候带，风化作用有明显的差异性，在极地和高山带，温度很低，地面大部被冰雪覆盖，冻融作用盛行；由于生物稀少，新陈代谢缓慢，分泌的有机化合物少，化学反应速度慢，化学风化作用相对较弱，长期处于物理风化为主的阶段。在干旱荒漠地带，日照很强，地表裸露，白天的地温高达 60～70℃，而夜晚可降到 0℃以下，热胀冷缩是岩石破坏的主要原因，由于降水量小，蒸发量大于降水量，化学风化微弱，长期处在物理风化为主的阶段。在半干旱草原地带，日照强，年降水量为 250～500mm，蒸发量也大于降水量，热力风化仍较强，但氯化物和硫酸盐等被溶解，而钙、镁、盐类相对富集，并在土层中上下移动，常形成钙积层，所以化学风化长期停留在富钙阶段。在半湿润森林草原地带，年降水量为 500～750mm，蒸发量与降水量相近，化学风化长期处于富钙和富硅铝两阶段之间，常形成蒙脱石次生黏土矿物。在温湿地带，年降水量为 750～1 000mm，降水量大于蒸发量，化学风化长期处于富硅铝阶段，主要形成水云母次生黏土矿物。在湿热地带，年降水量大于 1 000mm，气温高，植物茂密、微生物活跃，分泌的有机酸多，腐蚀能力强，因此化学风化速度较快而充分，能够形成大量黏土，风化壳很厚，在有利的条件下还可形成残积矿床。

环境条件同样是影响化学风化过程的重要因素，空气污染、酸雨（pH 值小于 5.6 的降水，所含的酸性物质主要是硫酸和硝酸）也会加速化学风化的进行，最典型的例子是将矗立于干燥的埃及已 35 个世纪并保存完好的克列奥帕特拉花岗岩尖柱塔，搬移到空气污染严重的纽约城中心公园之后，仅过了 75 年就已面目全非。

2. 地形条件

地形与地下水位深浅和气候条件有关，因此地形条件也会对风化作用产生影响。地形的起伏和切割程度，直接影响地下水的流动、埋藏深度和流动状态，因此不同地形条件下，风化的强度、深度和风化物的厚度及分布状况不同。在低缓的平原和缓丘地区，地下水位相对较高，地表水和地下水流动都比较慢，风化产物残留原地，母岩被覆盖，风化壳厚度较大，不利于岩石的物理风化，化学风化和生物风化相对强烈，矿物分解彻底，最后形成大量黏土和残余矿床。在地形陡峭的山区，地下水位相对较低，生物较少，水的流速较快，在斜坡上岩石破碎后很易被剥落、冲刷搬运，物理风化作用的深度和强度大于低缓的平原和缓丘地区，所以风化层一般都较薄甚至基岩裸露，颗粒较粗，黏粒很少。另外，坡向的不同对风化也有影响。阳坡面，受太阳辐射时间长，昼夜温差大，为物理风化创造了有利条件；阴坡面，受太阳辐射时间短，昼夜温差小，物理风化作用较弱，所以阳坡比阴坡更凹凸不平。

3. 地质构造

裂隙、层理、页理等发育的岩石，构造破碎，为各种风化介质的侵入提供了通道，有利于化学风化作用的进行。因此褶曲的轴部、断层破碎带和裂隙发育的岩石风化程度较高，常常形成洼地或沟谷。如花岗岩是由颜色深浅不同、颗粒大小不同的矿物组成的，这是花岗岩容易发生风化的内在原因，同时它具有三组相互正交的原生节理，把岩体分割成许多大小不等的近似正方形或长方形的岩块，外部棱角明显，这样在风化过程中，三组节理交会的棱角部位最易风化，使棱角逐渐圆缓而成为球状或椭圆石块，这种现象称为球状风化(图 5-33)，球状岩块继续风化便会形成碎石。

4. 岩石性质

岩石的成因、矿物成分、结构和构造都直接影响风化的速度和深度。不同矿物组成的岩块或不同成因岩石组成的岩层，由于风化速度或抗风化能力不同，风化程度不同，岩石表面出现凹凸不平或形成相互平行的沟槽，造成许多特殊的微地貌形态，即产生差异风化(图 5-34)。

图 5-33　球状风化

图 5-34　差异风化示意图

1)矿物成分

不同矿物的抗风化能力是不同的，石英、正长石、酸性斜长石、角闪石、辉石、基性斜长石、黑云母、黄铁矿抗风化能力依次减弱。

岩石热力风化的强弱取决于岩石的组成，一般说来，颜色深的矿物，易于吸热和散热，因此在热力风化过程中，深色矿物比浅色矿物容易风化。不同矿物因胀缩率不同，导致岩石各部分受力不均匀，更容易引发崩解和剥落，因此由多种矿物组成的岩石比由单一矿物组成的岩石热力风化强度高。另外，粗晶多矿岩石比细晶多矿岩石的风化强度高。

同一岩石中由于不同矿物成分的差异，也会造成化学风化作用的差异。不同的岩石由于化学成分不同，其化学活动性明显不同，所以抗风化能力不同。容易被氧化、溶解的岩石出露的地段，总是化学风化作用较为强烈的地段。再如花岗岩石碑比大理岩石碑的抗风化能力强，因花岗岩的成分主要是硅酸盐矿物，能很好地抵御化学风化作用。

2)成因

岩石的成因反映了其生成的环境和条件，在地表及地表附近的沉积岩，所处的环境与其生成环境最接近，因此沉积岩通常比岩浆岩、变质岩的抗风化能力强。岩浆岩中的喷出岩、浅成岩、深成岩因生成环境不同，抗风化能力依次减弱。另外，岩浆岩中的基性岩所含暗色矿物较多，而酸性岩所含浅色矿物较多，因此岩浆岩中的基性岩比酸性岩易于风化，在野外常可见到基性岩墙被风化成浅沟状，而在石英岩层出露的地方常形成突脊形态。

岩浆岩的抗风化能力由大至小的顺序为：酸性岩（花岗岩、正长岩）＞中性岩（闪长岩、安山岩）＞基性岩（玄武岩、辉绿岩）＞超基性岩（橄榄岩）。

变质岩的抗风化能力由大至小的顺序为：浅变质岩＞中等变质岩＞深变质岩。

沉积岩的抗风化能力则比较复杂，一般石英砂岩、硅质石灰岩抗风化能力较强，而黏土质岩石（黏土岩、泥页岩及泥质砂岩）则较低。在南方的红色黏土岩，开挖暴露几天后，就会发生风化崩解。

3)结构和构造

从岩石的结构上看，隐晶质、细粒显晶质、粗粒结构的抗风化能力依次减弱，粒度相差较大的和有斑状结构的岩石比等粒结构的岩石更容易风化。岩石中的一些原生和次生构造同样会影响岩石风化作用的进程，致密块状构造的岩石比层理、片理发育的岩石抗风化能力强，硅质胶结的沉积岩比钙质胶结、泥质胶结的沉积岩抗风化能力强。

三、风化带与岩石的分类

在整个风化壳的剖面上，岩石的风化程度是不同的，因而岩石的外部特征及其物理力学性质也不相同。风化作用对岩石的破坏，是从地表开始，逐渐向地壳内部深入。在正常情况下，越接近地表的岩石，风化越严重，越向深处风化程度越弱，直至过渡到不受风化，没有经过风化作用的岩石称为新鲜岩石，岩石遭受风化作用后最终形成了各种风化作用产物。风化作用后形成的松散物，再经过生物化学风化作用，增加了有机质（腐殖质），形成了土壤。岩石经风化作用后，部分易溶物质被水带走，余下的碎屑岩和化学风化中形成的一些新矿物残留在原地，形成残积物。残积物的矿物组成与下卧原岩有一定的关系，残积物具有棱角，无分选性和层理。风化作用崩落的碎石、泥砂和其他残积物构成的锥形堆积物，称为倒石堆，倒石堆的分选性、磨圆度都很差。残积物和土壤在大陆地壳表层构成一层不连续的薄壳，称之为风化壳。风化壳的厚度和成分因地而异，在潮湿炎热地区，风化壳厚度较大，有 Fe、Mn、Al、Ni 等残积矿床存在。

1. 风化带

构成风化壳的残积物可由一层或多层组成，层与层之间常逐渐过渡而无明显分界线。由于风化作用以地表最强烈，并向深处减弱，因此在风化剖面的不同深度上，岩石的物理力学性质有明显的差异，故具垂直分带。分带的标志有风化岩石的颜色、矿物成分改变的程度、结构构造的变化情况、风化裂隙状况、岩石的碎裂程度、透水性和物理力学性质等。

一个完整的风化壳在剖面上，自下而上可分为4层：第1层为未经风化的基岩；第2层为半风化层，由岩石经机械破碎形成的碎块构成；第3层为残积层，自下而上，风化程度由浅至深，碎屑颗粒由大变小；第4层为土壤层。有些地区的风化壳发育过程不一定完全，即垂直剖面上的四个带不一定齐全，可能缺少一个带或两个带。如在没有生物风化作用的地区土壤层缺失。

风化带的研究，无论从土木工程建设的造价方面，还是从高层建筑地基、公路和铁路路基的安全稳定性、水库库底的渗漏问题等方面，都有重要意义。它是确定基础埋深、地基承载力的重要依据之一，也是确定地基处理方法、边坡支护方案的重要依据之一。

2. 岩石根据风化程度分类

风化作用的结果，使岩石的特征和物理力学性质发生改变，形成不同风化程度的岩石。《岩土工程勘察规范》(GB 50021—2001)根据岩石的野外特征、波速比和风化系数，将岩石分为未风化、微风化、中等风化、强风化、全风化和残积土六个级别，详见表5-1。岩石的风化程度不同，岩石的坚硬程度也不同，表5-2与表5-3为岩石坚硬程度等级的定性和定量分类依据。

岩石按风化程度分类 表5-1

风化程度	野外特征	风化程度参数指标	
		波速比 K_V	风化系数 K_f
未风化	岩质新鲜、偶见风化痕迹	0.9～1.0	0.9～1.0
微风化	结构基本未变，仅节理面有渲染或略有变色。有少量风化裂隙	0.8～0.9	0.8～0.9
中等风化	结构部分破坏，沿节理面出现次生矿物；风化裂隙发育，岩体被切割成岩块；用镐难挖掘，岩心钻方可钻进	0.6～0.8	0.4～0.8
强风化	结构大部分破坏，矿物成分显著变化；风化裂隙很发育，岩体破碎，用镐可挖，干钻不易钻进	0.4～0.6	<0.4
全风化	结构基本破坏，但尚可辨认，有残余结构强度，可用镐挖，干钻可钻进	0.2～0.4	—
残积土	结构全部破坏，已风化成土状，锹镐易挖掘，干钻易钻进，具可塑性	<0.2	—

注：①速比 K_V 为风化岩石与新鲜岩石压缩波速度之比。
②风化系数 K_f 为风化岩石与新鲜岩石饱和单轴抗压强度之比。
③岩石风化程度，除按表列野外特征和定量指标划分外，也可根据当地经验划分。
④花岗岩类岩石，可采用标准贯入试验划分，$N \geqslant 50$ 为强风化；$50 < N \leqslant 30$ 为全风化；$N < 30$ 为残积土。
⑤泥岩和半成岩，可不进行风化程度划分。

岩石坚硬程度等级的定性分类 表5-2

坚硬程度等级		定性鉴定	代表性岩石
硬质岩	坚硬岩	锤击声清脆，有回弹，振手，难击碎，基本无吸水反应	未风化～微风化的花岗岩、闪长岩、辉绿岩、玄武岩、安山岩、片麻岩、石英岩、石英砂岩、硅质砾岩、硅质石灰岩等
	较硬岩	锤击声较清脆，有轻微回弹，稍振手，较难击碎，有轻微吸水反应	微风化的坚硬岩； 未风化～微风化的大理岩、板岩、石灰岩、白云岩、钙质砂岩等

续上表

坚硬程度等级		定性鉴定	代表性岩石
软质岩	较软岩	锤击声不清脆，无回弹，较易击碎，浸水后指甲可刻出印痕	中等风化～强风化的坚硬岩或较硬岩； 未风化～微风化的凝灰岩、千枚岩、泥灰岩、砂质泥岩等
	软岩	锤击声哑，无回弹，有凹痕，易击碎，浸水后手可掰开	强风化的坚硬岩或较硬岩； 中等风化～强风化的较软岩； 未风化～微风化的页岩、泥岩、泥质砂岩等
极软岩		锤击声哑，无回弹，有较深凹痕，手可捏碎，浸水后可捏成团	全风化的各种岩石； 各种半成岩

岩石坚硬程度分类

表 5-3

坚硬程度	坚硬岩	较硬岩	较软岩	软岩	极软岩
饱和单轴抗压强度(MPa)	$f_r>60$	$60\geqslant f_r>30$	$30\geqslant f_r>15$	$15\geqslant f_r>5$	$f_r\leqslant 5$

注：1. 当无法取得饱和单轴抗压强度数据时，可用点荷载试验强度换算，换算方法按现行国家标准《工程岩体分级标准》(GB 50218)执行；

2. 当岩体完整程度为极破碎时，可不进行坚硬程度分类。

思 考 题

1. 简述片流的地质作用及坡积物的特性。
2. 影响坡积物稳定性的因素有哪些？
3. 简述洪积物的特性及其工程地质性质。
4. 简述河流的侵蚀作用类型及其结果。
5. 河流的搬运方式有哪几种类型？
6. 冲积物分为哪几种类型？简述其工程地质性质。
7. 根据成因阶地分为哪几种类型？各自有何特点？
8. 湖泊的沉积作用有哪几种形式？
9. 常见的海蚀地貌有哪些？
10. 什么是物理风化？岩石发生物理风化的主要因素有哪些？
11. 什么是化学风化？简述化学风化的主要作用方式。
12. 简述影响岩石风化的主要因素。
13. 什么是风化壳？根据风化程度岩石分为哪几种类型？

第六章 不良地质现象及防治措施

DILIUZHANG

场地的地质条件决定所有土木工程的安全。在地壳上部的岩土层遭受各种内外动力地质作用，如地壳运动、地震、大气营力作用、流水作用以及人类工程活动等，都会形成各种各样的地质现象，岩石风化、斜坡滑动与崩塌、河流的侵蚀与堆积、岩溶、地震等。这些地质现象会影响土木工程的安全和正常使用，甚至产生极大危害。对这些不良地质现象应查明其类型、范围、活动性、发生机理及对工程的影响。提出改善场地地质条件而应采取的防治措施。

第一节 崩塌与岩堆

一、崩　塌

1. 概述

陡峭或极陡峭斜坡上，某些大块或巨块岩块，突然地崩落或滑落，顺山坡猛烈地翻滚跳跃，岩块相互撞击破碎，最后堆积于坡脚，这一过程称为崩塌，堆积于坡脚的物质为崩塌堆积物，也称岩堆。崩塌的发生是突然地，但是不平衡因素却是长期积累的。崩塌的规模往往很大，有时成千上万方石块崩落而下。崩塌堆积以大块岩石为主，直径大于 0.5m 者往往达 50%～70% 以上。在我国西南、西北地区铁路两侧的崩塌以数百万立方米为最常见。规模极大的崩塌可称为山崩，而仅个别巨石崩落称坠石。图 6-1 为 2008 年 5 月 12 日汶川 8 级地震引发的山体崩塌。

崩塌会使建筑物，有时甚至使整个居民点毁坏，使公路和铁路被掩埋。由崩塌带来的损失，不单是建筑物毁坏的直接损失，并且常因此而使交通中断，给运输带来重大损失。我国兴建天兰铁路时，为了防止崩塌掩埋铁路耗费了大量工程量。崩塌有时还会使河流堵塞形成堰塞湖(图 6-2)，这样就会将上游建筑物及农田淹没。在宽河谷中，由于崩塌能使河流改道及改变河流性质，而造成急湍地段。

2. 崩塌发生的条件

1)山坡的坡度及其表面的构造

易产生崩塌作用的斜坡，外形高而且陡峭，其坡度往往达 55°～75°。如果山坡表面凹凸不平，则沿突出部分可能发生崩塌。然而山坡表面的构造并不能作为评价山坡稳定性的唯一依据，还必须结合岩层的裂隙、风化等情况来评价。

图 6-1　汶川地震引起的山体崩塌

图 6-2　汶川地震因山体崩塌形成的唐家山堰塞湖

2）岩石性质和节理程度

岩石性质不同，其强度、风化程度、抗风化和抗冲刷的能力及其渗水程度都是不同的。如果陡峭山坡是由软硬岩层交互组成（图 6-3），由于软岩层属于易风化，硬岩层失去支持而发生崩塌。一般形成陡峭山坡的岩石，多为坚硬而性脆的岩石，属于这种岩石的有厚层石灰岩、砂岩、砾岩和喷出岩。

图 6-3　软硬岩交互岩层沿软岩层发生的崩塌

在大多数情况下，岩石的节理状况是决定山坡稳定性的主要因素之一。虽然岩石本身可能是坚固的，风化轻微的，但其节理发育亦会使山坡不稳定。当节理的倾向与山坡的倾向相同时，特别是当节理发育在山坡表面的突出部分时，最容易发生崩塌。

3）地质构造

岩层产状对山坡稳定性也有重要的意义。如果岩层倾斜方向和山坡倾向相反，则其稳定程度较岩层顺山坡倾斜的大。岩层顺山坡倾斜时其稳定程度的大小还取决于倾角大小和破碎程度。

一切构造运动产生的正断层、逆断层、逆掩断层构造，特别在地震强烈地带对山坡的稳定程度有着不良影响，而其影响的程度又决定于构造破坏的性质、大小、形状和位置。

3. 崩塌的防治

1）勘测调查要点

要有效地防治崩塌，必须首先进行详细的调查研究，掌握崩塌形成的基本条件及其影响因素，根据不同的情况，采取相应的措施。调查的主要任务是：

(1)查明斜坡的地形条件，如斜坡的高度、坡度、外形等。

(2)查明斜坡的岩性和构造特征，如岩石的类型、风化破碎程度、主要构造面的产状以及裂隙的充填胶结情况。

(3)查明地下水和地面水对斜坡稳定性的影响以及当地的地震烈度等。

2)防治原则

由于崩塌发生的突然而猛烈，治理比较困难而且复杂，特别是大型崩塌，所以一般多采用以防为主的原则。

在道路工程选线时，应注意根据斜坡的具体条件，认真分析崩塌的可能性及其规模，对有可能发生大、中型崩塌的地段，有条件避绕时，宜优先选择避绕方案，只有小型崩塌，才能防止其不发生。路线通过小型崩塌区时，防治的方法分防治崩塌产生的措施及拦挡防御措施。

3)防治措施

(1)爆破或打楔。将陡崖削缓，并消除易坠落的岩石。

(2)堵塞裂隙或向裂隙内灌浆。有时为使单独岩坡稳定，可采用铁链锁或铁夹加固边坡，以提高有崩塌危险边坡的稳定性。

(3)调整地表水流。在崩塌地区上方修截水沟，以阻止水流流入裂缝。

(4)为了防止风化，可在坡面上喷浆。

(5)筑明洞或御塌棚(图6-4)。

(6)修筑围护墙及围护棚(木质、石质、铁丝网)以阻挡坠落石块，并及时清除围护建筑物中的堆积物。

(7)在软弱岩石出露处修筑挡土墙，以支持上部岩石的质量，此种措施常用于修建铁路路基而需要开挖很深的路堑时采用。

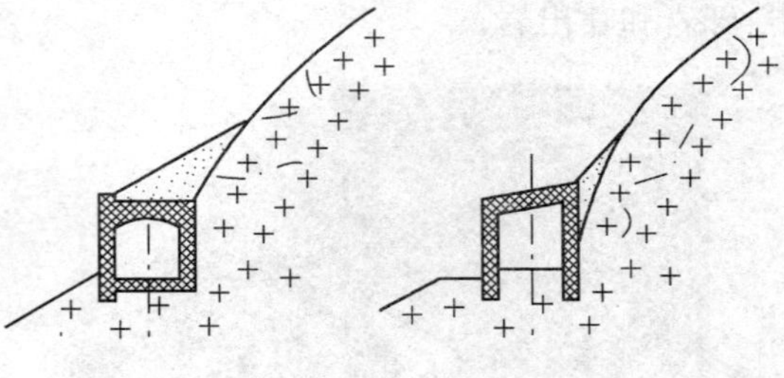

a) b)

图6-4 明洞与御塌棚

a)明洞；b)御塌棚

二、岩 堆

由碎落、崩塌和落石在山坡的低凹处或坡脚形成的疏松堆积体，称为岩堆。

岩堆多见于地质构造作用强烈，气候比较干旱，风化严重的山区和高山峡谷地区。特别是在页岩、千枚岩、板岩、片岩等岩性软弱易风化的岩层分布地区，以及在破碎的花岗岩、石灰岩等组成的山坡和坡脚地带，常有岩堆分布。岩堆有时相互连接，成片分布，长达几公里至几十公里。岩堆的平面形态是多种多样的，主要取决于局部的地形条件。岩堆床纵剖面形态一般呈三种典型形状，如图6-5所示，它主要由岩堆基底、傍依区和搬运区组成。

发育在峡谷地区的岩堆，上为陡壁，下为急流，其本身处于极限平衡状态，具有一定的活动性，常给道路选线和路基设计造成很大的困难，其影响程度取决于一定的工程地质性质。

1.岩堆的工程地质特征

(1)岩堆大都为近期堆积，其表面坡度接近于其组成物质在较干状态下的天然休止角，浸水后易发生局部或整体移动。岩堆的天然休止角与组成物质的性质(表6-1)、粒径(表6-2)和表面粗糙程度有关。一般介于25°～45°之间。

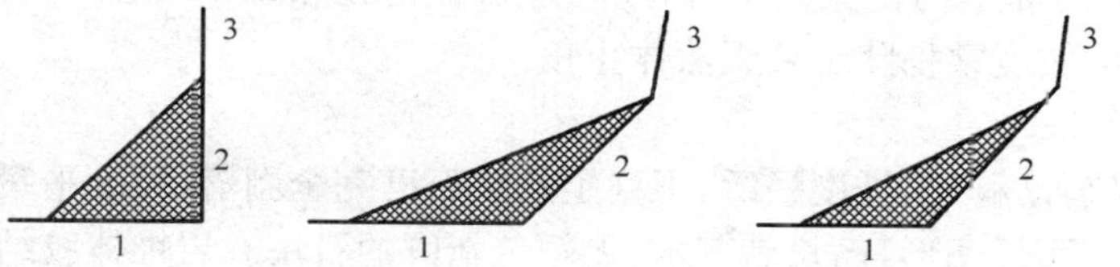

图 6-5 岩堆床纵剖面示意图

1-岩堆基底;2-傍依区;3-搬运区

不同岩石组成岩堆天然休止角参考值

表 6-1

岩 石 组 成	岩堆天然休止角(°)	岩 石 组 成	岩堆天然休止角(°)
花岗岩	37	砂页岩	35
砂岩	32～33	石灰岩	32～36.5
钙质砂岩	34～35	片麻岩	34
页岩	38	云母片岩	30

不同粒径岩块石构成的岩堆天然坡度参考值

表 6-2

岩堆组成	岩块一般粒径(mm)	天 然 坡 度	岩堆组成	岩块一般粒径(mm)	天 然 坡 度
碎屑岩堆	小于等于 10	1∶1.50～1∶2.00	石块岩堆	80～200	1∶1.20～1∶1.33
碎石岩堆	10～80	1∶1.25～1∶1.50	大石岩堆	大于 200	1∶1.00～1∶1.20

(2)岩堆内部常具有向外倾斜的层理(倾角与天然休止角接近)。在外力(地震或荷载)作用或其他因素的扰动下,容易发生表层或层间滑动变形。

(3)岩堆一般结构松散,孔隙度大且不均匀,有时由于地表水的下渗,局部孔隙可能被细粒物质所充填,稍具黏结性,处于软弱的半胶结状态或胶结状态。有的岩堆上部比较密实,或表面具有胶结壳,而内部较松散或有夹层,结构极不均一,在荷载作用下,易发生不均匀沉陷。

(4)岩堆的基底或傍依区,一般全部或大部分坐落在基岩斜坡上,由于地表水的下渗或基岩裂隙水的活动,将浸润接触面而削弱其摩阻力,如稍受外力作用(如切割岩堆下部或在岩堆顶部加荷等)就可能导致岩堆沿基底或傍依区发生滑移。

综上所述,可以看出岩堆的稳定性差,当公路通过岩堆体时,容易发生路基变形和边坡塌陷等病害。

2.岩堆的稳定性分类

岩堆按其稳定程度可分为以下三种类型:

1)正在发展的岩堆

山坡基岩裸露,坡面参差不齐,有新崩塌痕迹,常有落石和碎石。岩堆表面呈直线形,坡角近于天然休止角,坡面无草木生长或仅有稀少的杂草,堆积的石块大部分颜色新鲜。内部结构松散,岩块间无胶结现象,孔隙度大。表面松散凌乱,人走其上有石块滑落。

2)趋于稳定的岩堆

岩堆上方的基岩大部分已稳定,具有平顺的轮廓,仅有个别的落石和碎石。岩堆坡面近于凹形,大部分已生长杂草和灌木。岩堆的石块大部分已颜色陈旧,仅个别地点有颜色新鲜的石块零星分布。岩堆内部结构密实或中等密实，但表面还是松散的，由于草木生长已不至于散落，岩堆坡面上部的坡度常稍陡于其天然休止角。

3)稳定的岩堆

岩堆上方的基岩已稳定，坡度平缓，不稳定的块石已完全剥落，坡度平缓，不稳定的块石已完全剥落，岩堆的坡面呈凹形，已长满草木，无颜色新鲜的石块。岩堆体胶结密实，大孔隙已被充填。有些地方因表层失去植被而有水流冲刷的痕迹。

3. 岩堆处理原则

(1)在道路选线时，对于正在发展的岩堆，以绕避为宜。绕避如有困难，应选择在基底条件较好的部位通过，以便设置防护建筑物。对于处于稳定的岩堆，应尽量避免破坏岩堆的天然状态，可在岩堆的下部以路堤的方式通过(图 6-6)，不用或尽量少用路堑形式。对于稳定岩堆，路线可以选择适当位置，以低路堤或浅路堑通过，但注意不宜采用半填半挖断面，或在岩堆下方大量开挖，以免引起上部整个岩堆体下滑。

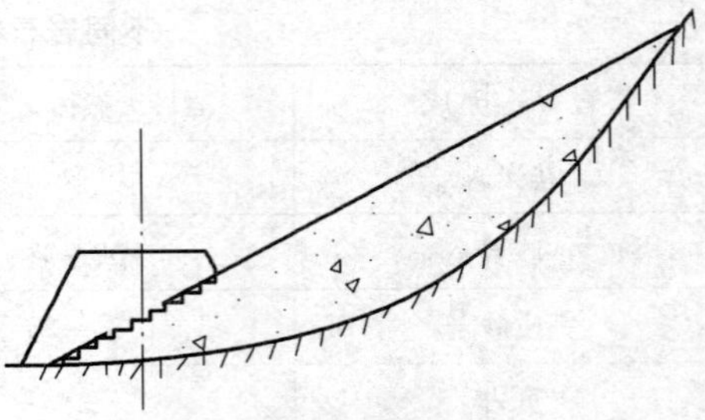

图 6-6　岩堆下部的路堤示意图

(2)线路以路堤方式通过时，应注意路堤位置的选择及基底的处理。由于路堤所施加的荷载，对即使稳定的岩堆，也可能导致局部或整体岩堆的滑移，故一般以设置在岩堆体下部或坡脚为宜。这里所谓稳定的岩堆，只是相对而言，就岩堆的表层，一般仍然是比较松散的，所以在填筑路堤时，应注意清除表层松散的堆积物，并挖成台阶，如图 6-6 所示。必要时可设置下挡墙以免路堤或岩堆滑移。

(3)线路以路堑方式通过时，应注意边坡稳定性问题。一般边坡高度以不超过 20～30m 为宜，并采用与岩堆天然休止角大致相适应的边坡坡度，一般可参考表 6-3 选用。

对稳定的岩堆，可根据其胶结和密实程度采用较陡的边坡，但对边坡中出现的松散夹层应进行砌石防护。当边坡高度超过 20m 时，宜采用阶梯形边坡。

岩堆路堑边坡坡度参考值　　表 6-3

岩堆情况	条件说明	边坡坡度
不含杂质的碎石	山区堆积层	1∶1.00～1∶1.25
	平坦地区已经压实	1∶0.75～1∶1.00
碎石被小颗粒包围互不接触	小颗粒为砂无黏结力	1∶1.50
	小颗粒为亚黏土或黏土	1∶1.75～1∶2.00
碎石间尚能接触中间夹有亚黏土	小颗粒为亚黏土或黏土	1∶1.25
	碎石有棱角	1∶1.50
一般堆积层		≥1∶1.50

设计路堑边坡时，应注意开挖后剩余土体的稳定性。虽然路堑边坡较缓，但其剩余土体呈尖端向下的楔形体或狭长条，容易沿基岩面在边坡底部产生剪切滑动。

(4)水对岩堆的稳定性影响很大。当公路通过岩堆体时，不论路基是采用路堤或路堑的形式，都要十分注意做好调制地表水和排除地下水的工作。

(5)公路通过岩堆体时，采用挡土墙以稳定路基，大多数情况下效果较好，但应注意挡土墙后岩堆的整体稳定性问题和不均匀沉陷问题。

第二节　滑　　坡

一、滑坡的定义及构造

滑坡是斜坡土体和岩体在重力作用下失去原有的稳定状态，沿着斜坡内某些滑动面（或滑动带）做整体向下滑动的现象。首先，滑动的岩体具有整体性，除了滑坡边缘线一带和局部一些地方有较少的崩塌和产生裂隙外，总的来看它大体上保持着原有岩土体的整体性；其次，斜坡上岩土体的移动方式为滑动，不是倾倒或滚动，因而滑坡体的下缘常为滑动面或滑动带的位置。此外，规模大的滑坡一般是缓慢地往下滑动，其滑动速度多在突变加速阶段才显著，常会造成灾难性的破坏。有些滑坡滑动速度一开始也很快，这种滑坡经常是在滑坡体的表层发生翻滚现象，因而称这种滑坡为崩塌性滑坡。

一个发育完全的、比较典型的滑坡具有如下的基本构造特征（图 6-7）：

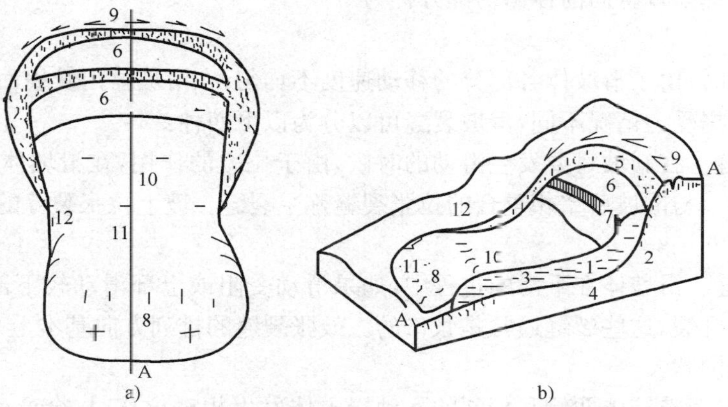

图 6-7　滑坡示意图

1-滑坡体；2-滑动面；3-滑动带；4-滑坡床；5-滑坡后壁；6-滑坡台地；7-滑坡台地陡坎；8-滑坡舌；9-张拉裂缝；10-滑坡鼓丘；11-扇形张裂缝；12-剪切裂缝

1. 滑坡体

斜坡内沿滑动面向下滑动的那部分岩土体。这部分岩土体虽然经受了扰动，但大体上仍保持有原来的层位和结构构造上的特点。滑坡体和周围不动岩土体的分界线叫滑坡周界。滑坡体的体积大小不等，大型滑坡体可达几千万立方米。

2. 滑动面、滑动带和滑坡床

滑坡体沿其滑动的面称滑动面。滑动面以上，被揉皱了的厚数厘米至数米的结构扰动带，称滑动带。有些滑坡的滑动面（带）可能不止一个，在最后滑动面以下稳定的岩土体称为滑坡床。

滑动面的形状随着斜坡岩土的成分和结构的不同而各异。在匀质黏性土和软岩中，滑动面近于圆弧形。滑坡体如沿着岩层层面或构造面滑动时，滑动面多呈直线形或折线形。多数滑坡的滑动面由直线和圆弧复合而成，其后部经常呈弧形，前部呈近似水平的直线。

滑动面大多数位于黏土夹层或其他软弱岩层内。如页岩、泥岩、千枚岩、片岩、风化岩等。由于滑动时的摩擦，滑动面常常是光滑的，有时有清楚的擦痕；同时，在滑动面附近的岩土体遭受风化破坏比较厉害。滑动面附近的岩土体通常是潮湿的，甚至达到饱和状态。许多滑坡的滑动面常常有地下水活动，在滑动面的出口附近常有泉水出露。

3. 滑坡后壁

滑坡体滑落后，滑坡后部和斜坡未动部分之间形成的一个陡度较大的陡壁称为滑坡后壁。滑坡后壁实际上是滑动上部的露头。后壁的左右呈弧形向前延伸，其形态呈“圈椅”状，称为滑坡圈谷。

4. 滑坡台地

滑坡体滑落后，形成阶梯状的地面称滑坡台地。滑坡台地的台面往往向着滑坡后壁倾斜。滑坡台地前缘比较陡的破裂壁称为滑坡台坎。有两个以上滑动面的滑坡或经过多次滑动的滑坡，经常形成几个滑坡台地。

5. 滑坡鼓丘

滑坡体在向前滑动的时候，如果受到阻碍，就会形成隆起的小丘，成为滑坡鼓丘。

6. 滑坡舌

滑坡体的前部如舌状向前伸出的部分称为滑坡舌。

7. 滑坡裂缝

在滑坡运动时，由于滑坡体各部分的移动速度不均匀，在滑坡体内及表面所产生的裂缝称为滑坡裂缝。根据受力情况不同，滑坡裂缝可以分为以下四种：

(1)张拉裂缝。在斜坡将要发生滑动的时候，由于拉力的作用，在滑坡体的后部产生一些张口的弧形裂缝。与滑坡后壁相重合的拉张裂缝称主裂缝。坡上拉张裂缝的出现是产生滑坡的征兆。

(2)鼓张裂缝。滑坡体在下滑的过程中，如果滑动受阻或上部滑动较下部为快，则滑坡下部会向上鼓起并开裂，这些裂缝通常是张口的。鼓张裂缝的排列方向基本上与滑动方向垂直，有时交互排列成网状。

(3)剪切裂缝。滑坡体两侧和相邻的不动岩土体发生相对位移时，会产生剪切作用；或滑坡体中央部分较两侧滑动快而产生剪切作用，都会形成大体上与滑动方向平行的裂缝。这些裂缝的两侧常伴有如羽毛状平行排列的次一级裂缝。

(4)扇形张裂缝。滑坡体向下滑动时，滑坡舌向两侧扩散，形成放射状的张开裂缝，成为扇形裂缝，也称滑坡前缘放射状裂缝。

8. 滑坡主轴

滑坡主轴也称主滑线，为滑坡体滑动速度最快的纵向线，它代表整个滑坡的滑动方向。滑动迹线可以为直线，也可以是折线，如图 6-7 所示。运动最快之点相连的主轴为折线形。

二、滑坡的分类

为了对滑坡进行认识和治理，需要对滑坡进行分类。但由于自然界的地质条件和作用因素复杂，各种工程分类的目的和要求又不尽相同，因而可从不同角度进行滑坡分类。根据我国的滑坡类型可有如下的滑坡划分：

按滑坡体的主要物质组成和滑坡与地质构造关系划分：

(1)覆盖层滑块。本类滑坡有黏性土滑坡、黄土滑坡、碎石滑坡、风化壳滑坡。

(2)基岩滑坡。本类滑坡与地质结构的关系可分为：均质滑坡、顺层滑坡、切层滑坡。顺层滑坡又可分为沿层面滑动或沿基岩面滑动的滑坡(图 6-8)。

(3)特殊滑坡。本类滑坡有融冻滑坡、陷落滑坡等。

按滑坡体的厚度划分:浅层滑坡、中层滑坡、深层滑坡、超深层滑坡。

按滑坡的规模大小划分:小型滑坡、中型滑坡、大型滑坡、巨型滑坡。

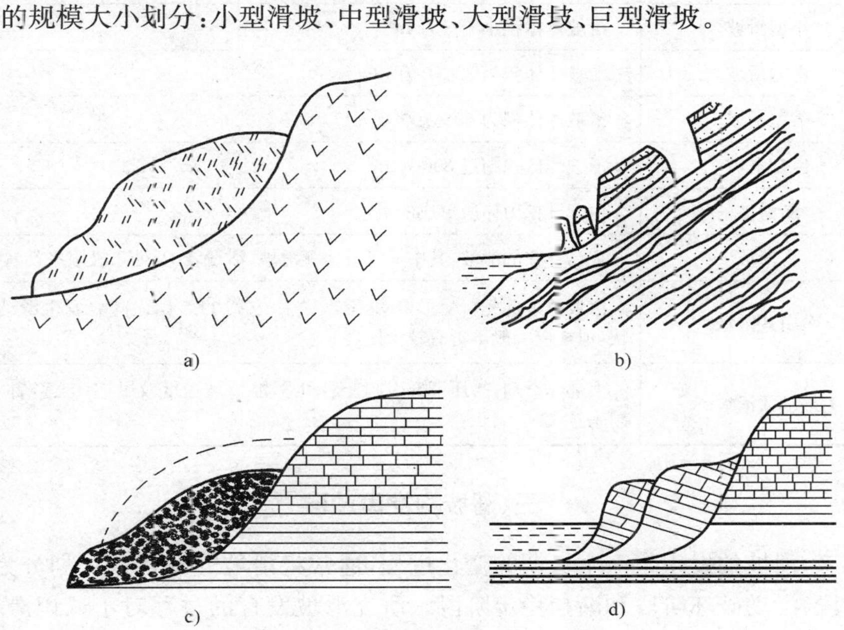

图 6-8　基岩滑坡示意图

a)匀质土滑坡;b)沿岩层层面滑坡;c)沿坡积层与基岩交界面滑坡;d)切层滑坡

按形成的年代划分:新滑坡、古滑坡。

按力学条件划分:牵引式滑坡、推动式滑坡。

以上各种滑坡的特征列于表 6-4 中。

滑坡类型及其特征表　　表 6-4

项目	名称类型		滑坡的特征
按滑坡物质组成成分	覆盖层滑坡	黏性土滑坡	黏性土本身变形滑动,或与其他成因的土层接触面或沿基岩接触面而滑动
		黄土滑坡	不同时期的黄土层中的滑坡,并多群集出现,常见于高阶地前缘斜坡上
		碎石滑坡	各种不同成因类型的堆积层体内滑动或沿基岩面滑动
		风化壳滑坡	风化壳表层间的滑动,多见于岩浆岩(尤其是花岗岩)风化壳中
	基岩滑坡	均质滑坡	发生在层理不明显的泥岩、页岩,泥灰岩等软弱岩层中,滑动面均匀光滑
		切层滑坡	滑动面与层面相切的滑坡,在坚硬岩层与软弱岩层相互交替的岩体中的切层滑坡等
		顺层滑坡	沿岩层面或裂隙面滑动,或沿坡积层与基岩交界面或基岩间不整合面等滑动
	特殊滑坡		如融冻滑坡、陷落滑坡等
按滑坡体厚度	浅层滑坡		滑坡体厚度在 6m 以内
	中层滑坡		滑坡体厚度为 6～20m 左右
	深层滑坡		滑坡体厚度为 20～30m 左右
	超深层滑坡		滑坡体厚度超过 30m 以上

续上表

项目	名称类型	滑坡的特征
按规模大小	小型滑坡	滑坡体体积小于 3 万 m^3
	中型滑坡	滑坡体体积为 3～50 万 m^3
	大型滑坡	滑坡体体积为 50～300 万 m^3
	巨型滑坡	滑坡体体积超过 300 万 m^3
按形成的年代	新滑坡	由于开挖山体所形成的滑坡
	古滑坡	久已存在的滑坡，其中又可分为死滑坡、活滑坡、及处于极限平衡状态的滑坡
按力学条件	牵引式滑坡	滑坡体下部先行变形滑动，上部失去支撑力量，因而随着发生滑动，滑坡速度较快，但规模一般不再有较大发展
	推动式滑坡	上部先滑动，挤压下部引起变形和滑动，滑坡速度较慢，但会逐渐向上延伸，规模越来越大

三、滑坡的发育过程

一般说来，滑坡的发生是一个长期的变化过程，通常将滑坡的发育过程划分为三个阶段：蠕动变形阶段、滑动破坏阶段和渐趋稳定阶段。研究滑坡发育的过程对于认识滑坡和正确地选择防滑措施具有很重要的意义。

1. 蠕动变形阶段

斜坡在发生滑动之前通常是稳定的。有时在自然条件和人为因素作用下，可以使斜坡岩土强度逐渐降低(或斜坡内部剪切力不断增加)，造成斜坡的稳定状况受到破坏。在斜坡内部某一部分因抗剪强度小于剪切力而首先变形，产生微小的移动，往后变形进一步发展，直至坡面出现断续的拉张裂缝。随着拉张裂缝的出现，渗水作用加强，变形进一步发展，后缘拉张，裂缝加宽，开始出现不大的错距，两侧剪切裂缝也相继出现。坡脚附近的岩土被挤压、滑坡出口附近潮湿渗水，此时滑动面已大部分形成，但尚未全部贯通。斜坡变形再进一步继续发展，后缘拉张裂缝不断加宽，错距不断增大，两侧羽毛状剪切裂缝贯通并撕裂，斜坡前沿的岩土挤紧并鼓出，出现较多的膨胀裂缝，滑坡出口附近渗水污浊，这时滑动面已全部形成，接着便开始整体地向下滑动。从斜坡的稳定状况受到破坏，坡面出现裂缝，到斜坡开始整体滑动之前的这段时间称为滑坡的蠕动变形阶段。蠕动变形阶段所经历的时间有长有短，长的可达数年之久，短的仅数月或几天的时间。一般说来，滑动的规模越大，蠕动变形阶段持续的时间越长。斜坡在整体滑动之前出现的各种现象，叫做滑坡的前兆现象，尽早发现和观测滑坡的各种前兆现象，对于滑坡的预测和预防都是很重要的。

2. 滑动破坏阶段

滑坡在整体往下滑的时候，滑坡后缘迅速下陷，滑坡壁越露越高，滑坡体分裂成数块，并在地面上形成阶梯状地形，滑坡体上的树木东倒西歪地倾斜，形成“醉林”。滑坡体上的建筑物(如房屋、水管、渠道等)严重变形以至倒塌毁坏。随着滑坡体向前滑动，滑坡体向前伸出，形成滑坡舌。在滑坡滑动的过程中，滑动面附近湿度增大，并且由于重复剪切，岩土的结构受到进一步破坏，从而引起岩土的抗剪强度进一步降低，促使滑坡加速滑动。滑坡滑动的速度大小取决于滑动过程中岩土抗剪强度降低的绝对数值，并和滑动面的形状，滑坡体厚度和长度，以及滑坡在斜坡上的位置有关。如果岩土抗剪强度降低的数值不多，滑坡只表现为缓慢的滑动，如果在滑动过程中，滑动带岩土抗剪强度降低的数值较大，滑坡的滑动就表现为速度快、来势猛，滑动时往往伴有巨响并产生很大的气浪，有时造成巨大灾难。

3.渐趋稳定阶段

由于滑坡体在滑动过程中具有动能，所以滑坡体能越过平衡位置，滑到更远的地方。滑动停止后，除形成特殊的滑坡地形外，在岩性、构造和水文地质条件等方面都相继发生了一些变化。例如地层的整体性已被破坏，岩石变得松散破碎，透水性增强，含水率增高；经过滑动，岩石的倾角或者变缓或者变陡，断层、节理的方位也发生了有规律的变化；地层的层序也受到破坏，局部的老地层会覆盖在第四纪地层之上等。

在自重的作用下，滑坡体上松散的岩土逐渐压密，地表的各种裂缝逐渐被充填，滑动带附近岩土的强度由于压密固结又重新增加，这时对整个滑坡的稳定性也大为提高。经过若干时期后，滑坡体上东倒西歪的"醉汉林"(图 6-9)又重新垂直向上生长，但其下部已不能伸直，因而树干呈弯曲状，有时称它为"马刀树"(图 6-10)，这是滑坡趋于稳定的一种现象。当滑坡体上的台地已变平缓，滑坡后壁变缓并生长草木，没有崩塌发生；滑坡体中岩土压密，地表没有明显裂缝，滑坡前缘无水渗出或流出清凉的泉水时，就表示滑坡已基本趋于稳定。

图 6-9　醉汉林

图 6-10　马刀树

四、滑坡的力学分析及影响因素

1.滑坡的力学分析

滑坡是在斜坡上岩土体遭到破坏，使滑坡体沿着滑动面(带)下滑而造成的地质现象。滑动面有平直的或弧形的(图 6-11)。在均质滑坡中，滑动面多呈圆形。

(1)在平面滑动面情形下，滑坡体的稳定系数 K 为滑动面上的总抗滑力 F 与岩土体重力 Q 所产生的总下滑力 T 之比，即：

$$K = 总抗滑力 / 总下滑力 = F/T \tag{6-1}$$

当 $K<1$ 时，滑坡发生；$K \geqslant 1$ 时，滑坡体稳定或处于极限平衡状态。

(2)在圆形滑动面情形下，滑动面中心为 O，滑弧半径为 R。过滑动圆心 O 作一铅直线

OO'，将滑坡体分成两部分。在线之右部分为滑动部分，其重力为 Q_1，它能绕 O 点形成滑动力矩 Q_{d1}，在 OO'之左部分，其重力为 Q_{d2}，形成抗滑力矩 Q_{d2}，因此，该滑坡的稳定系数 K 为总抗滑力矩与总滑动力矩之比。即：

$$K = \text{总抗滑力矩} / \text{总滑动力矩} = \frac{Q_2 d_2 + \tau \widehat{ABR}}{Q_1 d_1} \tag{6-2}$$

式中：τ——滑动面上的抗剪强度。

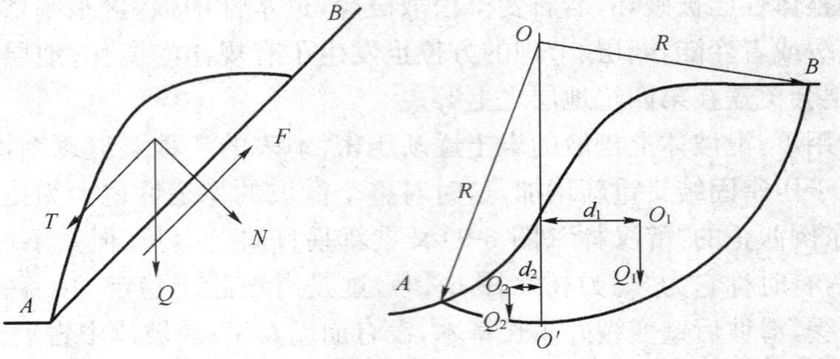

图 6-11　滑坡滑动的平衡示意图

当 $K<1$ 时，滑坡失去平衡，而发生滑坡。

2. 影响滑坡的因素

1)斜坡外形

斜坡的存在，使滑动面能在斜坡前缘临空出露。这是滑坡产生的先决条件。同时，斜坡不同高度、坡度、形状等要素可使斜坡内力状态变化，内应力的变化可导致斜坡稳定或失稳。当斜坡愈陡、高度愈大以及当斜坡中上部突起而下部凹进，且坡脚无抗滑地形时，滑坡容易发生。

我国山区，地形切割强烈，滑坡分布较集中，形成规模大，危害也不严重。坡度越大，势能越高，软弱面也越暴露，斜坡易于失稳。而在低山，丘陵区，规模较前者小。特别是在两级台阶的过渡地带，地形相对切割较剧，滑坡灾害分布广泛，灾情也严重。

2)岩性

斜坡岩、土体的性质及其结构是形成滑坡的物质基础。一般易形成滑坡的岩石，大都是碎屑岩、软弱的片状变质岩。岩性多为泥岩、页岩、板岩、含碳酸盐类软弱岩层、泥化层、构造破碎岩层。这些软弱岩经水的软化作用后，抗剪强度降低，容易出现软弱滑动面，形成崩滑体，例如成昆铁路铁牛日河岸坡发生的大型岩质顺层滑坡，滑坡体主要是坚硬的砂岩及软弱的页岩(板岩)，该斜坡三面临空，坡度较陡，导致滑坡体沿软弱的页岩顺层滑动。

在我国，黏性土滑坡在四川成都平原分布密集，在闽、浙、晋西、陕南、河南等地亦较密集，在长江中下游、东北等地亦有一定分布；半成岩类黏土岩滑坡在青海、甘肃、川滇地带、山西分布密集；黄土滑坡在黄河中游、青海等省较密集；泥岩、千枚岩、砂质板岩形成的滑坡在湖南、湖北、西藏、云南、四川、甘肃等地十分常见。

3)构造

构造条件是形成滑坡的基本条件之一。斜坡内的一些层面、节理、断层、片理等软弱面若与斜坡倾向近于一致，则此斜坡的岩土体容易失稳成为滑坡。这时，此软弱面组合成为滑动面。断裂带岩体破碎，并为地下水渗流创造了条件。此外，活动断裂带上易发生构造地震。因此，断裂带控制着滑坡发育地带的延伸方向、发育规模及分布密度。滑坡体成群、成带、成线状分布的特点几乎都与断裂构造分布有关。例如成昆铁路沿线，滑坡常集中分布于与线路近似平行的毕吱山、普雄河和越西河等断裂带及其附近。其中有些地段岩体破碎带宽达200～500m。著名的甘洛滑坡群、乃托滑坡群、尔赛河滑坡、东武—红峰滑坡群等，均与大断裂破碎带密切相关。

4)水

水的作用可使岩土软化、强度降低，可使岩土体加速风化。地下水活动是形成滑坡的重要因素之一。在土质边坡或岩质边坡(含泥质岩层，如页岩、凝灰岩、黏土岩等)受地下水作用时，泥质岩层往往会泥化、软化；另外，地下水使孔隙水压增高，产生浮托力、动水压力，这些都会使岩石抗剪强度降低，容易形成软弱面。如四川云阳县鸡扒子滑坡明显地受地下水作用的控制。滑坡的发生，是因为西侧石板沟被小型崩塌物堵塞，在其上游形成积水塘，使大量降雨所形成的地表径流无法沿石板沟下泄，而被迫沿泥岩滑面渗透，改变了岩土体的水文地质条件，从而使上部岩土体产生急剧的大规模滑动。该滑坡西部近石板沟的滑体部分呈现饱水塑流状态，充分显示地下水的作用及影响。众所周知，很多滑坡发生之后，地下水以泉水形式在滑床面出现或从滑坡破裂壁上渗出，就说明了这个问题。若为地表水作用还可以使坡脚侵蚀冲刷。

降水量多少决定了水动力作用的强弱。降雨下渗引起地下水活动状态的变化，它可成为滑坡、崩塌的直接诱发因素。因此，每到雨季，滑坡、崩塌频频发生。而且雨量丰富的南方，因灾害性降雨引起的滑坡、崩塌较北方明显增多。暴雨来势凶猛，积水不易排除，往往带来严重的地质灾害。暴雨触发滑坡以1982年四川万县地区云阳等县最为典型。1982年7月连降特大暴雨，全地区诱发了数万处滑坡。如云阳县天宝滑坡，因岩层上覆盖有较厚的老滑坡堆积物，疏松易透水，暴雨下渗，汇集在滑体中，使地下水位抬高 最终导致滑坡发生。这充分说明暴雨对于某些老滑坡体重新活动有强烈的诱发作用。

此外，水库蓄水浸润库岸也会引起滑塌现象。如1961年3月6日湖南柘溪水库蓄水初期，连降大雨，库水位上升，地下水水面大大升高，滑体容重增加，坡脚处水下岩体重力(受浮托力)减轻，抗滑阻力降低，引起大型顺层滑动。

5)地震

地震可诱发滑坡发生，此现象在山区非常普遍。地震首先将斜坡岩土体结构破坏，可使粉砂层液化，从而降低岩土体抗剪强度；同时地震波在岩土体内传递，使岩土体承受地震惯性力，增加滑坡体的下滑力，促进滑坡的发生。

地震是滑坡、崩塌最主要的触发因素之一，往往在烈度为Ⅶ度(或震级为6级)以上地震活动地区，尤其在坡度大于25°的斜坡地带，地震诱发的滑坡、崩塌灾害特别严重。如1973年7月6日炉霍7.9级强震，引发137处滑坡。2008年5月12日发生在汶川的8级地震，诱发15 000多处滑坡，主要沿龙门山主中央断裂带和后山断裂带展布，沿龙门山主中央断裂带汶川映秀—安县高川—北川陈家坝—平武南坝一线，滑坡面密度大于50%以上，最大可达70%。据初步调查，汶川地震触发的体积最大的滑坡是位于主中央断裂带上的安县高川大光包滑坡，滑动距离长4 500m，滑坡堆积体长2 800m，宽1 700～2 200m，最大厚度达580m，若以平均厚度200m计，体积达11亿m^3，为我国已发生的单体滑坡之最。

6)人为因素

(1)在兴建土建工程时，由于切坡不当，斜坡的支撑被破坏，或者在斜坡上方任意堆填岩土方、兴建工程、增加荷载，都会破坏原来斜坡的稳定条件。修建铁路、公路，人为开挖形成边坡或加载于斜坡上，都会引起滑坡。如宝成铁路北段——宝上段（即宝鸡至上西坝）及陇海铁路宝天段（即宝鸡至天水），1981 年洪水灾害后共有滑坡 99 处，其中宝上段 84 处，宝天段 15 处。宝上段堆积层厚、地下水丰富；宝天段受渭河冲刷，基岩及黄土边坡不易保持稳定。线路穿越不良地段，由于开挖路堑、修建工程建筑物，破坏了山体的自然平衡，上部岩体失稳，形成多处滑坡。

(2)人为破坏表层覆盖物，引起地表水下渗作用的增强；破坏自然排水系统，或排水设施布置不当，泄水断面大小不合理而引起排水不畅，漫溢乱流，使坡体水量增加；砍伐森林、水土流失、渠道灌溉水渗入等都会促进滑坡的发生。

五、滑坡的预报

按照研究对象、范围和目的的不同，滑坡预报大致可分为区域性中长期预报（趋势预报）和场地性短期预报两种。短期预报的途径有两个方面，即宏观征兆预报和观测资料预报。

1. 根据宏观征兆预报

与地震发生前一样，滑坡发生以前也往往出现一些宏观征兆。如地变形、地表裂缝、地物标志的移动、坡体前缘的浅层坍塌、地下冒出混泉和泥浆、地声、动物的异常反映等现象。

2. 根据观测资料预报

这种方法的前提是要对滑坡进行动态观测，随后分析计算观测资料以做出预报。

滑坡变形、位移观测方法有简易的和精密的两种。简易观测指利用简单工具、肉眼观测变形、位移情况。常用的方法是在滑坡后缘的母体及变形体上分别埋桩，并定期观测两桩间距离的变化；它可以观测一维或二维的变形、位移值。精密观测是利用仪器（地形测量仪器、电阻应变仪、同位素追踪仪等），在地面或钻孔内布置定点观测，可多点进行网格状观测，以获得三维的变形和位移情况，然后将主要控制观测点的位移观测资料整理成时间—位移曲线（t-s 曲线），如图 6-12 所示。根据曲线的形状可划分为减速蠕变、等速蠕变和加速蠕变三个阶段。

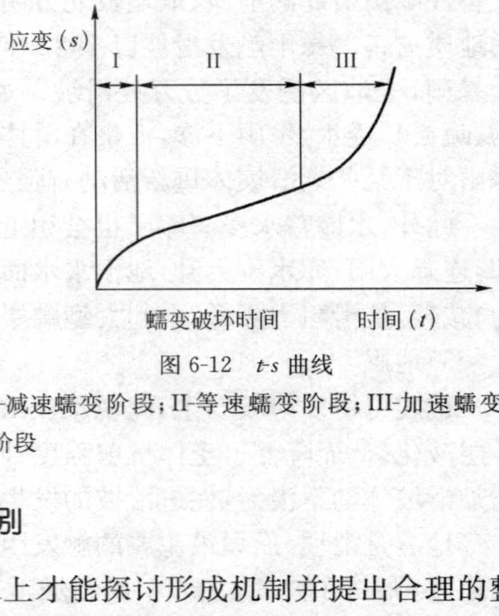

图 6-12　t-s 曲线

I-减速蠕变阶段；II-等速蠕变阶段；III-加速蠕变阶段

六、滑坡的野外识别

滑坡的识别是研究滑坡最基础的工作，在此基础之上才能探讨形成机制并提出合理的整治措施。虽然由于地质条件的差异，滑坡形态繁多，同时又因后期改造而使其更趋复杂，但滑坡的识别还是有一定规律可循的。

斜坡经过滑动破坏之后，地形特征比较明显，特别是站在滑坡对岸高处，可以看到在整个较为顺直的山坡上出现圈倚形的陡坎或陡壁，其下为槽沟或封闭形洼地，再向下则地形突出，表现出上凹下凸的坡形，还可见有台阶状平地。更低一些的部位则为坑洼起伏的舌形坡地，其前端逼近河岸或将河流向对岸推移，两侧有沟谷发育并有双沟同源的趋势。沟谷若深切至完整基岩，则在沟壁上常可见到滑动面（带）物质，也可观察到岩层层序的扰动，因此滑坡侧沟的调查在识别滑坡中起着重要的作用。

早期形成的滑坡，滑坡后壁较高、长满了树木、找不到擦痕，滑坡平台宽大且已夷平、土体密实无沉陷。滑坡前缘斜坡平缓、无松散坍塌现象，迎河面有被河水冲刷过的迹象。滑坡体两侧自然冲沟切割很深，舌部的坡脚有清澈的泉水流出等。新近发生的滑坡，总体坡度较陡、延伸较长，坡面高低不平。滑坡表面有泉水、湿地和新生冲沟，有不均匀沉陷造成的参差不齐的局部平台。滑坡前缘土石松散，小型坍塌时有发生，坡体上有裂缝出现，无巨大直立的树木。

在野外，一般可以通过以下三个方面识别滑坡的存在。

1. 地形地物标志

滑坡的存在，常使斜坡不顺直，出现上部陡、中间缓、下部陡的地形（图 6-13），圈椅状地形和槽谷地形，上部有陡壁及弧形拉张裂缝（图 6-14），中部坑洼起伏，有一级或多级台阶，其高程和特征与外围河流阶地不同，两侧可见羽毛状剪切裂缝。下部有鼓丘，呈舌状向外突出，有时甚至侵占部分河床，致使河流凹岸山坡凸出（图 6-15），表面有鼓张或扇形裂缝。滑坡体两侧常形成沟谷，出现双沟同源现象及环谷（图 6-16）。内部积水洼地，喜水植物茂盛，有“醉汉林”及“马刀树”以及建筑物开裂、倾斜等现象。古（老）滑坡识别标志见表 6-5。

古（老）滑坡识别标志　　表 6-5

标志·类别	标志·亚类	内容
形态	宏观形态	圈椅状地形、双沟同源、坡体后部平台出现洼地、与周围河流阶地、构造平台或风化差异平台不一致的大平台地形、不正常河流弯道，圈椅状地形、“大肚子”斜坡等
	微观形态	后倾台面地形、小台阶与平台相间、马刀树、坡体前方或侧边出现擦痕或镜面、表层坍滑广泛
地层	老地层	明显的产状变动、架空、松弛、破碎、大段孤立岩体掩覆在新地层之上、大段变形岩体位于土状堆积物之中
	新地层	变形或变位岩体被新地层掩覆、山体后部洼地出现局部湖相地层、变形或变位岩体上覆湖相地层、上游方出现湖相地层
变形等		古墓或古建筑变形、构成坡体的岩土结构零乱或强度低、开挖后易坍滑、斜坡前部地下水呈线状出露、古树等被掩埋
历史记载访问材料		发生滑坡或变形的记载和口述

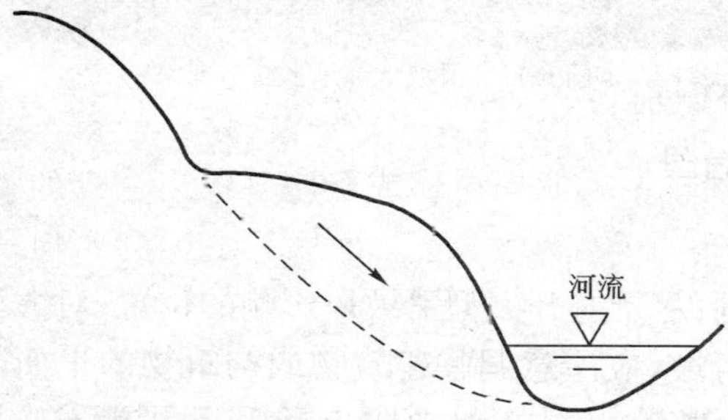

图 6-13　上陡中缓下陡地形

图 6-14　滑坡顶部产生的张裂缝

2. 地层构造标志

滑坡常造成滑坡范围内地层的整体性遭到破坏，有扰乱松动现象（图 6-17）和层位不连续现象（图6-18），造成地层缺失、岩层层序重叠或层位标高有升降等特殊变化；构造不连续（如

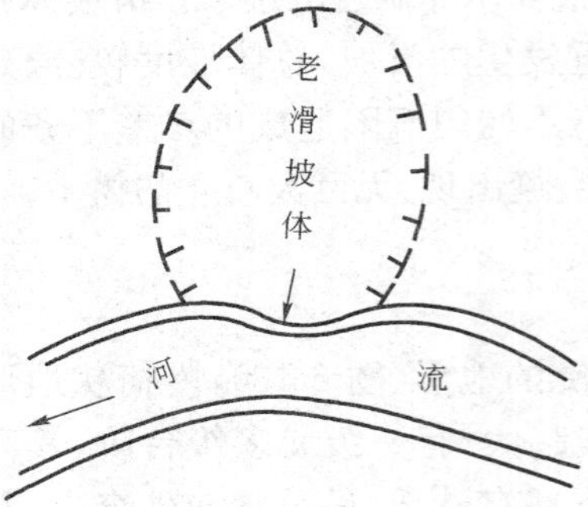

图 6-15　河流凹岸山坡凸出

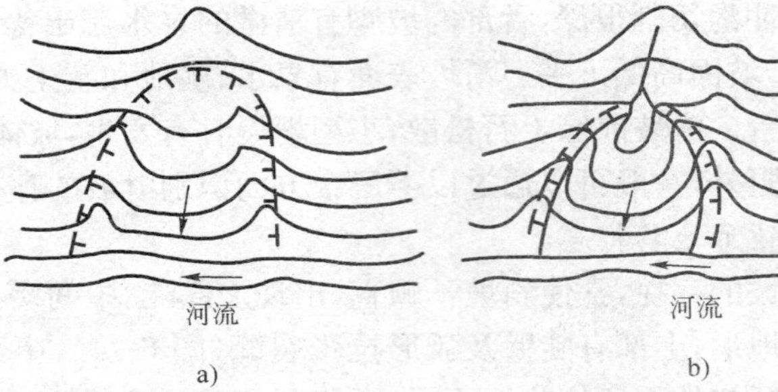

图 6-16　双沟同源

a)青年期；b)后期形成的环谷

图 6-17　滑坡造成的岩石松动现象

图 6-18　滑坡造成的层位不连续现象

裂隙不连贯、发生错动）；岩层产状发生明显的变化，滑体中岩层的产状与正常产状截然不同，此现象对识别顺层滑坡常有重要意义。

3. 水文地质标志

滑坡还会破坏含水层的原有状况，使水文地质条件变得特别复杂，无一定规律可循。如滑坡体可能成为单独含水体，潜水水位不规则、无一定流向，斜坡下部有成排泉水溢出等(图 6-19)。

图 6-19　滑坡下部泉水溢出现象

七、滑坡的治理

1. 治理原则

滑坡的治理，要贯彻以防为主、整治为辅的原则；尽量避开大型滑坡所影响的位置；对大型复杂的滑坡，应采用多项工程综合治理；对中小型滑坡，应注意调整建筑物或构筑物的平面位置，以求经济技术指标最优；对发展中的滑坡要进行整治，对古滑坡要防止复活，对可能发生滑坡的地段要防止滑坡的发生；整治滑坡应先做好排水工程，并针对形成滑坡的原因，采取相应措施。

2. 治理措施

1)排水

(1)地表排水：主要是设置截水沟和排水明沟系统(图 6-20)。截水沟是用来截排来自滑坡体外的坡面径流，在滑坡体上设置树枝状的排水明沟系统，以汇集坡面径流并引导出滑坡体。

图 6-20 截水沟和排水明沟系统

(2)地下排水：为了排除地下水，可设置各种形式的渗沟（图 6-21）或盲沟系统，以截排来自滑坡体外的地下水流。

图 6-21 地下排水渗沟

2)支挡

在滑坡体下部修筑挡土墙(图 6-22)、抗滑桩(图 6-23)或用锚杆等对岩土体进行加固(图 6-24)，以增加山坡的抗滑能力。在采取支挡措施时，应该明确各类措施的作用和适用条件，如滑坡前缘有水流冲刷，则应首先在河岸作支挡等防护工程，然后再考虑滑体上部的稳定。

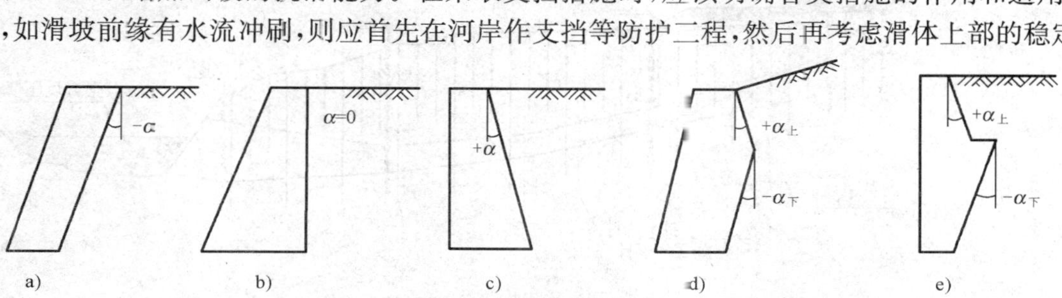

图 6-22 几种常见的重力式挡墙类型

3)减重反压

减重主要是通过削减坡角、挖掉部分岩土或降低坡高，以减轻斜坡不稳定部位的重量，从而减少滑坡上部的下滑力，如拆除坡顶处的房屋和搬走重物等。反压是指在滑坡的前缘加载，达到增加抗滑能力的目的。图 6-25 为某高速公路边坡滑坡综合治理的设计方案，在滑坡的前缘加载反压，在坡顶挖掉部分岩土，达到减压的目的，中部采用锚杆注浆增大抗滑力。

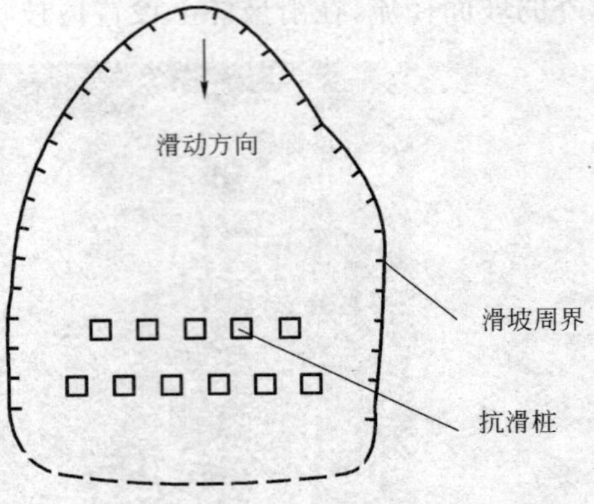

图 6-23 抗滑桩的平面布置示意图

4)改善滑动面(带)的岩土性质

改善滑动面(带)的岩土性质主要是为了改良岩土性质、结构，以增加坡体强度。本类措施有：对岩质滑坡采用固结灌浆；对土质滑坡采用电化学加固、冻结、焙烧等。此外，还可针对某些影响滑坡滑动因素进行整治，如防止水流冲刷、降低地下水位、防止岩石风化等具体措施。

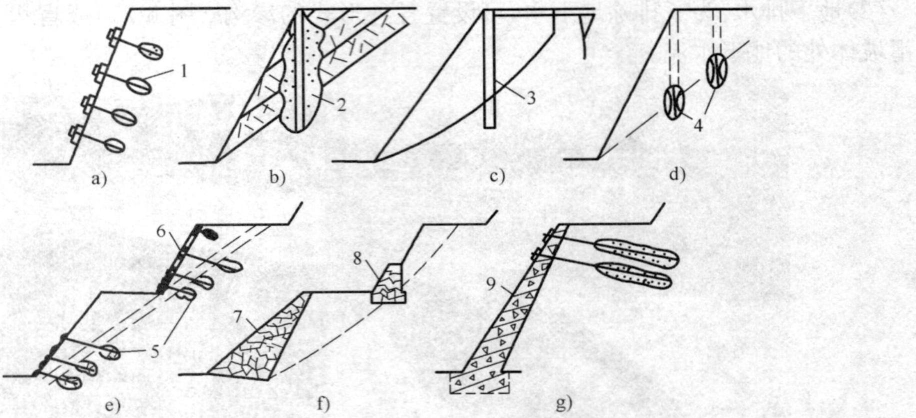

图 6-24 滑坡的支挡措施示意图

1-灌浆锚杆；2-钢筋混凝土抗滑桩及水泥胶结；3-大直径抗滑管桩；4-钢筋混凝土桩；5-灌浆锚索；6-悬挂式钢筋混凝土墙；7-扶壁；8-挡土墙；9-钢筋混凝土护墙

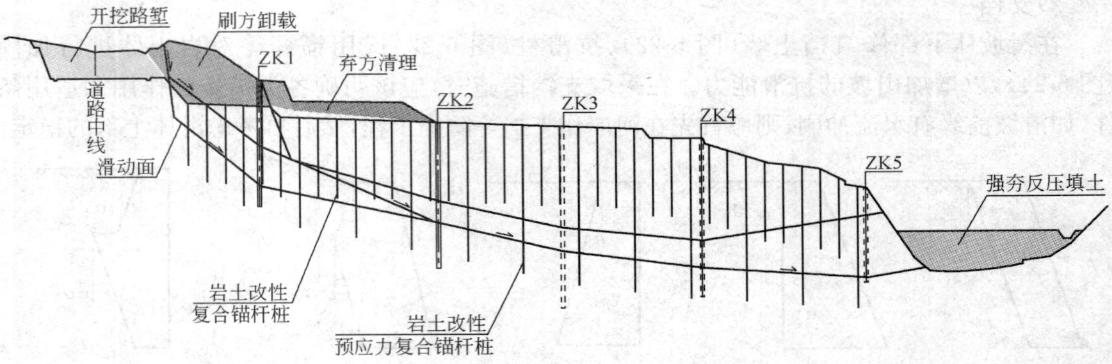

图 6-25 滑坡的综合治理设计图

第三节　泥　石　流

一、泥石流的概念

泥石流是指在山区一些流域内，主要是在天降暴雨时所形成的、含有大量固体物质（石块、沙砾、黏粒）的暂时性山地洪流。一般地说，泥石流的组成成分是水体和岩石破坏产物。泥石流是山区特有的一种不良地质现象，它具有暴发突然、历时短暂和破坏力极大的特点。泥石流在我国许多山区都有不同程度的爆发，其中尤以西藏东南部和川滇黔等山区最为严重。据统计，这些地区在建国后的50多年中造成百人以上丧生的恶性泥石流事件有十多起。受害最大的是铁路、公路等交通路线，在冲毁城镇、厂矿和村庄等也有数十起，仅华蓥山地区于1989年7月10日连降暴雨形成泥石流就冲毁了下游城镇的数个厂矿和附近村庄，造成215人死亡。可见，泥石流的爆发，其破坏力极大。往往在很短暂的时间内造成工程设施、农田和生命财产的严重损失，形成威胁山区居民生活和工农业建设的地质灾害。

二、泥石流的基本类型

1. 泥石流按其物质组成可分为如下三种类型

1）水石流型

一般含有非常不均匀的粗颗粒成分，黏土质细粒物质含量少，且它们在泥石流运动过程中极易被冲洗掉。所以水石流型泥石流的堆积物带是粗大的碎屑物质。

2）泥石流型

一般含有很不均匀的粗屑物质和相当多的黏土质细粒物质，因而具有一定的黏结性，所以堆积物常形成具有一定强度的土石混合物。

3）泥水流型

固体物质基本上由细碎屑和黏土物质组成，这类泥石流主要分布在我国黄土高原地区。

2. 我国泥石流的基本成因类型

由于自然条件的不同，我国泥石流的基本成因类型存在明显的地区性差异。

1）暴雨型泥石流

暴雨型泥石流是以暴雨形成的地表径流为主要水源的泥石流。其疏松物质来源通常为坡残积、崩塌滑坡堆积及黄土等第四纪堆积物，也有人为排放的各类废渣。暴雨型泥石流是我国分布最广泛、数量最多、活动也最频繁的泥石流类型。其主要分布地区为我国东部和中部，也就是我国人口较集中、经济较发达的地区，因而造成的危害最大，与人民生活、国家建设的关系也最密切。暴雨型泥石流的规模相差悬殊，最大的一次冲出土石数百万到上千万立方米，小的仅数十到数立方米（一般为坡面型），而小于1万立方米的占80%以上。暴雨型泥石流暴发突然、来势凶猛、破坏力强。一次泥石流持续时间一般仅数十分钟到一两个小时。

2）冰川型泥石流

冰川型泥石流是指以冰川和积雪消融为主要水源的泥石流。其疏松物质来源主要是古今冰川堆积物。这类泥石流主要分布在我国西部高原、高山地区。藏东南地区降水丰富，是我国海洋性冰川分布区，由于冰川流动快、消融强烈，泥石流特别活跃，危害严重。青藏高原、昆仑山、天山、祁连山等大部分地区分布的冰川为活动性较小的大陆性冰川，其泥石流活跃程度也远不如藏东南地区。冰川型泥石流大多为典型的沟谷泥石流，固体物质储量十分丰富，暴发猛烈而频繁，一次泥石流过程可以持续很长时间，冲出沟口的堆积物数量多、颗粒粗大。如波密县古乡沟泥石流于1953年9月29日首次暴发，历时4h，冲出固体物质达1 100多万立方米，堆积扇长2km，宽1.5～3.5km，将沟口大片森林、农田、村舍和寺庙一扫而光，酿成巨灾。1964年5月～1964年9月，该沟共暴发85次泥石流，其中持续时间最长的一次历时63h 35min。冰湖溃决产生洪水引起的泥石流是冰川型泥石流的一种特殊亚类，主要分布在喜马拉雅山北坡及藏东海洋性冰川与大陆性冰川的过渡带上。其规模一般都很大，泥石流和洪水可以威胁到下游几十公里到上百公里的居民区。冰川型泥石流不仅可以在大雨、暴雨天气暴发，也经常在无雨高温的晴天暴发，比暴雨型泥石流更具突发性。虽然冰川型泥石流在我国分布范围也很广、破坏力又特强，但其分布区大多人烟稀少，故除局部地区外，其总的危害状况远比暴雨型泥石流轻。

3)冻融型泥石流

冻融型泥石流主要分布在青藏高原腹地和东北大兴安岭北段的多年冻土地区，是坡地冻土表层在消融过程中形成的塑性流体，规模小、流动缓慢、危害较轻。

天山、祁连山、藏南等一些地区，冰雪融水和暴雨均为形成泥石流的重要水源，两类泥石流都较发达，属多成因型泥石流分布地区。

三、泥石流的形成条件

泥石流的形成必须具备丰富的松散泥石流物质来源，山坡陡峻和较大沟谷以及能大量集中水源的地形、地质和水文气象条件。

1. 地形条件

地形地貌是泥石流形成的空间条件，对泥石流的制约作用十分明显，其主要方面在于地形形态和坡度是否有利于积蓄疏松固体物质、汇集大量水源和产生快速流动。典型泥石流沟上游有较大汇水面积，中下游沟床狭窄顺直，纵坡坡降多数在15°以上，上游较陡下游较缓，沟源及沟床两侧谷坡为25°～40°左右。大多数泥石流沟长度不超过10km，流域面积不超过$10km^2$。山坡型泥石流一般发育在陡于35°的斜坡上，流域面积多小于$0.5km^2$。

从区域地貌形态类型来看，只有相对高差较大、切割较强烈的山区才具备发育泥石流的基本条件。统计表明，我国海拔1 000～3 500m的中山区，泥石流最发育。分布在中山区的泥石流数量占我国泥石流总数的一半以上，平原、沙漠及部分低缓的丘陵地带没有泥石流出现。中、低山和黄土高原是暴雨型泥石流的主要分布区，而冰川型泥石流则几乎都分布在高山、极高山地区。

从全国地势来看，泥石流主要分布在从喜马拉雅山和念青唐古拉山东段到横断山、龙门山、秦岭、大巴山、黄土高原、祁连山、昆仑山一带。其次分布在从长白山到燕山、太行山、巫山、大娄山、九万山、海洋山一带。

典型泥石流的流域可划分为形成区(I)、流通区(II)和堆积区(III)(图6-26)。

1)泥石流形成区(上游)

多为三面环山，一面出口的半圆形宽阔地段，周围山坡陡峻，多为30°～60°的陡坡。其面积大者可达数十平方公里。坡体往往光秃破碎，无植被覆盖，斜坡常被冲沟切割，且崩塌、滑坡发育。这样的地形条件有利于汇集周围山坡上的水流和固体物质。

2)泥石流流通区(中游)

泥石流流通区是泥石流搬运通过地段。多为狭窄而深切的峡谷或冲沟,谷壁陡峻而坡降较大,且多陡坎和跌水。泥石流进入本区后具有极强的冲刷能力,将沟床和沟壁上的土石冲刷下来携走。当流通区纵坡陡长而顺直时,泥石流流动畅通,可直泻而下,造成很大危害。反之,则由于易堵塞停积或改道,因而削弱了能量。

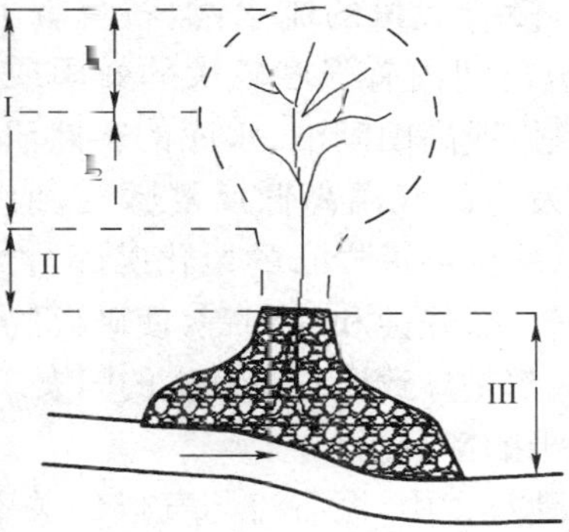

图 6-26　泥石流流域分区示意图

I-形成区;I_1-汇水动力区;I_2-松散物质补给区;II-流通区;III-堆积区

3)泥石流堆积区(下游)

泥石流堆积区是为泥石流物质的停积场所,一般位于山口外或山间盆地边缘、地形较平缓之地。由于地形豁然开阔平坦,泥石流的动能急剧变小,最终停积下来,形成扇形、锥形或带形的堆积体和冲积洪积扇。当洪积扇稳定而不再扩展时,泥石流对其破坏力减缓而至消失。

以上所述的是典型泥石流流域的情况,由于泥石流流域的地形地貌条件不同,有些泥石流域上述三个阶段就不易明显分开,甚至流通区或堆积区有可能缺失。

2.地质条件

地质条件决定了松散固体物质来源,当汇水区和流通区广泛分布有厚度很大、结构松散、易于风化、层理发育的岩土层时,这些软弱土层是提供泥石流的主要固体物质来源。此外,还应注意到泥石流流域地质构造的影响,如断层、裂缝、劈理、片理、节理等发育程度和破碎程度,这些构造破坏现象是给岩层破碎创造条件,从而也为泥石流的固体物质提供来源。

地层、地质构造和新构造运动(含地震),对地形、地貌和疏松固体物质的产生起着控制作用、从而也控制了泥石流的分布状况。构造体系对泥石流发育带的展布方向和范围显示出宏观的控制作用。如泥石流较发达的天山、燕山、辽东南山地以及昆仑山、秦岭等,分别位于两条巨型构造带上;泥石流很发达如喜马拉雅山、念青唐古拉山、横断山、哀牢山等。东部地区泥石流较发达地带的展布方向大都受华夏、新华夏构造体系的控制,断裂密集带、尤其是第四纪活动断裂带地壳软弱、差异运动明显、地形崎岖、岩层破碎,有利于河流顺此侵蚀下切,沿岸支沟密集、崩塌滑坡十分发达,为泥石流发生的密集带。如金沙江、安宁河、小江、怒江等河谷断裂带,泥石流均十分发达。

地震活动对泥石流发生发展有着深远的影响。一次强烈的地震不仅可以直接触发泥石流,而且由于地震引起大量岩体松动、产生许多崩滑体,也为泥石流准备了丰富的固体物质,从而使地震后相当长时期内泥石流都很活跃。如1950年察隅大地震后,藏东南泥石流进入了一个活跃期;1976年龙陵、松潘、唐山等地震都对当地山区泥石流活动产生了明显的促进作用。据震后调查分析,这种引发和促进作用,在地震烈度VII度以上地区较显著。我国一些著名的山区地震带，也正是泥石流的主要发育带。2008 年 5 月 12 日的汶川地震造成山体大量塌方，时而的暴雨天气造成大量的泥石流灾害(图 6-27)，摧毁了村庄、道路，汽车等。

3. 水文气象条件

水既是泥石流的组成部分，又是搬运泥石流物质的基本动力。泥石流的发生与短时间内大量流水密切相关，没有大量的流水，泥石流就不可能形成。因此，在短时间内有强度较大的暴雨或冰川和积雪的强烈消融，或高山湖泊、水库的突然溃决等都会促使泥石流发生。气温高低反复骤变，或已经长时间高温干燥，均可促进岩石的风化破碎，再加上水对山坡岩土的软化、侵蚀和冲刷等，使破碎物质得以迅速增加，这些都是导致泥石流发生的因素。

图 6-27　汶川地震后形成的泥石流

1)降雨的影响

在山地灾害中，泥石流与气候的关系比滑坡、崩塌等与气候的关系表现得更为密切。泥石流形成要素中，水源是最活跃的因素，而水源状况主要取决于气候。此外，气候还影响着岩石的风化形式和速度、影响着地貌形态、植被情况等，从而直接或间接地影响到泥石流发育的其他两项因素。不同气候条件下，泥石流的类型、密度、发生频率、规模等，都显示出明显差异。气象要素中，与泥石流关系最密切的是降水量、降水强度和气温。

我国多年平均降水量由东南向西北递减，从大于 2 000mm 降到不足 50mm，相差十分悬殊。泥石流分布数量与多年平均降水量的关系如表 6-6 所示。

泥石流分布与年降水量关系统计表　　表 6-6

年降水量(mm)	<100	100～400	401～600	601～800	801～1000	1001～1400	>1400
泥石流数量百分比(%)	2	8	16	18	24	22	10

随着年降水量的增加，泥石流数量开始呈现上升趋势，而后又转为下降趋势。约 80%的泥石流出现在年降水量为 400～1 400mm 的地区，年降水量少于 400mm 或多于 1 400mm 的地区泥石流数量都明显减少。由此可见，半干旱、半湿润到湿润的气候条件都有利于泥石流发育，而干旱气候不利于泥石流发育。

降水量的季节性变化决定着泥石流暴发频率的季节变化。我国绝大部分地区干、湿季节分明，一般 6～8 月为湿季，年降水量的 60～90%集中在这三个月，12 月至次年 3 月雨量稀少，其余几个月为过渡期。据统计，约 80%的泥石流灾害发生在 6～8 月这三个月内，以 7 月份暴发频率最高，12 月至次年 3 月基本无泥石流发生，最早出现泥石流灾害的时间在 4 月下旬，最晚时间在 11 月下旬(表 6-7)。

泥石流暴发频率与月份关系统计表　　表 6-7

月份	1	2	3	4	5	6	7	8	9	10	11	12
泥石流暴发频率(%)	0	0	0	2	9	18	34	24	10	2	1	0

降雨强度对于暴雨型泥石流的发生有着决定性意义，在各种地质环境下，降雨强度都要达到相应的临界才会导致泥石流暴发。多暴雨是我国气候特点之一，而日暴雨量、年暴雨日数等的区域分布及季节变化规律均与年降水量的变化基本一致。东部近海地带最大日暴雨量一般可达300～400mm以上，极值达到1 672mm（台湾），暴雨尤其是特大暴雨的出现经常与台风天气有关，年暴雨日数一般为2～6日，最多10日以上。西南地区最大日暴雨量一般为200～300mm，川西山地可达300～400mm，年暴雨日数为1～4日，局部可达6日以上。黄土高原最大日暴雨量一般为100～200mm，局部超过300mm，年暴雨日数为0.5～1日。西北广大内陆地区及青藏高原大部最大日雨量一般小于50mm，年暴雨日数为0～0.5日。日暴雨量和年暴雨日数是影响泥石流发育的重要因素，但1h，乃至十几分钟、数分的瞬时暴雨往往与暴发泥石流有着更直接的联系。上述暴雨分布规律是按气象部门关于暴雨的概念总结出来的，即指日降雨量≥50mm的降雨过程为暴雨。我国北部和西部一些地区虽然出现日降雨量≥50mm的日子不多，但瞬时高强度的降雨却经常出现，其降雨分配的不均匀程度、集中程度比多雨的东部地区要高得多。东部地区虽然年降雨量大、日暴雨量多、暴雨日数也最多，但泥石流并不很发育，除了地质地貌条件不利于发育泥石流外，降雨分配相对其他地区较为均匀，瞬时雨强并不比其他地区大，也是原因之一。

2)气温的影响

气温对于冰川型泥石流和冻融型泥石流的形成是决定因素之一。冰川型泥石流都分布在年平均气温低于10℃的地区。藏东南海洋性冰川泥石流分布地区年平均气温为6～10℃，年降水量为400～800mm；其余大陆性冰川泥石流分布地区年平均气温低于6℃，年降水量少于400mm。冰川型泥石流暴发频率又与月平均气温的变化有关，6～8这三个月不仅是降水量最多的月份，也是月平均气温最高的月份，故冰川型泥石流也集中在这三个月暴发。冻融型泥石流主要分布在年平均气温低于0℃的地区。

4.泥石流与人类经济活动的关系

人类对于泥石流灾害的发生和发展有着截然相反的两种作用，一方面不自觉地促进了泥石流灾害的加重，另一方面也在主动采取措施抑制泥石流灾害的发生和扩大。随着人类经济活动规模的增大，以及科学技术力量的增强，这两方面的作用力都越来越强大，在许多情况下，都足以与自然动力相提并论。

在促使泥石流灾害加重方面，主要表现在给泥石流生成提供固体物质来源、水源，创造地形条件，破坏天然植被以及疏于防范等。采矿、采石、修路、水工建设等产生的大量弃渣随意堆于斜坡上、倾于沟谷中，大规模开挖形成人工边坡，破坏了山体平衡，引起崩塌、滑坡、或毁林开荒、陡坡垦植加重了水土流失等，都直接或间接地为泥石流提供了疏松的固体物质来源。如四川冕宁县泸沽铁矿自开采以来，排入盐井沟的废渣平均每年达36万m^3之多，1970年5月26日暴雨引发强大的泥石流，导致104人丧生、经济损失数千万元，其后十几年该沟几乎每年都要暴发泥石流。据不完全统计，四川、云南、贵州、广东、广西、海南、湖南、湖北、江西、福建、山西、辽宁等省区均发生过矿渣泥石流。病害水利工程的渗漏或溃决，为泥石流提供水源，有时演变成突发性大灾。如1973年4月27日，甘肃庄浪县发生水库溃决引起的泥石流，酿成死亡580人的巨灾。森林既能调节气候、截留雨水、阻滞地表径流汇集，又能加固表土减轻冲刷，对泥石流有明显的抑制作用。破坏森林往往导致泥石流活动加剧。过度采伐、烧山开荒、森林火灾以及修路、开矿等人为活动，都可以引起森林面积大幅度下降。四川岷江上游森林覆盖率从解放初期的30%降到18.8%，致使泥石流、滑坡等灾害都显著增加。由于对泥石流的特征和活动规律认识不够，人们往往疏于防范，将自己的生活区或经济活动场所置于泥石流危险区范围内，这也是造成灾害严重的主要原因之一。如川、滇两省就有50余座县级城镇坐落在古代泥石流堆积扇上，一些泥石流沟重新恢复活动后就对城镇产生直接危害。

四、泥石流特征

泥石流的特征取决于它的形成条件。对其特征的研究有助于搞清泥石流的活动规律，进行预测、预报，并采取有效的防治措施。

1. 泥石流的密度

泥石流中含有大量固体物质，所以它的密度较大，达1 200～2 400kg/m³。泥石流密度大小取决于水体和固体物质含量的相对比例以及固体物质中细颗粒成分的多少。固体物质的百分含量愈高和细粒成分愈多，则泥石流的密度愈大。此外，沟谷纵坡度的大小也与泥石流密度有一定关系。因为沟谷的纵坡度愈大，冲刷能力愈强，可以促使更多的固体物质加入。

泥石流有较大的密度，所以它的浮托力大，搬运能力很强。它常以惊人的破坏力摧毁前进道路上的障碍物，使各种工程设施和生命财产毁于一旦。

2. 泥石流的流态

泥石流的流态主要受水体量与固体物质的比值以及固体物质的粒径级配所制约。泥石流体大多属于似宾汉体(泥浆体系即宾汉体)，所以流动理论多以宾汉体流变方程为基础。但当泥石流体中固体物质较少，且以粗大的砂粒为主时，则与牛顿体紊流流变方程相似。

据研究，泥石流主要的流态有紊动流、扰动流和蠕动流三种。

3. 泥石流的直进性

由于泥石流体携带了大量固体物质，在流途上遇到沟谷转弯处或障碍物时，受阻而将部分物质堆积下来，使沟床迅速抬高，产生弯道超高或充起爬高，猛烈冲击而越过沟岸或摧毁障碍物，甚至截弯取直，冲出新道而向下游奔泄，这就是泥石流的直进性。

4. 泥石流的脉动性

由于泥石流具有宾汉体的性质和运动的阻塞特性，故流动不均匀，往往形成阵流，这就是泥石流的脉动性。

五、泥石流的防治措施

由于泥石流的发生极为迅速，它又是一种水、泥、石的混合物，而且泥石流来势突然、凶猛，冲毁力和摧毁力强；在堆积区堆积的范围和厚度迅速加大，故有着掩埋和破坏工程的威胁，故对泥石流应给予以防治。

防治泥石流的原则是以防为主，兼设工程措施，可采用如下的防范措施。

1. 预防。

在上游汇水区，作好水土保持工作，如植树造林、种植草皮等；调整地表径流，横穿斜坡修建导流堤，筑排水沟系，使水不沿坡度较大处流动，以降低流速；加固岸坡，以防岩土冲刷和崩塌，尽力减少固体物质来源。

2. 拦截

在中游流通区，设置一系列拦截构筑物，如拦截坝、拦栅、溢流坝等(图6-28)。以阻挡泥石流中夹带的物质。用改变沟床坡废、降低流速的方法，防止沟床下切，如修建不太高的挡墙，筑半截堰堤等。

3.排导

在泥石流形成区设置排导措施使泥石流顺利排除。如修排洪道、导流坝、急流坝，用以固定沟槽，约束水流，改善沟床平面、或者引导泥石流避开建筑物而安全地泄走。

图 6-28　泥石流拦截坝

第四节　岩　　溶

一、基本概念

岩溶也称喀斯特，喀斯特(Karst)原是南斯拉夫西北部沿海一带碳酸盐岩高原的地名。19 世纪末，南斯拉夫学者研究了喀斯特高原的奇特地貌，并把这种地貌叫做喀斯特地貌。以后，就借用喀斯特地名来称呼碳酸盐岩地区一系列特色地貌过程和水文现象。

凡是以地下水为主、地表水为辅，以化学过程为主(溶解和沉淀)、机械过程(流水侵蚀和沉积、重力崩塌和堆积)为辅的对可溶性岩石的破坏和改造作用都叫做岩溶作用。这种作用所造成的地表形态和地下形态叫做岩溶地貌。岩溶作用及其所产生的水文现象和地貌现象统称岩溶。它是由于地表水或地下水对可溶性岩石溶蚀的结果而产生的一系列地质现象，如溶沟溶槽、溶洞、暗河等(图 6-29)。

图 6-29　溶洞与暗河

由于岩溶地区有着独特的水文特征和地貌特征，因此，在岩溶地区进行各种经济建设和生产活动都会遇到非岩溶地区所没有的问题。如岩土体中空洞的形成；岩石结构的破坏；地表突然坍陷；地下水循环改变等。这些现象严重地影响建筑物场地的使用和安全。

二、岩溶发育的基本条件

在岩溶地区，水和岩石是构成岩溶作用的一对矛盾。就岩石而言，首先必须是可溶的，否则，水就不可能进行溶蚀，岩溶作用也就无从发生；其次，岩石具有透水性，地表水才能进入地下转化为地下水，这样地下水才能起主导作用，形成作为岩溶标志的地下洞穴。就水而言，首先必须具有溶蚀力；其次必须是流动的。因此岩石的可溶性、透水性、水的溶蚀力、水的流动性就成为溶蚀作用的基本条件。

1. 岩石的可溶性

根据岩石的溶解度，能造成岩溶的岩石可分三大组：第一组碳酸盐类岩石，如石灰岩、白云岩和泥灰岩；第二组硫酸盐类岩石，如石膏和硬石膏；第三组卤素岩，如岩盐。这三组岩石的溶解度都较低，但当水中含有碳酸时，其溶解度将剧烈增加。应指出，在碳酸盐类矿物中分布最广的有方解石和白云石，其中方解石的溶解度比白云石大得多。第二组为硫酸盐岩石，其溶解度远远大于碳酸盐类岩石，硬石膏在蒸馏水中的溶解度几乎等于方解的石 190 倍。第三组是卤素岩石如岩盐，其溶解度比上两类岩石都大。就我国分布的情况来看，以碳酸盐类岩石特别是石灰岩分布最广，其次为石膏和硬石膏，岩盐最少。

2. 岩石的透水性

岩石的透水性取决于岩石的裂隙度和孔隙度，对可溶岩的透水性来说，裂隙度比孔隙度更为重要。褶皱和断裂使岩石透水性加强，对溶岩发育具有一定的控制作用。岩体内裂隙往往成为地下水流畅通的通道，是造成岩溶最发育之所在地。裂隙类型很多，而造成岩溶的裂隙以构造裂隙和层理裂隙影响最大。它是造成深处岩溶发育的必要条件之一。

3. 水的溶蚀力

纯水的溶蚀力是微弱的，只有当水中含有 CO_2 时才具有较强的溶蚀作用，将 $CaCO_3$ 溶解。天然水中含有一定量的侵蚀性 CO_2。当含有游离 CO_2 的水与其围岩的碳酸钙（$CaCO_3$）作用时，碳酸钙被溶解，这种作用是可逆的，即溶液中所含的部分 CO_2 在反应后处于游离状态。一定的游离 CO_2 含量相应于水中固体 $CaCO_3$ 处于平衡状态时一定的 HCO_3 含量，这一与平衡状态相应的游离 CO_2 量称为平衡 CO_2。如果水中的游离 CO_2 含量比平衡所需的数量要多，那么，这种水与 $CaCO_3$ 接触时，就会发生 $CaCO_3$ 的溶解。这一部分消耗在与碳酸钙发生反应上的碳酸称作侵蚀性 CO_2。

确定水中的侵蚀性 CO_2 是有意义的，因为水中含侵蚀性 CO_2 越多，则水的溶蚀能力越大。在我国发生岩溶的地方几乎是在石灰岩层中产生的。如果水中含有过多侵蚀性 CO_2，无疑这里岩，溶发育必定是剧烈的。但是水中侵蚀性 CO_2 的含量是随水的活动程度不同而不同的。为此，我们下面着重讨论水在岩体中的活动性。

4. 水的流动性

水在可溶岩体中流动是造成岩溶的主要原因。它主要表现为水在岩体中流动，地表水或地下水不断交替。因而造成水流一方面对其围岩有溶蚀能力，另一方面造成水流对其围岩的冲刷。

地下水或地表水主要来源于大气降水的补给。而大气中是含有大量 CO_2 的，这些 CO_2 就溶解于大气降水中，造成水中含有碳酸，这里应指出，土壤与地壳上部强烈的生物化学作用经常排出 CO_2，这就使水渗入地下的过程中，将碳酸携带走。这样使水具有溶解可溶性岩石的能力。但水是流动的，不管是地表水或地下水，如为地表水则在地表的可溶岩石表面的凹槽流动，一方面溶解围岩，另一方面流水有动力的结果，又同时冲刷围岩，于是产生了溶沟溶槽和石芽。

岩溶地区地下水对其围岩的溶解作用和冲刷作用是同时发生的，但在一些裂隙或小溶洞中溶蚀作用占主要地位。而在一些大的地下暗河中，地下水的冲刷能力很强，这时溶解能力已退居次要地位。

在岩溶地区地下水流动有垂直分带现象，因而所形成的岩溶也有垂直分带的特征（图 6-30）。

（1）垂直循环带，或称包气带。这带位于地表以下，地下水位以上。这里平时无水，只有降水时有水渗入，形成垂直方向的地下水通道。如呈漏斗状的称为漏斗，成井状的称为落水洞。

大量的漏斗和落水洞等多发育于本带内。但是应注意，在本带内如有透水性差的凸镜体岩层存在时，则形成“悬挂水”或称“上层滞水”。于是岩溶作用形成局部的水平或倾斜的岩溶通道。

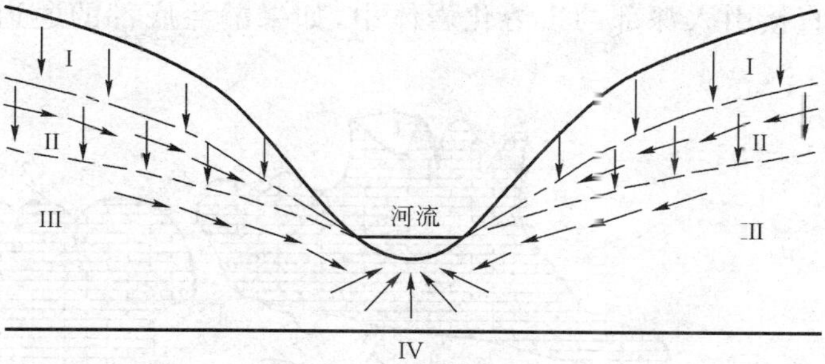

图 6-30　岩溶水的垂直分布

I-垂直循环带；II-季节循环带；III-水平循环带；IV-深部循环带

(2)季节循环带，或称过渡带。这个带位于地下水最低水位和最高水位之间，受季节性影响，当于旱季节时，则地下水位最低，这时该带与包气带结合起来，渗透水流成垂直下流。而当雨季时，地下水上升为最高水位，该带饱和，渗透水则成水平流动，因而在本带形成的岩溶通道是水平的与垂直的交替。

(3)水平循环带，或称饱水带。位于最低地下水位之下，常年充满着水，地下水作水平流动或往河谷排泄。因而本带形成水平的通道，称为溶洞，如溶洞中有水流，则称为地下暗河。但是从河谷底向上排泄的岩溶水，有承压性质，因而岩溶通道也常呈放射状分布。

(4)深部循环带。该带内地下水的流动方向取决于地质构造和深循环水。由于地下水很深，它不向河底流动而排泄到远处。这一带中水的交替强度极小，岩溶发育速度与程度很小，但在很深的地方可以在很长的地质时期中缓慢地形成岩溶现象。但是这种岩溶形态一般为蜂窝状小洞，或称溶孔。

上述分析说明水的流动引起各种岩溶的现象，但是水的流动不仅限于其围岩的溶蚀和冲刷，而很多时候岩溶水还可以造成很多的堆积现象，最普遍见到的是在溶洞内沉淀有石钟乳、石笋、石柱、钙华等。组成这些岩溶沉积物一般为 $CaCO_3$，有时混杂有泥砂质。

三、岩溶的形态

岩溶形态是可溶岩被溶蚀过程中的地质表现。根据出露情况可分为：地表岩溶形态和地下岩溶形态。

1. 地表岩溶形态

地表岩溶形态有溶沟(槽)、石芽、漏斗、坡立谷、溶蚀洼地、溶蚀平原等。

2. 地下岩溶状态

地下岩溶状态有落水洞(井)、溶洞、暗河、天生桥等(图 6-31)

(1)溶沟溶槽。溶沟溶槽是微小的地表形态，它是生成于地表岩石表面，由于地表水溶蚀与冲刷而成的沟槽系统地形。溶沟溶槽将地表刻切成参差状，起伏不平，这种地貌称溶沟原野，这时的溶沟溶槽间距一般为 2～3m。当沟槽继续发展，以致各沟槽互相沟通，在地表上残留下一些石笋状的岩柱。这种岩柱称为石芽。石芽一般高 1～2m，多沿节理有规则排列(图 6-32)。

(2)漏斗。漏斗是由地表水的溶蚀和冲刷并伴随塌陷作用而在地表形成的漏斗形状。漏斗的大小不一，近地表处直径可达上百米，漏斗深度一般为数米。漏斗常成群地沿一定方向分布，常沿构造破碎方向排列。漏斗底部常有裂隙通道，通常为落水洞的生成处，使地表水能直接引入深部的岩溶化岩体中，如果漏斗底部的通道被堵塞，则漏斗内积水而成湖泊。

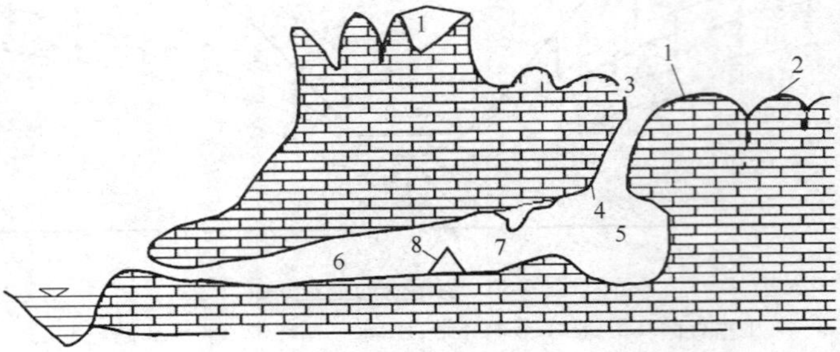

图 6-31　岩溶形态示意图

1-石林；2-溶沟；3-漏斗；4-落水洞；5-溶洞；6-暗河；7-钟乳石；8-石笋

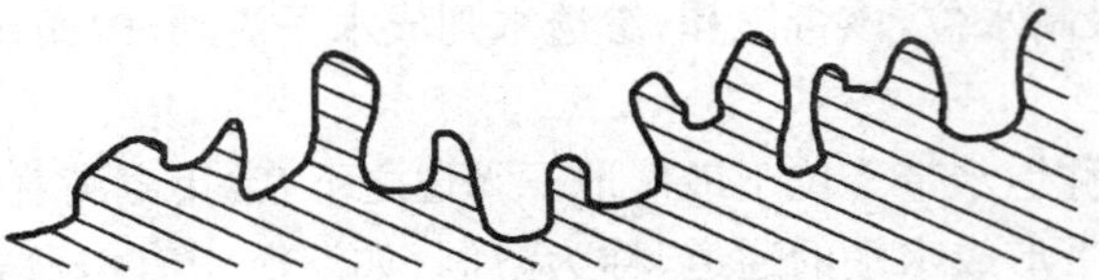

图 6-32　溶沟石芽断面示意图

(3)溶蚀洼地。溶蚀洼地是由许多的漏斗不断扩大汇合而成。平面上呈圆形或椭圆形，直径由数百米到数米。溶蚀洼地周围常有溶蚀残丘、峰丛、峰林，底部有漏斗和落水洞。

(4)坡立谷和溶蚀平原。坡立谷是一种大型的封闭洼地，也称溶蚀盆地。面积由几平方公里到数百平方公里，坡立谷再发展而成溶蚀平原。在坡立谷或溶蚀平原内经常有湖泊、沼泽和湿地等。底部经常有残积洪积层或河流冲积层覆盖。

(5)落水洞和竖井。落水洞和竖井皆是地表通向地下深处的通道，其下部多与溶洞或暗河连通。它是岩层裂隙受流水溶蚀、冲刷扩大或坍塌而成。常出现在漏斗、槽谷、溶蚀洼地和坡立谷的底部，或河床的边部，量串珠状排列。

(6)溶洞。溶洞是由地下水长期溶蚀、冲刷和塌陷作用而形成的近于水平方向发育的岩溶形态。溶洞早期是作为岩溶水的通道。因而其延伸和形态多变，溶洞内常有支洞、有钟乳石、石笋和石柱等岩溶产物(图 6-33)。这些岩溶沉积物是由于洞内的滴水为重碳酸钙水，被环境改变释放CO_2，使碳酸钙沉淀而成。

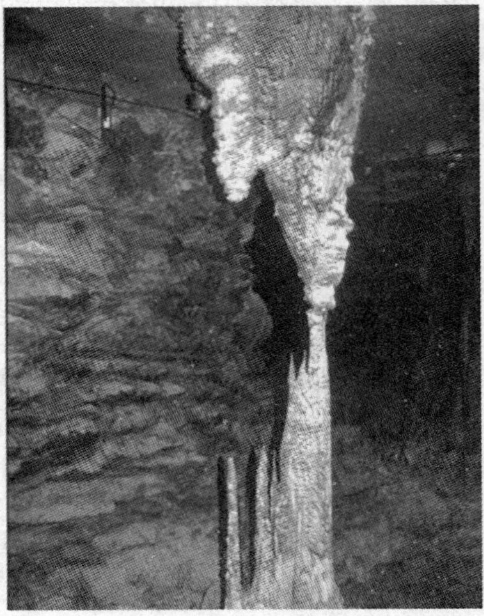

图 6-33　钟乳石

(7)暗河。暗河是地下岩溶水汇集和排泄的主要通道。部分暗河常与地面的沟槽、漏斗和落水洞相通，暗河的水源经常是通过地面的岩深沟槽和漏斗经落水洞流入暗河内。因此，可以根据这些地表岩溶形态分布位置，概略地判断暗河的发展和延伸。

(8)天生桥。天生桥是溶洞或暗河洞道塌陷直达地表而局部洞道顶板不发生塌陷，形成的一个横跨水流的石桥，称其为天生桥。天生桥常为地表跨过槽谷或河流的通道(图 6-34)。

图 6-34　天生桥

四、岩溶地区的主要工程地质问题及防治措施

由于岩溶的发育致使建筑物场地和地基的工程地质条件大为恶化，因此在岩溶地区修建各类工程建筑物时必须对岩溶进行工程地质研究，以预测和解决因岩溶而引起的各类工程地质问题。

1. 地基稳定性及塌陷问题

在岩溶地区，由于地表覆盖层下有石芽溶沟，岩体内部有暗河、溶洞，建筑物的地基通常是不均匀的。工业与民用建筑物的压力作用范围多在地面以下 10m 左右，所以建筑物的地基既涉及上覆土层，也涉及下覆基岩。岩溶区的土层特点是厚度变化大，孔隙比高。因此，地基很容易产生不均匀沉降，从而导致建筑物倾斜甚至破坏。这些，在施工前必须进行勘察。

1)石芽地基

由于地表岩溶作用，石灰岩表层溶沟发育。纵横交错的溶沟之间多残留有锥状或尖棱状的石芽，致使石灰岩基面高低不平，形成石芽(图 6-35)。石芽间的溶沟常被土充填，因此强度较低，压缩性较高，易引起地基的不均匀沉降而影响建筑物的稳定性。因此，在石芽地基上修建建筑物时，必须查清基岩的埋深、起伏状况、覆盖土层的压缩性及石芽的强度。

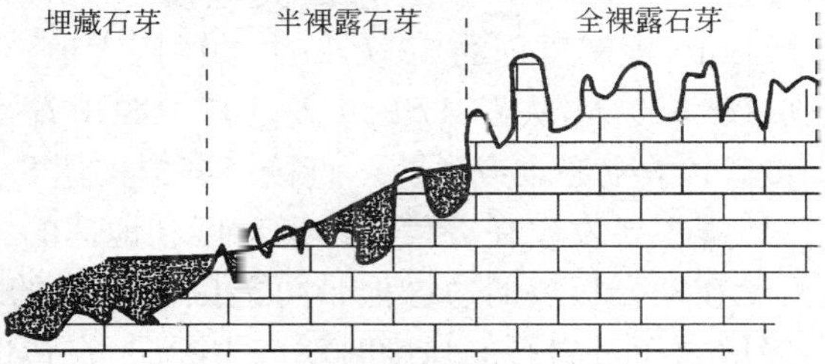

图 6-35　石芽示意图

当上覆土层较薄时，可挖掉大部分土层，打掉一部分石芽，换填砂土或碎石土等再进行分层压实，或采用注浆法加固地基；当上覆土层较厚时，可采用桩基，但桩尖一定要落在稳定的基岩上，也可挖掉溶沟中部分土层，将基底做成阶梯状，使基底下相邻点可压缩层厚度大致相等。

2)溶洞地基

溶洞地基的稳定性取决于溶洞的规模、埋深及充填情况。当溶洞的规模大、埋深浅、溶洞顶板承受不了建筑物的荷载时，就会使溶洞顶板坍塌、地基失稳。当建筑物地基直接遇到溶洞时，可视溶洞的规模及充填物情况，进行适当处理。当溶洞规模较小时，可将溶洞填死，也可进行注浆或用盖板跨越;另一方面可以通过扩大基础底面积减小基底压应力,保证地基安全。当溶洞规模较大时,不宜作为建筑物的地基,应绕避。

为了确保溶洞地基的稳定性,必须根据溶洞的规模、溶洞顶板岩层的性质确定洞穴离地面的安全深度,即溶洞顶板的安全厚度。

2.渗漏和突水问题

由于岩溶地区的岩体中有许多裂隙、管道和溶洞,在进行水库、大坝、隧道、基坑等工程活动时,如存在承压水并有断裂形成的通道,则可能会遇到地下突水而导致基坑、隧道等工程的排水困难甚至淹没,也可能导致水库无法蓄水。

库区应选在地势低洼,四周地下水位较高,上游有大泉出露而下游无大泉出露,上下游流量没有显著变化的河段上,要避免邻区有深谷大河。如果发现库底有渗漏,可采用堵(堵落水洞)、铺(铺盖黏土)、截(筑截水墙)、围(在落水洞周围建围墙)、引(引入库内或导出库外)等方法进行处理。

对岩溶突水的处理,原则上以疏导为主。对隧道中的岩溶水,可用水管引入隧道边沟或中心排水沟排出。

第五节　地　震

一、地震的概念

地震是常见的一种地质现象,就是人们常说的地动,它主要是由于地球的内力作用而产生的一种地壳振动现象。根据统计,地球上每年约有 15 万次以上的地震。人们能感觉到的地震平均每年达 3 000 次,具有很大破坏性的地震达 100 次。

2008 年 5 月 12 日 14 时 28 分 04 秒,我国汶川发生了 8 级强震,山河改观,满目疮痍,这是新中国成立以来破坏性最强、波及范围最大的一次地震,也是自 1950 年 8 月 15 日西藏墨脱地震(8.5 级)和 2001 年昆仑山大地震(8.1 级)后的第三大地震,直接严重受灾地区达 10 万 km^2,地震重创约 50 万 km^2 的中国大地。截至 2009 年 4 月 25 日 10 时,遇难 69 225 人,受伤 374 640 人,失踪 17 939 人。其中四川省 68 712 名同胞遇难,17 921 名同胞失踪,共有 5 300多名学生遇难或失踪。直接经济损失达 8 451 亿元。

地震主要发生在近代造山运动区和地球的大断裂上,即形成于地壳板块的边缘地带。这是由于在地壳板块的边缘地带可能因上地幔的对流运动引起地壳的缓慢位移和岩石弹性应变,当应力超过岩石的强度时就产生断层,在弹性应力的作用下,已受到应变的岩石因释放弹性能以振动波的形式传播于周围的岩体上,引起相邻岩石振动而产生地震。图 6-36 为世界震中分布图。

1.地震带

由于地震是地壳运动的表现之一,它分布于新生代以来明显的构造活动带上。即大地震主要发生在板块边缘及大断裂带上。全球主要地震活动带有三个:

1)环太平洋地震带

即太平洋的周边地区,包括南美洲的智利、秘鲁,北美洲的危地马拉、墨西哥、美国等国家的西海岸,阿留申群岛、千岛群岛、日本列岛、琉球群岛以及菲律宾、印度尼西亚和新西兰等国家和地区。这个地震带是地震活动最强烈的地带,全球约 80%的地震都发生在这里。

2)欧亚地震带

该地震带从欧洲地中海经希腊、土耳其、中国的西藏延伸到太平洋及阿尔卑斯山，也称地中海—喜马拉雅地震带。这个带全长两万多公里，跨欧、亚、非三大洲，占全球地震的15%。

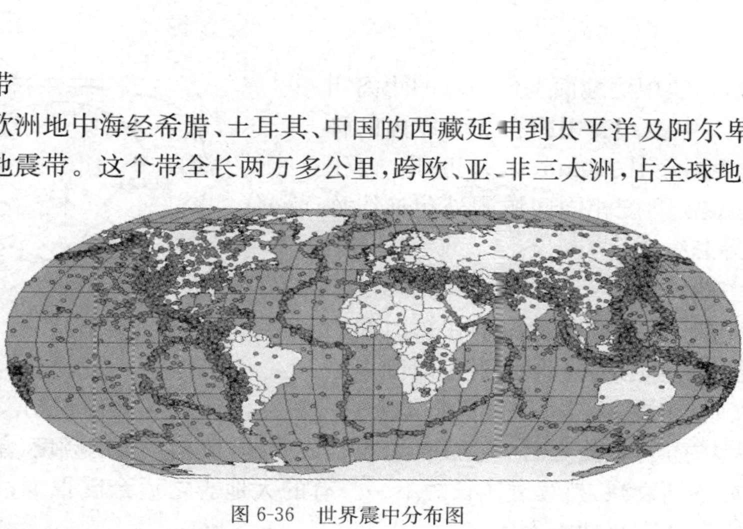

图 6-36　世界震中分布图

3)海岭地震带

该地震带分布在太平洋、大西洋、印度洋中的海岭(海底山脉)。

我国的地震活动主要分布在五个地区的23条地震带上(图 6-37)。这五个地区是:①台湾省及其附近海域;②西南地区，主要是西藏、四川西部和云南中西部;③西北地区，主要在甘肃河西走廊、青海、宁夏、天山南北麓;④华北地区，主要在太行山两侧、汾渭河谷、阴山—燕山一带、山东中部和渤海湾;⑤东南沿海的广东、福建等地。我国的台湾省位于环太平洋地震带上，西藏、新疆、云南、四川、青海等省区位于喜马拉雅—地中海地震带上，其他省区处于相关的地震带上。中国地震带的分布是制定中国地震重点监视防御区的重要依据。

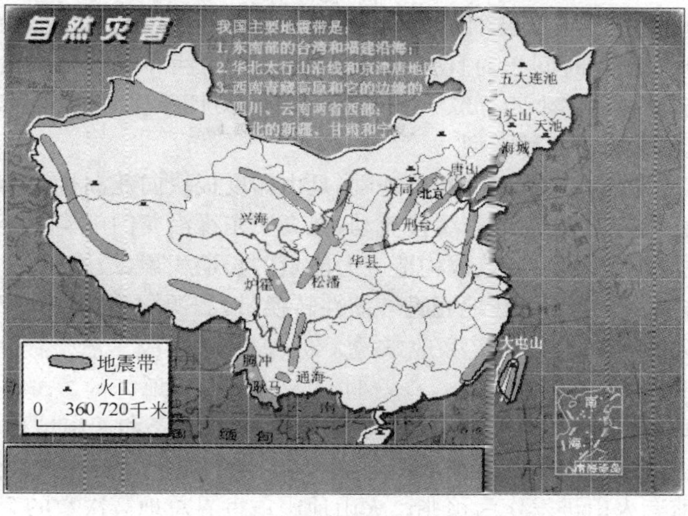

图 6-37　我国强震及地震带分布图

2. 地震术语及其特点

1)地震术语

震源是指地球深处因岩石破裂产生地壳振动的发源地(图 6-38)。震源正对着的地面位置称震中，震中及其附近的地方称为震中区，也称极震区。震源与震中的垂直距离称震源深度。震源一般在地壳的一定深度内，震源深度的下界约为700km，震源深度发生在70km以内的地震称为浅源地震;震源深度为70～300km的地震称为中源地震;震源深度为300～700km

的称为深源地震。震中到地面上任一点的距离叫震中距离(简称震中距),震中距在100以内的称为地方震;在100～1 000km称为近震;大于1 000km称为远震。烈度相同区域的外包连线称为等烈度线或等震线。

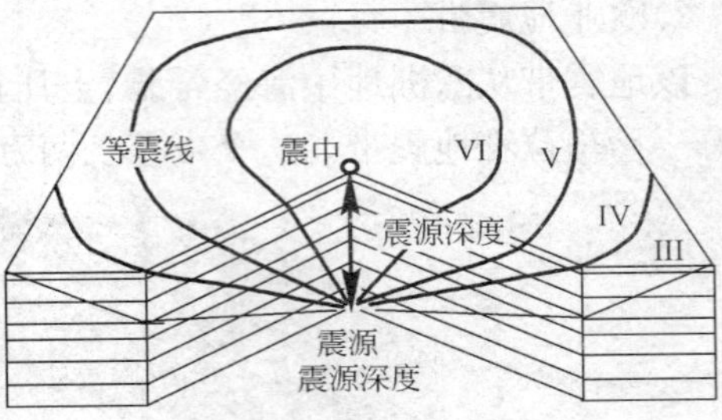

图6-38 地震术语示意图

2)地震的一般特点

在地震的时候,通常地面的振动在短时间内不断振动,接着便发生剧烈振动,经过短时间以后逐渐消失,在大地震时像这样一系列的振动要反复发生若干次。其中最初发生的小振动称为前震,前震之后为主震,主震之后为余震。余震是成群的,最初发生的频度(单位时间内震动的次数)很高,往后逐渐衰减,持续衰减长短不一。有的大地震之后余震很少;有的则很多,持续数月乃至数年之久还有小地震发生。

近年来,由于地震的频繁和破坏性很大,因而促进了对地震研究的发展。在工程地质方面也加强了对地震的研究,特别是地震对建筑场地和地基稳定性影响的研究。

二、地震的成因

地震按其成因,可分为四类:构造地震、火山地震、陷落地震和人工触发地震。

1. 构造地震

构造地震是由于地壳运动而引起的地震。地壳运动使地壳岩层发生变形,并在岩体内产生应力,随着变形的增加,应力逐渐增高。当应力超出岩体的强度时,便从地壳岩层的弱处发生断裂,积累大量的能量,迅速放出,因之弹性振动就传播到地表之上,使地面振动。构造地震的特点是传播范围广,振动时间长而且强烈,往往造成突然性和灾害性。世界上有90%的地震属于构造地震,造成死亡二十四万二千多人、重伤十六万四千多人的唐山7.8级地震以及发生在汶川的8级地震都属于此种类型。

汶川大地震为逆冲、右旋、挤压型断层地震,是由印度板块向亚洲板块俯冲,造成青藏高原快速隆升导致的地震。高原物质向东缓慢流动,在高原东缘沿龙门山构造带向东挤压,遇到四川盆地之下刚性地块的顽强阻挡,造成构造应力能量的长期积累,最终在龙门山北川—映秀地区突然释放。四川特大地震发生在地壳脆—韧性转换带,震源深度为10～20km,持续时间较长,因此破坏性巨大。

2. 火山地震

火山地震是由于火山活动而引起的地震。当岩浆突破地壳和冲出地面时,是十分迅速和猛烈的,同时从火山口喷出大量气体和水蒸气,引起地壳的振动。这类地震的影响范围不大,强度也不大,地震前有火山迸发作为预兆。火山地震占世界总地震次数的7%左右。

3. 陷落地震

陷落地震是由于山崩或地面陷落而引起的地震。其影响范围很小,一般不超过几平方公里,强度也微弱。这种地震次数很少,占世界总地震次数的3%左右。

4. 人工触发地震

由于人类工程活动引起的地震称为人工触发地震。如修水库或人工向地下大量灌水,这样使地下岩层增大负荷,如果地下有大断裂或构造破碎带存在,促使该处岩层变形,就易触发地震。所以说修建大小水库或深井灌水只是发生地震的一个可能条件,而主要取决于当地的地质构造。人工触发地震的特点是一般小震多，震动次数多，最大的震级根据目前已记录的不超过 6.5 级。震中位置发生在离蓄水处近，一般 10km 至 20km 范围内，极少超过 40km，震源深度较浅。

三、地震波及其传播

地震时，震源释放的能量以波动的形式向四面八方传播，这种波称为地震波。地震波在地壳内部传播时的波称为体波；当其到达地表时，使地面发生波动，称为面波。地震波是一种弹性波，它具有振幅和周期（图 6-39）。从物理学中知道，震动系统的能量和振幅的平方成正比，所以能量随传播过程减少时，振幅也随传播过程而减小，这就是所谓的阻尼振动。于是离震源愈远，振动愈小，在地面上将会出现距震中愈远，震动强度愈小的情况。

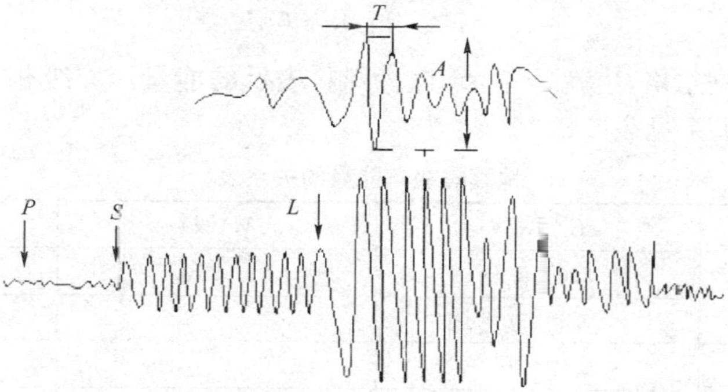

图 6-39　地震波记录

T-周期；*A*-全振幅；*P*-纵波；*S*-横波；*L*-波面

地震时由震源发出的能量成为波动而传播于地中，然后达于地表。这时在地层中传播的波动有两种，即纵波和横波，也总称成为体波，纵波和横波的性质各不相同：纵波的质点振动方向和波传播方向相一致，即由介质扩张及收缩而传播，其传播速度是所有的地震波中最快的，平均为 7～13km/s。而在横波中，其质点振动方向与波传播方向垂直。这种波的传播速度较小，平均为 4～7km/s，约为纵波速度的 0.5～0.6 倍。纵波引起地面上下颠簸，横波引起地面水平晃动。

从震源发出的地震波达到地表面时，就使地面发生波动，这种能沿着地面传播的波称为面波，包括瑞雷波和乐夫波，具有下列特点：

(1)瑞雷波的质点在平行于波传播方向的垂直面内作振动，质点沿椭圆轨道运动，椭圆轨道的长轴垂直于地面，并且差不多大于水平轴的 1.5 倍。这样在面波经过时，地面质点既有水平方向的位移，也有垂直方向的位移。

(2)瑞雷波的强度随离开地表面的深度加深而迅速减弱。

(3)面波传播的速度近似等于在同一介质中横波传播速度的 0.9 倍，因此面波的传播速度慢于在同一介质中传播的其他弹性波。

(4)在地表离开震中较远的点上，面波与体波相比相对占优势，因而距离震中较远的地方的振动主要是由面波引起的。

四、地震震级和烈度

地震发生后，大家很关心此次地震有多大，它在各地的破坏程度怎么样，要回答上述两个问题，首先必须要定出一个标准才能衡量地震的大小和地面破坏的程度。这个标准就是地震震级和地震烈度。

1. 震级

地震震级是地震学上所说的地震的大小，是依据地震释放出来的能量多少来划分的，释放出来的能量越多，震级就越大。地震时所释放的能量可以根据地震仪记录到的地震波来测定。国际上通用的李希特—古登堡震级的定义为震级是以微米（$1\mu m=10^{-3}mm$）为单位来表示离开震中100km的标准地震仪所记录的最大振幅，并用对数来表示。这里所说的标准地震仪是指周期为0.8s，衰减常数约等于1，放大倍数为2 800倍的地震仪。如在离震中100km处的地震仪，若记录的振幅是10mm，即$10^4\mu m$，其震级为：$M=\lg 10^4=4$级。

地震的能量（E）是与地震的震级（M）之间有一定关系，将地震台站所收到的地震波的能量和震级加以比较有如下关系式：

$$\lg E = 11.8 + 5M \tag{6-3}$$

此处，E的单位是尔格，也就是厘米、克、秒制，表示的能量。震级相差一级，能量相差大约32倍。M与E的关系见表6-8。

地震震级与能量的关系表 表6-8

M（级）	E（尔格）	M（级）	E（尔格）
1	2.0×10^{13}	6	6.3×10^{20}
2	6.3×10^{14}	7	2.0×10^{22}
3	2.0×10^{16}	8	6.3×10^{23}
4	6.3×10^{17}	8.5	3.6×10^{24}
5	2.0×10^{19}		

2. 地震烈度

震级是根据地震仪记录推算地震时的能量而划分的，它是表示某处地震能量的大小。但在历史上是没有地震仪的记录的，甚至在今天地震仪的使用也不是到处普及。而记录地震的强弱是靠一些破坏现象和人的感觉来辨别的，也就是说确定地震的大小按一些宏观现象作为依据，因而就引出了另一个地震大小的概念——地震烈度。

地震烈度是表明地震对具体地点的实际影响，它不仅取决于地震能量，同时也受震源深度、震中距离、地震波的传播介质及表土性质等条件的影响。

地震烈度是根据地震时人的感觉、器物动态、建筑物毁坏及自然现象的表现等宏观现象判定。地震时按其破坏程度的不同，而将地震的强弱排列成一定的次序作为确定地震烈度的标准，这就是地震烈度表。由于地震烈度以宏观现象为依据的分度方法，往往给人一种不够精确的印象，而且评比不易精确。为此通过大量客观实践的地震观测，总结出地震烈度与地震加速度的关系，以便地震烈度在工程上应用。我国制定的地震烈度见表6-9。

中国地震烈度鉴定标准表 表6-9

烈度	名称	加速度（cm/s^2）	地震系数表（K）	地震情况
I	无震感	<0.25	<1/4 000	人不能感觉，只有仪器可以记录
II	微震	0.26—0.5	1/4 000～1/2 000	少数人在休息中极宁静的条件下有感觉，住在楼上的人较容易有感觉

续上表

烈度	名称	加速度 (cm/s^2)	地震系数表(K)	地震情况
III	轻震	0.6—1.0	1/2 000～1/1 000	少数人感觉地动(如有轻车从旁经过),不能立即断定是地震。振动来自的方向或持续时间,有时可大概判定
IV	弱震	1.1—2.5	1/1 000～1/400	少数在室外的人和极大多数室内的人都有感觉。家具等物有些摇动,盘碗及窗户玻璃振动有声,屋梁天花板等格格地响,缸里的水或敞口皿中的液体有些荡漾,个别情形能惊醒睡着的人
V	次强震	2.6～5.0	1/400～1/100	差不多人人感觉树木摇晃,如有风吹动,房屋及室内物件全部振动,并格格地响,悬吊物如帘子、灯笼、电灯等来回摆动,挂钟停摆或乱打,器皿中的水满的溅出一些,窗户玻璃出现裂纹,睡着的人被惊醒,有些惊逃户外
VI	强震	5.1～10	1/200～1/100	人人有感觉,大都惊骇跑到户外,缸里的水激烈地荡漾,墙上挂图,架上的书都会落下来,碗碟器皿大碎,家具移动位置或翻到,墙上的灰泥发生裂缝。坚固的庙堂房屋亦不免有些地方掉了些泥灰,质量不好的房屋受到轻度损伤
VII	损害震	10.1～25.0	1/100～1/40	室内陈设物品和家具损伤甚大,池塘里腾起波浪并翻出浊泥,河岸有些崩滑,井泉水位改变,房屋有裂缝,水泥及雕塑装饰大量脱落,烟囱破裂,骨架建筑的隔墙亦有损害,不好的房屋严重损伤
VIII	破坏震	25.1～50.0	1/40～1/20	树木发生摇摆有时摧折,重的家具物件移动很远,纪念碑被推翻。较坚固的房屋亦被损坏,墙壁开裂,烟囱破裂。陡坡或潮湿的地方发生裂缝,有些地方涌出泥水
IX	毁坏震	50.1～100	1/20～1/10	坚固的建筑,如庙宇等损伤颇重,一般砖砌房屋严重破坏,有相当数量的倒塌,不能再住。骨架根基移动,骨架歪斜 地上裂缝颇多
X	大毁坏震	100.1～250	1/10～1/4	大的庙宇,大的砖墙及骨架建筑连同基础遭受破坏,坚固的砖墙发生危险的裂缝,河堤、坝、桥梁、城垣均严重损伤,个别的被破坏,钢轨亦弯曲。地下输送管破坏,马路及柏油街道起了裂缝和皱纹。松软地表有相当宽及深的长沟,且有局部崩塌,崖顶岩石有部分崩落,水惊涛拍岸
XI	灾震	250.1～500	1/4～1/2	砖砌建筑全部坍塌,大的庙宇与骨架建筑亦只部分保存。坚固的大桥破坏,桥柱崩裂,钢梁弯曲(弹性大的木桥损坏较轻),城墙开裂崩坏,路基堤坝断开,错离很远。钢轨弯曲且凸起。地下输送线完全破坏,不能使用。地面开裂甚大,沟道纵横错乱,到处土滑山崩,地下水夹泥砂,从地下涌出
XII	大灾震	500.1～1 000	>1/2	一切人工建筑物无不破坏,物件抛掷空中。山川风景变异,范围广大。河流堵塞,造成瀑布,湖底升高,地崩山摧,水道改变等

表 6-9 将地震烈度分为 12 度,每一烈度均有相应的地震加速度和地震系数(地面运动最大加速度与重力加速度之比)以及相应的地震情况,以作为确定地震烈度的标准,对地区进行工程地质调查时,必须收集有关该地区的地震烈度资料。这种资料可向有关地震研究机关索

取，查阅当地有关历史档案记载(文史记录、碑文、札记等)，并到当地向居民进行调查访问。

地震烈度在V度以下的地区，具有一般安全系数的建筑物是足够稳定的，不会引起破坏；地震烈度达到VI度的地区，一般建筑物是不采取加固措施，但要注意地震可能造成的影响；地震烈度达VII～IX度的地区，会引起建筑物的损坏，必须采取一系列抗震措施来保证建筑物的稳定性和耐久性；X度以上的地震区有很大的灾害，选择建筑物场地时应予避开。

3. 震级和地震烈度的关系

震级与地震烈度既有区别，又相互联系。一次地震，只有一个震级，但在不同的地区烈度大小是不一样的。震级是说这次地震大小的量级，而烈度是说该地的破坏程度。在浅源地震中，震级和震中烈度(即最大烈度)的关系，根据经验大致如表6-10所示。

震级与烈度关系 表6-10

震级(级)	3以下	3	4	5	6	7	8	8以上
震中烈度(度)	1～2	3	4～5	6～7	7～8	9～10	11	12

地震烈度的本身又可分为基本烈度、建筑场地烈度和设计烈度。

基本烈度是指某一地区在今后100年内可能发生的最大烈度。

建筑场地烈度也称小区域烈度，它是指建筑场地内因地质条件、地貌地形条件和水文地质条件的不同而引起的比基本烈度降低或提高的烈度，一般来说，建筑场地烈度比基本烈度提高或降低半度至一度。

设计烈度是指建筑抗震设计所采用的烈度，它是根据建筑物的重要性、永久性、抗震性以及工程的经济性等条件对基本烈度调整后确定的。设计烈度一般可采用国家批准的基本烈度，但遇不良的地质条件或有特殊重要意义建筑物，经主管部门批准，可对基本烈度，加以调整作为设计烈度。

五、地震的破坏作用

在震源处以震波的形式传播于周围的地层上，引起相邻岩石振动，这种振动具有很大的能量，它以作用力的形式作用于岩石上，当这些作用力超过了岩石的强度时，岩石将发生突然破裂和位移，形成地裂缝和断层，引发建筑物变形和破坏，这种现象称为地震破坏效应，下面仅介绍地表的破坏现象。

1. 地震断层

在山区，特别是在震源较浅而松散沉积层不太厚的地区，地震断层在地表出露的基本特点是以狭长的延续几十至百余千米的一个带，其方向往往和本区区域大断裂相一致。在平原区，由于巨厚的沉积层所覆盖，地震震源稍深，地震断层在地表的出露占据一个较宽的范围，往往由几个大致相平行的地表断裂带所组成，见图6-40。如1966年邢台地震，地表的地震断层由四个带组成，总宽近20km。

地震强度愈大，发生地震断层的可能性愈大。根据我国300年来的15次大地震统计，当震级$M\geqslant 7$的地震，则可出现地震断层。当$M\geqslant 8$时，地震断层一定出现。

2. 地裂缝

地震地裂缝是因地震产生的构造应力作用而使岩土层产生的破裂现象，是地震区常见的地震破坏现象之一(图6-41)，它对建筑物危害甚大。

图 6-40　活动性断层切穿冻土和冰层

图 6-41　邢台地震产生的地裂缝将树干劈开

地裂缝的成因有两方面：一是与构造活动有关，与其下或邻近的活动断裂带的变形有关；其分布是严格按照一定的方位排列组合，方向性十分明显，主要裂缝带的延伸完全不受地形、地貌控制，但与其附近的断裂带或地震断层的力学关系一致。受活动断裂带控制，造成的地裂缝密集，破坏成带状。二是地震震波传播，产生的地震力而使岩土层开裂，其与震波传播的方向及能量有关，受地形、地貌条件影响较大。

3. 地面下沉

在强烈地震作用下，地面会产生下沉，即震陷，2005 年 11 月 26 日在我国江西九江发生了 5.7 级地震，图 6-42 为本次地震产生的地面下沉现象。

图 6-42　地震产生的地面下沉现象

4. 地基液化

干的松散粉细砂土受到振动时有变紧密的趋势，当粉细砂土层饱和时，振动使得饱和砂土的孔隙水压力骤然上升，而在地震的短暂时间内，骤然上升的孔隙水压力来不及消散，这就使原来由砂粒通过其接触点所传递的压力(称有效压力)减小。当有效压力完全消失时，砂土层会完全丧失抗剪强度和承载能力。通常称这种现象为砂土液化现象。

地震液化在工程上的宏观地质问题：

(1)喷水冒砂：土体中剩余孔隙压力区产生的管涌所导致的水和砂在地面上喷出(图 6-43)。

(2)地下砂层液化：地基中某些砂层，在其上虽覆盖一定厚度(一般不小于10m)的非液化土层，但当地震烈度大于7度时，地下饱水砂层可能发生液化。图6-44为日本新泻地震因液化造成的房屋破坏情况。

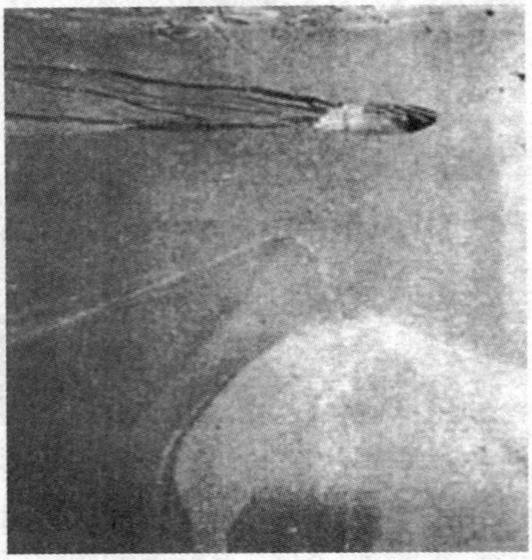

图6-43　邢台地震的冒砂孔

图6-44　日本新潟地震液化造成的破坏

5.地震地质灾害

强烈的地震作用能激发斜坡上岩土体松动、失稳，发生滑坡和崩塌等不良地质现象。它可以摧毁房屋、道路，并因崩塌和滑坡堵塞河道等。

六、地震区抗震设计原则和抗震措施

1.建筑场地的选择

地震区建筑场地的选择具有战略意义，为了做好选址工作，必须进行工程地质勘察。根据历史震害情况，充分估量在建筑物使用期间可能造成的震害，经综合分析研究后，选出抗震性能最好、震害最轻的地段作为建筑场地，同时提出相应的抗震措施。

尽量选择对建筑物抗震有利的场地，避开不利场地，无法避开时，应采取相应的抗震措施，不在危险场地进行甲、乙、丙类建筑物建设。对抗震有利的场地是指地形平坦开阔，岩土坚硬均匀；若土层较厚，则应较密实，无大的断裂；若有则它与发震断裂无联系，且断裂带胶结较好；地下水埋深较大；崩塌、滑坡、岩溶等不良地质现象不发育。不利场地是指软弱土，液化土，条状突出的山嘴，高耸孤立的山丘，河湖岸边等。危险场地是指地震时可能发生滑坡、崩塌、地裂、泥石流等不良地质现象的地段及发震断裂带上可能发生地表错位的地段。

2.地基持力层和基础方案的选择

地基持力层应以基岩和硬土为好，避免以高压缩性及液化土层作为持力层，若地表有此类土层，则应采用桩基础，支撑在下部的硬基上；也可以预先将松软、液化土层加固处理，并采用整体性和刚性较强的片筏基础或箱形基础，基础埋置深度要大些，以防止水平地震力作用时建筑物倾倒。同一建筑物的基础，不易跨越性质显著不同或厚度变化很大的地基土层，同一建筑物不要并用几种不同形式的基础。

3.建筑物结构形式和抗震措施

在强震区的工业与民用建筑，其平面、立面形状以规则为好，否则应在转折处或层数变化处设置抗震缝。尽量减轻结构重量，降低重心，加强结构整体性，并有足够强度和抗变形能力。

我国城乡广泛采用的木结构和砖混承重墙结构房屋，抗震性能较差。木结构的抗震措施是在梁、柱的榫头处加支撑。砖混承重墙结构的抗震措施可以通过提高砌筑灰浆的强度，增加拉接钢筋和圈梁、构造柱等补强措施，使楼板与墙体之间的整体性加强。地震区的高层建筑和高耸建筑，尽量采用钢筋混凝土结构或钢结构，并设置地下室，以提高其抗震性能。

思 考 题

1. 简述崩塌发生的条件及发育因素。
2. 简述崩塌的防治原则和防治措施。
3. 简述岩堆的处理原则。
4. 影响滑坡的主要因素有哪些?
5. 在野外如何识别滑坡?
6. 崩塌与滑坡有何不同?
7. 滑坡的治理措施有哪些? 绘出抗滑支挡示意图。
8. 简述泥石流形成的基本条件。
9. 简述泥石流的防治措施。
10. 简述岩溶发育的基本条件。
11. 岩溶地区常见的工程地质问题有哪些? 防治措施有哪些?
12. 全球的主要活动地震带有哪几条? 为何中国是一个地震多发的国家?
13. 根据成因，地震分为哪几种类型?
14. 什么是地震波? 分为哪几种类型?
15. 什么是震级、烈度、基本烈度、设防烈度?
16. 地震造成的地表破坏现象主要有哪些?

第七章 常见岩土工程地质问题

DIQIZHANG

第一节　地下洞室的工程地质问题

一、岩体、岩体结构及地应力

从工程地质角度来说，岩石（又称岩块）是组成岩体的最小单元，它不包含显著软弱面。岩体中被各类各级结构面切割并包围的岩石块体及岩块集合体，通称为结构体。岩体则是由软弱结构面（又称不连续面）及其所切割的岩块（或称结构体）组成，是具有一定结构、赋存于一定的地质和物理环境中的地质体，岩体是自然历史的形成产物。岩体具有非均质性、不连续性和各向异性的特点，其工程地质性质严格受其中软弱结构面的强度、延展性、方向性、组合关系及密度等所控制。由于岩体中通常存在着多而显著的软弱结构面，致使岩体的强度值低于岩石的强度值，沿软弱面方向更是如此。

地下洞室或建筑物地基围岩介质都是具有众多软弱结构面的岩体，而不是单纯的某种岩石。所以，应把岩石与岩体严格加以区分，不能以单块岩石的工程地质性质代替整个岩体的工程地质性质。显然，在认真研究岩石的工程地质性质的基础上，要特别认真分析岩体中结构面对于整个岩体的工程地质性质的影响，才能对岩体的工程地质性质进行正确而全面的评价。

综上所述，岩体的物理性状、力学属性以及受力后的变形破坏过程，受岩体结构控制。岩体结构有两个基本要素：结构面和结构体。结构面是指存在于岩体中的地质界面，包括各种破裂面（如劈理、节理、断层面、顺层裂隙、卸荷裂隙、风化裂隙等）、物质分异面（如层面、片理面、沉积间断面等）以及软弱夹层或软弱带、构造破碎带、泥化夹层等。软弱结构面则是岩体中的层面、软弱夹层、片理、劈理、节理、断层、裂隙等的统称。岩体中的结构体大小不同、形状各异，其力学性质也不相同。

我们称岩土体在自然状态下所具有的初始应力为地应力，由于地下工程的开挖，破坏了岩土体中的原有应力状态（一次应力状态），造成应力重分布（二次重分布应力）。在应力重分布后，由于有些部位产生的较大附加应力破坏了原有岩土体内部的自然应力平衡状态，导致岩土体产生变形、位移甚至破坏等多种工程地质问题。为此在工程中我们需认真分析研究，采取相应的工程措施加以解决。

二、地 下 洞 室

地下洞室泛指修建在地层内的中空通道或中空洞室等各种用途的地下建筑。它是地下工程的重要组成部分，结构形式多样，广泛应用于交通、采矿、水利水电、国防等部门。如矿山坑道、铁路隧道、水工隧道、地下发电站厂房、地下铁道及地下商场、地下停车场、地下储油库、地下弹道导弹发射井，以及地下飞机库等。虽然它们规模不等，但都有一个共同的特点，就是都要在岩土体内开挖出具有一定横断面形状和尺寸并有一定或较大延伸度的洞室。

为了适应洞室周围复杂的地质状况和环境条件，满足各种工程建设的需要，地下洞室的断面形状可采用多种结构形式。常见的有曲线形、折线形和两者组合型，如图 7-1 所示。

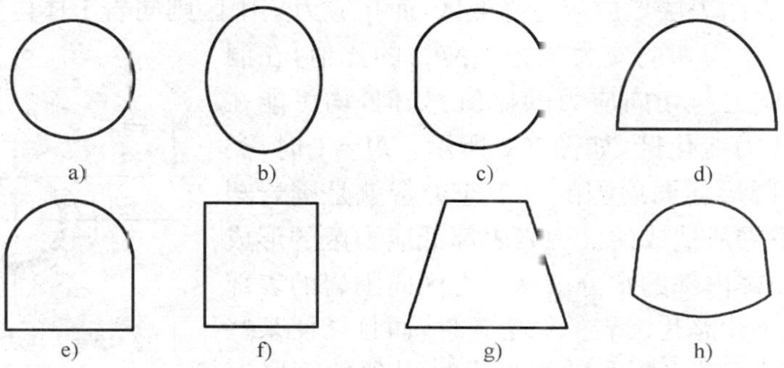

图 7-1 常见的洞室断面形状

a)圆形；b)椭圆形；c)封闭拱形；d)抛物线拱形；e)直墙拱形；f)矩形；g)梯形；h)马蹄形

实际工程中选择何种断面形状，要综合考虑洞室的围岩性质、地应力的大小和方向、洞室的用途和服务年限、洞室的支护或衬砌方式以及材料等因素确定。一般地，曲线形洞室的稳定性较好，折线形洞室的断面利用率高、开挖工艺简单。就洞室的尺寸而言，一般性隧道高(或宽)为 3～5m，有些可达 20m 以上，而地下厂房的断面则要大得多，一般高度可达 6～7m，宽度为 20～35m。

三、地下洞室围岩变形破坏形式

洞室开挖前，岩土体一般处于天然应力状态，也就是地应力状态。地应力一般是指地壳岩体在未经人为扰动的天然状态下所具有的内应力，或称为原岩应力。地应力包括岩体自重应力、地质构造应力、地温应力、地下水压力以及结晶作用、变质作用、沉积作用、固结脱水作用等引起的应力。在通常情况下，自重应力和构造应力是地应力中最主要的成分和经常起作用的因素，可以用垂直应力(通常为主应力)σ_v 和水平应力 σ_h 表示，且：

$$\sigma_v = \sigma_{v0} + P \tag{7-1}$$

$$\sigma_h = N\sigma_v \tag{7-2}$$

式中：σ_{v0}——地质构造应力，它是根据实测地应力结果减去岩体自重应力推出的经验值，可以为零，也可以是其他常数值；

P——岩体自重应力；

N——水平应力与垂直应力的比值。

地下洞室的开挖势必打破原来岩土体的自然平衡状态，使洞室周围一定范围内的岩土体(也称为围岩)中产生应力重分布、变形、位移，甚至破坏，直至出现新的应力平衡。

地下洞室开挖后引起的应力重新分布，将在岩土体中形成自由变形空间，原来处于挤压状态的围岩，由于解除了束缚力而发生向洞内的松胀变形。当这种变形超过了围岩本身所能承受的能力时，围岩便发生了破坏，从而产生分离、坍塌、滑动、隆起等现象。由此可见，地下洞室突出的工程地质问题是围岩稳定性问题。

1. 围岩变形破坏的一般过程和特点

地下洞室开挖过程中常能使围岩的性状发生很大变化，促使围岩性状发生变化的因素，除卸荷回弹和应力重分布之外，还有水分的重分布。一般说来，洞室开挖后，如果围岩岩体承受不了回弹应力或重分布应力的作用，围岩将发生塑性变形或破坏。这种变形或破坏通常从洞室周边，特别是从那些最大应力或拉应力集中的部位开始，之后逐步向围岩内部发展，其结果常可在洞室周围形成松动带或松动圈。围岩内的应力状态也将因松动圈内的应力被释放而重新调整，通常在围岩的表层形成应力降低区，而高应力集中区则向岩土体内部转移。不论应力场中 N(在洞顶处 N 为切向应力与径向应力的比值，在洞的两侧 N 为径向应力与切向应力的比值）如何，均可能在围岩内出现三个应力变化区，如图 7-2 所示。$N=1$ 时，类似于静水应力场，圆形隧洞周围的三个应力带就是围岩塑性变形或破坏的发展所造成的。围岩表部低应力区的形成往往又会促使岩土体内部的水分由高应力区向围岩的表部转移，这不仅能进一步恶化围岩的稳定条件，而且能使某些存在于围岩表层易于吸水膨胀的岩层发生强烈的膨胀变形，造成很大的围岩压力。$N=0.25$ 和 $N=0$ 时的情形，见图 7-3、图 7-4。

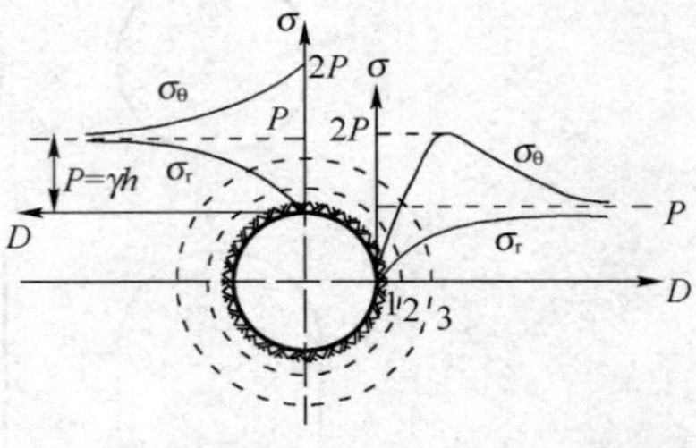

图 7-2　$N=1$ 应力场中圆形隧洞周边的应力分带

1-应力降低的区域；2-应力增高域；3-初始应力未受影响的区域

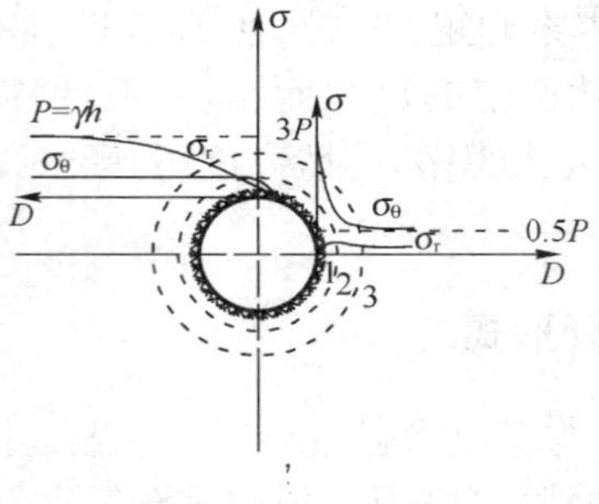

图 7-3　$N=0.25$ 应力场中圆形隧洞周边的应力分带

1-应力降低的区域；2-应力增高的区域；3-初始应力未受影响的区域

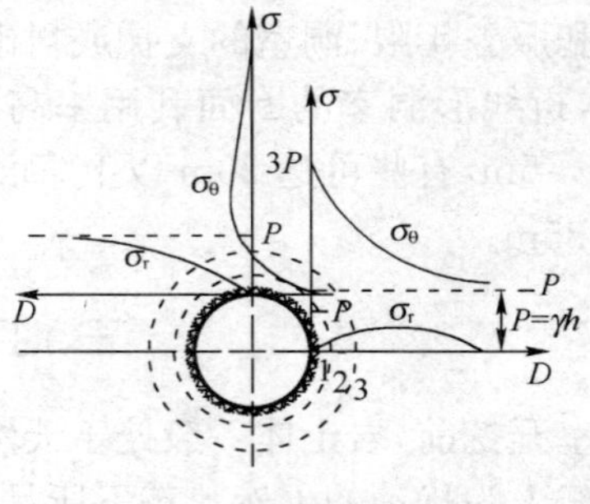

图 7-4　$N=0$ 应力场中圆形隧洞周边的应力分带

1-应力降低的区域；2-应力增高的区域；3-初始应力未受影响的区域

为了能够定性地说明问题的实质，我们假定围岩为均质的、各向同性的连续介质，位于一定深度的圆形隧道，可以简化为无限体中的孔洞问题。在只考虑自重造成的初始应力场中，把式(7-1)在极坐标中以径向应力 σ_r 和切向应力 σ_θ 表示出一点的应力状态。不同的 N 值条件下，洞室周围岩土体内的应力状态是不同的，见图 7-2～图 7-4，从而可引起地下洞室不同的破坏状态。

在厚层状或块体状围岩内，地下洞室多发生张裂塌落和劈裂剥落、剪切滑移两种破坏。随着围岩应力条件的不同，可发生在边墙上，也可发生在顶拱处。

在洞室顶拱处，N 值有可能为零，产生拉应力集中，引起围岩张裂塌落，表现为顶拱冒落，如图 7-5a）、图 7-8a）。

在 $N \neq 0$ 时的情况下，顶拱坍塌引起洞室高宽比的减小会使顶拱处的拉应力集中也随之减小，甚至变为压应力。

$N>1$ 的应力场中，在顶拱压力应力集中程度较高，且有斜向断裂发育的部位，多发生劈裂剥落、剪切滑移破坏，如图 7-5、图 7-8 所示。

$N<1$ 的应力场中，在边墙上压应力集中程度较高，且有陡倾角断裂发育的部位，多发生剪切滑移破坏，如图 7-5a）、图 7-8a）所示。

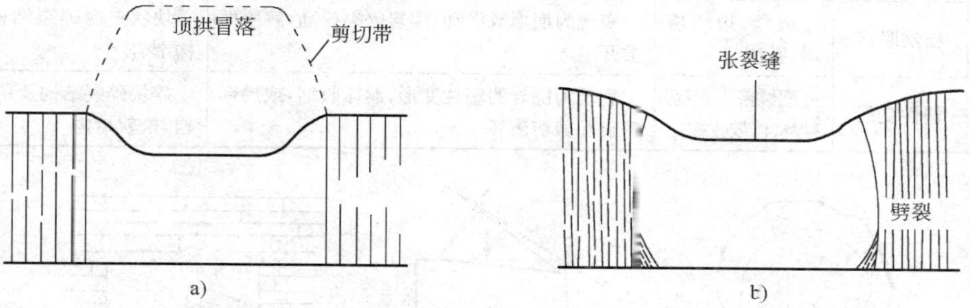

图 7-5　岩土层中不同走向坑道围岩的变形破坏特征

a）南北向坑道；b）东西向坑道

2. 围岩的变形

洞室开挖后，围岩的自然平衡状态被打破，一定范围内重新分布的围岩应力在未达到或超过其强度以前，围岩以释放弹性能的弹性变形为主。另一方面，由于围岩应力重新分布，各点的应力状态发生变化，导致围岩产生新的弹性变形。这种弹性变形是不均匀的，从而导致洞室周边位移的不均匀性。一般认为，弹性变形速度快、量值小，几乎随着开挖过程同时完成。当应力超过围岩强度时，围岩出现塑性区域，甚至发生破坏，此时围岩变形将以塑性变形为主。塑性变形延续时间长、变形量大，是围岩变形的主要组成部分。

如果围岩节理、裂隙十分明显或者围岩破坏严重时，节理、裂隙间的相互错位、滑动及裂隙张开或压缩变形将会占据主导地位，而岩块本身的变形成分退居次要地位。按照岩体结构力学的原理，由于岩体中大小结构面的存在，围岩的变形都会或多或少地存在结构面的变形。此外，围岩长期处于一种动态变化的高应力作用之中，岩石的流变效应十分明显，流变也是围岩变形不可忽略的组成部分。

3. 围岩的破坏

重新分布的围岩应力在达到或超过其强度以后，围岩发生分离、坍塌、滑动、隆起等破坏。可有以下表现形式：顶围悬垂与塌顶、侧围突出与滑塌和洞底隆胀、底围鼓胀与隆起，见图 7-6。洞顶坍塌亦常称为冒顶，顶板冒落后的形状与洞室围岩有很大关系，如果围岩强度较低、裂隙发育较少，冒落形成塌落拱，见图 7-6a）。绝大多数顶板坍塌与结构面的切割相关，见图 7-6b）、c）。边墙的滑落与顶板情形类似，结构面的影响是主要的，见图 7-6d）、e）。洞室开挖后底板的隆胀是很常见的，特别是在围岩塑性强、岩性软弱和埋深较大的洞室，表现得最明显，有时也造成洞壁挤出现象，见图 7-6f）、g）。

地下洞室开挖过程中，由于围岩的强度和结构等存在差异，其变形破坏形式也不相同。常见的破坏形式有脆性断裂、块体运动、弯曲折断、松动脱落和塑性变形，其主要特征见表 7-1。

围岩的变形与破坏的几种形式 表 7-1

型号	变形机制	变形方式	变形特征	岩土体结构条件
1	脆性破裂	岩爆、开裂	表现为地下开挖时围岩岩爆或岩柱劈裂	整体状及块状围岩，岩性坚硬
2	块体运动	滑落、滑动、转动	表现为块体沿结构面拉开或滑动，向洞内位移，在顶拱一般为崩塌，在洞壁为滑动，在动荷载下可产生倒塌或抛掷	裂隙块状围岩受贯穿结构面切割的块体围岩，层状围岩中有显著的软弱结构面切割
3	弯曲折断	弯曲挤入、折断塌落	表现为岩土层向临空面弯曲，折断，并崩塌，在边墙上边可表现为倾倒	层状围岩、薄层及软硬互层岩土体
4	松动脱落	塌落、边墙垮塌、石流	表现为崩塌或滑动，围岩碎裂松动，解脱而散开	块状夹泥碎裂结构，镶嵌结构围岩
5	塑性变形	塑性挤入、剪切破坏、低鼓收缩	表现为围岩的塑性变形，洞体收缩，或局部挤出和剪切破坏	碎块碎裂结构及层状碎裂结构，松软结构

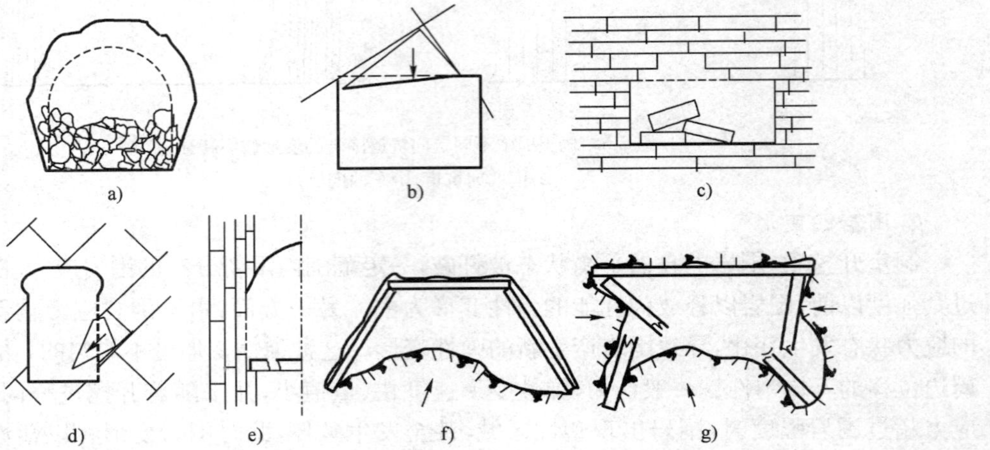

图 7-6 常见围岩破坏类型

a)冒顶片帮；b)不稳定块体冒落；c)层状岩体掉块；d)边墙块体滑落；e)边墙岩块崩落；f)底板隆胀；g)底板隆胀与边墙挤出

上述破坏所引起的洞室高宽比的变化，一方面会使洞形急剧变化部分的围岩表部的切向压应力的集中程度随之急剧增大，另外还会在与增大的主应力相垂直的洞壁上引起拉应力，从而进一步恶化围岩的稳定条件，引起围岩累进性破坏，见图 7-7。当破坏所造成的崩落向上发展时，顶板中央的压应力迅速随冒落高度增高而增大，在这种情况下，如不及时采取措施，顶拱的崩落作用必将累进性地加速发展，造成严重后果。

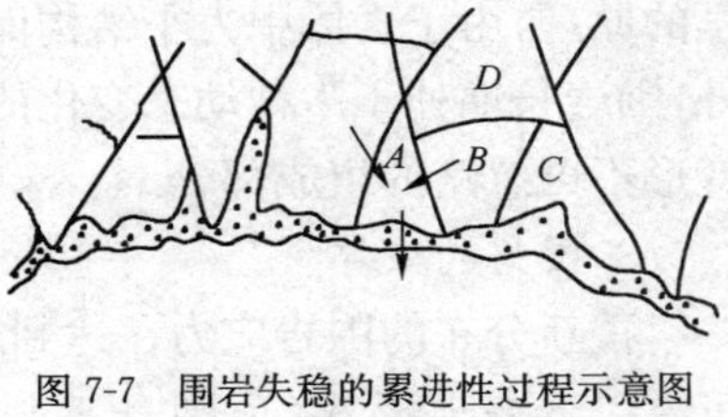

图 7-7 围岩失稳的累进性过程示意图

四、影响地下洞室围岩稳定性的因素

洞室围岩的稳定不仅与岩石性质、岩土体结构与构造等自然因素有关，而且与开挖方式、支护形式及时间等人为因素有关，自然因素是常起控制作用的因素。因此，弄清这些因素对围岩的影响，才能客观实际地采取相应维护洞室围岩稳定的措施。

1. 围岩性质

如果洞室围岩为整体性良好、节理裂隙不发育的坚硬岩石，那么一般围岩的二次应力不会使其发生破坏,变形的量值也较小。这种情况下,岩石性质对围岩的稳定性影响很小。如果洞室围岩强度较低,节理、裂隙发育,或者围岩破碎,则二次应力使围岩产生较大的塑性变形破坏区域。同时节理、裂隙间的错动、滑移变形也将增大,势必给围岩的稳定带来重大影响。对于风化速度快,或遇水软化的围岩,特别是围岩具有较强的膨胀性时,稳定性主要受维护时间和强度的影响。

2. 围岩结构与地质构造

存在着多而显著结构面的岩体作为洞室的围岩,其稳定性主要受结构面的控制,这时围岩压力主要来自最不利的结构面组合而切割的危险块体。碎裂结构围岩的破坏往往是由于变形过大,导致块体间离层,连续性被破坏而发生坍塌,或某些主要连通结构面切割而成的不稳定部分整体冒落。

地质构造对于围岩的稳定性起重要作用。对于临近或处在断层破碎带、褶曲的轴部等重大地质构造区域,围岩压力往往很大。若洞室轴线与岩层走向近于直交,应尽可能使工程通过软弱岩层的长度较短;若与岩层走向近于平行而不能完全布置在坚硬岩层里,断面又通过不同岩层时,则应适当调整洞室轴线高程或改变轴线位置,使围岩有较好的稳定性。洞室应尽量设置在坚硬岩层中,或尽量把坚硬岩层作为顶板,见图7-8、图7-9。

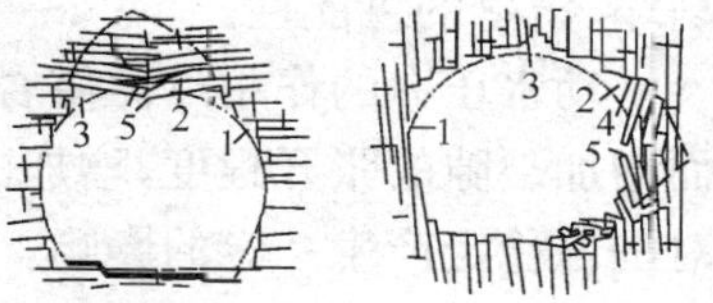

a)　　　　b)

图 7-8　走向平行于洞轴的薄层状岩土层的弯折内鼓破坏

a)水平岩层;b)垂直岩层

1-设计断面;2-破坏区;3-崩塌;4-滑动;5-张裂及折断

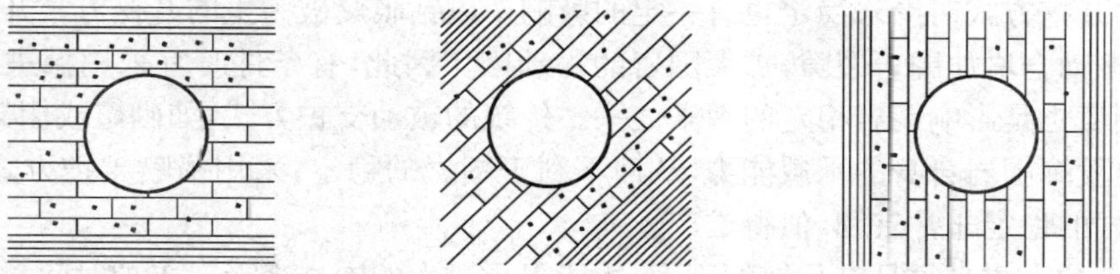

图 7-9　层状围岩中的洞室

建在褶皱构造中隧洞其褶皱的形式、疏密程度及其轴向与洞室轴线的交角不同,围岩稳定性也是不同的。一般情况下,应当避免将隧洞设置在褶曲的轴部,该处岩层弯曲,节理发育,地下水常常由此渗入地下,容易诱发坍方,见图 7-10a)。向斜轴部常为聚水构造,易储存地下水,削弱了围岩的稳定性,开挖隧洞常遇涌水发生。因此,应尽量将隧洞位置选在褶曲的翼部或横穿褶皱的轴部。垂直穿越背斜的隧洞,其两端的拱顶压力大,中部岩层压力小;隧洞横穿向斜时,情况则相反,见图 7-10b),因此在隧洞施工中应考虑应力变化对工程的不利影响。

a)　　　　b)

图 7-10　褶皱构造与洞室轴线的布置

a)隧道平行通过褶皱;b)隧道横穿褶皱时岩层压力分布情况

洞室通过断层，若断层带宽度愈大，断层走向与洞轴交角愈小，那么它在洞内出露就会愈长，对围岩稳定性影响就会愈大。断层带破碎物质的破碎性质及其胶结情况也会影响围岩的稳定性。

3. 地下水的影响

地下水对洞室围岩稳定的影响可分为静水压力、动水压力、溶解和软化等作用。当洞室处于含水层中或洞室围岩透水性强时，这种影响更为明显。

静水压力作用于衬砌上，等于给衬砌增加了荷载，在对衬砌强度和厚度设计时，应充分考虑静水压力的影响。另一方面，静水压力使结构面张开，减小了滑动摩擦力，从而增加了围岩坍塌、滑落的可能性。

动水压力的作用可促使岩块沿水流方向移动，也可冲刷和带走裂隙内的细小矿物颗粒，从而增加裂隙的张开程度，增加围岩破坏的程度。另外，地下水对岩石的溶解作用和软化作用也对围岩稳定产生一定的影响。

4. 地应力的影响

地应力随洞室的埋深增加而增大，因此，一般洞室埋藏越深，稳定性越差。根据经验，沿最大主应力方向延伸的洞室比垂直最大主应力方向延伸的洞室稳定；洞室的最大断面尺寸沿大的地应力方向时较为稳定，这是由围岩应力分布决定的。一般地质构造复杂的岩层中构造应力十分明显，尽量避开这些岩层对洞室稳定的影响非常重要。

5. 人为因素的影响

洞室的开挖方式对围岩稳定也有一定的影响。以钻眼爆破为主的开挖方式开挖的岩石洞室，爆炸的振动会增加围岩裂隙，扩大围岩的松动圈。因此，有条件时宜采用掘进机开挖。支护类型和刚度也是影响围岩稳定的因素之一。传统的被动支护方式，如砌碹或棚架式支护，由于没有充分发挥围岩自身的承载能力，从而不利于围岩的稳定；采用锚喷支护方式，变被动为主动，对围岩的稳定非常有利，值得推广。

另外，支护方式必须具有足够的刚度，才能阻止过大的围岩变形。支护时间对围岩的稳定至关重要。理论研究表明，开挖初期围岩的变形量大，适当让过围岩变形高峰期再行支护，将大大减小围岩压力，从而保证围岩稳定。

除前述围岩变形、破坏等地质问题外，还有一些局部构造，特殊岩性条件下可能出现的破坏情况，见图 7-11～图 7-13。在洞室开挖中还经常遇到涌水、腐蚀（主要指岩、土、水、大气中的化学成分和气温变化对洞室混凝土的腐蚀）、瓦斯、岩爆等特殊地质问题。

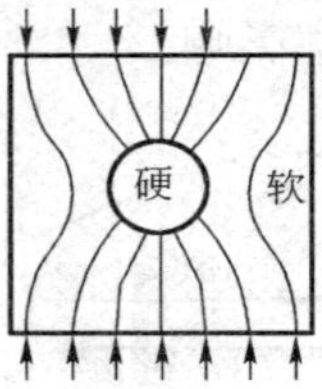

图 7-11 由岩性条件所决定的局部应力集中区

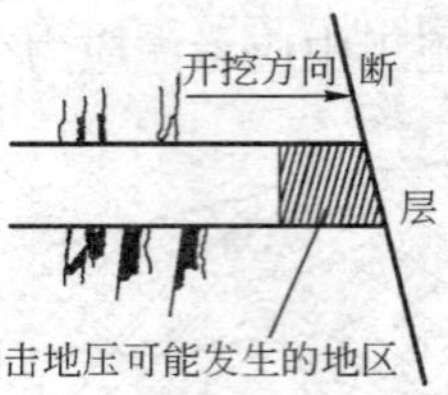

图 7-12 开挖逼近断层时易于产生岩爆的部位

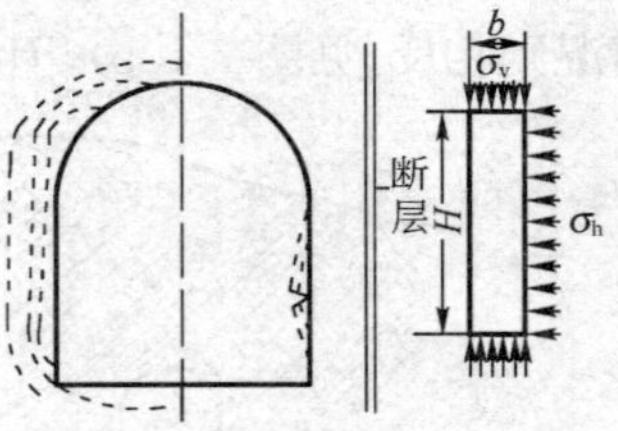

图 7-13 易于产生弯折内鼓破坏的局部构造条件

上述分析表明，地下洞室围岩稳定性问题主要是可能出现的围岩应力与围岩强度间的矛盾问题，各类因素都是通过这两个方面来影响地下洞室围岩的稳定性。根据这个观点，可将影响地下洞室围岩稳定性的因素分为：①影响围岩应力状态的因素，主要包括岩土体的天然应力状态及洞室的剖面形状；②影响围岩强度的因素，主要包括围岩的岩性和结构(图 7-14)；③既影响围岩应力状态，又影响围岩强度的因素，主要是岩体中的地下水、腐蚀、瓦斯等。

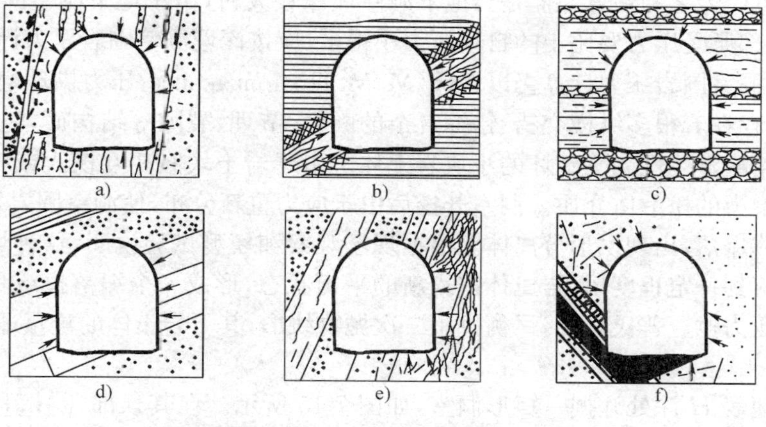

图 7-14　几种发生塑性挤出的地质条件

a)花岗岩的剪切破碎带；b)页岩中的缓倾角断裂带；c)富含蒙脱石的风化火山灰；d)固结差的泥岩；e)遭剪切破坏和风化的云母片岩；f)与岩脉相接触的强蚀变细斑岩

五、地下洞室围岩稳定性分析

1. 围岩压力分析理论

在较完整围岩中，当重分布以后的应力达到或超过岩土体的强度极限时，除弹性变形外，还将产生较大的塑性变形。如果不阻止这种变形的发展，将会导致围岩破裂，甚至失稳破坏；在被软弱结构面切割成块体或松散介质的围岩中，则易于向隧道或洞室产生滑落和塌落，使围岩失稳。为了保证隧道或洞室的稳定安全，必须进行支护以阻止围岩过大的变形破坏。

围岩作用于支护结构上的力就是围岩压力。显然围岩压力产生的原因不同，按产生的原因，通常分为：形变围岩压力、塌落或松动围岩压力、有大结构面切割形成的大岩块向洞内塌落和滑动所形成的块体滑落围岩压力。对不同类型的围岩压力常采用不同的方法及理论进行分析和计算，对形变围岩压力可采用弹、塑性理论；对塌落或松动围岩压力采用松动压力理论；对滑落围岩压力采用块体极限平衡理论。

弹塑性理论是把围岩看作弹塑性体，这与绝大部分岩土体的实际特性相符。该理论的要点是设想在洞室周围由于应力超过围岩的强度而形成塑性区，而塑性区围岩的稳定是由外围弹性区中岩土体的应力和洞室内衬砌的阻力共同维持的。目前国内外广泛应用的弹塑性理论公式，即芬涅尔—塔罗勃公式，就是根据衬砌与围岩发生共同变形的假定，通过计算塑性圈内的径向应力或径向位移量来确定围岩压力

块体极限平衡理论是以摩尔—库伦抗剪强度理论为基础，将岩土体划分为若干条块，建立作用在这些条块上的力学平衡方程式，求解安全系数。该理论不像传统的弹塑性力学那样引入应力—应变关系来求解本质上为超静定的问题，而是直接对某些多余未知量做假定，使得方程式的数量和未知数的数量相等，因而使问题变得静定可解。利用块体极限平衡理论能够分析节理体系和其他不连续体系，找出沿规定临空面岩土体的临界块体。块体理论为三维分析方法，随着关键块体类型的确定，能找出具有潜在危险的关键块体在临空面的位置及其分布。

松动围压是地下建筑中最常见的一种围压，下面主要介绍松动压力理论。当地下洞室埋

藏深度不大或相对地下洞室断面尺寸较小时，如埋深不超过 3m，或埋深与地下洞室全宽比小于 0.5～1.0，即处于浅埋时，地下洞室顶部压力可以按上覆岩土自重压力与地面荷载经岩土层扩散后的垂直应力之和估算。但是当地下洞室埋深较大时，由于地下洞室断面尺寸相对较小，地下洞室顶部所受压力要比土的自重压力小得多，应按深埋洞室围岩压力计算。

目前，深埋洞室围岩压力计算仍以普氏（M. M. Протольяконов）压力拱理论为主。该理论认为，岩土体中存在着很多纵横交错、错综复杂的断面、节理、裂隙等结构面，将围岩切割成尺寸不等、形状各异、整体性完全破坏的小块岩土体。由于岩土块间相互楔入或镶嵌，可将其视为具有一定内聚力的松散体介质。洞室开挖后由于应力重新分布，使洞室围岩发生破坏，首先引起顶部岩土体塌落，出现拱形分离体。根据现场观察和模型试验说明，这种塌落是有限的，当洞室顶部塌落到一定程度后，岩土体进入新的平衡状态，形成一个塌落拱或称自然平衡拱，这就是所谓的压力拱。普氏认为，平衡拱呈二次抛物线形，其下岩土体的重量即为洞顶上的围岩压力。

做设在距地表 H 深处开掘一矩形洞室，如图 7-15 所示。在其顶部岩土块塌落形成自然平衡拱 AOB，拱上作用有均布重力载荷 $\sigma_v=\gamma H$；T 为拱顶处受力，由于对称关系，T 的方向为水平方向；R 为拱脚的支撑力，沿着该点的切线方向 R 可分解为水平和垂直力 F 和 V；M 是在 OA 拱段上的任意一点，坐标为(x,y)；b 为塌落拱高度，a 为洞室跨度之半。现对 OM 弧段对 M 点取力矩平衡，则：

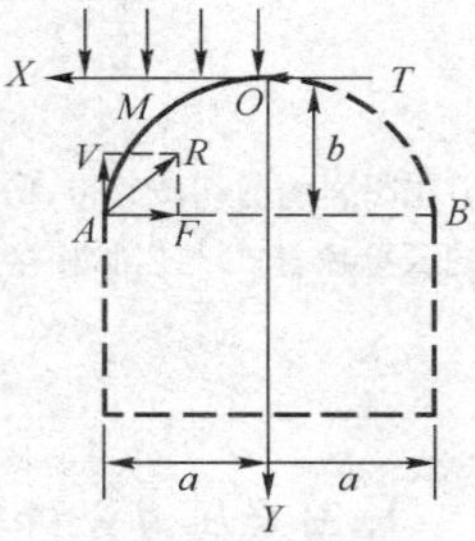

图 7-15 压力拱示意图

$$Ty-\sigma_v x\frac{x}{2}=0$$

即

$$y=\frac{\sigma_v}{2T}x^2 \tag{7-3}$$

可见，自然平衡拱的轮廓形状为抛物线。以拱脚 A 点的坐标 $x=a$，$y=b$ 代入上式，则有：

$$b=\frac{a^2}{2T}\sigma_v \tag{7-4}$$

当拱脚处于极限平衡状态时，该点的水平分力 F 应与垂直分力 V 产生的摩擦力 $f_k\times V$ 相平衡，即：

$$F=T=f_k\times V \tag{7-5}$$

为了保证拱在水平方向上有足够的稳定性，必须使 $T<F$，即 $T<f_k\times V$，故普氏取安全系数为 2，则：

$$2T=f_k\times V \tag{7-6}$$

整理得：

$$b=\frac{a}{f_k} \tag{7-7}$$

式中的 f_k 称为普氏系数或坚固性系数，是一个特有的强度指标，其物理意义可理解为扩大了的摩擦系数。普氏认为：对于岩石，$f_k=R_c/10$，R_c 为岩石的单轴抗压强度；对于无黏性土，$f_k=\tan\varphi_k$，φ_k 为岩土体的折算内摩擦角；对于黏性土，$f_k=\tan\varphi_k+c/\sigma_v$，$c$ 为岩土体的折算内聚力。

如果洞室两壁不稳定，可认为其会沿 $\beta=45°-\varphi_k/2$ 的角度滑落，此时计算冒落拱高度应以增宽了的跨度 $2a_1$ 计：

$$b_1=\frac{a_1}{f_k}=\frac{a+h\tan(45°-\varphi_k)}{f_k} \tag{7-8}$$

式中：h——洞室高度。

为简单起见，洞顶压力的计算可简化为均布状态，即：$q=\gamma b$ 或 $q=\gamma b_1$，γ 为冒落岩土的重度。

对于洞室两壁不稳定的情况，两壁侧压计算按土力学中的朗肯主动土压力理论进行计算(图 7-16)

即：

$$\left.\begin{aligned} e_1 &= \gamma b_1 \tan^2\left(45^\circ - \frac{\varphi_k}{2}\right) \\ e_2 &= \gamma(b_1 + h)\tan^2\left(45^\circ - \frac{\varphi_k}{2}\right) \end{aligned}\right\} \tag{7-9}$$

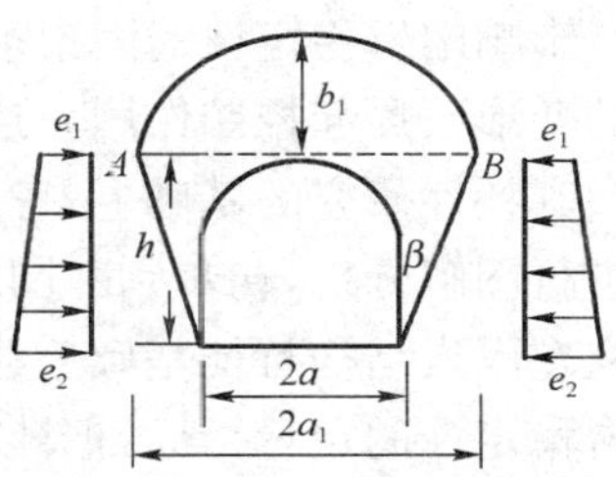

图 7-16　洞室两帮侧压力分布示意图

对 $f_k \leqslant 4$ 的岩土体，按上面方法计算洞顶和侧壁的围岩压力；对 $f_k > 4$ 的岩石，则只有洞顶出现围岩压力，一般没有侧壁围岩压力。

由于地下水的存在，洞室的衬砌上往往受到一定的静水压力，洞室设计中通常把这个静水压力称为外水压力。外水压力是作用在洞室衬砌上的荷载，如果洞室埋藏较深、地下水位较高，且围岩的导水性能较强时，外水压力往往成为衬砌厚度和强度设计的控制因素。实践证明，外水压力主要靠岩土体中的裂隙来传递，随着埋深的加大，岩土体中的裂隙往往越来越密闭，传递水的能力也越来越小，因而一般地表以下 100～200m 深处的洞室经常是近于干燥的。所以设计中的外水压力以地下水压力乘以折减系数计算，即：

$$p = \beta \gamma_w H \tag{7-10}$$

式中：p——设计中的外水压力；

β——折减系数；

γ_w——水的重度；

H——地下水头高度。

根据经验，β 取值为 0.25～1.0，具体取值要根据裂隙水的传递能力确定。对于一般性裂隙围岩，$\beta=0.2$～0.4；如果洞室处在断层破碎带或有导水性强的裂隙，$\beta=1.0$；衬砌不透水时，β 取大些，甚至取 $\beta=1.0$，而衬砌透水性好或采取适当的排水措施时，β 可取零。

另外，式中的水头高度 H 应取最高地下水位计算。如地表水与地下水连通，应取水库蓄水后的最高水位或洪水的最高水位，作为水头高度 H。

2. *围岩稳定性分析方法*

由于不同结构类型的围岩变形和失稳的机制不同，不同类型的地下洞室对稳定性的要求不同，围岩稳定性分析和评价的方法多种多样。目前，通常应用的稳定性分析方法有：工程地质类比法、围岩结构分析法、围岩稳定性分类法、数学力学计算分析法、模拟实验法等。

1)工程地质类比法

它主要是应用自然历史分析法，研究待建地下工程的工程地质条件、围岩特性和动态观测资料，结合具有类似的已建地下工程进行比较，从而把已有的地下工程的研究或设计经验，用到相似条件下新的地下工程的研究或设计中去。这种方法是最常用、最实用的传统方法，其适用条件必须是被比较的两个地下工程具有类似的工程地质特征。工程地质类似性包括两个方面的主要内容：一是洞室岩土体的特性、洞室所处的地质构造部位和岩土体结构的类似性；二是洞室结构类型的类似性。

2)围岩结构分析法

影响围岩稳定性的因素很多，但从大量工程实例考察，在一定荷载条件下，围岩结构对围岩的变形破坏起控制作用。这一点已被愈来愈多的人们所认识。围岩结构分析法是在围岩结构及其特性研究的基础上，考虑工程力的作用方式，一是借助于赤平极射投影、实体比例投影法进行图解分析，初步判断围岩的稳定性，该方法属于定性或半定量分析，简单易行；二是深入研究在围岩结构特征基础上建立的地质力学模型，通过有限单元法或边界元法计算，得出工程围岩稳定性的定量指标，把计算求得的围岩应力和位移值与围岩本身的强度和允许位移值进行比较来判断围岩的稳定性。

3)围岩稳定性分类法

围岩稳定性分类法是以大量的工程实践为基础，以稳定性观点对工程岩土体进行分类，并以分类指导稳定性评价。围岩稳定性分类方法很多，大体上可归纳为三类：岩土体结构分类、岩土体完整性分类、岩土体质量的综合分类。

(1)岩土体结构分类

岩体中结构面和结构体的组合关系叫岩体结构，其组合类型叫岩体结构类型。不同结构类型的岩体，其力学性质有明显差别。《岩土工程勘察规范》(GB 50021—2001)中岩体按结构类型划分的岩土体结构分类，如表 7-2 所示。

岩体按结构类型划分　　表 7-2

岩体结构类型	岩体地质类型	结构体形状	结构面发育情况	岩土工程特征	可能发生的岩土工程问题
整体状结构	巨块状岩浆岩和变质岩，巨厚层沉积岩	巨块状	以层面和原生构造节理为主，多呈闭合型，间距大于 1.5m，一般为1～2组，无危险结构	岩体稳定，可视为均质弹性各向同性体	局部滑动或坍塌，深埋洞室的岩爆
块状结构	厚层状沉积岩，块状岩浆岩和变质岩	块状 柱状	有少量贯穿性节理裂隙，结构面间距 0.7～1.5m。一般为2～3组，有少量分离体	结构面互相牵制，岩体基本稳定，接近弹性各向同性体	
层状结构	多韵律薄层，中厚层状沉积岩，副变质岩	层状 板状	有层理、片理、节理，常有层间错动	变形和强度受层面控制，可视为各向异性弹塑性体，稳定性较差	可沿结构面滑塌，软岩可产生塑性变形
碎裂状结构	构造影响严重的破碎岩层	碎块状	断层、节理、片理、层理发育，结构面间距 0.2～0.5m，一般3组以上，有许多分离体	整体强度很低，并受软弱结构面控制，呈弹塑性体，稳定性很差	易发生规模较大的岩体失稳，地下水加剧失稳
散体状结构	断层破碎带，强风化及全风化带	碎屑状	构造和风化裂隙密集，结构面错综复杂，多充填黏性土，形成无序小块和碎屑	完整性遭极大破坏，稳定性极差，接近松散体介质	易发生规模较大的岩体失稳，地下水加剧失稳

(2)岩土体完整性分类

最有代表性的是美国的RQD(岩土体质量指标Rock Quality Designation的缩写)分类。RQD值是指长度大于10cm的岩芯段累积长度占钻孔进尺的百分比，是根据钻探岩芯采取率确定的，对岩土体质量进行评价，见表7-3。

岩土体的RQD分类

表7-3

RQD值(%)	0～25	25～50	50～75	75～90	90～100
岩土体质量	极坏	坏	中等	好	极好

(3)岩土体质量的综合分类

不仅考虑围岩的完整性，还要考虑裂隙面的特征、地下水状况、地应力状态等。较有代表性的是N.巴顿的岩土体质量分类，是以岩土体质量(Q)来进行分类的。Q值是岩土体质量的综合指标，其表达式为：

$$Q=\frac{RQD}{J_n}\frac{J_r}{J_a}\frac{J_w}{SRF} \tag{7-11}$$

式中：RQD——岩土质量指标；

J_n——节理组数系数；

J_r——节理面的粗糙系数；

J_a——节理面的蚀变系数；

J_w——节理中水的折减系数；

SRF——应力折减系数。

(4)围岩稳定性的综合分类

自1972年以来，中国科学院、国家建委及铁道部门先后提出了按岩体结构分类，这种分类以岩体的结构类型为基础，充分考虑结构面性状特点，从而对围岩的稳定性作出定性评述。这种分类法是基于大量工程实践经验提出的，所以能够在相应条件下和一定范围内起指导作用。水利电力部颁布的《水工隧洞设计规范》中，建议按岩体特性、结构面及其组合状态、地下水的状态等地质因素去评价围岩的稳定性，并且把围岩划分成稳定、基本稳定、稳定性差、不稳定以及极不稳定五个围岩类别(表7-4)。分类还就施工过程中毛洞的稳定条件和自稳时间长短作了粗略估计。利用这个分类能够粗略地判定围岩的稳定状况和可能产生的破坏形式。毫无疑问，它对地下工程的设计与施工能起到较好的作用。此外，还有其他综合分类，如铁道部依据围岩结构的完整状态及稳定性的分类；建设部以岩体结构、岩性和地下水等工程地质特征为依据的分类等。

水工隧洞围岩分类

表7-4

围岩类别		围岩主要工程地质特征		地下水状态	毛洞自稳能力
类别	名称	岩体特征	结构面及其组合状态		
Ⅰ	稳定	整体结构或大块结构的坚硬岩体：新鲜或微风化，受地质构造影响轻微、节理裂隙不发育、间距大于1m、延伸短、多闭合、无或偶有单薄软弱结构面、宽度小于0.1m无夹泥充填。层状岩为巨厚层至厚层，层间结合良好	结构面起伏粗糙，咬合无充填、结构面不稳定组合，层状岩与洞轴线正交	洞壁干燥，或潮湿，或微有弱渗水，不影响围岩自身稳定	无塌落掉块，能长期稳定。深埋或高地应力地区可能产生岩爆

续上表

围岩类别			围岩主要工程地质特征			
类别	名称		岩体特征	结构面及其组合状态	地下水状态	毛洞自稳能力
II	基本稳定	II_1	块状结构的坚硬岩体:新鲜或微风化,受地质构造影响一般、节理裂隙较发育、间距1～0.5m,裂隙微张或局部张开,稍有夹泥充填,有少量断层等软弱带、宽度小于0.5m	结构面粗糙、少有充填、结构面组合基本稳定或局部有人字形或梯形不稳定组合	地下水活动微弱、沿裂隙渗水、滴水、除软弱带外,一般不影响围岩稳定	
		II_2	中层层状的中硬岩:受地质构造影响轻微,裂隙不发育,间距大于1m、多闭合。层间结合基本良好,无软弱夹层	同上。层状岩或软弱结构面与洞轴线夹角大于70°		
III	稳定性差	III_1	碎裂结构或镶嵌结构坚硬岩体:微风化或弱风化。受地质构造影响严重,节理裂隙发育,间距为0.5～0.2m,多张开或局部张开、有夹泥充填、连续性差、软弱结构面多	结构面多平直光滑、有泥充填。有方形、梯形、尖拱形等不稳定组合	地下水活动显著、有大量滴水、线状流水或喷水,对软弱岩体稳定影响严重	毛洞稳定受软弱结构面组合控制,以洞顶局部塌落为主,围岩具有自稳能力,有时偏压,短时间内可以维持稳定,软岩具流变特征,裂隙稍发育段自稳能力差
		III_2	块状结构或层状结构的中硬岩:微风化或弱风化。受地质构造影响一般,裂隙较发育,间距0.5～1m,多微张或局部张开、有夹泥充填、连续性差、软弱结构面多	同上。层状岩或软弱结构面与洞轴线夹角大于70°		
		III_3	层状结构软岩:多属微风化,受地质构造影响轻微,裂隙不发育,多闭合,局部微张有泥膜。厚层或中厚层偶夹薄层,层间结合一般			
IV	不稳定	IV_1	碎裂状结构或层状碎裂结构的硬岩体或中硬岩体:弱～微风化,受地质构造影响严重,节理裂隙发育,间距0.5～0.2m,宽张或局部有裂缝、有夹泥充填、连续性较好、软弱结构面多断层等,软弱带宽2～4m	结构面多平直光滑或起伏光滑、夹泥较厚,带有尖拱形、槽形、圆拱形等不稳定体。层状岩或软弱结构面与洞轴线夹角小于30°或平行	地下水活动强烈、并有一定渗透压力、有小量涌水、严重影响岩体强度和抗冲能力	毛洞稳定主要受软弱结构面组合控制,常发生拱顶塌落,有偏压,时间效应明显,围岩自稳能力差,自稳时间短
		IV_2	薄层状结构或层状碎裂结构软岩:弱风化,受地质构造影响一般,裂隙较发育,间距0.5～1m多张开有泥、中厚层或薄层,有软弱夹层,层面结合差			
V	极不稳定		散体结构:岩质围岩强、全风化,受地质构造影响很严重,节理裂隙密集,有较厚泥质充填、多为含泥碎裂结构状态;挤压强烈的大断层,宽度大于2～4m,裂隙杂乱密集;非黏性的松散土层,砂卵砾石、碎石等	结构面及其组合杂乱,并多有黏土充填	地下水活动强烈、渗透压力较大、岩体无抗冲能力	毛洞稳定受围岩强度控制,塌方形态为边顶拱,经常边挖边塌

4)数学力学计算分析法

岩体稳定性分析正处于由定性向定量阶段发展,数学力学计算的方法已广泛应用。工程岩体稳定性分析的力学计算有两类:一种是以极限平衡理论为基础,计算破裂面上的破坏力与抵抗破坏力;另一种是应力应变理论为基础的,利用有限单元法或边界元法计算岩体中各部位的应力与位移值。有限元法和边界元法是建立在连续介质力学基础上,适合于小变性分析,是发展较早、较成熟的方法,尤以有限元法应用更为广泛。边界元法由于它仅对计算域边界进行剖分,而具有独特的优越性。

随着计算机的推广应用和对岩土材料本构关系研究的深入,地下洞室结构数值计算方法有了很大的发展,出现了有限元、边界元等各种数值模拟技术,不仅由线性发展到高度非线性和大变形问题,由二维发展到三维,由静力发展到动力,同时,还可以考虑地下洞室结构的黏性流变、渗流、温度等与应力场的耦合、损伤、断裂以及波动和波动效应等复杂问题,出现了一些享有较高声誉和使用面宽广的数值分析程序,在地下洞室结构设计计算中发挥着越来越重要的作用。

5)模拟试验法

模拟试验法就是在研究岩体结构和岩体力学性质的基础上,考虑外力作用特点,通过物理模拟和数学模拟方法,研究岩体变形、破坏的条件和过程,由此得出岩体稳定性的直观结果。这种方法包括相似材料模拟与光弹性模拟。相似材料模拟是以岩体的结构与力学介质特征,利用相似材料制作按比例缩小的模型,然后施加按比例缩小的力并观测模型的变形破坏过程。光弹性模型试验是用环氧树脂等光弹性材料按比例制作岩体模型后施加工程作用力,通过光弹仪观测模型中各个部位的干涉图像,根据干涉图像的特征推断实际岩体中的应力分布特征。

六、赤平极射投影及洞室围岩稳定性分析应用

赤平极射投影是解析平面和直线空间关系的图解方法,使用起来比较简单方便,利用它来表示和测读空间上的平面、直线的方向和角度等,用图解的方法代替繁杂的公式演算,并可达到相当的精度。

在岩体结构分析中,利用赤平极射投影来表示岩体中的结构面和临空面,可以在投影图中简便地确定它们的夹角和组合关系,确定岩体的结构特征。同时,工程作用力、岩体阻抗力,岩体变形滑移方向等是具有一定方向的向量,也可以用赤平极射投影将它们表示于投影图上。因此,利用赤平极射投影可以把岩体变形的边界条件、受力条件、强度参数等纳入一个统一的投影体系中进行分析,来分析岩体稳定性问题。

但这种投影关系无法表达物体几何要素的绝对规模,如平面的大小、直线的长短和点间的距离等。为此,在赤平极射投影的基础上,中国科学院地质研究所孙玉科等提出了实体比例投影方法,使赤平极射投影和垂直投影或直线解析结合起来,进行岩体结构和岩体稳定性图解分析。通常把这一图解方法称为赤平极射投影—实体比例投影方法。

1. 赤平极射投影原理及作图方法

1)投影原理

赤平极射投影是以一个圆球作为投影工具(称投影球),以圆球体的中心作为比较物体的几何要素(点、线、面)的方向和角距的原点,并以通过球心的水平面(赤道平面简称赤平面)*NWSE* 作为投影面,赤平面上的圆周称基圆。在基圆内表示各种产状的直线和平面的投影,就构成了一幅赤平极射投影。图 7-17a)中 *R* 和 *P* 点分别代表圆球面的两个球极,一个在上

(R),一个在下(P)。

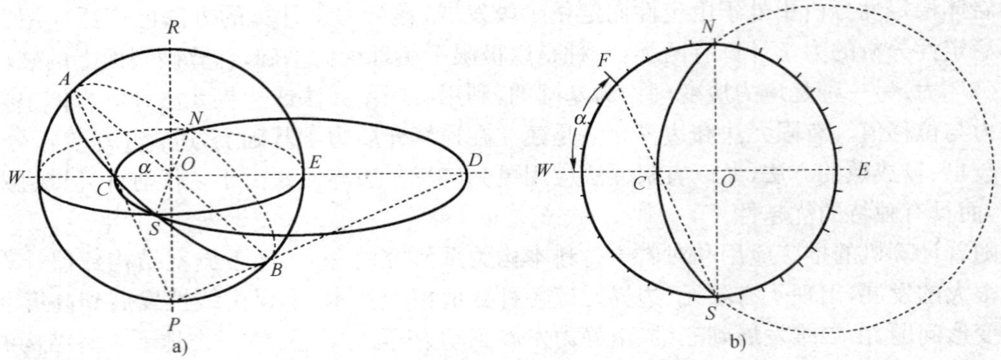

图 7-17　赤平极射投影图示

赤平极射投影作图分两步进行:

(1)作球面投影。将物体的几何要素置于投影球中心,然后从球心投影到球面上去,得到球面投影。

(2)化球面投影为赤平投影。由球极向球面投影发出射线(称极线)与投影球的赤平面的交点就是赤平极射投影。

如图 7-17b)所示,经过球心 O 的平面 M 与上半球面的交线为圆弧 NAS,就是 M 平面的球面投影。自球极 P,向上半球面投影 NAS 发出射线,这些射线与赤平面 $NWSE$ 的交点构成大圆弧 NCS。这条大圆弧就是 M 平面的赤平极射投影。由球极 P 向 M 平面之法线的球面投影发出射线与赤平面的交点,称为 M 平面法线的赤平极射投影(又称极点投影)。M 平面的赤平极射投影,以圆弧 NCS 表示者称大圆法,以极点表示者称极点法。

需要指出,上述是以球极 P 为发射点所获得的赤平极射投影,称上半球投影;若用球极 R 作为发射点,所获得的赤平极射投影,称下半球投影。同一平面的上半球投影和下半球投影处于相反的对称位置,在作图和读图中要注意区别。上、下半球投影均可以用,以各人的习惯进行选择。

2)赤平投影网

为了迅速而准确地对物质的几何要素进行投影,需要使用赤平投影网。目前广泛使用的赤平投影网有两种:一是吴尔福创造的极射等角距投影网,简称吴氏网;二是施米特创造的等面积投影网,简称施氏网。这两种网各有特点,但用法基本相同。一般习惯使用吴氏网,其构成和使用方法如下:

如图 7-18a)所示,吴氏网是由基圆(赤平大圆)和一系列经纬网格所构成。经纬网格是由一系列走向南北的经向大圆弧和一系列走向东西的纬向小圆弧交织而成。标准吴氏网的基圆直径为 20cm,网络的纵横间距为 2°,见图 7-19。使用标准网进行投影,误差不超过半度。成图步骤如下:

(1)经向大圆弧

由一系列通过球心、走向南北、分别向东向西倾斜、倾角为 0°～90°的许多平面的投影大圆弧所组成。经线的做法是将投影网 NW 弧段分度(或格 5°或 2°),并将分度所得各点与 S 点连接。这些连线在 WO 线段上有一系列交点。然后,过每个交点与 S 点的线段作垂直平分线与 OE 线段(或其延长线)相交,又得一系列交点。以这些交点为圆心,交点到 S 点的距离为半径，作一系列过 N、S 的大圆弧，它们就是投影网西半部的经线。图 7-18b)中，只表示了倾向东、倾角 50°一条经线的作图方法。

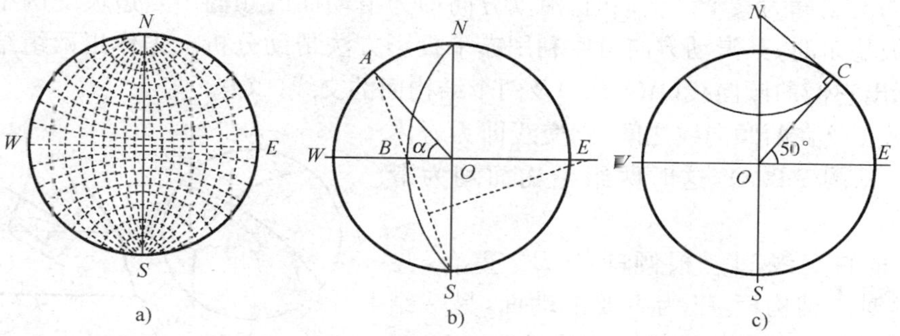

图 7-18　吴氏网的成图原理

a)吴氏网；b)经线的作图法；c)纬线的作图法

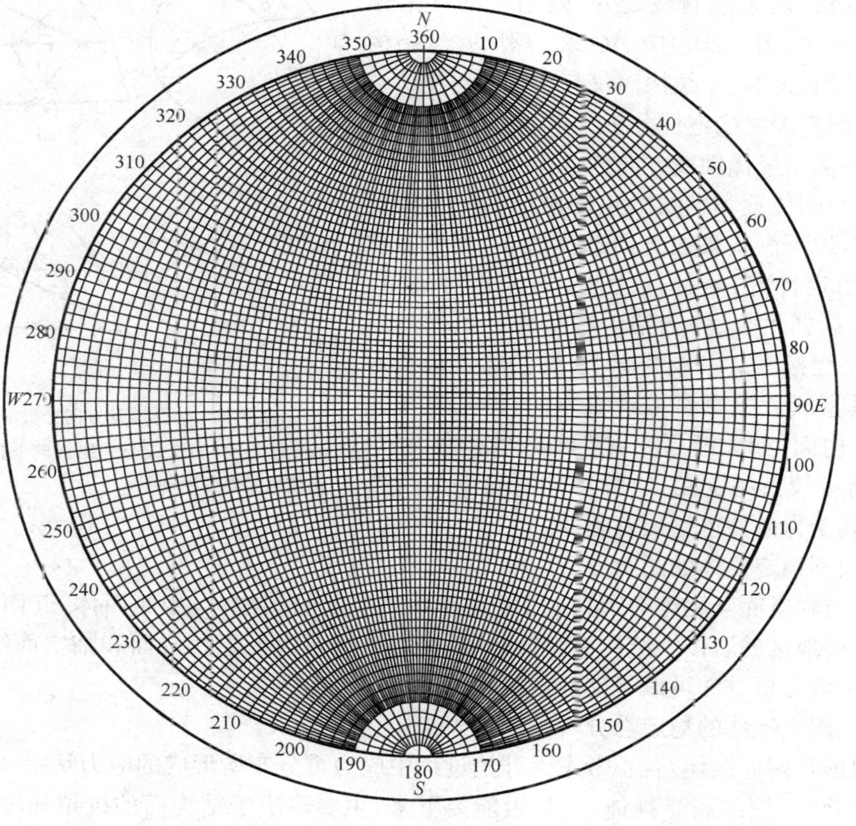

图 7-19　吴氏标准网

(2)纬向小圆弧

由一系列走向东西而不通过球心的直立平面小圆投影而成。纬向小圆弧—纬线的作图法，先将 NE 弧段分度，每格 5°或 2°，将所得各点与圆心 O 相连；然后自各点作切线，它们与经线 NS 的延长线相交于一系列交点。以这些交点为圆心，相应交点至 NE 弧度上各分度点的切线段为半径作小圆弧，此一系列小圆弧为北半部的纬线；同理可作出南半部的纬线。图 7-18c)表示了北 50°的一条纬线的做法。

2. 赤平极射投影的应用

1）岩体滑动方向确定

当岩体的滑动面为某个结构面时，滑动方向即为滑动面的倾向。当边坡受两组结构面切割并控制边坡稳定时，其滑动方向可以利用赤平投影方法帮助分析。先作出两组结构面的赤平投影图，标出它们的倾向线（AO、BO）及两个结构面的交线（CO）。

①若交线 CO 在两倾向线之间，则交线即为岩体的滑动方向，见图 7-20a），这时两组结构面均为滑动面。

②结构面的交线和一根倾向线 BO 重合，见图 7-20b），这时该结构面 J_2 为主要滑动面，另一结构面 J_1 上的倾向线 AO 与结构面交线的交角较 J_1 面的倾角更陡，所以只起切割面的作用。

③若交线在两个倾向线之外，则当中的一条倾向线为滑动方向，图 7-20c）中 AO 线为滑动线，结构面 J_1 为滑动面，这时 J_2 结构面仅起切割面作用。

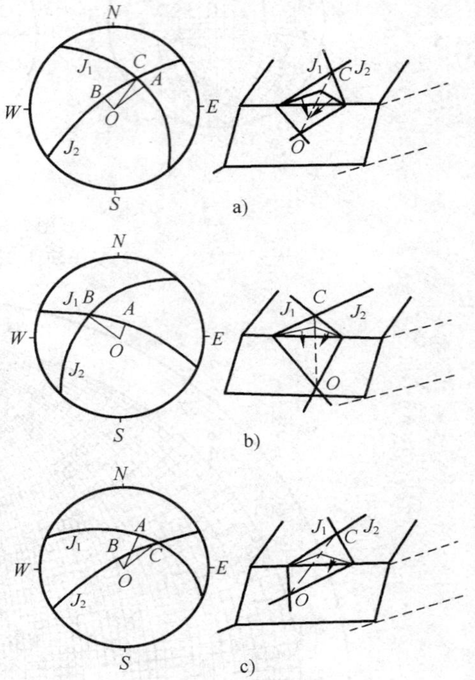

图 7-20　岩体滑动方向分析示意图

a）沿交线滑动；b）交线与一组面的倾向一致；c）沿一组面的倾向线滑动

2）地下洞室围岩稳定性分析

（1）地下洞室最优轴线方向的选择

地下洞室的位置和轴线的正确设计是一项极其重要的工作，地下洞室轴线方向选择适当，则施工顺利，其围岩稳定性好，岩体压力小，支护相对简单。若轴线方向选择不合适，会给工程带来一系列的麻烦，甚至使工程报废。一般情况下，要使巷道轴线方向尽可能垂直或近于垂直构造线方向，即垂直于区内的大型结构面，如大断层带、层间破碎带等，并与其他结构面呈较大的交角，这样即使有较强的构造应力影响，其受力条件也是最有利的。

（2）洞顶不稳定块体的图解分析

结构面与临空面互相组合，可以构成各种不同形状的结构体，如四面体、五面体、六面体等。由于一个地区的岩体中结构面组数有限，最常见的是由三组结构面和临空面组合构成的四面锥体，图解分析方法可以帮助确定洞顶的不稳定块体。

（3）洞顶四面锥体的稳定性分析

对于洞顶直四面锥体，若不考虑因开挖过程中应力重分布所形成的应力状态，即不考虑围岩对锥体的挤压，则纯属悬挂体，它是否能掉下来，主要取决于结构面的抗拉强度或内聚力。由于结构面的抗拉强度和内聚力是很小的，可只考虑最大直四面锥体的重量作为可能产生的岩石荷载，给予合理的加固措施。

如果由三组陡倾斜的结构面构成的洞顶直四面锥体，高度很大，直四面锥体受到围岩中的切向应力作用，即围岩将锥体挤住，使其掉不下来，可不考虑加固处理。对洞顶斜四面锥体的稳定性分析是较为复杂的，因它不是纯悬挂体，而是沿某一组或两组结构面滑移，如果锥体的重力矢量或合力矢量落在滑动面边界以外，还可以产生转动、折断等复杂的失稳破坏形式。

利用赤平极射投影确定地下洞室最优轴线方向、洞顶的不稳定块体和进行四面锥体的稳定性分析的具体方法可参考有关书籍。

七、保障地下洞室围岩稳定性的处理措施

从工程地质观点出发,保护洞室围岩稳定有两方面的措施。一是保护洞室围岩原有的强度和承载能力,使之不至于降低。如采用合理的施工和支护方案,及时封闭围岩以防风化,及时衬砌阻止围岩产生过大变形和松动;二是赋予围岩一定的强度使其稳定性有所提高。如给围岩注浆,封闭裂隙、用锚杆加固危岩等。

1. 技术措施

支撑是临时性加固洞壁措施,衬砌是一种永久性加固围岩的结构措施。此外,还有喷浆护壁、喷射混凝土、锚筋加固及锚喷加固等方法。

(1)支撑方法简便,开挖后立即进行,可防止围岩早期松动,是保护围岩稳定性简易可行的方法。它是临时性保护围岩的结构,主要是用木结构的或钢结构的支架把围岩支撑起来。当开挖局部严重不稳定地段时,常作为施工中的临时性保护措施采用。

(2)衬砌的作用与支撑相同,但经久耐用,洞壁光坦。衬砌是在地下洞室内用条石、混凝土或钢筋混凝土砌筑一定厚度的"墙"。根据加固的需要,衬砌可有不同的类型,见图 7-21。

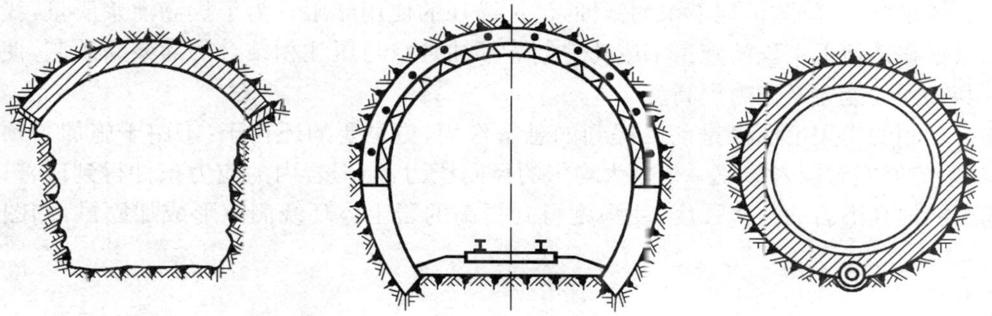

图 7-21 衬砌的类型示意图

a)半衬砌;b)有边墙的衬砌;c)全衬砌

一般来说,衬砌是"被动"地承受围岩荷载的结构。由于混凝土冷凝收缩而在围岩与衬砌间形成的空隙,为了更有效地起加固围岩的作用,一定要使衬砌与洞壁紧密结合,填严塞实。使它与围岩形成一个整体,才能起到良好效果。做顶拱的衬砌时,一般还要预留压浆孔,衬砌后,再回填灌浆达到严实的目的,在渗水地段也可起到防渗作用。衬砌厚度应根据围岩荷载决定。在水工隧洞衬砌的设计中常直接按岩石的坚固性系数 f_k 值来估算需要采用的衬砌厚度,见图 7-22。用砖、石衬砌较便宜,钢筋混凝土、钢板衬砌成本最高。

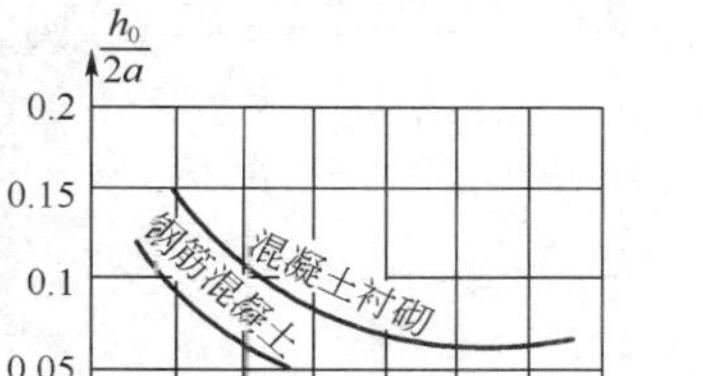

图 7-22 围岩值与所需衬砌厚度的关系曲线

h_0-衬砌厚度;$2a$-隧洞跨度

(3)喷浆护壁、喷射混凝土、锚杆(筋)加固及锚喷加固等与前述衬砌有许多相同的作用,但成本低得多,又能充分利用围岩自身强度来达到保护围岩并使之稳定的目的。喷射混凝土支护在洞室开挖后及时进行,能有效地控制和调整围岩应力的重分布,最大限度地保护围岩结构和围岩的力学性质,防止围岩的松动和坍塌。

实践证明，易滑动岩块和层状结构围岩，用锚杆加固（图 7-23）具有很好的效果。这种加固方法在国内、外地下工程中应用很普遍。

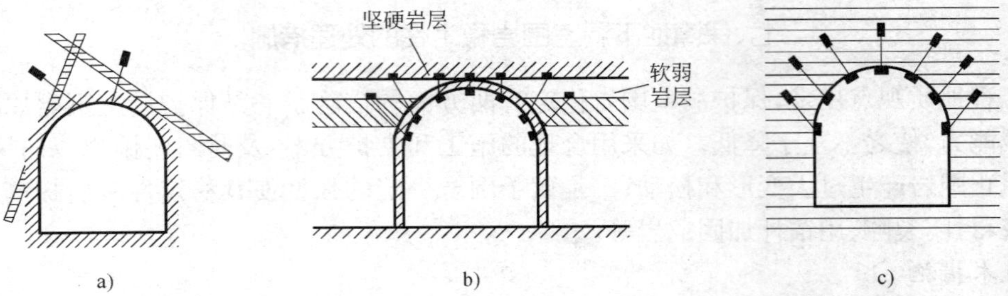

图 7-23　地下洞室围岩的锚杆加固

a）楔形体锚固；b）软弱岩层锚固；c）层状围岩锚固

锚杆支护是目前生产中大量采用的一种提高围岩稳定性的措施，它就是将钢筋锚杆通过风钻孔插入洞室围岩内，使锚杆里端锚固在完整新鲜母岩内，锚杆的外端与可能发生松动的围岩结合在一起。通过这种结构将可能坍塌的围岩锚固在完整的岩土体上。为了收到良好的永久锚固措施效果，通常采用砂浆楔头预应力锚杆，也就是将图 7-24 所示的锚杆牢固地卡在孔内，然后用强力拉伸锚杆，同时向孔内灌以砂浆，外端加上垫板，并用螺丝帽拧紧。这样的锚杆不仅锚固效果好，又能防护地下水的锈蚀，延长锚杆的使用年限。为了提高灌浆质量，我国电力部门最近在某地下工程的施工中成功地创造了抽真空与压注相结合的灌浆新工艺，使锚杆的防水和锚固的能力又大为提高。

锚杆加固的作用不仅仅是前面提到的悬吊作用，更主要的还在于：①由于施加了预加应力，锚杆系统就能对围岩造成一个较为均匀的径向压力，使围岩内的应力条件得到改善；②锚杆加固还能提高围岩的整体强度，使强度得到提高的岩土体环绕洞室形成加固拱，如图 7-25 所示。

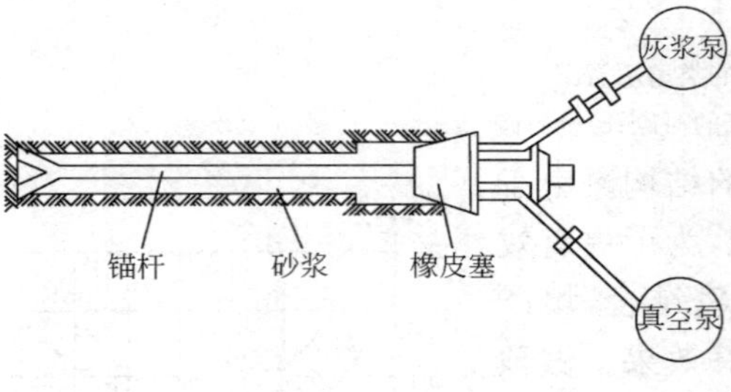

图 7-24　砂浆楔头预应力锚杆

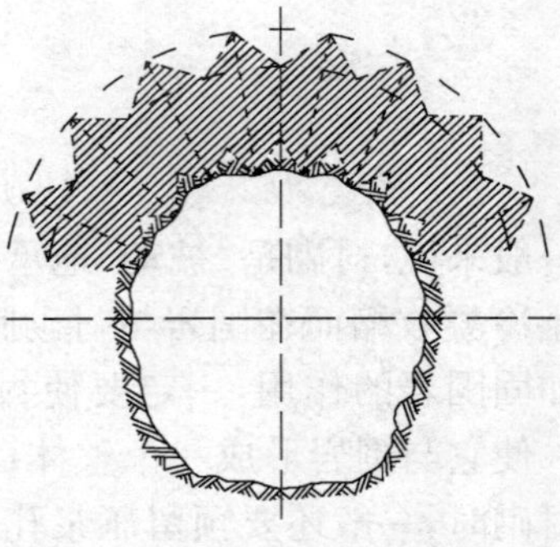

图 7-25　预应力锚杆的加固作用

可见，锚杆支护的特点在于“主动”地加固围岩，因而对可能产生压力破坏的不稳定地段特别有效。

如果用锚杆加固围岩再配合喷射混凝土，会起到上述两种作用，更有效地提高围岩的稳定性和承载力。锚喷支护，作为保护洞室围岩稳定的措施之一，是随着喷射混凝土和锚杆（加金属网）支护的技术发展而完善起来的，见图 7-26。随着喷射机械的完善，使用含有粗集料的“喷射混凝土”，同时在拌和物中掺入了速凝剂，使喷射混凝土具有较高的早期强度。人们开始把它作为一种能在围岩压力作用下保持围岩稳定性的一种永久性手段。

锚喷的加固作用，一般用以下原理解释。围岩失稳也是一种累进性破坏过程，从某一块周边抗剪强度不足的“冠石”坠落、旋转或错动开始，相继引起整个围岩逐渐丧失稳定，只要喷层能够提供使这块“冠石”不致发生坠落、旋转或错动的支撑能力，就可以保证围岩的整体稳定性。同时，理论与实测资料表明，洞室开挖以后围岩的变形和应力重分布是需要经过一段时间才能完成的。

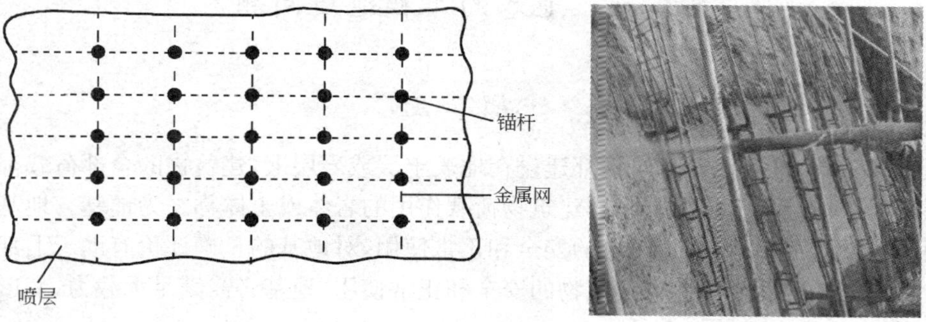

图 7-26 锚喷支护结构示意图

锚喷支护是一种符合岩体力学原理的积极支护方法，具有良好的物理力学性能。它能及时支护和加固围岩，与围岩密贴，封闭岩体的张性裂隙和节理，加固围岩结构面，有效地发挥和利用岩块间的镶嵌、咬合和自锁作用，从而提高岩体自身的强度、自承能力和整体性。由于锚喷支护结构柔性好，所以它能同围岩共同变形，构成一个共同工作的承载体系。在变形过程中，它能调整围岩应力，抑制围岩变形的发展，避免岩体坍塌的产生，防止过大的松散压力出现。锚喷支护技术不再把围岩仅仅视作荷载，同时还把它视为承载结构的组成部分。锚喷支护结构承受荷载的性质也变为承受围岩的形变压力。

2.施工时应注意的问题

1)合理施工，尽量减少围岩的扰动

地下洞室开挖后，由于应力重分布引起洞周切向应力集中，洞壁岩石由原来的三向受力状态，转变为双向受力状态。如果施工方法不当，则引起围岩强度的降低和岩块的松动，从而加速和扩大围岩松动圈的形成，使洞室周围岩土体处于不稳定状态。

应根据不同的围岩稳定程度选择不同的施工方案。尽可能全断面开挖，多次开挖会损坏岩土体。若地下洞室断面较大，一次开挖成型困难时，可采用分部开挖逐步扩大的施工方法，并根据围岩的特征，采用不同的开挖顺序以保护围岩的稳定性。如当洞顶围岩不稳定而边墙围岩稳定性较好时，应先在洞顶开挖导洞并立即做好支撑。当洞顶全部轮廓挖出做好永久性衬砌后再扩大开挖下部断面。如整个洞室的围岩均不甚稳定时，则应先开挖侧墙导洞并做好衬砌后，再开挖上部断面。

2)确定最佳支护时间

在洞室开挖后，由于围岩的变形破坏有一定的发展过程，支护应有一个最适宜的时间。一般原则是，支护不宜过早，支护过早因围岩尚未充分变形，支护将会承受很大的压力；支护时间过迟，则围岩可能已经失稳或因岩石变形较大而需要较大的支护力。适宜的支护时间，应该允许围岩产生一定变形后，用最小的支护力顶住最终变形为原则。一般这个时间应通过对洞室围岩变形的观测才能获得。支护的适宜时间也可结合围岩自稳时间的评价来确定。如对于破碎、软弱、自稳能力很差的围岩，洞室开挖后变形和破坏发展很快，如不及时支护，围岩的稳定就不易控制。因此，对于不良围岩，跟进支护是一个非常重要的原则。对于块状结构岩体，其岩块一旦失稳也会很快滑动或塌落，如及时锚固或喷射混凝土层，则会充分发挥围岩本身的承载作用。对于坚硬完整、自稳程度良好的围岩，一般在洞室开挖后围岩的变形很快趋于稳定，应在变形趋于稳定后再进行衬砌。

第二节　地基的工程地质问题

一、概　　述

房屋、道路和桥梁等地面建筑物都建设在地表土层或岩层上，建筑物的全部荷载都由它下面的土层或岩层承担。直接承受上部建筑物荷载作用的岩体或土体称之为地基。地基的承载力、变形和稳定性直接影响着建筑物的安全和正常使用，对地基的正确评价有助于上部结构的合理设计和施工。因此为了保证建筑物的安全和正常使用，地基必需满足承载力、变形和稳定性方面的要求。

地基问题分为岩质地基和土质地基问题。一般认为岩质地基具有足够的强度，但是忽视岩石地基的某些不良地质条件也可导致工程事故的发生。土质地基在承受上部建筑物荷载过程中，一方面由于受力会产生变形，引起基础产生沉降，另一方面，当地基所承受的应力超过地基的容许承载力时，地基将发生强度破坏或失稳。有关土质地基的具体内容将在土力学课程中介绍，此处不再赘述。

岩质地基与土质地基不同，比较坚硬。但就单个岩块来说，页岩、泥岩等软岩的变形模量小，在荷载作用下也会产生较大变形；而变形模量大的坚硬岩石，其强度一般较高，变形较小。作为建筑地基的岩体，其中因构造运动和其他地质作用，会产生节理和断层等各种结构面，岩体中软弱结构面发育的数量、密度、延伸长度、性质、产状、空间的组合关系、填充物性质、填充物厚度以及岩体的风化等，在很大程度上影响岩体受力后的强度和变形。岩体中的软弱夹层、软弱结构面、断裂破碎带较多时，岩体的强度会大大降低，这是岩质地基需要特别注意的。在地下水发育的溶岩地区，岩质地基内的洞穴、空洞问题也要引起足够的重视。

水工建筑中的重力坝地基（坝基）常有沉降和滑移问题。筑坝拦蓄河水，抬高水位，库水便以巨大水平推力作用于大坝，为维持稳定，重力坝坝体必须具备足够重量，使坝底与地基接触面产生足够大的摩擦力，来平衡该水平推力，不至于发生滑动。如果坝基稳定性不能得到保证，往往会导致大坝破坏，甚至造成灾难性事故。如法国马尔帕塞薄拱坝修建在片麻岩上，左岸有绢云母页岩夹层，倾向下游，且裂隙发育，有的张开且被黏土充填，在 1959 年 12 月，由于连日暴雨，水位猛涨，绢云母页岩强度降低，坝基负荷骤增，致使大坝左端岩体滑动，坝体崩溃。

二、岩质地基的变形问题

由于岩质地基主要受力为压力，故此处主要分析受压变形问题。

1.影响岩石地基变形性质的因素

1）单个岩块受压变形分析

由于各类岩石的矿物成分、矿物颗粒大小、结构构造、形成的地质条件及成岩过程不同，在单轴加压条件下的应力—应变曲线形态也不尽相同，大致可分为以下四种类型（图 7-27）：

（1）弹塑性变形为主型

由图 7-28 可以看出，弹塑性变形为主型的岩石的 σ-ε 曲线可分为四个阶段。

①o-a 段：σ-ε 曲线呈直线，在此段内卸载后，变形可基本恢复，为弹性变形阶段，此部分变形是由于晶粒(或颗粒)间细小空隙的压密而产生的，曲线上 a 点对应的应力 σ_a 被称为比例极限。

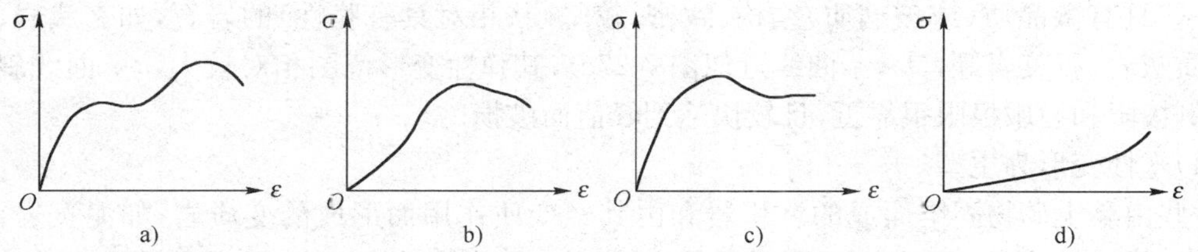

图 7-27　岩石轴向应力—应变曲线的基本类型

a)弹塑性变形为主型；b)裂纹受压为主型；c)弹性变形为主型；d)塑性变形为主型

②a-b 段：随着应力的增加，晶粒间抗阻力不足，开始发生粒间错位，这是岩块的塑性变形，σ-ε 曲线呈曲线变化，而在一段时间后，应力未增加，应变会继续增大，此阶段被称为屈服阶段，曲线上 b 点对应的应力 σ_b 被称为屈服极限。

③b-c 段：σ-ε 曲线到达 b 点后，继续加压，粒间错位又增大，开始出现裂隙，并随着应力逐渐增大，某些细微裂隙增长而连通，最后发展到贯通整个岩块，发生破损，此时应力达到最高点 c，曲线上 c 点对应的应力 σ_c 被称为峰值强度或单轴极限抗压强度。

④c-d 段：应力达到极限强度后，应变继续增加，岩块强度逐渐降低，但还保持着较小的承载力。曲线上 d 点对应的应力 σ_d 被称为残余强度。

安山岩、玢岩、大理岩及石灰岩等由较细的矿物晶粒(或颗粒)组成的岩石属于此类型。

(2)裂纹受压为主型

一些粗晶粒(或颗粒)结构的岩石，如花岗岩、辉长岩、硅质石英砂岩、粗晶粒大理岩、粗粒片麻岩等，常具有许多晶间或晶内裂纹，如矿物晶粒之间的界面、缝隙、矿物内部的节理等。这些裂纹的存在，对岩石受压变形及破坏过程起着控制作用，此类岩石的 σ-ε 曲线如图 7-29 所示。

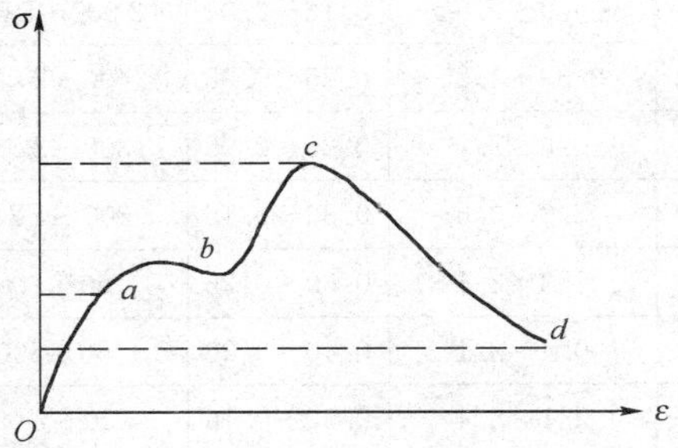

图 7-28　弹塑性变形应力-应变曲线

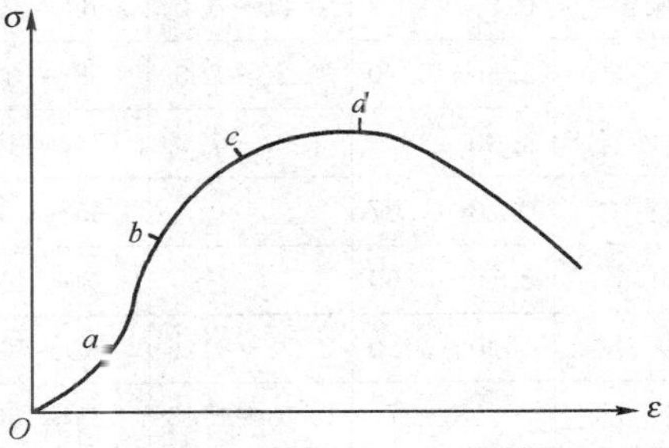

图 7-29　裂纹受压变形应力-应变曲线

①o-a 段：此段变形是由于较扁的张开裂纹受压后闭合而引起的，故应变随应力增长而逐渐变小(曲线斜率增大)。

②a-b 段：线性变形阶段，此段 σ-ε 曲线虽近似呈直线，但不全是弹性变形，其中包含有闭合裂纹的相互滑动。

③b-c 段：裂纹稳定扩展阶段，微裂隙在偏应力作用下开始扩展，同时不断有新的裂隙发

生，σ-ε 曲线开始呈下凹形。

④c-d 段：随着应力的继续增大，某些部位的裂纹迅速密集、搭接、连通，并逐步向试件端部延伸，最后导致岩块破损。

(3)弹性变形为主型

一些具有微晶质(或玻璃质)结构、致密、较坚硬(相对具有脆性)的岩石，如玄武岩、辉绿岩、硅质灰岩、石英岩等，其 σ-ε 曲线近似图 7-27c)，其弹性变形范围相对较大，σ-ε 曲线斜率较陡，比例极限和屈服极限很靠近，且较快达到峰值而破损。

(4)塑性变形为主型

一些由黏土矿物固结而成的沉积岩和由其经变质作用而形成的变质岩，如泥页岩、泥灰岩、泥岩、绢云母片岩、滑石片岩、泥质千枚岩等，其 σ-ε 曲线呈上凹形，基本上没有弹性变形阶段，也无明显的比例极限和屈服极限，见图 7-27d)。

一般将 σ-ε 曲线中，由原点到比例极限段的斜率称之为弹性模量，即 $E=\sigma_a/\varepsilon_a$。岩石的 E 值越大，说明要使它发生单位变形需要的应力越大。反过来说，同一应力作用下，E 值小的岩石所产生的变形量大，所以常用此项指标来衡量岩石的变形性能。

但有些岩石的弹性变形很小，在曲线的起始段 o-a 内就不是直线，其中包含塑性变形，其应力增量与应变之比应称为变形模量，但为简便起见，一般也称其为弹性模量。表 7-5 列出的为部分岩石经多次试验数据统计后的物理力学性质指标。

常见岩石物理力学性质经验参数 表 7-5

岩石类型	孔隙率 V_v/V(%)	吸水率 G_w/G_s(%)	抗压强度 R_c(MPa)	抗拉强度 R_f(MPa)	静弹性模量 E(10^4MPa)	泊松比 μ	弹性抗力系数 K_0(MN/m^3)
花岗岩	0.10～2.80	0.10～0.70	75～200	2.1～5.7	1.4～6.9	0.36～0.10	1 000～5 000
闪长岩	0.25±	0.30～0.38	120～250	3.4～7.1	2.2～11.4	0.25～0.10	1 200～5 000
安山岩			120～200	3.4～5.0	4.3～8.0	0.26～0.16	1 200～2 000
玄武岩	0.8～21.8	0.30±	160～250	4.5～7.1	6.2～10.6	0.16～0.04	2 000～5 000
玢岩		0.07～0.65	140～180	4.2～5.6	6.6～7.0	0.18～0.08	1 200～2 000
辉绿岩	0.29～1.13	0.80～5.0	160～250	4.5～7.1	6.9～7.9	0.16～0.04	2 000～5 000
石英砂岩	1.60～5.30	0.20～2.0	68～102	1.9～3.0	0.39～1.25	0.25～0.05	400～2 000
碳质砂岩	4.30～28.3	1.50～7.0	54～140	1.5～4.1	0.6～2.2	0.25～0.08	300～2 000
砂质页岩	0.70～1.87		65～120	3.8～8.6	2.0～3.6	0.30～0.16	200～1 200
泥页岩	2.50～5.60		20～40	1.2～1.6	1.3～2.1	0.30～0.25	60～300
泥灰岩	16.0～52.0	2.14～8.16	10～60	0.6～4.2	0.4～2.1	0.40～0.20	60～600
石灰岩	0.53～27	0.10～4.45	25～180	0.6～10.7	2.1～8.4	0.50～0.16	120～2 000
白云岩	0.3～25.0		40～140	1.1～4.0	1.3～3.4	0.36～0.15	400～2 000
片麻岩	0.3～2.4	0.10～0.70	80～180	2.2～5.1	1.5～7.0	0.30～0.10	1 000～5 000
石英岩	0.8±		200～360	5.7-10.2	4.5～14.2	0.20～0.10	1 200～5 000
大理岩	0.1～0.6	0.10～0.80	70～140	2.0～4.0	1.0～3.4	0.36～0.16	800～2 000
千枚岩 板岩	0.45±	0.10～0.30	120～140	3.4～4.0	2.2～3.4	0.18～0.14	1 200～2 000
片岩	0.02～1.85	0.10～0.20	60～140	2.2～4.2	1.2～3.6	0.18～0.08	600～2 000

2)岩体中结构面对受力变形的影响

(1)岩体现场载荷试验

岩体现场变形试验有静力法与动力法两类。对岩基岩体常用承压板载荷试验法,此法是对岩体(视作半无限空间体)表面逐级循环施加压力 p,记录每一级加载、卸载的稳定总变形值 s_0 及弹形变形值 s_e,以 p 为纵座标,s 为横坐标,即可得出该岩体的 p(压力)-s(变形)曲线,见图 7-30。

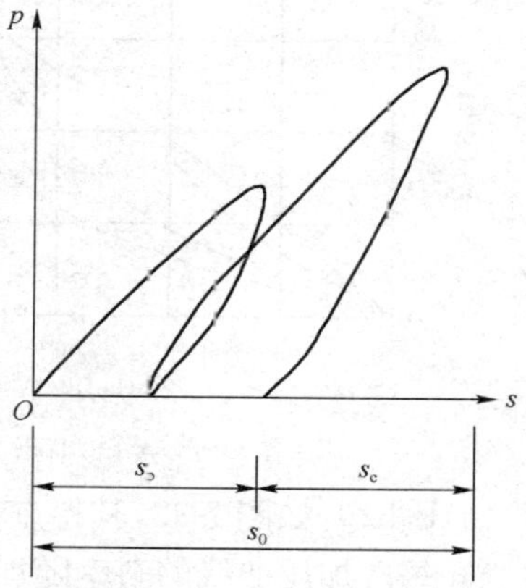

图 7-30 岩体现场承载板载荷

根据压力 p 及其相应的总变形,计算所得的模量称为岩体变形模量 E_0,其定义为岩体在受压条件下应力增量与总应变之比,计算公式为:

$$E_0 = \frac{pb(1-\mu^2)\omega}{s_0} \tag{7-12}$$

式中:b——承压板的边长(或直径);

μ——岩体的泊松比;

ω——与承压板形状与刚度有关的系数;

p——承压板单位面积上的压力(MPa);

s_0——相应于 p 的总变形值(mm)。

岩体弹性模量 E,则是根据 p 与弹性变形 s_e 计算出的模量,其计算式为:

$$E = \frac{pb(1-\mu^2)\omega}{s_e} \tag{7-13}$$

一般采用岩体的 E、E_0 作为反映其变形性能的指标,国外也有用 $\frac{s_p}{s_e}$(美)、$\frac{s_e}{s_0}$(法)、$\frac{E}{E_0}$(德)作为表征变形的指标。但要注意的是,岩体的各种变形指标是随压力不同而变化的。

根据长江水利水电研究院等单位的多次岩体现场承压板试验,得到几种不同岩体结构类型的 p(压力)-s(变形)曲线,介绍如下:

①直线型-A 型

这类曲线的方程为:

$$p = f(s) = ks, \frac{dp}{ds} = k, \frac{d^2p}{ds^2} = 0 \tag{7-14}$$

它是经过原点的直线,反映变形随压力增加成正比增加。根据 p-s 曲线的斜率及加载、卸载曲线的不同又可分为以下两种类型。

a)A-I 型:如图 7-31,曲线具有以下特点:

ⓐ p-s 曲线较陡,呈直线,岩体刚度大。

ⓑ卸载后变形几乎恢复到原点,以弹性变形为主。

一些较完整、坚硬、致密、均匀而裂隙稀少的岩体表现为此种类型。

b)A-II 型:如图 7-32,曲线具有以下特点:

ⓐ p-s 曲线较缓,岩体刚度很低。

ⓑ卸载后岩体变形只能部分恢复,具有较大的残余变形。

这种类型的 p-s 曲线虽呈直线,但不能把这类岩体视作弹性体。当岩体被多组节理切割,结构疏松、破碎,但裂隙分布比较均匀时,其 p-s 曲线属于此种类型。

②上凹型-B 型

其曲线方程为 $p=f(s)$，$\frac{dp}{ds}$ 随 p 的增加而增加，$\frac{d^2p}{ds^2}>0$，按其加压后的卸载曲线又可分为两个亚类。

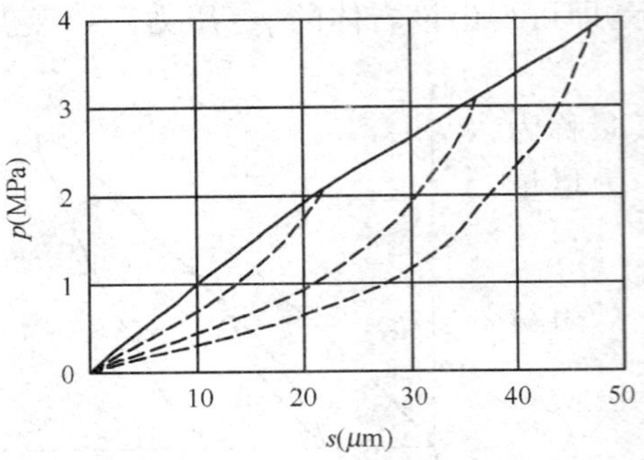

图 7-31　A-I 型曲线

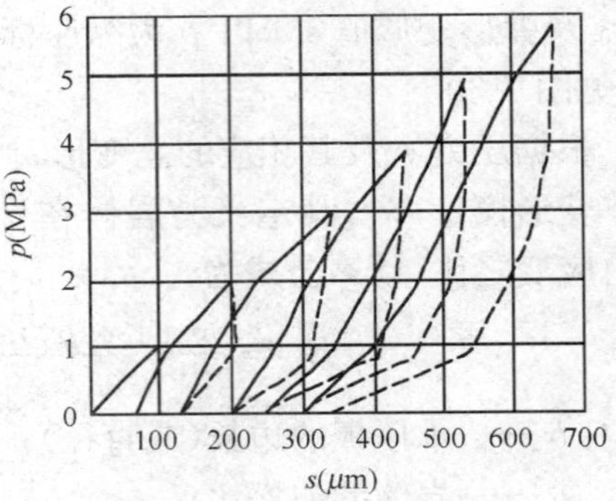

图 7-32　A-II 型曲线

a)B-I 型：如图 7-33，其特点为：

ⓐ每次加压曲线的斜率随加压—卸载循环次数增加而逐渐增大，说明岩体刚度增大。

ⓑ各卸载曲线比较缓，弹性变形 s_e 随压力的增大而增大，即岩体的弹性有所增加。

这种类型多发生在具水平方向的层理和节理（即垂直于压力方向）的岩体中，一些夹层及层间空隙随压力增加而逐渐压密，由于岩体结构之间未发生错动，故卸载时具有较大的弹性变形。

b)B-II 型：如图 7-34，其特点为：

ⓐ加压曲线斜率随压力增大而增大，说明岩体刚度增大。

ⓑ各卸载曲线较陡，说明变形大部分不能恢复。

这种情况往往发生在具有 2～3 组高角度裂隙的岩体中，在压力作用下，各部分岩块像楔子一样互相楔紧，退压后变形自然难以恢复。在卸载后可恢复变形小，也可出现这种情况。

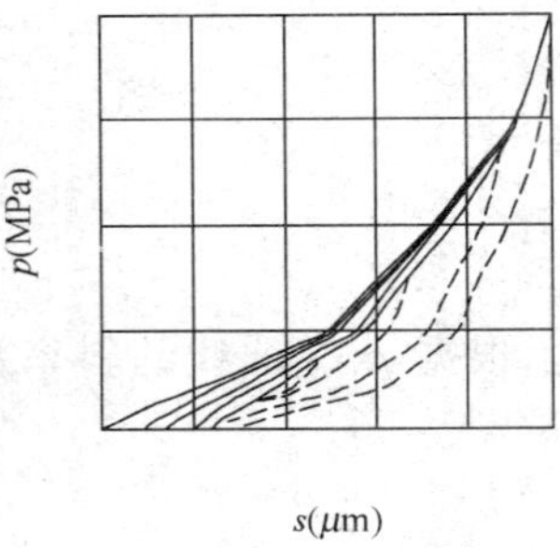

图 7-33　B-I 型曲线

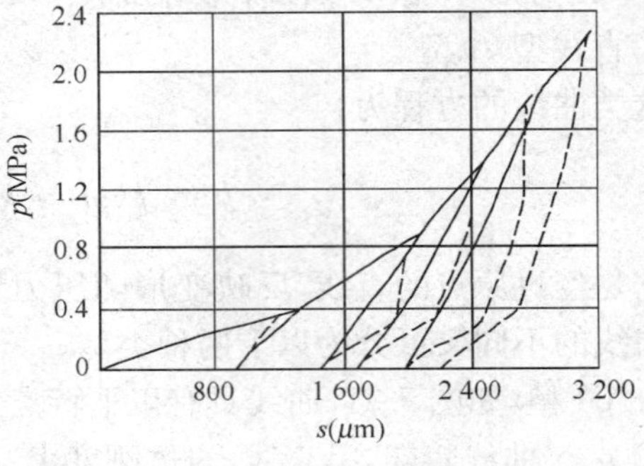

图 7-34　B-II 型曲线

③上凸型-C 型

如图 7-35 所示，其曲线方程为 $p=f(s)$，$\frac{dp}{ds}$ 随 p 的增加而减少，$\frac{d^2p}{ds^2}<0$。

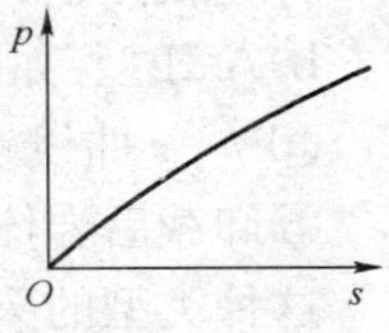

图 7-35　C 型曲线

出现这种类型曲线，可能有以下几种情况：

a)岩石性质较软弱岩体（如泥岩、碳质页岩、绢云母片岩等），曲线变缓反映了岩体中微裂纹逐渐扩展。

b)节理裂隙很发育并有较多泥质充填的岩体，曲线变缓反映了岩体结构随压力增大而逐渐松动，一些岩块向四周挤出。

c)岩体较深处埋藏有软弱岩层，其曲线变缓则是由于在 p 增大时，逐渐加力到下部软弱岩层，使之产生后缩的结果。

④复合型-D 型

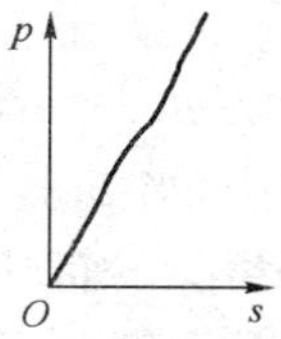

图 7-36　复合型

如图 7-36 所示，一般多发生在岩体裂隙较发育且不均匀的情况下，这是由于岩体受压时的力学行为相当复杂，它包括岩石的压密、节理裂隙的闭合、岩块沿节理的移动和转动，以及受压层深度随压力的增大而加深等，所以表现出形状较复杂的 p-s 曲线。

(2)结构面对岩体变形的影响

①结构面方向

岩体的变形因结构面方向与力作用方向之间角度的不同而不同，即导致岩体变形的各向异性，这种变形的方向性，在岩体中具有规律的结构面组数较少时(1～2 组)更为明显。

②结构面的性质

如结构面类型(张节理、剪切节理、断层面、断层破碎带等)、结构面张开程度、充填程度、充填物质性质等，都对岩体受压后在各方向的变形有影响。

③结构面发育的密度和数量

一般说来，岩体中裂隙发育越强，即密度大、数量多，受力后产生的变形相应越大。但结构面的密度发育到一定程度时，对变形的影响就不太显著了。

④结构面组合关系

当岩体中存在两组以上结构面时，各组结构面排列组合方式不同，对岩体变形的影响也有所不同。

(3)各类结构面对岩体变形的影响虽有许多不同之处，但基本具有下列特征：

①对垂直于结构面的拉应力基本上无阻抗力。

②在垂直于结构面的压应力作用下，结构面间容易闭合或压密岩体而产生相应的应力。

③结构面在沿其面方向的剪应力作用下，易于产生剪切变形或滑动位移。

④沿结构面的剪切破坏或滑动，符合摩尔—库伦法则。

由上述特征可见，岩体内结构面发育程度、结构面分布密度及数量、结构面中充填物状况、主要结构面的组数、产状及它们的组合等，均对岩体的变形及力学性能有较大的影响。据此进行岩体结构类型划分，以便于工程上分析和研究。

3)岩质地基内的洞穴问题

岩体中洞穴一般有三种类型：

(1)可溶性岩石中的溶洞。

(2)构造运动多发地区，大型构造裂隙被淘空所成的洞穴。

(3)人工洞穴如隧洞、矿洞、墓室等。

在洞穴顶上修建工程，基础底下岩体地基受压层范围存在洞穴时，洞穴顶部岩体在受到基础荷载传来的附加应力 p_z 作用下会发生变形，甚至顶部破裂塌陷，还会引起地基发生沉降变形，影响工程建筑的稳定与安全。

为保证洞穴顶上修建工程的稳定，需要确定由基底到洞顶的安全厚度 z_0。影响 z_0 的因素很多，比较复杂。以下是一种比较简化的估算方法，见图 7-37。

若基底压力 p_0 沿基岩竖直深度按 θ（扩散角）扩散，在 z' 深度处，附加应力 p_z 为：

$$p_z = \frac{bp_0}{b + 2z'\tan\theta} \tag{7-15}$$

p_z 与 p_0 达到一定的比值，比如，一般认为在坚硬岩体中，当 $p_z = 0.2p_0$ 时，就不考虑岩体发生大的变形和新的裂隙。而对于软弱岩体，则要求 $p_z = 0.1p_0$。所以安全的深度 z' 为：

$$z' = \frac{(p_0 - p_z)b}{2p_z\tan\theta} \tag{7-16}$$

式中：b——基础宽度（m）；

θ——扩散角，一般岩体取 30°，坚固完整的岩体可取 40°。

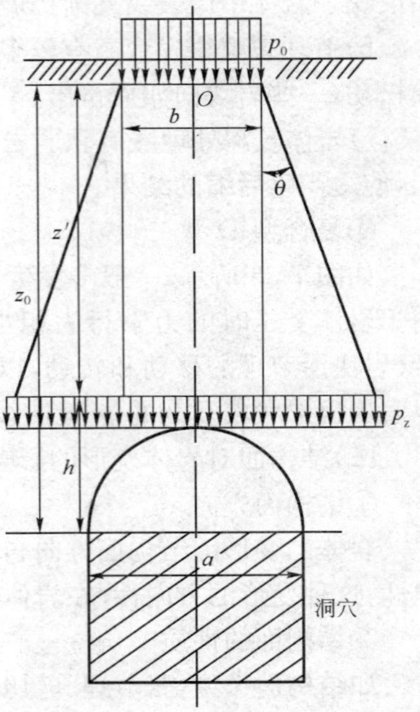

图 7-37　基底距洞顶岩体安全厚度计算简图

另外，考虑到在原有已稳定洞穴的顶部又受到一定新的附加应力 p_z，可能形成一个新的压力拱，这个拱高 h 也应考虑到安全厚度以内。当洞穴跨度为 a 时，压力拱高度为 $h = \frac{a}{f_k}$，式中 f_k 为普氏坚固性系数见表 7-6，则基底下距洞穴顶部的安全厚度 z_0 为：

$$z_0 = z' + h = \frac{(p_0 - p_z)b}{2p_z\tan\theta} + \frac{a}{f_k} \tag{7-17}$$

岩体的普氏坚固系数 f_k 值　　表 7-6

岩体坚固程度	极坚硬的	坚硬的	次坚硬的	较软的	次松软的	松软的
湿抗压强度（MPa）	＞60	60～30	30～15	15～8	8～4	4～2
f_k	＞10	10～7	7～5	5～3	3～2	2～1

【例 7-1】 某工程基础宽 b=2m，基底压力为 p_0=500kPa，地基岩体为厚层砂岩，微弱风化，湿抗压强度 R_c=25MPa，属次坚硬岩石，一定深处存在有洞穴，试计算基底距洞顶的安全厚度 z_0。

解：因为次坚硬岩石，可考虑选 $p_z = 0.2p_0$，$\theta = 30°$，$f_k = 6$，若地下洞穴跨度 a=4m，则要求安全厚度：

$$z_0 = z' + h = \frac{(p_0 - p_z)b}{2p_z\tan\theta} + \frac{a}{f_k} = \frac{(5-1)\times 2}{2\times 1\times \tan 30°} + \frac{4}{6} = 7.6\text{m}$$

2. 岩质地基的变形计算

1）地基岩体变形性质试验

由于作为建筑工程的地基岩体体积较大，岩体中构造裂隙分布情况比较复杂，故岩体的应力—变形性质指标的取得，往往依靠在工程现场进行的原位静荷载试验。图7-38为在某种次坚硬而节理均匀分布的岩体中试验的压力（p）-变形（s）曲线。根据此曲线可以了解在各级荷载压力作用下的岩体竖向变形量，可以依据弹性力学理论计算出岩体的E值，即：

$$E = p(1-\mu^2)\frac{b\omega}{s} \tag{7-18}$$

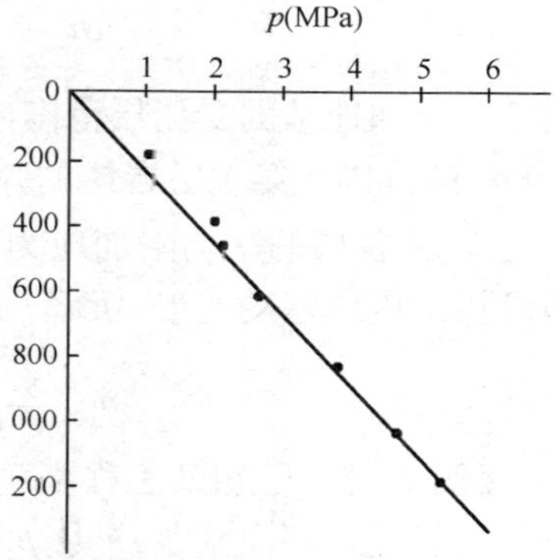

图7-38 某岩体的p-s曲线

2）岩质地基内的附加应力p_z的分布

根据弹性力学理论，在均布荷载p_0（基底宽为b）作用下，地基内的竖向附加应力p_z分布的等应力线如图7-39所示。从图7-39中可看出在同一水平面上，基础中心点下的竖向附加应力p_z最大，向两侧逐渐减小。沿中心线下，p_z随深度增大逐渐减弱。在$z=2.5b$处，p_z即减小至$0.2p_0$，当$z=5b$处，$p_z=0.05p_0$。

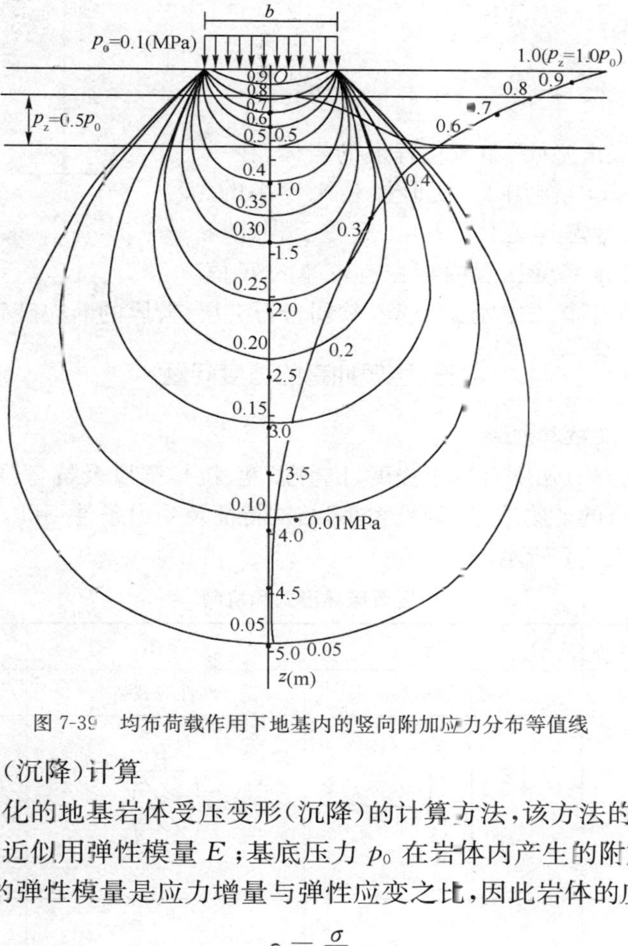

图7-39 均布荷载作用下地基内的竖向附加应力分布等值线

3）岩质地基变形（沉降）计算

此处介绍一种简化的地基岩体受压变形（沉降）的计算方法，该方法的主要依据为：地基岩体的应力—变形指标近似用弹性模量E；基底压力p_0在岩体内产生的附加应力为p_z。

如前所述，岩体的弹性模量是应力增量与弹性应变之比，因此岩体的应变ε可以表示为：

$$\varepsilon = \frac{\sigma}{E} \tag{7-19}$$

岩体的应变ε的含义是：在应力σ作用下，单位长度岩体所产生的压缩变形，所以厚度为h的岩体在应力σ作用下所产生的变形量s为：

$$s = \varepsilon h = \frac{\sigma h}{E} \qquad (7\text{-}20)$$

当已知地基的受压层范围内(基底至附加应力 $p_z = 0.1p_0$ 的范围),第 i 层岩体的弹性模量 E_i 值,各分层的厚度 h_i 及各层的平均附加应力 $\overline{p}_{zi}$ 时,利用分层总和法即可算出该地基的变形(沉降)量:

$$s = \sum_{i=1}^{n} \Delta s_i = \sum_{i=1}^{n} \frac{\overline{p}_{zi}}{E_i} \cdot h_i \qquad (7\text{-}21)$$

【例 7-2】 已知某工程基底压力 $p_0 = 1\text{MPa}$,其地基岩体剖面及地基内附加应力 p_z 分布如图 7-40 所示,岩基第一层为弱风化的石英砂岩,$E_1 = 2\times10^3\text{MPa}$,$h_1 = 5\text{m}$,第二层为碳质砂、页岩石层,$E_2 = 2\times10^3\text{MPa}$,$h_2 = 5\text{m}$,试计算其变形量。

解: $s = \Delta s_1 + \Delta s_2 = \dfrac{\overline{p}_1}{E_1}h_1 + \dfrac{\overline{p}_2}{E_2}h_2$

$$= \frac{0.6}{2\times10^3}\times5 + \frac{0.15}{1\times10^3}\times5 = 2.25\text{mm}$$

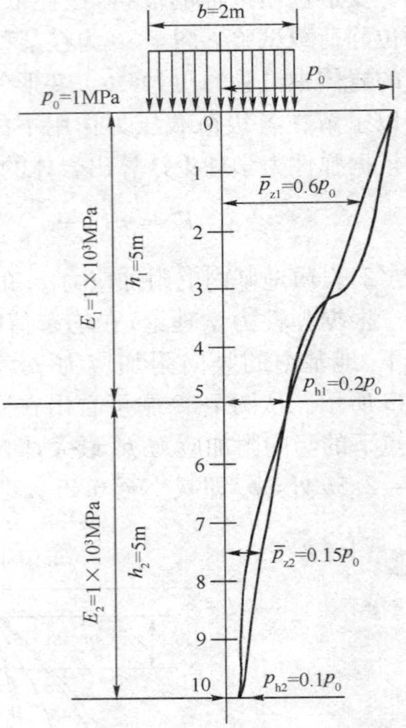

图 7-40 岩质地基中的竖向附加应力分布图

由上例可见,一般次坚硬、弱风化程度的岩体,在一般工程荷载($p_0 < 1\text{MPa}$)作用下,变形量是比较小的。但在下述情况下则要考虑其变形问题:①超重工程建筑物($p_0 > 1\text{MPa}$)时;②地基受压层内存在有较厚的 E 值较低($E < 10^2\text{MPa}$)的岩体,如古强风化壳、软弱岩石夹层、较厚的断裂破碎带等。

三、岩质地基的强度问题

1. 岩石强度试验及破坏机制

对工程有影响的岩石强度有抗压强度、抗剪强度、抗拉强度及抗弯强度等(具体试验方法见第八章)。根据岩石的矿物成分、颗粒大小、结构特征及受力条件不同,其受力破坏形式大致可分为三种类型,如表 7-7 所示。

岩石破坏形式和机制 表 7-7

达到破坏时的应变(%)	2	2~8	>8
破坏机制式及形式	脆性张破裂	塑性剪破裂	延性破坏
试件破坏的情况	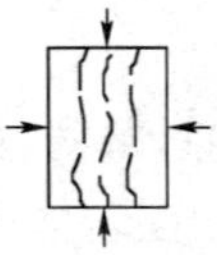	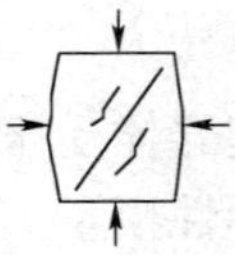	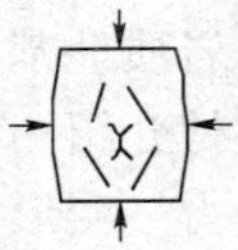
应力—应变曲线基本类型	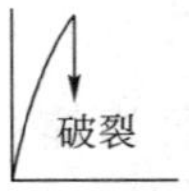		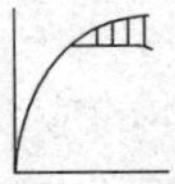

1)脆性张破裂

岩性较硬而脆，在围压较小、温度较低、竖（轴）向压力远大于围压时，四周发生拉张变形。由于岩石的抗拉强度远小于抗压强度，横向的拉应力较快地超过抗拉强度，就发生纵向的张裂隙，继续扩张而导致岩石破裂。

2)剪切破裂

一般坚硬的岩石，在竖向压力增大到一定量时，矿物颗粒间发生错动，继而发生剪切裂隙，最后扩张而破坏。

3)剪切塑性破裂

较软弱的岩石，在较高围压下，岩石延性较强，受压后呈现一定的流塑性，发生较多细微裂隙，最后裂隙扩展才达破坏。

2. *岩体结构面的抗剪强度*

如前所述，岩石受压后的破裂破坏，大部分是由于发生剪切裂隙并扩大所致。而作为承受工程荷载的岩体，往往也受到剪切荷载作用，所以对岩石及岩体的抗剪强度的测试及分析也是十分重要的。

对完整岩石的直剪试验及三轴剪切试验的结果参见图 7-41，实测岩石的抗剪强度基本符合摩尔—库伦强度理论，即抗剪强度 τ_f 为：

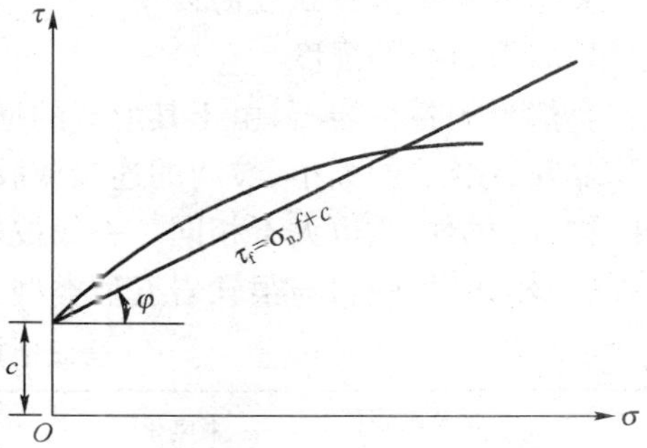

图 7-41　完整岩石的直剪及三轴剪切试验结果曲线

$$\tau_f = \sigma_n \mathrm{tg}\varphi + c \quad (7\text{-}22)$$

式中：φ——内摩擦角；

c——内聚力（或称结合力）；

σ_n——剪裂面上所受到的法向应力。

在实际工程荷载作用下，完整岩石在可能剪裂面所受到的剪应力一般不会达到其抗剪强度，所以也不致发生强度破坏。而当地基岩体中存在一些纵横交错的结构面时，岩体的抗剪强度往往受到结构面的影响而降低。

现将依据现场大型直剪试验结果所得各类型结构面的抗剪强度介绍如下：

1)破裂结构面

破裂结构面为无充填的节理、片理、劈理、较坚硬岩层的层面等，它们在法向应力作用下呈刚性接触，属硬性结构面，其抗剪强度主要取决于结构面的起伏性和粗糙度，抗剪强度的经验公式为：

$$\tau_f = [(0.7 \sim 1.1)\sigma_n + (1.5 \sim 2.5) \times 10^2] \quad (7\text{-}23)$$

例如法向应力 $\sigma_n = 500$kPa 时，$\tau_f = 500 \sim 800$kPa。

2)破碎结构面

破碎结构面的充填物为角砾、岩屑、岩粉及部分泥质物，可有不同程度的胶结，如断层破碎带、风化破碎带及层间破碎夹层等。其抗剪强度主要取决于充填物的组成和胶结程度，抗剪强度的经验公式为：

$$\tau_f = [(0.5 \sim 0.7)\sigma_n + (0.8 \sim 1.2) \times 10^2] \quad (7\text{-}24)$$

3)层状结构面

层状结构面是指岩体中成层的不连续面，如较软岩层的层面，硬岩中的软弱夹层等。其抗剪强度取决于结构面的胶结程度及软岩层本身的抗剪强度，抗剪强度的经验公式为：

$$\tau_f = [(0.4 \sim 0.6)\sigma_n + (0.8 \sim 1.0) \times 10^2] \quad (7\text{-}25)$$

4)泥化结构面

泥化结构面为塑性泥质物质组成的软弱结构面，如断层泥、层间错动泥化夹层、裂隙夹泥及层间夹泥等。其抗剪强度取决于泥质物质的黏土矿物成分、含水量及固结程度，抗剪强度的经验公式为：

$$\tau_f = [(0.15 \sim 0.35)\sigma_n + (0.2 \sim 0.4) \times 10^2] \quad (7\text{-}26)$$

3.影响地基岩体强度的因素

1)岩石自身的强度

自然界的各种岩石，由于其形成的地质原因、形成时的地质条件、组成的矿物与化学成分、矿物晶粒(颗粒)的大小、粒间的连接或胶结性质、胶结物(沉积岩)的性质等因素的不同，使它们的物理力学性质也大不相同。一般按岩石的饱和极限抗压强度(R)，将岩石分为坚硬岩、较坚硬岩、较软岩、软岩与很软岩五种类型，参见表 7-8。

岩质地基的承载力(单位:kPa)　　表 7-8

承载力 / 风化及破碎程度 / 岩石类型及强度(MPa)		未风化	微风化	弱风化	强风化	全风化
		矿物成分完全、新鲜，岩体完整	矿物成分新鲜，岩体中有稀少的细微裂隙	岩体中构造较发育，裂隙表面矿物风化变色较重，结构基本完整	岩体中风化及构造裂隙多组发育，将岩体切割成块状，矿物成分风化较严重	岩体已完全风化破碎成为岩块、碎石、砂及泥质混杂松散堆积物
坚硬岩	$R>60$	>6 000	6 000～3 000	3 000～1 000	1 000～500	500～250
较坚硬	$R=60\sim30$	6 000～3 000	3 000～1 500	1 500～800	800～400	400～200
较软岩	$R=30\sim15$	3 000～2 000	2 000～1 000	1 000～700	700～350	350～200
软岩	$R=15\sim5$	2 000～1 200	1 200～800	800～500	500～250	250～150
很软岩	$R<5$	1 200～800	800～600	500～300	300～200	200～100

2)结构面的影响

结构面的抗剪强度一般比岩石本身的抗剪强度低很多，所以当岩体中存在有延展较大的各类结构面，特别是倾角较陡的结构面时，岩体强度及受竖向荷载的承载能力就可能大为降低。

3)风化程度的影响

由于各种风化营力是由地表侵袭而来，所以岩体受风化的程度，一般是从表面向深处逐渐减弱的。不同风化程度对岩体强度的影响，可参见表 7-8，由表可知，不同风化程度的岩体，强度差别是比较大的。

4. *岩质地基承载力的确定*

从土木工程方面考虑，对于承受荷载的地基，最重要就是要知道地基的承载力。它是在既保证工程的安全稳定，又要求在工程荷载作用下地基的变形量不能超过允许变形量两个条件下确定的。

对于岩质地基承载力的确定方法，由于影响岩体变形和强度的因素较多，并且相当复杂，所以很难有一个比较符合实际的理论计算公式来确定。一般确定岩质地基承载力的方法有以下两种：

1)现场静荷载试验

根据工程的重要程度及对变形的要求，从载荷试验的压力（p）—变形（s）曲线上，截取某一要求变形量对应的压力值 p 作为岩体的地基承载力。对于一些重要工程（如房屋建筑工程的一级建筑物，大、中型水坝工程，大、中型桥梁工程、重型设备工程等）要求采用这种方法。

2)经验参数法

在对大量实际工程的岩体试验数据分析统计基础上，以岩体风化破碎程度与岩石强度两主要因素为分级标志，确定岩质地基的承载力，参见表7-8。

四、不良岩质地基加固处理措施

对于岩质地基中各种不良地质条件，只要事先勘查清楚，一般情况下都是可以处理的，但要针对具体问题，有的放矢地采取加固处理措施。

1. *表层风化破碎带*

若风化破碎层厚度不大，一般采取清基，即将破碎岩块清除掉，但应根据不同工程建筑的要求考虑清除风化岩层的程度。如对超高层建筑、重型设备、高大混凝土坝及重型桥梁基础等工程则要求清到新鲜（或微风化）、坚固完整（或微细裂隙）的岩石，即应将弱风化程度以上的破碎岩石都清除掉。对中、小型工程常可不必清到新鲜基岩，一般可将强风化的破碎岩块清除，留下岩层的各项力学指标能够满足要求即可。如果岩石还比较坚硬，只是因裂隙切割而使其力学性质降低，则可以考虑采取灌浆加固等措施。

2. *节理裂隙带发育较深的岩基体*

一般可采用钻孔后，灌注水泥砂浆（或水玻璃浆）渗入节理裂隙中，把碎裂岩石胶结起来，加固并提高其力学性质指标。

3. *控制岩体滑移条件的软弱结构面*

当地基岩体中发现有控制岩体滑移条件的软弱结构面时，为保证地基岩体的稳定，一般可用锚固的方法，即用钻孔穿过软弱结构面，深入至完整岩体一定深度，插入预应力钢筋或钢缆，其周围钻孔间隙以水泥砂浆填实，相当于把结构面两侧的完整岩体用螺栓连接起来，并增强软弱结构面的抗滑能力。

4. *倾角较大、埋藏较深或厚度较大的断裂破碎带和软弱夹层*

当地基岩体中存在着倾角较大、埋藏较深或厚度较大的断裂破碎带和软弱夹层时，若彻底清除，开挖量将很大。这时一般可采用井、槽或洞挖方式，将破碎物质挖除，然后回填混凝土，再配以固结灌浆加固岩体，保证岩基的稳定。

5. *地下洞穴*

若基岩受压层范围内存在有地下洞穴，则应探明洞穴的发育情况，即深度、宽度等，再用探井（或大口径钻孔）下入，对洞穴作填塞加固。

第三节　边坡工程的工程地质问题

一、概　　述

边坡是指建筑物或构筑物近旁天然存在的或经人工开挖后形成的具有一侧临空面的地质体。边坡一般可分为天然边坡和人工边坡，按其组成又可分为岩质边坡和土质边坡。其中所谓天然边坡是指未经人工改造的边坡，如沟谷坡、河岸坡、山坡、海岸坡等自然斜坡，是地表广泛分布的一种地貌形式。而人工边坡一般都是因人类工程活动需要经人工开挖或改造所形成的边坡，如渠道边坡、房屋基坑边坡、道路路堑边坡、道路路基边坡、露天矿坑边坡和人工堆积工程材料边坡等。

边坡的变形与失稳破坏可以导致交通中断、江河堵塞、塘库淤填，甚至酿成人民生命财产损失的巨大灾难。1983 年 3 月 7 日甘肃省东乡族自治县境内发生的洒勒山大滑坡和 1980 年 6 月 3 日湖北盐池河发生的灾难性边坡大崩塌。前者由黄土及下伏第三系红色泥岩组成的山体突然下滑，滑动范围东西长 1 700m，南北宽 1 600m，下滑土石方约 $40\times10^6m^3$，在不到 3min 的时间内，使 $3km^2$ 面积内所有建筑物荡然无存，毁灭了 4 个村庄，300 亩良田，除 22 人被土浪掀出幸存外，其余 200 多人全部被埋入土中丧生。后者高 160 m，体积约 10^6m^3 的山体突然崩落，冲击气浪将四层楼房抛至对岸毁坏，死亡 284 人。

中国是一个自然灾害较为频发的国家，边坡失稳破坏和它所造成的不良地质环境不仅对人类工程活动带来十分严重的危害，还可能引起生态环境的失调和破坏，造成更大范围和更为深远的影响。因此边坡稳定性研究已愈来愈受到重视。

综上所述，在工程建设过程中和建成后，无论是何种边坡，必须保证工程地段的边坡有足够的稳定性。因此边坡的工程地质问题，主要是指边坡的稳定性问题。

对边坡岩土体稳定性研究，一方面要对边坡的稳定性作出评价和预测；另一方面要为设计合理的人工边坡以及制定有效整治措施提供依据。这两方面任务的实现，都必须阐明边坡是否具有产生危害性变形与破坏的可能性、变形破坏的方式和规模，以边坡在使用期间不发生灾害性变形和破坏为准则。

二、边坡变形破坏的基本类型

1. 边坡变形破坏的机理

在边坡的形成及存在过程中，由于内部和外部条件的改变，在各种自然营力及工程环境影响下，使岩土体内部原有应力状态发生相应的变化，从而引起坡体内应力的重分布或应力集中等效应。坡体为适应这种新的应力状态，表现为不同规模的变形或失稳，从而释放应力，变形后的边坡趋于新的平衡而逐渐稳定下来当新的应力调整打破了这种平衡时，边坡又会出现新的变形或失稳。边坡变形与破坏的发展过程，有的是漫长的，也有的是短暂的。

变形破坏的结果使边坡变缓，这是促使边坡变形破坏的内在因素。边坡变形与破坏的形式和过程是边坡岩土体内部结构、应力作用方式、外部条件综合影响的结果，因此边坡变形与破坏的类型是多种多样的。由此可见，边坡变形破坏在实质上是由边坡岩土体应力与强度之间的相互关系所决定的。对边坡变形与破坏的基本类型的划分，是边坡研究的基础。

2. 岩质边坡变形破坏的基本形式

岩质边坡的变形是指边坡岩体只发生局部位移或破裂，没有发生显著的滑动或滚动，不致引起边坡整体失稳的现象。而岩质边坡的破坏是指边坡岩体以一定速度发生了较大移动的现象，如边坡岩体的整体滑动、滚动和倾倒。变形和破坏在边坡岩体变化过程中是密切联系的，变形可能是破坏的前兆，而破坏则是变形进一步发展的结果。边坡岩体变形破坏的基本形式可概括为松动、松弛张裂、蠕动、剥落、滑动、崩塌落石等。

1)松动和松弛张裂

边坡形成初始阶段，坡体表面部分往往出现一系列与坡向近于平行的陡倾角张开裂隙，被这种裂隙切割的岩体便向临空方向松开、移动。我们称这种斜坡卸荷回弹的过程和现象为松动。

这种松动裂隙，仅有张开而无明显的相对位移，张开程度及分布密度由坡面向深处逐渐变小。大多是由沿原有的陡倾角裂隙发育而成。边坡常有各种松动裂隙，实践中把发育有松动裂隙的坡体部位，称为边坡卸荷带，也可称为边坡松动带，其深度通常用坡面线与松动带内侧界线之间的水平间距来度量。

一般当坡体应力不再增加、结构强度不再降低的条件下，斜坡变形就不会剧烈发展，坡体还不致失稳。但边坡松动使坡体强度降低，又使各种营力因素更易深入坡体。坡体内各种营力因素的活跃程度加大，是边坡变形与破坏的初始表现。边坡松动带(卸荷带)的深度，受坡体本身的结构特征、坡形和坡体原始应力状态控制。坡度愈高、愈陡，地应力愈强，边坡松动裂隙便愈发育，松动带深度也愈大。

划分松动带(卸荷带)，确定松动带范围，研究松动带内岩体特征，对论证边坡稳定性，特别是对确定开挖深度或灌浆加固范围，都具有重要意义。

边坡岩体由卸荷回弹而出现张开裂隙的现象称为松弛张裂。它是在边坡应力调整过程中的变形，与边坡岩体松动现象并无严格的区别。如随河谷的不断下切，在陡峻的河谷岸坡上易形成卸荷裂隙；路堑边坡的开挖会使岩体中原有卸荷裂隙进一步发展和新的卸荷裂隙的进一步生成。这种裂隙通常与河谷坡面、路堑边坡面平行(图 7-42)，在坡顶或堑顶，则由于卸荷引起的拉应力作用而形成张裂带。边坡愈高愈陡，张裂带也愈宽。有的路堑边坡堑顶紧接着高陡的自然山坡，分布其上的张裂带宽度可达 100～200m，向下的深度也可达百米以上。一般来说，路堑边坡的松弛张裂变形多表现为顺层边坡层间结合的松弛、边坡岩体中原有节理裂隙的进一步扩展以及岩块的松动等现象。

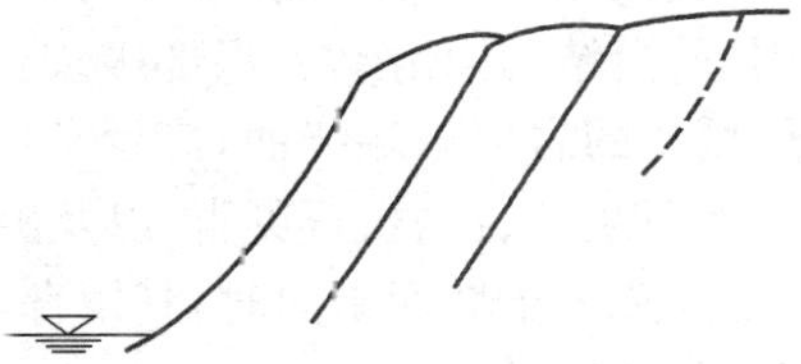

图 7-42 松弛张裂

2)蠕动

蠕动是指边坡岩体在重力作用下长期缓慢的变形，多发生于软弱岩体(如页岩、千枚岩、片岩等)或软硬互层岩体(如砂页岩互层、页岩灰岩互层等)，常形成挠曲型变形。如反坡向的薄层岩层，向临空面一侧发生弯曲，形成“点头弯腰”，很少折断(见图 7-43)。

边坡岩体为顺坡向的塑性岩层时，在边坡下部常产生揉皱型弯曲，甚至发生岩层倒转(图 7-44)。由于这种变形是经历长期地质历史时期缓慢形成的，因此，在边坡上见到的这类变形都是自然山坡上的变形。当人工边坡切割山体时，边坡上的变形岩体在风化作用和水的作用下，某些岩块可能沿节理转动，出现倾倒式蠕动变形或牵引式大规模堆塌变形现象，岩变形进一步发展，可使边坡发生破坏。

边坡蠕动大致可分为表层蠕动和深层蠕动两种基本类型。

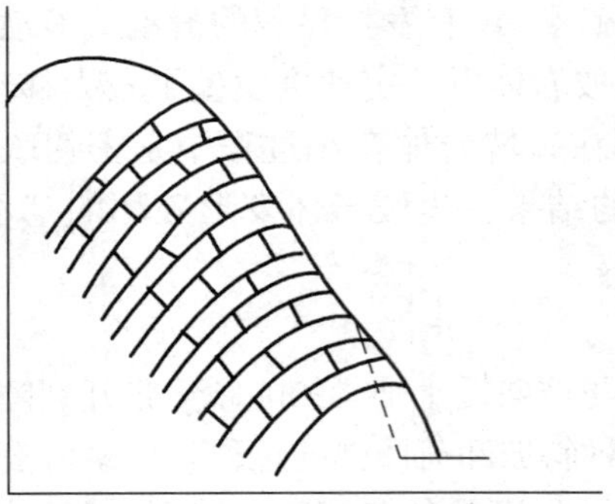

图 7-43 “点头弯腰”变形

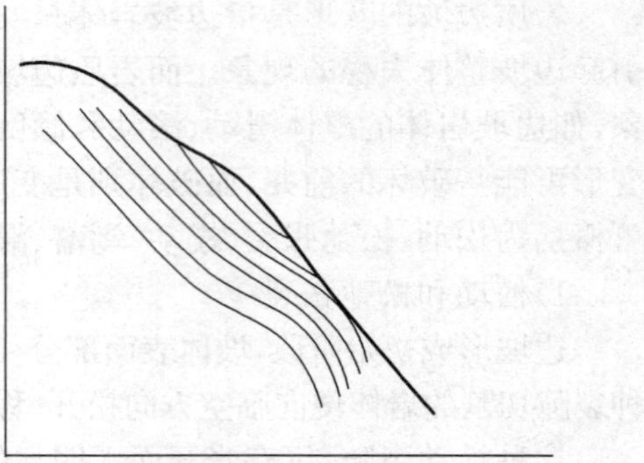

图 7-44 揉皱变形

(1)表层蠕动

边坡浅部岩土体在重力的长期作用下，向临空方向缓慢变形构成一剪变带，其位移由坡面向坡体内部逐渐降低直至消失。我们称这种现象为表层蠕动(图 7-45)。对于破碎的岩质边坡及疏松的土质边坡，表层蠕动极为常见。当坡体在剪应力作用下还不能形成连续滑动面时，会形成一剪变带，出现缓慢的塑性变形。

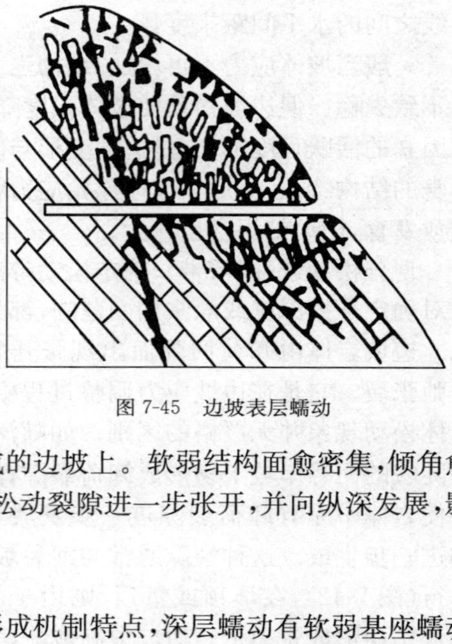

图 7-45 边坡表层蠕动

岩质边坡的表层蠕动，常称岩层末端“挠曲现象”，系岩层或层状结构面较发育的岩体在重力长期作用下，沿结构面滑动和局部破裂而成的挠曲现象。表层蠕动的岩层末端挠曲，广泛分布于由页岩、薄层砂岩或石灰岩、片岩、石英岩，以及破碎的花岗岩所构成的边坡上。软弱结构面愈密集，倾角愈陡，走向愈近于坡面走向时，其发育尤甚。表层蠕动使松动裂隙进一步张开，并向纵深发展，影响深度有时竟达数十米。

(2)深层蠕动

深层蠕动主要发育在边坡下部或坡体内部，按其形成机制特点，深层蠕动有软弱基座蠕动和坡体蠕动两类。

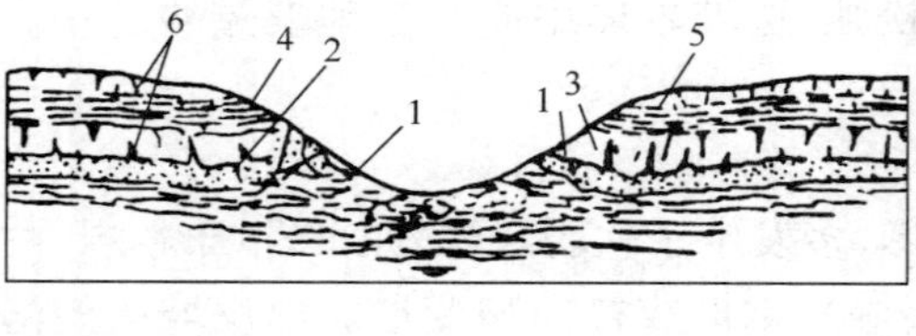

图 7-46 软弱基座挤出示意图

1-软岩基座；2-砂岩层；3-脆性石灰岩层；4-软弱岩层；5-脆性岩层；6-张裂隙

坡体基座产状较缓且有一定厚度的相对软弱岩层，其塑性较大，在上覆层重力作用下，致使基座部分软弱岩层向临空方向蠕动、挤出，并引起上覆层的变形与解体，是“软弱基座蠕动”的特征(图 7-46)；若软弱基座中存在脆性夹层，它可能沿张性裂隙发生错位，软弱基座蠕动只引起上覆岩体变形与解体，上覆岩体中软弱层会出现“揉曲”，脆性层又会出现张性裂隙；当上覆岩体整体呈脆性时，则产生不均匀断陷，使上覆岩体破裂解体。上覆岩体中裂隙由下向上发展，且下端因软弱层向坡外牵动而显著张开。此外，当软弱基座略向坡外倾斜时，蠕动更进一步发展，使被解体的上覆岩体缓慢地向下滑动，且被解体成的岩块之间可完全丧失联结，如同漂浮在下伏软弱基座上。

坡体沿缓倾软弱结构面向临空方向缓慢移动变形，称为坡体蠕动。有缓倾结构面的岩体又发育有其它陡倾裂隙时，构成坡体蠕动的基本条件，在卸荷裂隙较发育并有缓倾结构面的坡体中比较普遍。若缓倾结构面夹泥，抗滑力很低，则在坡体重力作用下会产生缓慢的移动变形。这时，坡体会发生微量转动，使转折处先遭到破坏。此处首先出现张性羽裂，将转折端切断，产生切角滑移，见图 7-47a)；继续破坏，形成次一级剪面，并伴随有架空现象见图 7-47b)；进一步便会形成连续滑动面，见图 7-47c)。当滑动面上滑动力超过抗滑力，将导致边坡破坏。

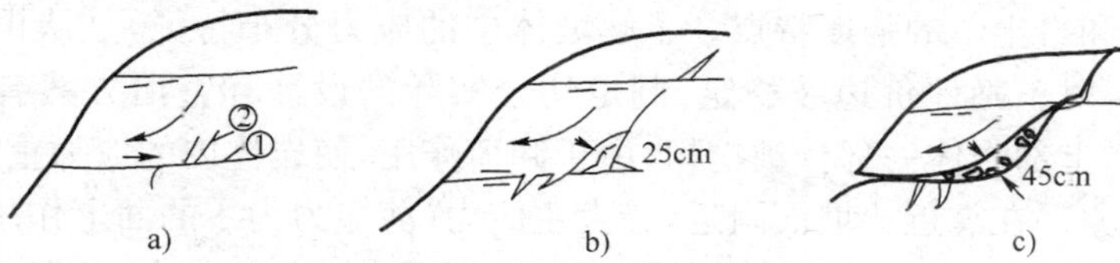

图 7-47　坡体蠕滑

a)切角滑移；b)次级剪切面开始形成；c)滑面形成

①-层面；②-羽裂

3)剥落

剥落指的是边坡岩体在长期风化作用下，表层岩体破坏成岩屑和小块岩石，并不断向坡下滚落，最后堆积在坡脚，而边坡岩体整体基本上是稳定的。表层岩体产生破坏的原因主要是各种物理风化(如阳光、温度、湿度的变化、冻胀等)作用，使岩体结构表层不断风化破碎。对于软硬相间的岩石边坡，软弱易风化的岩石常常先风化破碎，首先发生剥落；这时，留下的突出的、坚硬的岩石可能发生崩塌。

4)滑坡、崩塌和落石

作为不良地质现象已在本书第六章中讲述，此处不再赘述。

3. 土质边坡的变形破坏类型

土质边坡在动静荷载、地下水、雨水、重力和各种风化应力的作用下，可能发生变形和破坏现象，一般可分为两大类：一类是小型的坡面局部破坏，另一类是较大规模的边坡整体性破坏。

1)坡面局部破坏

坡面局部破坏一般表现为剥落、冲刷和表层滑塌等形式。其中表层土的松动和剥落是这类破坏中比较常见的现象。它是由于水的冻结与融化、浸润与蒸发、日光照射等风化应力对表层土产生复杂的物理化学作用所导致。边坡冲刷是雨水在边坡上形成径流，因动力作用带走边坡上较松散的颗粒，形成条带状的纹沟。表层滑塌是由于边坡上有地下水出露，形成点状或带状湿地，产生的坡面表层滑塌现象，这类破坏也可以由雨水侵蚀、冲刷产生。上述这些变形破坏往往会使边坡产生更大规模的变形破坏，因此，对轻微的变形破坏应及时进行整治，以避免破坏进一步发展。对于因径流引起的冲刷，应做好地面排水，使边坡水流量减至最小程度。对已形成的纹沟，应在维修中予以嵌补，以防继续向深处发展。对于因地下水引起的表层滑塌，应做好截断地下水或疏导地下水工程，疏干边坡，防止边坡变形进一步发展。

2)边坡整体性破坏

边坡整体崩塌和滑坡都属于边坡整体性变形破坏的形式。土质边坡在坡顶或上部出现连续的拉张裂缝并下沉，或边坡中、下部出现鼓胀现象，都是边坡整体性破坏和滑动的征兆。一般这类破坏多发生在雨季中或雨季后。对于有软弱基底的情况，边坡破坏常与基底的破坏连同在一起。对于这类破坏,在征兆期应加强预报,以防措手不及;如果发生事故,当在处理前必须查明产生破坏的原因,切忌随意清挖,以免进一步坍塌,造成破坏范围扩大。当边坡上层为土,下层为基岩,且层间接触面的倾向与边坡方向一致时,有时由于水的下渗使接触面润滑,造成上部土质边坡沿接触面滑走的破坏。因此,在勘测、设计过程中必须要对水体在路基中可能引起的不良影响予以充分重视。

三、边坡稳定性分析评价方法

在进行边坡稳定评价之前,首先要弄清边坡的应力分布特征。边坡的滑动与失稳,决定于坡体中的应力分布和岩土体的强度特点。了解坡体中的应力分布特征,是认识边坡变形与破坏机制的前提条件,对正确评价边坡稳定,制定切合实际的设计和整治方案有一定的指导意义。边坡开挖以后,上部岩体一部分被挖掉,由于卸荷作用,使岩体内的应力重新调整,从而出现应力重分布的现象。在靠近边坡面附近,最大主应力(剪应力为零的面上作用的正应力为主应力)方向近于平行临空面。在陡峻边坡的坡面和坡顶则会出现拉应力,并形成拉应力带。在坡脚附近形成剪应力集中带,愈近坡脚应力集中程度愈高。

边坡应力分布特征主要与边坡的坡形密切相关。通常,边坡的坡形是指边坡横断面的形状。边坡的坡形主要有直线坡(一坡到顶)、折线坡(下陡、上缓和上陡、下缓两种)、台阶坡。

理论分析和实际调查表明,边坡坡脚处的集中应力可能导致边坡的剪切破坏,边坡坡顶的拉张区可能引起平行坡面的拉张裂缝(图 7-48),因此,应力集中区和拉张区的分布是边坡分析中最值得注意的问题。不论边坡采用何种坡形,其坡脚的应力状态是边坡研究设计的重点。但坡形不同,各自的应力状态不同。直线坡的应力集中区在坡脚处。折线坡有两个重点应力区:坡脚和变坡点。当坡形为下陡、上缓时,坡脚是应力集中区,变坡点是拉张区;当坡形为上陡、下缓时,应力集中区在变坡点,消除了坡脚的应力集中。同时由于应力集中点向坡顶上移,降低了它的埋深,使集中的应力值下降,对边坡稳定有利。但是当坡脚需要防护时,在坡腰处修建支挡防护工程是不恰当的,这给下部缓坡增加了额外荷载,所以,在实际工程中不宜采用这种支挡。台阶坡的应力状态表现为台阶上、下坡脚的集中应力和平台坡顶的拉张。虽然平台的设置降低并分散了应力在坡脚的集中,改善了边坡力学特征。但是在平台处,由于平台后缘的剪切和平台前缘的拉张相互交叉,使该处的应力分布十分复杂,容易产生破坏。因此,要求平台应达到一定宽度。

图 7-48　纵向张拉裂缝

在边坡工程地质研究中,应对边坡稳定性作专门评价。边坡稳定性评价方法概括为两大类:定性评价(成因历史分析法、工程地质类比法、赤平投影法)和定量评价(包括极限平衡理论法、有限单元法、图表法和图解法)。这些方法可共同采用并互为补充。

1. *成因历史分析法*

成因历史分析法是通过研究边坡的形成历史和所处的自然地质环境、它的外形和物质组成、变形破坏形迹,以及影响边坡稳定性的各种因素和相互关系,从而对它的演变过程和稳定状况做出评价和预测。

成因历史分析法主要是针对已有多年历史的边坡，其主要研究内容如下：

(1)研究组成边坡的物质介质及其特征，包括岩土类型及性质、岩体结构特征等。

(2)对已有的边坡变形做深入仔细的研究，包括变形部位、变形类型及形成机理等。

(3)分析边坡所处地区自然地理条件的变化，包括季节性雨期、周期性地震、地表水的变化等。

(4)联系边坡变形破坏的历史，确定促使边坡稳定性发生变化的主导因素，从而判定边坡稳定现状和发展趋势。

成因历史分析法是一种定性的工程地质分析方法，不仅能判定边坡稳定性现状，也能对边坡稳定性演化作出预测，并能为定量的力学计算方法确定边界条件和选用参数，为工程地质类比法提供比拟依据。因此，成因历史分析法是各种分析方法的基础。

2. 工程地质类比法

工程地质分析法最主要的内容是地质类比法，它是在生产实践中最常用的边坡稳定性判定方法。工程地质类比是将已有边坡同新边坡进行类比，将前者的研究设计经验用于拟建边坡的研究设计中去。只有相似程度较高的边坡才能进行类比，即类比的原则是相似性。相似性包括两个主要方面：首先是边坡岩性、边坡所处的地质构造部位和岩体结构的相似性，其次是边坡类型的相似性。在这种基础上，对比影响边坡稳定性的营力因素和边坡成因。为此，类比时必须全面分析研究工程地质条件和影响边坡稳定的各项因素，比较其相似性和差异性。相似性愈高，则类比依据愈充分，所得结果愈可靠。所以类比法一定要充分做好工程地质调查工作，而且要有丰富的实践经验。类比法虽是一种经验方法，但在新边坡的设计中，特别是对中小型边坡的设计，通常是采用的一种方法，其应用范围包括以下四个方面：

(1)根据边坡的岩性、构造、岩体结构、水文地质条件、坡高等相似性，从经验数据中选取合理边坡角。

(2)根据岩性和岩体结构的相似性，从经验数据中选取稳定计算参数。

(3)根据自然条件相似的边坡破坏实例，反算推求边坡稳定性的计算参数，预测新边坡的变形破坏形式和发展变化规律。

(4)根据相似边坡的整治经验，提出边坡整治措施。

其中，边坡岩性相似性又是成岩条件的相似性。陆相砂岩与海相砂岩，岩性上便有差别；岩石形成的地质年代不同，岩性有所不同。所以岩性对比不能忽略岩石成岩环境、条件和年代。

边坡所处的地质构造部位的不同，对边坡稳定性判定及边坡设计具有重大影响。处于地质构造复杂部位(如断层破碎带、褶曲轴部)的边坡，其稳定性及设计与处在地质构造简单部位的边坡是有很大不同的。

岩体结构的相似性，应特别注意结构面及其组合关系的相似性。要在构成边坡的相似结构面和相似结构面组合条件下对比；与相同成因、性质和产状的结构面所构成的边坡相对比；以一组结构面构成的某边坡与一组结构面构成的另一边坡相对比；以多组结构面构成的某边坡与多组结构面构成的另一边坡相对比。

边坡类型的相似性，应在边坡岩性、岩体结构相似性基础上来对比。水上边坡可与河流岸坡对比；水下边坡可与河流水下边坡部分对比；一般场地边坡可与已有公路和铁道边坡对比。如此对比相似边坡，才可作为选择稳定坡角的依据。

一般来说，在工程地质类比所要考虑的因素中，岩石性质、地质构造、岩体结构、水的作用和风化作用是主要的，其他如坡面方位、气候条件等是次要的。在边坡工程地质条件相似的情况下，其稳定边坡便可作为确定稳定坡角的依据。

3. 赤平投影稳定分析法

1）最稳定条件

如图 7-49a）所示，两组结构面的交点在赤平投影图中，处于边坡面投影弧对面的一侧，这时结构面交线倾向与边坡倾向相反，边坡处于稳定状态。

2）稳定条件

如图 7-49b）所示，结构面交点虽与坡面弧在同一侧，但在开挖坡面投影弧内侧，这时组合交线倾角较边坡面倾角为陡，斜坡不会沿 *CO* 线滑落。

3）较稳定条件

如图 7-49c）所示，结构面交点落于天然边坡面投影弧外侧，说明结构面交线倾角虽较边坡面倾角平缓，但在天然坡面上无出露点，即结构面交线不会切穿边坡岩体，因此边坡还是比较稳定的。

4）较不稳定条件

如图 7-49d）所示，结构面交点落于即将人工开挖坡面及天然边坡面两投影弧之间，一般说来对边坡的稳定不利。但如果交线 *CO* 在坡顶面的出露点距开挖坡面较远，以致开挖交线在开挖边坡上不出露，并插于坡脚以下，这时受到了一定的支撑，有利于边坡的稳定。

5）不稳定条件

如图 7-49e）所示，结构面交点落于天然及即将开挖的两坡面弧之间，而且交线在两部分坡面上都有出露，交线倾角又小于开挖面倾角，所以属于不稳定条件。

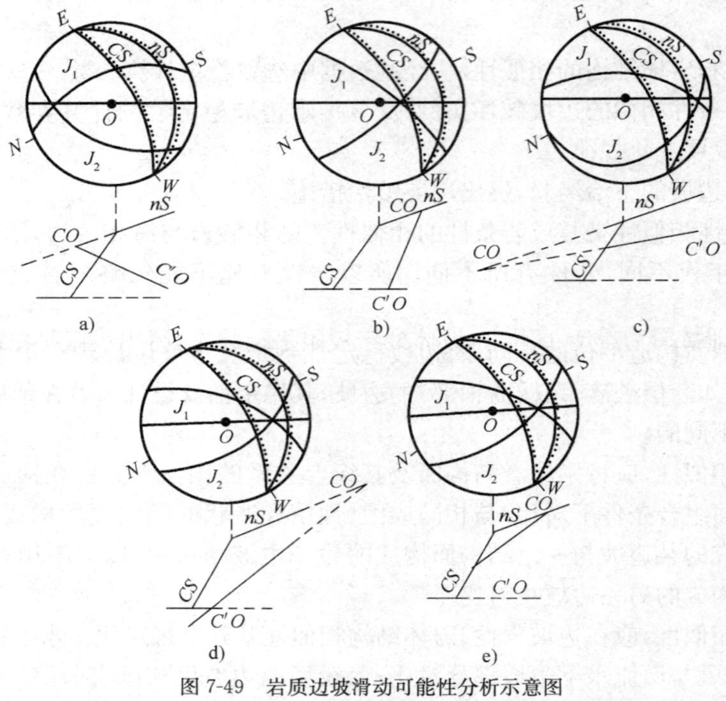

图 7-49　岩质边坡滑动可能性分析示意图

J_1J_2-结构面；*CS*-开挖边坡；*nS*-天然边坡；*CO*-结构面交线在天然坡面的出露点

有些实际边坡的结构面状态可能更为复杂，也可借助此法分析边坡的稳定性。

4. 极限平衡理论法

极限平衡理论是研究土体处于理想塑性状态时的应力分布和滑裂面轨迹的理论。它不仅用来求解地基的极限承载力和地基的滑裂面轨迹，也可以求挡土墙土压力、边坡的滑面轨迹等有关土体失稳所涉及的问题。

(1)岩质边坡稳定性计算必须密切结合岩体的工程地质条件分析。首先要弄清边坡滑动体的边界条件，以便确定滑动体的体形。分析边坡变形破坏时的滑动面、切割面和临空面的产状、形状及受力条件。这些面在边坡变形破坏时构成了边界条件，受边坡岩体的地质构造、岩体结构、边坡形态及地貌、地下水、地表水等因素的控制。岩质边坡在复杂条件下，往往有多组不同产状的结构面，因而滑动岩体的边界条件是很复杂的。其中滑动面的性质、产状、组合形态对岩质边坡稳定性起决定性作用。根据结构面的产状及组合情况，把岩质边坡的破坏形式分为：同倾向单滑面型、同倾向多滑面型、不同倾向双滑面型和多滑面型。下面主要介绍同倾向单滑面和同倾向多滑面两种边坡稳定性计算：

①同倾向单滑面(滑动面倾向与坡向相同)

同倾向单滑面是常见的边坡破坏形式，特别是滑动面走向与坡面走向接近一致，倾向切割条件较好，有一定的临空面且滑动面倾角 α 大于滑动面摩擦角 φ 时，最易产生滑动。(另外，此种计算也适用于均质砂土边坡。)

图 7-50 所示，边坡岩体在自重作用下发生沿 AB 面滑动，滑体自重为 W，滑面长为 L，根据极限平衡理论，则坡体稳定系数 K 的基本公式为：

$$K=\frac{\tan\varphi}{\tan\alpha}+\frac{4c}{\gamma h\sin 2\alpha} \qquad (7\text{-}27)$$

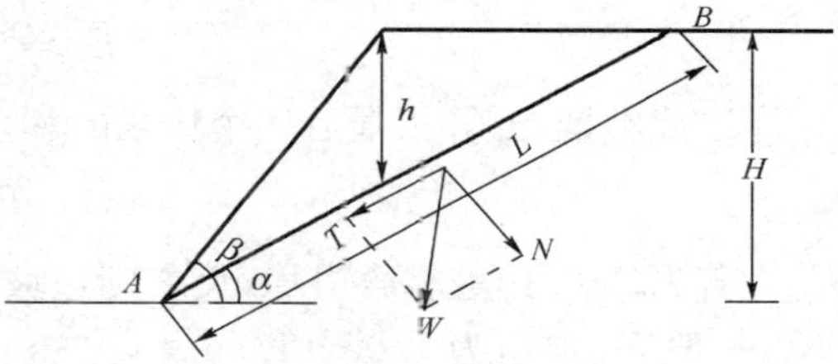

图 7-50　同倾向单滑面示意图

式中：α——潜在滑动面的倾角(°)；

φ、c——滑动面的摩擦角、内聚力(°，kPa)；

h——滑体厚度(m)；

γ——坡体的天然重度(kN/m^3)。

根据工程的等级和性质要求，一般取 $K=1.1\sim1.5$。从上式看出：单滑面平面滑动稳定系数与滑面长和坡角 β 无关，而与滑体厚度 h 成反比。这说明削坡减荷措施能削减滑体厚度，从而有效提高边坡的稳定性。

当 $K=1$ 时，即抗滑力等于下滑力，坡体处于极限平衡状态，得出极限平衡时最大坡高为：

$$H_{max}=\frac{2c\sin\beta\cos\varphi}{\gamma\sin(\beta-\alpha)\sin(\alpha-\varphi)} \qquad (7\text{-}28)$$

式中：β——斜坡坡角(°)。

当滑坡区地下水位较高，滑动体为相对隔水层时，在边坡稳定性计算中要计入滑面上地下水的静水压力 P_w，由此可得边坡稳定安全系数为：

$$K=\frac{(W\cos\alpha-P_w)\tan\varphi+cL}{W\sin\alpha} \qquad (7\text{-}29)$$

$$P_w=\frac{1}{2}HL\rho_w g \qquad (7\text{-}30)$$

式中：H——坡高(m)。

②同倾向折线形滑动面

在野外地质勘测中经常遇到，由走向大致平行、倾向相同的软弱结构面构成不规则的滑体破坏或堆积层滑坡。计算这类边坡稳定性时，一般根据所查明的滑动面起伏情况和产状，划分为折线形的块段，每一块段底部滑面为平直的斜面，并确定各段参数(图 7-51)。根据我国铁道部采用的滑坡推力计算法来计算斜坡的稳定性，不考虑块段两侧力的作用。

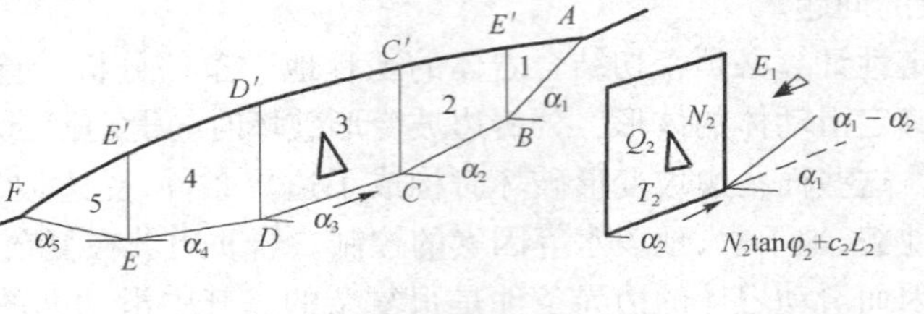

图 7-51　折线形滑动面示意图

对第一块段 ABB' 仅考虑其重力，则作用于滑面 AB 上的下滑力和抗滑力为：

$$T_1 = W_1\sin\alpha_1 \tag{7-31}$$

$$F_1 = N_1\tan\varphi + c_1L_1 = W_1\cos\alpha_1\tan\varphi + c_1L_1 \tag{7-32}$$

第一块的剩余下滑力为：

$$E_1 = T_1 - F_1 \tag{7-33}$$

令 $\lambda_1=\cos(\alpha_1-\alpha_2)-\sin(\alpha_1-\alpha_2)$，第二块的剩余下滑力 E_2 为：

$$E_2 = T_2 - F_2 - E_1\lambda_1 \tag{7-34}$$

以此类推，计算出最后一个块段的剩余下滑力 E_n 为：

$$E_n = T_n - F_n - E_{n-1}\lambda_{n-1} \tag{7-35}$$

若 $E_n>0$，边坡将会失稳，反之则边坡稳定。为了安全起见，将抗滑力除以一个安全系数 K_s，一般 K_s 取值为 1.05～1.25。

(2)土质边坡的稳定性计算以极限平衡理论为基础，如瑞典条分法、毕肖普法、泰勒摩擦圆法等，这些方法将在土力学课程中详细介绍，此处不再赘述。

5. *有限元法*

用有限元法分析边坡岩体的应力应变特征，是边坡稳定性工程地质评价中广泛采用的一种方法。这种方法的基本原理是：将一个连续的边坡岩体，通过离散化，变换成离散的单元组合体，利用网格划分，将边坡(一般采用二维)剖面体系在形式上划分为有限单元体，并假定各单元作为均匀、连续、各向同性的完全弹性体；各单元节点相互连接，边坡岩体的内力和外力由节点传递。单元所受力，按静力等效原则移植到节点，成为节点力。当按位移法求解时，取各节点的位移作为未知数，按照一定的函数关系，求出各节点位移后，即可进一步求得单元的应变和应力。单元的形状一般采用简单的三角形，以便适应边坡面复杂的边界形状。网格的大小、单元的划分位置取决于模拟边坡各种特定工程地质问题的要求和精度。

有限单元法是一种“化整为零”的计算方法。根据各单元的应力和位移特征，分析评价边坡的变形破坏机制，进而对其稳定性作出评价。借助于电子计算机软件，可以迅速解决复杂的问题。边坡稳定性分析软件很多，在弹性和塑性分析方面，可以较真实地分析边坡破坏机制，直接得出边坡的位移量和坡体的应力分布。软件作为工具，设计人员应具体问题具体分析，综合考虑。需要指出的是，有限单元分析边坡稳定性的可靠程度，取决于边坡的工程地质条件的研究和分析及各参数的选择和确定。

边坡稳定性判定仍处在研究探索阶段，边坡在自然界总是不断地演变着，其稳定性也在不断地变化。因此，应从发展、变化的观点出发，把边坡与周围自然环境联系起来，特别应与工程修建后的可能变化的环境联系起来，阐明边坡演变过程。既要论证边坡当前的“瞬时”稳定状况，又要预测边坡稳定的发展趋势，还要判明促使使边坡发生演变的主导因素。只有这样，才能正确地得出边坡稳定性的结论，制定和设计出合理的措施以保证边坡稳定。

四、边坡稳定性的处理措施

为保证边坡稳定性，防止边坡稳定性下降，避免导致危害性的变形与破坏，有时要采取防治措施。防是针对尚未严重变形与破坏的边坡；治是针对已有严重变形与破坏的边坡。

边坡变形破坏的防治应遵循“以防为主，及时治理”的原则。在勘察研究的基础上，对一些不稳定的边坡，必须提前采取措施，消除或改变不利于边坡稳定的因素。在设计人工边坡时，应选择合理的布置和开挖方案。此外，工程布置应尽量避开严重不稳定边坡地段，以杜绝后患。对已经发生变形破坏的边坡，及时采取必要的措施进行整治，以提高边坡的稳定性，使之不再继续向破坏方向发展。

边坡防治的原则一般从提高坡体抗滑力(矩)和减小滑动力(矩)两方面进行考虑，具体防治措施大致可分为以下几类。

1. 防风化措施

为防止软弱岩石风化而产生剥落或坠石，可在边坡筑成后用灰浆或沥青抹面，在坡面上喷浆或筑一层浆砌护墙，但在坡角处一定要注意排水。对于膨胀性较强的黏土质边坡，可在边坡上种植草皮，使坡面经常保持一定湿度，防止表层干裂，也可减少地表水下渗。

2. 排水措施

排水措施主要包括截引地表水和疏干地下水。

1)截引地表水

流向边坡变形区的降水面流，使岩土体过分湿润，软化结构面，降低强度，促使边坡变形与破坏。为此，要首先考虑拦截或引排地表水，以控制边坡变形区的扩展，这对浅层滑坡的防治更为有效。可在变形区 5m 范围以外，修筑截水沟、槽和排水暗沟；在变形区内，修筑排水沟，及时将地表水或泉水引走，减少其停滞下渗的机会。必须注意，沟、槽要切实不漏水，并经常检修，否则会起到适得其反的效果；还应整平、夯实地面，用灰浆或黏土填塞裂隙或修筑隔渗层，特别要尽快填塞那些延至滑面的深裂隙。

2)疏干地下水

边坡中埋藏有地下水并渗入变形区，常是边坡不稳定的主导因素之一。疏干地下水的措施应根据边坡岩土体结构特征和水文地质条件加以选择。通常在坡体外围或坡体内，修筑盲沟或支撑盲沟群，以截断或排除地下水流。对于深层滑坡，地下水埋深大于 10～15m，可考虑采用水平坑道。滑坡中有明显含水层时，水平坑道设在含水层与隔水层之间，效果较好；在含水层中施工困难，也可把坑道修筑在隔水层中，再用管井把水引入坑道排走。近年来，我国逐渐采用平孔排水，多用改装后的普通钻机，以较小倾角(10°～15°)的平卧钻孔，钻入含水带，排除地下水。它成本低，效果好，施工也不影响坡体稳定。平孔排水可采用单层、多层、平行状或辐射状等布设方式，也可采用砂井和平孔联合排水方式。

3. 抗滑措施

抗滑措施是提高边坡抗滑力最常用的措施，主要有锚杆(索)、支撑工程、抗滑桩、挡墙等。

1）锚杆（索）

岩质边坡一般采用预应力锚杆或锚索加固，这是一种治理滑坡和崩塌的有效措施。利用锚杆或锚索上所施加的预应力，以提高滑动面上的正应力，进而提高抗滑力，改善剪应力的分布状况，见图7-52。

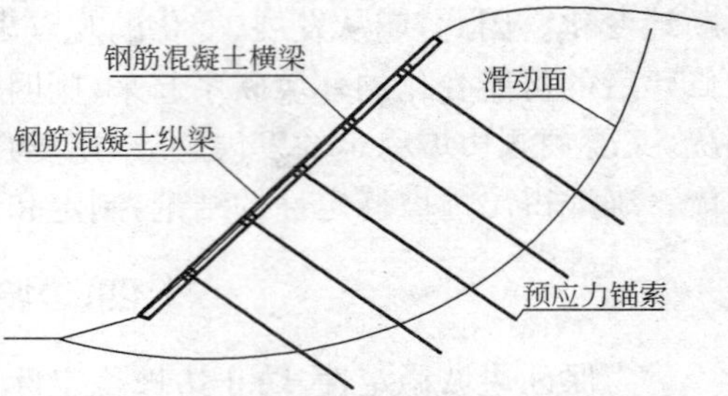

图7-52　钢筋混凝土格架式锚杆支护

2）支撑

这种方法主要用来防治陡峭边坡顶部的危岩体，阻止其崩落，见图7-53。

a)　　b)

图7-53　支撑示意

a）锚固与拱撑结合治理危岩图；b）柱撑治理危岩图

3）抗滑桩

抗滑桩是用以支挡滑体下滑的桩柱，一般集中设置在滑坡体的前缘附近（图7-54）。它施工安全、省时、省工、省料，且对坡体的扰动较小，所以也是国内广泛采用的一种支挡措施。桩柱的材料有混凝土、钢筋混凝土、型钢等。这种支挡措施对于控制正在活动的浅层和中厚层滑坡效果较好。为使抗滑桩有效地发挥作用，应将桩身全长的1/3～1/4埋置于滑坡以下的完整岩土层中，并灌浆使桩和周围岩土体构成整体。抗滑桩能承受相当大的土压力，所以成排的抗滑桩可阻止巨型的滑坡体。

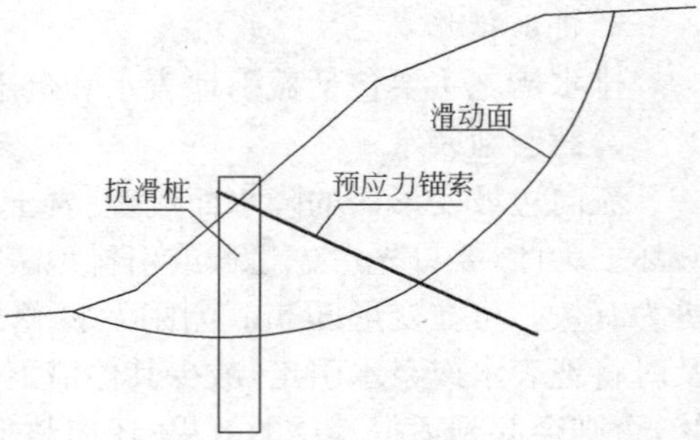

图7-54　抗滑桩与锚索

4）挡墙

挡墙也称挡土墙，是防治边坡滑动常用的有效措施之一。按建筑材料和结构形式不同，有浆砌石挡墙，混凝土或钢筋混凝土挡墙、片石垛及片石竹笼等。挡墙的优点是结构比较简单，可以就地取材，而且能够较快地起到稳定坡体的作用。施工中要把基础设置于最低滑动面之下的稳固岩土层中，在挡墙中应预留泄水孔，并与墙后的盲沟连接起来。但有时根据工程实际情况，也有挡土板和锚杆结合使用的锚杆挡墙和锚定板挡墙，见图7-55、图7-56。其中，锚杆挡墙是由墙面板和锚杆组成的。墙面板直接与锚杆连接，并以锚杆为支撑。土压力通过墙面板传给锚杆。锚杆则依靠其与周围地层之间的锚固力即抗拔力抵抗土压力，以维持挡墙的稳定。锚定板挡墙由墙面板、钢拉杆、锚定板和填料组成。钢拉杆外端与墙面板连接，内端与锚定板连接。通过钢拉杆、依靠埋在填料中的锚定板所提供的抗拔力来维持挡墙的稳定。

5)削坡减压

这种措施是将较陡坡的坡角放缓或削去一部分坡顶岩土体，以提高坡体抗滑力(矩)或减小下滑力(矩)。这种措施对治理推移式滑动效果较好。在工程实践中，减载通常结合反压措施同步进行，即将减载削下的土石堆于坡脚附近，既降低了下滑力(矩)，又提高了抗滑力(矩)。

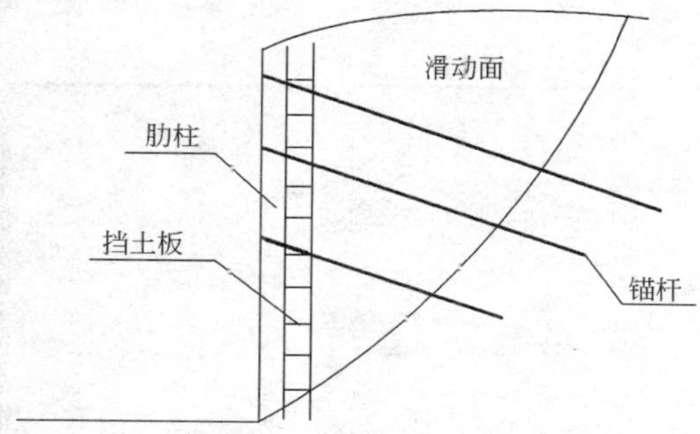

图 7-55　肋板式锚杆挡墙示意图

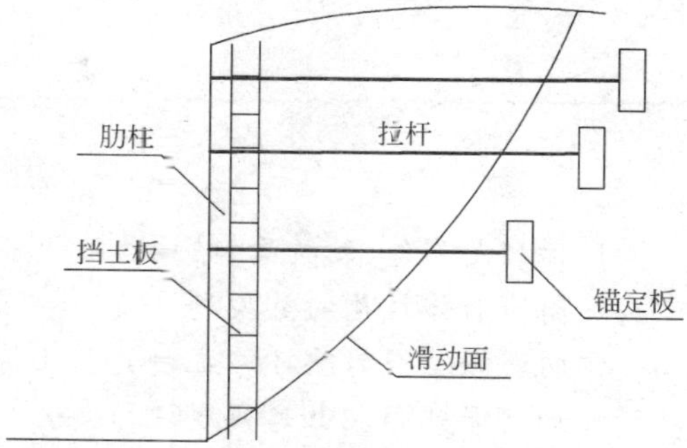

图 7-56　锚定板挡墙示意图

6)柔性防护措施

近年来，柔性防护技术在工程实践中得到了运用。柔性拦石网(图 7-57)防护技术在我国水电站、矿山、道路等各种工程现场得到了广泛的应用。柔性拦石网采用钢绳网来防护崩塌落石危害，它与传统刚性结构的防治方法的主要差别在于该系统本身具有的高柔性和强度，更适合抗击集中荷载和高冲击荷载。当崩塌落石能量高且坡度较陡时，柔性防护系统中的钢绳网系统是一种很好的防护措施，同时这种措施可以最大限度地维持原始地貌和植被，保护自然生态环境。

图 7-57　柔性拦石网

7)其他措施

(1)护坡

为了防止水流冲刷，一般修筑导流堤、水下防波堤、丁堤及砌石、抛石、草皮护坡等措施。为防止坡面风化，可采用灰浆抹面或砌石护墙进行坡面保护。

(2)改善岩土性质

为了改良岩土性质，对岩质边坡可采用灌浆，增强坡体岩石或结构面强度，灌浆孔需钻至滑面以下 3～5m；对土质边坡可采用电化学加固、冻结、焙烧等。

(3)绕避

绕避措施一般适用于线路工程。当线路遇到严重不稳定地段，处理难度较大时，可考虑采用此措施。

上述各项措施，可根据具体工程情况选用一种或几种，通常需采用多种措施进行综合治理。

思考题

1. 什么是岩体、结构面、结构体？
2. 简述岩体结构的类型和性质。
3. 简述洞室围岩破坏的主要类型及特点。
4. 如何保证洞穴上工程建设的安全？
5. 影响地下洞室围岩稳定性的因素有哪些？
6. 岩块受压的应力—应变曲线分为哪几种类型？
7. 简述结构面对岩体变形的影响，如何确定不同结构面的抗剪强度？
8. 简述赤平极射投影的基本原理和用途。
9. 影响地基岩体强度的主要因素有哪些？
10. 简述不良岩质地基的主要加固处理措施。
11. 岩石边坡变形破坏的主要类型有哪些？各自有何特点？
12. 岩石边坡稳定性分析常用方法有哪些？
13. 简述防治岩质边坡变形破坏的主要措施。

第八章 工程地质勘察
DIBAZHANG

在城市规划、建(构)筑物、道路、桥梁等工程设计施工之前,都先要进行工程地质、水文地质等方面的勘察工作,以获取建筑场地自然条件下的原始资料,为制定技术正确、经济合理和社会效益可行的设计和施工方案提供依据。

第一节 工程地质勘察的目的、任务及阶段的划分

一、工程地质勘察的目的和任务

建筑工程是根据设计要求和建筑场区的工程地质条件进行建设的。工程地质勘察是运用工程地质理论和各种勘察测试技术手段,为解决工程建设中地质问题而进行的调查研究工作。工程地质勘察是工程建设的先行工作,其成果资料是工程项目决策、设计和施工的重要依据。

工程地质勘察的任务总的说来就是为工程建筑的规划、设计、施工和使用提供建筑地区的地质资料,阐明该地区的工程地质条件对该工程建筑适合性质,同时还应分析研究所存在的对工程建筑不利的地质条件,探讨解决有关地质问题,以便使建筑物与地质环境相互适应。即既要保证工程的稳定安全、经济合理、运行正常,又要尽可能避免因工程的兴建而恶化地质环境,并要尽可能保护地质环境。由此可见,对于各项工程建设来说,工程地质勘察工作是十分重要的,具体可归纳为以下几方面:

(1)查明场地和地基的稳定性、地层结构、持力层和下卧层的工程特性、土的应力历史和地下水条件以及不良地质作用等。

(2)提供满足设计施工所需的岩土参数,确定地基承载力,预测地基变形性状。

(3)提出地基基础、基坑支护、工程降水和地基处理设计与施工方案的建议。

(4)提出对建筑物有影响的不良地质作用的防治方案建议。

(5)对于抗震设防烈度等于或大于 6 度的场地,进行场地与地基的地震效应评价。

以上五项任务是相互联系,密不可分的。其中工程地质条件的调查研究是最基本的工作,如果工程地质条件不清楚或不正确,则其他各项任务也就不可能完成,甚至得出错误的结果。

二、勘察阶段划分和各阶段的基本要求

建设工程项目设计一般可分为可行性研究、初步设计和施工图设计三个阶段。为了提供各个设计阶段所需的工程地质资料，勘察工作也相应的划分为可行性研究勘察（选址勘察）、初步勘察、详细勘察三个阶段。可行性研究勘察应符合选址或确定场地要求；初步勘察应符合初步设计或扩大初步设计要求；详细勘察应符合施工图设计要求。对于工程地质条件复杂或有特殊施工要求的重要建筑的地基，尚应进行施工勘察；对于地质条件简单，建筑占地面积不大的场地，或有建设经验的地区，也可适当简化勘察阶段。

每个工程地质勘察阶段都有该阶段的具体任务、应解决的问题、重点工作内容和工作方法以及工作量等。在这里重点介绍与房屋建筑与构筑物有关的各个工程地质勘察阶段的基本要求与内容。对其他各类工程（如地下铁道、轨道交通、岸边工程、水工工程等）特殊的勘察要求可参见相关地质勘察规范或工作手册。

1. 可行性研究勘察阶段

可行性研究勘察阶段，也是选址阶段，该阶段应对拟建场的稳定性和适宜性做出评价。为此，在确定建筑场地时，在工程地质条件方面，宜避开不良地质现象发育且对场地稳定性有直接危害或潜在威胁的、地基土性质严重不良的、对建（构）筑物抗震危险的地段。

本阶段的工程地质勘察工作有：

（1）搜集区域地质、地形地貌、地震、矿产、当地的工程地质、岩土工程和建筑经验等资料。

（2）在充分搜集和分析已有资料的基础上，通过踏勘了解场地的地层、构造、岩性、不良地质作用和地下水等工程地质条件。

（3）当拟建场地工程地质条件复杂，已有资料不能满足要求时，应根据具体情况进行工程地质测绘和必要的勘探工作。

（4）当有两个或两个以上拟选场地时应进行比选分析。收集地区域地质、地形地貌、地震、矿产和附近地区的工程地质资料及当地的建筑经验。

2. 初步勘察阶段

初步勘察阶段是在选定的场址上进行的。根据选址报告书了解建设项目类型、规模、建筑物高度、基础的形式及埋置深度和主要设备等情况。在收集分析已有资料的基础上，根据需要进行工程地质测绘或调查以及勘探、测试和物探工作。初步勘察的目的是对场地内建筑地段的稳定性做出岩土工程评价，为确定建筑总平面布置、主要建筑物地基基础设计方案以及不良地质现象的防治方案做出工程地质论证。本阶段的工程地质勘察工作有：

（1）搜集拟建工程的有关文件、工程地质和岩土工程资料以及工程场地范围的地形图。

（2）初步查明地质构造、地层结构、岩土工程特性、地下水埋藏条件。

（3）查明场地不良地质作用的成因、分布、规模、发展趋势，并对场地的稳定性做出评价。

（4）对抗震设防烈度等于或大于 6 度的场地，应对场地和地基的地震效应做出初步评价。

（5）季节性冻土地区，应调查场地土的标准冻结深度。

（6）初步判定水和土对建筑材料的腐蚀性。

（7）高层建筑初步勘察时，应对可能采取的地基基础类型、基坑开挖与支护、工程降水方案进行初步分析评价。

对土质地基勘探线、勘探点间距应符合表 8-1 规定，局部异常地段应予加密。勘探孔的深度应符合表 8-2 的规定，当遇特殊情况时，应适当增减勘探孔深度。

初步勘察地基勘探线、勘探点间距(单位:m)　　表 8-1

地基复杂程度等级	勘探线间距	勘探点间距
一级(复杂)	50～100	30～50
二级(中等复杂)	75～150	40～100
三级(简单)	150～300	75～200

注:①表中间距不适用于地球物理勘探。

②控制性勘探点宜占勘探点总数的 1/5～1/3,且每个地貌单元均应有控制性勘探点。

初步勘察勘探孔深度(单位:m)　　表 8-2

工程重要性等级	一般性勘探孔	控制性勘探孔
一级(重要工程)	≥15	≥30
二级(一般工程)	10～15	15～30
三级(次要工程)	6～10	10～20

注:①勘探孔包括钻孔、探井和原位测试孔等;

②特殊用途的钻孔除外。

3.详细勘察与施工勘察阶段

详细勘察应密切结合技术设计或施工图设计,按不同建(构)筑物或建筑群提出详细工程地质资料和设计所需的岩土技术参数,对建筑地基做出岩土工程分析评价,为基础设计、地基处理、不良地质现象的防治等具体方案做出论证、结论和建议。详细勘察应进行下列工作:

(1)搜集附有坐标和地形的建筑总平面图,场区的地面整平高程,建筑物的性质、规模、荷载、结构特点、基础形式、埋置深度、地基允许变形等资料。

(2)查明不良地质作用的类型、成因、分布范围、发展趋势和危害程度,提出整治方案的建议。

(3)查明建筑范围内岩土层的类型、深度、分布、工程特性、分析和评价地基的稳定性、均匀性和承载力。

(4)对需进行沉降计算的建筑物,提供地基变形计算参数,预测建筑物的变形特征。

(5)查明埋藏的河道、沟浜、墓穴、防空洞、孤石等对工程不利的埋藏物。

(6)查明地下水的埋藏条件,提供地下水位及其变化幅度。

(7)在季节性冻土地区,提供场地土的标准冻结深度。

(8)判定水和土对建筑材料的腐蚀性。

详细勘察勘探点布置和勘探孔深度,应根据建筑物特性和岩土工程条件确定。对岩质地基,应根据地质构造、岩体特性、风化情况等,结合建筑物对地基的要求,按地方标准或当地经验确定。详细勘察勘探点的间距应符合表 8-3 的规定。

详细勘察地基勘探点间距(单位:m)　　表 8-3

地基复杂程度等级	勘探点间距	地基复杂程度等级	勘探点间距
一级(复杂)	10～15	三级(简单)	30～50
二级(中等复杂)	15～30		

详细勘察的勘探深度自基础底面算起,应符合下列规定:

(1)勘探孔深度应能控制地基主要受力层,当基础底面宽度不大于 5m 时,勘探孔的深度对条形基础不应小于基础底面宽度的 3 倍,对单独柱基不应小于 1.5 倍,且不应小于 5m。

(2)对高层建筑和需作变形计算的地基，控制性勘探孔的深度应超过地基变形计算深度；高层建筑的一般性勘探孔应达到基底下0.5～1.0倍的基础宽度，并深入稳定分布的地层。

(3)对仅有地下室的建筑或高层建筑的裙房，当不能满足抗浮设计要求，需设置抗浮桩或锚杆时，勘探孔深度应满足抗拔承载力评价的要求。

(4)当有大面积地面堆载或软弱下卧层时，应适当加深控制性勘探孔的深度。

(5)在上述规定深度内当遇基岩或厚层碎石土等稳定地层时，勘探孔深度应根据情况进行调整。

(6)地基变形计算深度，对中、低压缩性土可取附加压力等于上覆土层有效自重压力20%的深度；对于高压缩性土层可取附加压力等于上覆土层有效自重压力10%的深度。

(7)建筑总平面内的裙房或仅有地下室部分(或当基底附加压力 $p_0 \leqslant 0$ 时)的控制性勘探孔的深度可适当减小，但应深入稳定分布地层，且根据荷载和土质条件不宜少于基底下0.5～1.0倍基础宽度。

(8)当需进行地基整体稳定性验算时，控制性勘探孔深度应根据具体条件满足验算要求。

(9)当需确定场地抗震类别而邻近无可靠的覆盖层厚度资料时，应布置波速测试孔，其深度应满足确定覆盖层厚度的要求。

(10)大型设备基础勘探孔深度不宜小于基础底面宽度的2倍。

(11)当需进行地基处理时，勘探孔的深度应满足地基处理设计与施工要求；当采用桩基时，勘探孔的深度应满足桩基础相关要求。

施工勘察主要是与设计、施工单位相结合进行的地基检验，桩基工程与地基处理的质量和效果的检验。施工中的岩土工程监测和必要的补充勘察，解决与施工有关的岩土工程问题，并为施工阶段地基基础设计变更提出相应的基础资料，具体内容视工程而定。

第二节　工程地质勘察技术与方法

为全面详细掌握工程建筑地区的工程地质条件，必须使用多种地质勘察手段与方法。随着科学技术的进展，勘察方法也不断有所发展。新的理论、计算方法与技术也渗入到各种勘察方法中。目前采用的方法大致可归纳为下列几个方面：①工程地质测绘制图及遥感应用；②工程地质勘探；③工程地质物探；④岩土物理力学性质试验；⑤水文地质勘探试验；⑥物理力学模拟试验监测等。各种方法在各个勘察阶段中使用的数量、深度与广度也各不相同。现分别介绍如下：

一、工程地质测绘及制图

对于土木工程来说最主要的是要了解清楚建设地区的基本地质条件，所以工程地质测绘是最基本、最先行的综合性的工作。这一方法的本质是应用地质理论知识对地表的地质体和地质现象进行观察和描述，并把这些地质要素标记在图上，以广阔的视野探究其成因和特征以及相互间的联系。有了地表的全面认识，就可以推断地下的地质情况，获得初步的三维地质轮廓，并为合理布置物探和勘探工作、确定取样和现场试验的位置、确定监测内容和网点布置等打下基础。

(一)工程地质测绘的内容

地质测绘是根据野外调查综合研究勘察区内地质条件，内容一般包括下述方面：

1. 地层岩性

地层岩性是研究各种地质现象的基础，评价工程地质的基本因素之一，所以应查明地层的分布、各岩层的性质、厚度及其变化规律，确定地层时代、成因类型、风化程度及工程地质特性等。

2. 地质构造

地质构造主要研究测区内各种构造型迹的产状、分布、形态、规模及结构面的力学性质，分析所属构造体系，明确各类构造岩的工程地质特性。分析其对地貌形态、水文地质条件、岩体风化等方面的影响，还应注意近期构造的特点及地震活动情况。

3. 地貌条件

地貌是岩性、构造、新构造活动和近期外动力作用共同塑造的地表景观。研究不同地貌的形式及发展历史，对工程建设的总体布置、工程稳定和安全有重要意义。

4. 水文地质条件

观察并调查地下水的类型、埋藏条件、隔水层、透水层的分布规律，测试水的物理性质及化学成分及动态变化，分析水文地质条件对工程建筑物的影响。

5. 物理地质现象

调查岩溶、滑坡、崩塌、泥石流及岩石风化等的分布位置、形态特征、规模、类型和发育规律，分析它们对工程建筑物的影响。

6. 其他地质现象，和建筑材料的调查

在测绘工作时，可附带进行可用的石料、砂料及土料等天然建筑材料的调查。

(二)测绘比例尺的选择与精度要求

工程地质测绘比例尺一般分为小比例尺、中比例尺及大比例尺，测绘时对比例尺的选择一般根据所需了解的地质条件的区域范围大小及各设计阶段的具体要求而定，各类工程的要求也有所不同。

小比例尺测绘：小比例尺测绘所用比例尺为 1∶5 000～1∶50 000，一般在可行性勘察、城市规划或区域性工业布局时使用，目的是了解区域性工程地质条件。

中比例尺测绘：中比例尺测绘所用比例尺为 1∶2 000～1∶10 000，一般在初步勘察阶段使用。

大比例尺测绘：大比例尺测绘所用比例尺为 1∶500～1∶2 000(条件复杂时，比例尺可适当放大)，适用于详细勘察阶段或地质条件复杂和重要的建筑物地段，以及需要解决某一特殊问题时采用。

对工程有重要影响的地质单元体(滑坡、断层、软弱夹层、洞穴等)，可采用扩大比例尺表示。

工程地质测绘的精度系指在工程地质测绘中对地质现象观察描述的详细程度以及地质条件各因素在工程地质图上反映的详细程度和精确程度。为了保证工程地质的质量，测绘的精度必须与工程地质图的比例尺相适应。地质界线和地质观测点的测绘精度，在图上不应低于 3mm。

观察描述的详细程度是以单位测绘面积上观察点的数量和观察线路的长度控制的。通常不论比例尺多大一般都以图上每 $1cm^2$ 范围内有一个观察点来控制观察点的平均数，比例尺增大，同样实际面积内的观察点就要相应增多。观察点分布不应是均匀的，而是地质条件复杂的地段多一些，条件简单地段少一些，但都应布置在地质条件的关键位置上。

为了保证工程地质图的详细程度，还要求工程地质条件各因素的单元划分与图数比例尺相适应，一般规定岩层厚度在图上的最小投影宽度大于 2mm 者均应按比例尺反映在图上。厚变或宽度小于 2mm 的重要工程地质单元，如软弱结构面，重要的构造特征点，物理地质现象及水文地质点则应用超比例尺或特殊符号办法在图上表示出来。

为了保证图的精确度，则要求图上的各种界线准确无误，按规定任何比例尺图上界线的误差一般应不超过 2mm，所以大比例尺的地质测绘工作要采用仪器定点法。

(三)工程地质测绘的基本方法及制图

1. 测绘工作前的准备工作

在对工程建设地区进行工程地质测绘前首先需根据该工程设计阶段的要求收集并调查有关资料，主要是相应阶段比例尺大小的地形图、普通地质图。对较大区域的小比例尺测绘工作，还可以充分利用卫星遥感资料及航空摄影资料，对这些资料阅读分析，可大致了解该地区的岩石分布、地层的构造、地形地貌特征及水文地质条件等。其次是对拟测绘地区进行踏勘，初步观察并验证已有地形地质资料，以使工作人员对该地区的地形地质条件有一大致轮廓的认识。然后测绘工作组(队)再讨论编制测绘工作计划，布置地质观察测绘路线，初步确定主要地质观察点，按计划进行逐日的野外实地工程地质勘察测绘工作。

工程地质测绘工作的工具主要有：①地面地质勘察简便工具如地质锥，地质罗盘，轻便挖掘锹、镐、皮尺等；②简便量测岩石物理力学及化学性质的工具，如淡盐酸等化学药品、岩石强度回弹仪，点荷载仪等；③简便的地球物理勘探仪及水质分析箱；④轻便的地形测量仪器，如轻型经纬仪，水准仪等。

2. 布置地质观察测绘路线

按照以较少的工作量获得更多的地质要素成果的原则，布置妥当的地质观察测绘路线是很重要的。根据测绘地区的地质条件特征一般可采用下列方法：

(1)穿越地层路线法：即沿着与地层或岩层的走向垂直的方向，每隔一定距离布置一条勘察路线，沿路线隔一定距离出现的地质要素(主要是岩层分层及地质界线点)地点进行重点观察记录并测出位置，将地质要素标画在图上，连接相同的地层或岩层界线，即编成工程地质平面图，此法一般适用于沉积岩分布较多的地区。图 8-1 为穿越地层路线法示意图。

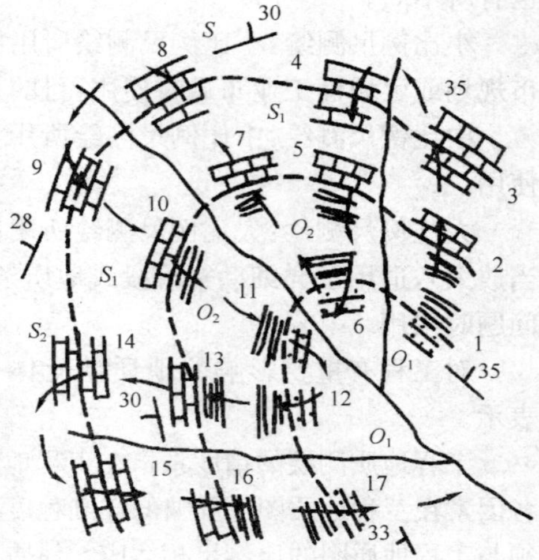

图 8-1 穿越法示意图

(2)地质界线追索法：即沿着地层界线，断层线，或物理地质体边缘线等布置地质观察点追索。其主要用在岩浆岩分布较多，断裂构造较发育的地区。

(3)全面综合勘察法：即将全区按方格网布置勘察测绘路线，每条线距以在图上 1cm 为宜，在重要的岩层界线、地质构造线及其他地质要素处作观察点，进行详细观察记录，然后通过分析资料连接各类地质界线。此法一般适用于岩石种类较多，地质构造较复杂或不良地质现象(如滑坡、岩溶等)较发育的地区。

3. 工程地质观察点的工作内容

(1)地质观察点的类型:地质点应布置在地质界线及地质要素位置,根据出露地质要素的内容可分为岩石分界点、构造点、第四纪地貌点、水文地质点及工程地质作用点等。一般在天然露头处定点观察,在有覆盖或界线不明显的地方可进行浅层人工开挖。

(2)测定地质点的位置:定下地质点后便需测定地质点位置并标志在地形图上,作为制图的基础,按精度要求不同,可用目测定点、半仪器定点和仪器定点等方法。地质点间距要保证所作地质界线在图上的精度,一般控制为 1~2cm。根据地形、地质条件复杂程度及对工程影响关系,可适当加密或减稀,地质点应统一编号。

(3)在地质点应把该处出露的所有地质现象认真观察仔细描述,照实做好野外记录。主要观察内容包括岩石种类、性质、层次、产状、接触关系及各岩层厚度;地质构造特征、断层产状延伸方向、破碎带宽度、破碎充填物性质、节理裂隙发育程度、节理的组数及产状;第四纪沉积物状态及地貌特征;存在的不良地质现象如滑坡、岩溶及泥石流等特征情况;地表及地下水出露特征及有无影响工程的不利地质条件等。观察要仔细,描述既要全面又要突出重点,特别要注意与工程建筑有关的地质问题,并应多用素描或照片来充实。

(4)应采集具有代表性的岩石(土)样标本、化石标本等,以便进行鉴定及室内试验,并可供作岩(土)工程地质研究及地层对比分析用,同时还应根据不同需要对地表水及地下水取样,以便进行水质分析和评价。

4. 野外实测地质剖面图

为了能全面掌握测绘区的地层岩性及地质构造,通常要作几条具有代表性的实测地质剖面,剖面线要尽可能垂直岩层走向,这样可见到的地层及构造情况较全,同时要选择基岩露头出露较多的路线,如沿河道、沟谷或山脊等覆盖层较少的地带。

实测剖面图的做法是:在已选定的剖面线处,依据地形变化分段,然后在各段用地质罗盘(要求精确时则需用经纬仪等)测定方向、位置及地形坡度,用皮尺量距,然后详细分层描述,测各岩层的产状、宽度、地质构造面的产状及情况,采取标本,作出记录及剖面草图,然后整理成正规的工程地质剖面图(图 8-2)。当剖面图上的纵横比例尺不能相等时,各段实际地形坡度及各岩层实际产状在图上需标明清楚。

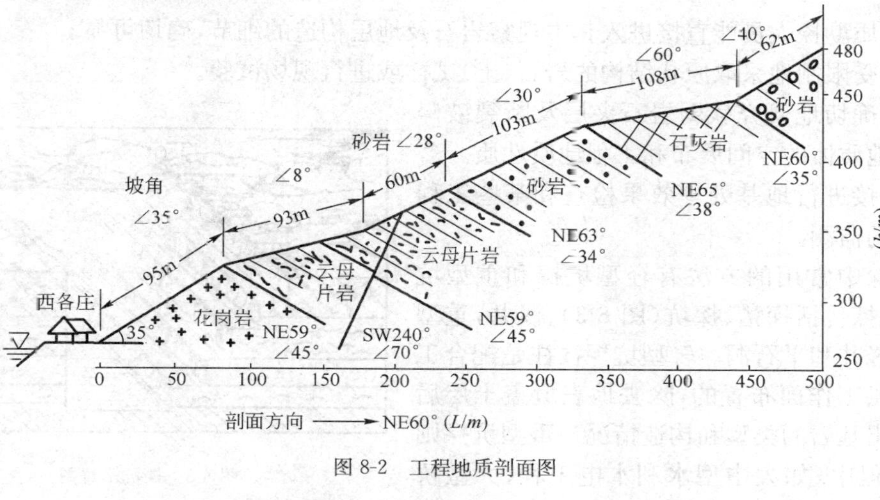

图 8-2 工程地质剖面图

5.测绘工作的内业整理

(1)将野外测绘观察所得成果资料进行鉴定分析,确定岩石性质及地质时代。将地质观察点标定在地形图上,并将各点的主要岩层界线、构造线画出,其他的主要地质要素(物理地质现象、水文地质现象等)用特殊符号标出后,连接所有的相同地质界线及构造线,即可编制出所测绘的工程地质图。

(2)利用实测剖面图或在平面图上切取纵横两方向的工程地质剖面图。

(3)将所得的资料进行综合分析,编制成工程地质测绘报告。

二、工程地质勘探

人类工程活动对地壳层岩、土体的影响会达到一定深度,地下洞室的开挖更是如此。这些地面下的工程地质条件仅用工程地质测绘方法难以确切查明的,必须用深入地面下一定深度的勘探方法,才能取得由表及里的工程地质资料。工程地质勘探一般在工程地质测绘的基础上进行,它可以直接深入地下岩层取得所需的工程地质条件资料,是探明深部地质情况的可靠方法。工程地质勘探的主要任务为:

(1)探明建筑场地的岩性及地质构造,以及各地层的厚度、性质及其变化;划分地层并确定其接触关系以及基岩的风化程度、划分风化带;研究岩层的产状、裂隙发育程度及其随深度的变化;研究褶皱、断裂、破碎带以及其他地质构造的空间分布和变化。

(2)探明水文地质条件,即含水层、隔水层的分布、埋深、厚度、性质及地下水位。

(3)探明各类地质现象,包括河谷阶地、冲洪积扇、坡积层的位置和土层结构;溶岩的规模及发育程度;滑坡及泥石流的分布、范围、特性等。

(4)提取岩土样及水样,提供野外试验条件。从钻孔或勘探点采取岩土样或水样,提供室内试验、分析、鉴定之用。勘探所形成的坑孔可为现场原位试验提供场所和条件。

常用的工程地质勘探方法有坑(槽)探、钻探、触探和地球物理勘探等。

(一)坑探

1.坑探的类型及其适用条件

由于坑探工作可直接将地面下一定深度的地质情况暴露出来,所以能达到以下的特殊作用。

(1)地质勘探人员能直接进入其中观察岩石及地层构造的细节,确切可靠。

(2)不受限制地采取原状结构的岩石(土)试样或进行现场试验。

(3)较确切地研究软弱岩石夹层及断裂破碎带等复杂地质体的空间展布和工程地质性质。

(4)直接进行地基处理效果检查和某些工程地质现象的监测。

在坑探中常用的方法有轻型坑探和重型坑探,轻型坑探包括探槽、探坑(图 8-3)、浅井,重型坑探包括竖井和平石洞。轻型坑探往往是配合工程地质测绘工作面布置的,除去地表覆盖土层后可以揭露出基岩的类型和构造情况。重型坑探则在大型工程中(如大中型水利水电工程、大型桥

图 8-3　探坑示意图

梁、重型建筑工程等)使用较多,不同探坑的适用条件见表 8-4。

坑探的类型及适用条件　　表 8-4

类型	特　点	适 用 条 件
探槽	沿垂直于岩层走向及构造线走向方向挖掘条型槽子	剥除地表覆土,揭露基岩,划分地层岩性,研究断层破碎带,取原状岩土样
探坑	由地表向下挖掘的方形或圆形探坑,深度一般小于 5m	剥除覆土,揭露基岩,确定地层岩性,进行荷载试验,渗水试验,取原状土样
浅井	地表向下铅直的方形或圆形井,深度5～15m	确定覆盖土层及风化岩层的岩性及厚度,可进行载荷试验,取原状土样,了解地层构造及断裂带
竖井（斜井）	形状与浅井相似,但深度大于 15m,有时是倾斜的	了解覆盖层的厚度及性质,风化带的厚度及岩性,软弱夹层的分布,断层破碎带及岩溶发育的情况,滑坡体结构及滑动面等
平洞	水平向的坑道,往往进入山体较深,有时在竖井底再打平洞	可用于调查斜坡的地质结构及地层岩性,软弱夹层的厚度及性质,断层破碎带及风化岩层的厚度。还可采用原状试样进行原位岩体力学试验及地应力量测等

对于土层及强风化的破碎岩层,一般采用锹、镐或风钻,对较完整而坚硬的岩石则多采用打眼放炮,将岩石爆炸破碎。近年来逐渐引进先进的掘进机械和施工技术,如多臂凿岩机、滚刀破岩掘进机等,提高了掘进效益,增加了安全性。

2. 坑探的编录工作

每一项坑探工程往往要消耗较多的人力和物力,因此对它进行全面的观察、详细的描述及编录工作非常必要。编录内容为:

(1)测量坑探点的位置及高程以便将其标志在地质图及剖面图上。

(2)每掘进 1m 左右,就要详尽地观察记录坑井四壁的岩石成分、结构、构造、产状、裂隙及风化情况等,先在现场绘出展示草图。对断裂破碎带及软弱夹层等重要地质现象,绘出较大比例尺的素描图,或辅以照片,以便在坑探工程完工后整理成详细而准确的四壁与基坑的展示图。图 8-4 为探槽展示图,图 8-5 为浅井展示图,图 8-6 为平洞展示图。

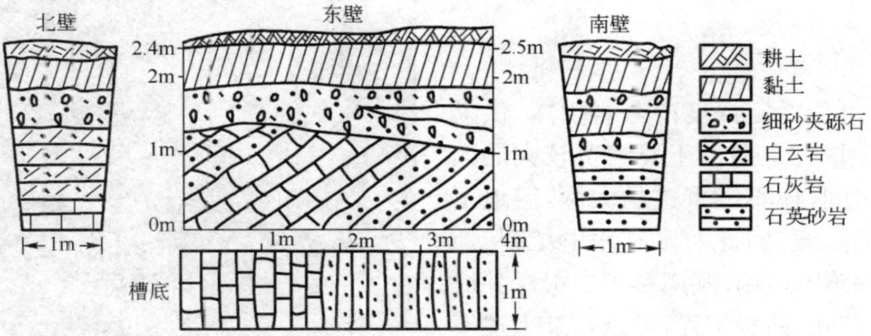

图 8-4　探槽展示图

(3)记录开挖期间及开挖后坑壁岩体动态,如膨胀、出现裂隙、迅速风化、剥落及塌落等现象,记录掘进速度及方法。

(4)记录地下水动态,如涌水情况、涌水点、涌水量、涌水速度等以及与地表水的关系,对岩

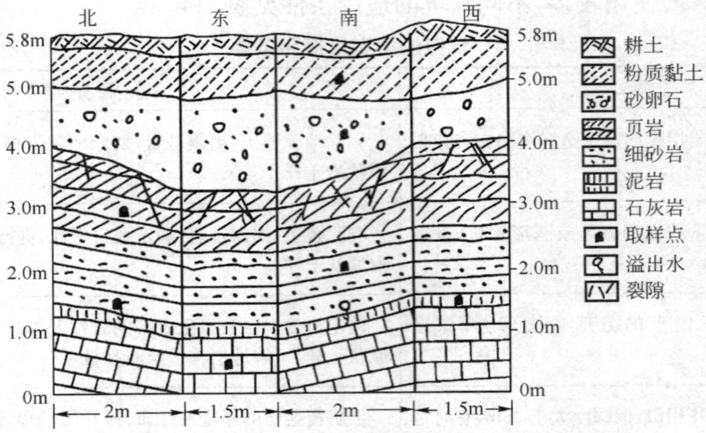

图 8-5　浅井展示图

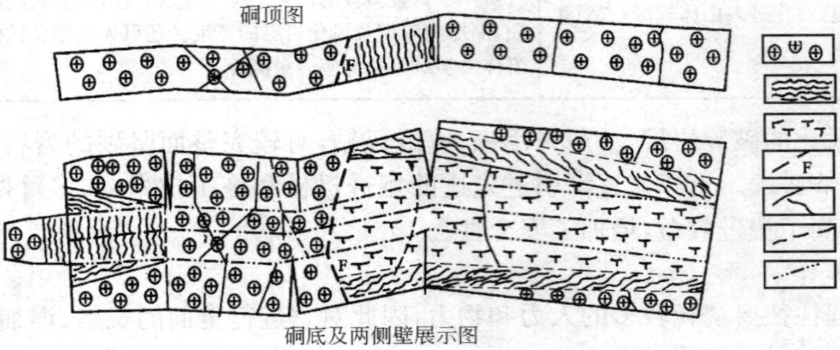

图 8-6　平硐展示图

层性质变化的影响，并进行水质分析等。

(5)如采取岩石试样，必须记录取样编号、取样位置及高程、试样大小及形状、岩石类型等。原位试验点的位置及试验方法等标志在展示图及其他有关的图件上。

(二)钻探

上述的坑探，可使一定深度的基岩出露，供勘察人员直接观察和取样。但由于要消费较大的人力、物力、较多的时间，还不能掘进的太深，遇地下水则更增加掘进的困难，因此对水利水电工程、地下工程及重大工程等不适用，利用可掘进很深并能取得岩石标本(岩芯)的钻探工程，可以弥补上述不足。图 8-7 为北京周口店地区进行现场钻探的照片。

图 8-7　现场钻探照片

1. 钻探的作用

(1)通过钻探所采取的岩芯标本、钻进速度及回水情况，可了解不同深度处岩石性质、地质构造、裂隙构造、断层破碎带及风化破碎情况。

(2)在钻孔中取得能保持原状结构的试样，可进行岩石的物理力学性质试验。

(3)在钻孔中可观察地下水位及地下水的动态变化，还可以在孔中进行所需的水文地质试验。可以在钻孔中进行孔壁摄影与钻孔电视，以帮助勘察工作者直接观察到所需观察的地层的某些情况。在钻孔中还可以进行电测井等地球物理勘探等方法，由该处岩层的电学性质推断出它的物理力学。

(4)每个钻孔最后可得出一个钻孔柱状图，可反映出钻孔点各深度处的岩石性质、岩层界线、风化程度界线、基岩面高程、断层等构造线高度、软弱结构面的产状等。如在一条勘探线上布置几个钻孔，然后将各钻孔柱状图的相同岩层、地层及构造线连接起来，即构成一个二维的工程地质剖面图。若在场地布置相互平行的数条钻孔勘探线，就可得得出几个地质剖面图，再将垂直于此剖面方向的各勘探线上各钻孔柱状的地质界线相连，构成在该方向的地质剖面图。由这两个方向的地质剖面就可以总合成一个三维空间的立体地质构造。

2.钻探设备

钻探工作是靠钻机(图8-8)进行的，其主要的工作是钻进和提取岩芯。所以主要机械设备为动力机(燃油或电动)、钻机(回转或冲击)、供泥浆设备(水泵或泥浆泵)、钻杆、提升设备(吊架及滑轮)、钻头及取样钻具等。

根据自然条件的复杂性以及工程要求选择钻探设备和钻进方法。钻机一般分为回转式和冲击式两种。回转式钻机是利用钻机的回转器带动钻具旋转，磨消孔底地层而钻进，通常使用管状钻具，能取柱状岩芯样品。冲击式钻机则利用卷扬机借钢丝绳带动有一定重量的钻具上下反复冲击，使钻头击碎孔底地层而形成钻孔后用抽筒提取岩石碎块或扰动土样。

(1)冲击钻进：采用底部圆环状钻头。钻进时将钻具提升到一定高度，利用钻具自重，迅猛放落，钻具在下落时产生冲击动能，冲击孔底岩土层，使岩土层达到破碎之目的而加深钻孔(图8-9)。

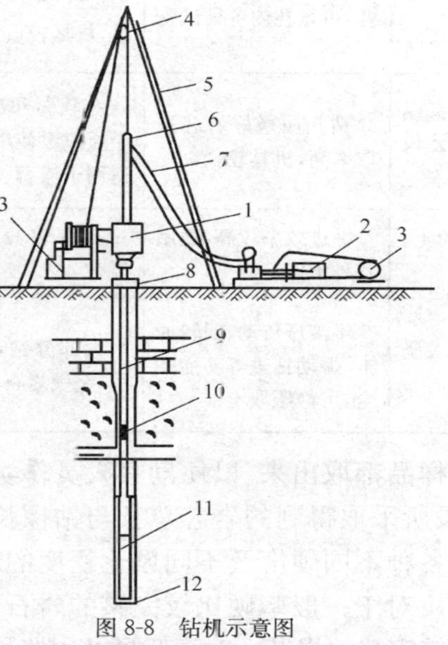

图8-8 钻机示意图

1-钻机；2-泥浆泵；3-动力机；4-滑轮；5-三脚架；6-水龙头；7-送水胶管；8-套管；9-钻杆；10-钻杆接头；11-岩芯管；12-钻头

图8-9 XY-I型钻机

(2)回转钻进：采用底部嵌焊有硬质合金的圆环状钻头进行钻进。钻进中施加钻压，使钻头在回转中切入岩土层，达到加深钻孔的目的。在土质地层中钻进，有时为有效地完整地揭露标准地层，还可以采用勺形钻钻头进行钻进。

(3)冲击—回转钻进：综合了前两种钻进方法在地层钻进中的优点，以达到提高钻进效率的目的。其工作原理是：在钻进过程中，钻头刻取岩石时，施加一定的动力，对岩石产生冲击作用，使岩石的破碎速度加快，破坏粒度比回转剪切粒度增大。同时，由于冲击力的作用使硬质合金刻入岩石深度增加，在回转中将岩石剪切掉，这样就大大提高了钻进的效率。

(4)冲击—回转—振动钻进：综合了前三种钻进方法在地层钻进中的优点，以达到提高钻进效率的目的。采用机械动力所产生的振动力，通过连接杆和钻具传到圆筒形钻头周围土中。由于振动器高速振动的结果，圆筒钻头依靠钻具和振动器的重量使得土层更容易被切削钻进，切钻进速度较快。

针对不同的岩石及地层条件，可选取不同的钻进方式、钻机与钻具，详见表 8-5。

部分钻探类型及适用条件　　表 8-5

钻探方法		主要钻具	适用条件	优点	缺点
冲击钻探	人力	洛阳铲、钢丝绳、钻探、锤击钻探	碎石土、砂土、黏性土、软质岩石	设备简单经济，能准确了解含水层	劳动强度大难以取得完整岩心，孔深较浅
	机械	CZ-20C 型 CZ-22 型 CZ-30 型	除上述岩土外还可用于坚硬岩层	可钻进其他方法难以钻进的漂石及大卵石土	不能取完整岩芯，无法钻斜孔
回转钻探	人力	螺旋钻、勺钻	均匀砂、粉及黏性土	设备简单，能采取试样	劳动强度大，孔深较浅
	硬合金钢粒钻头	XJ-100 型 XU300-2A 型 SGJⅠ-III 型 XY2-3 型 YDC-100 型	除漂石、大卵石以外的各种硬度的岩石和土	岩石采取率高，孔深大，能取岩样，可钻斜孔，可做孔内各种试验	硬合金只适用Ⅷ级硬度以下的岩石，钢粒钻进孔壁不易均匀平整，机具较重
	金刚石钻头	XY-ⅠA 型等	钻进 VIII 级硬度以上的最坚硬岩层最有效	钻孔质量好岩芯采取率高，机具较轻	在软弱和破碎岩层中应慎重使用，一般不适用于漂石、卵石层
冲击-回转钻探		SH30-2 型	碎石土、砂土、粉土、黏性土	钻进效率较高，适用各种土体	孔深较浅，设备较复杂
冲击—回转—振动钻探，复合钻探		G1-G3 系列型 GYC150 型 GJD-2 型 JK-1 型	上述土层及不太坚硬的基岩	半液压传动、回转冲击、振动钻进等功能齐全，可静压取土	大部分钻具孔深较浅，坚硬岩石不适用

钻探工作的最主要任务就是把地面以下的岩石样品都取出来，以便勘察人员作实地观察分析，取出的岩芯越多越好，即岩芯采取率(每钻深段所采取得到的岩芯总长与钻探长度的百分比值)越高越好。为保证有较高的岩芯采取率，对各种不同硬度及不同风化程度的岩层，要分别采用不同的钻进方法及不同的采取岩芯的钻具。对于一般坚硬比较完整的岩石，采取一般回水钻进及合金或钢砂钻头，即可取得较理想的、较完整的岩芯。对于坚硬及很坚硬的岩石则需用金刚石钻头。而软弱夹层、断层破碎带及深厚的砂卵石层常是工程地质需要了解研究的重要地质体，要采取比较完全的岩芯比较困难，并且常会将它们漏掉。为此必须采取一些特

殊的方法和钻具设备，如无泵钻进、反循环钻进、双层岩芯管钻进(图 8-10)、套管及岩芯定向钻进等，以保证取得较多的岩芯。

钻孔一般分为技术钻孔和鉴别钻孔两种类型。钻进时，仅取扰动土样，用以鉴别土层分布、厚度和状态的钻孔被称为鉴别钻孔；在钻进过程中，按不同土层和深度采取原状土样的钻孔被称为技术钻孔，在钻孔平面布置图上要用不同符号表示。钻孔要素如图 8-11 所示。钻孔上部口径较大，下部口径较小，成阶梯状。钻孔的上部为孔口，底部为孔底；四周侧壁为孔壁。钻孔断面的直径为孔径；由大孔径改为小孔径称换径。从孔口到孔底的距离为孔深。

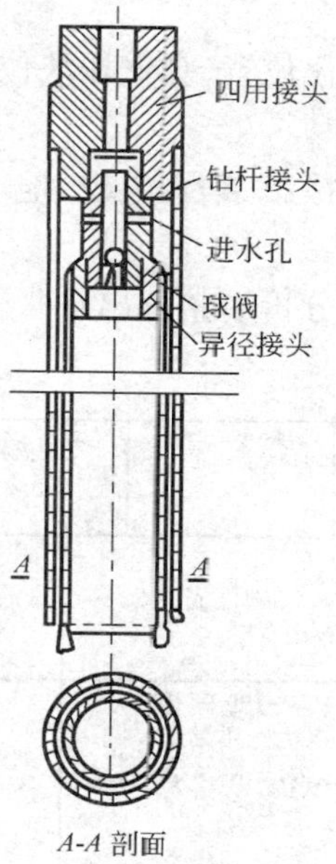

图 8-10 双层岩芯管示意图

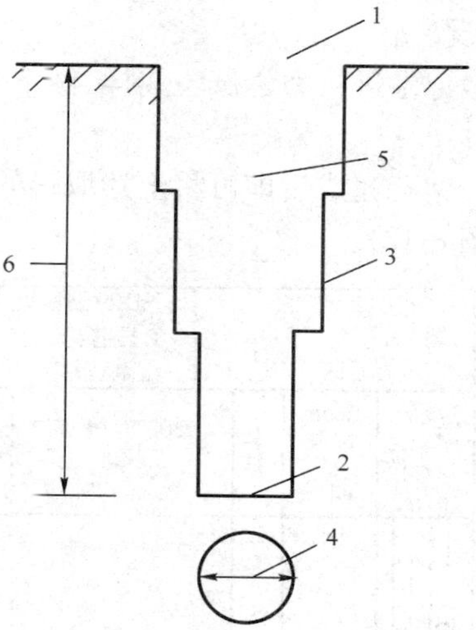

图 8-11 钻孔要素

1-孔口；2-孔底；3-孔壁；4-孔径；5-换径；6-孔深

钻孔的直径、深度、方向等，应根据工程要求、地质条件和钻探方法综合确定，取决于钻孔用途和钻探点的地质条件。钻孔的直径一般为 75～150mm，鉴别和划分土层的钻孔，孔径不宜小于 33mm；采取原状土样取样段的孔径不宜小于 108mm；采取岩石试样取样段的孔径对于软岩不宜小于 108mm，对于硬质岩的孔径不宜小于 89mm；作孔内试验时，试验段的孔径应按试验要求确定。在大型建筑物的工程地质钻探时孔径常大于 150mm，有时可达 500mm。如要查清大坝坝基或大桥桥基中的软弱泥化夹层、断层、破碎带等软弱结构面的产状及厚度，以及为检查灌浆及地基处理的质量等方面工作，则需要大孔径的钻孔(孔径＞900mm)，我国近 20 年来已在一些大型水利及桥梁等工程中进行过若干个孔径 940～2 500mm 的大孔径钻孔(深度可达 60m)，实际上它是一项机械钻进挖出的竖井勘探工程。钻孔一般为垂直的，也有倾斜的钻孔，称为斜孔。在地下工程中钻孔有打成水平的。钻孔的深度视工程要求和地质条件而定，由数米至上百米，一般的工业与民用建筑地质钻探深度在数十米以内。

3. 钻探的编录工作

为了及时发现问题及总结规律，从钻探一开始就要注意钻进的动态并分段采取岩芯，详细观察，描述及编录，主要包括以下内容：

(1)每个钻孔都应准备一个钻探记录本，记录上该钻孔的编号、位置、孔口高程，勘探的主要内容，钻进深度、钻进时间，采用的钻探设备、钻杆及钻头直径等。

(2)详细、全面而及时地分段采取和观察描述岩芯，一般钻进 50cm 左右即应采取该段岩芯(遇特殊情况时可缩短采取段间距)，每段岩芯所有块数(不论大小、长短)均应按顺序放置于特制的岩芯箱盒中，每段附一岩芯牌，牌上注明该段的深度、取样时间。地质勘探人员应及时对各段岩芯进行观察描述，内容为岩石中的矿物、结构和构造，初步定名、坚硬及风化程度、岩芯块数及大小，层理等结构面的产状，裂隙条数及倾角等，并要量取长度 10cm 以上岩块的总长，得出该段的岩芯采取率。近年来利用岩石质量指标(RQD)判断岩石的完整程度。RQD 为在该段的岩芯中只选取长度大于 10cm 的柱状岩块，它们的总长与该采取段长度的百分比，RQD 越高说明岩层越完整。

(3)对钻进动态的观察和记录，如进尺速度的变化及变化位置、孔壁塌块位置，各段冲洗液消耗情况。

(4)记录进行力学试验取样、做水文地质试验以及钻孔摄影、钻孔电视、地球物理勘探的位置等。

(5)钻孔完成后即可将上述取得的各种资料进行研究，分析后整理出一张较全面的钻孔柱状图(图 8-12)。

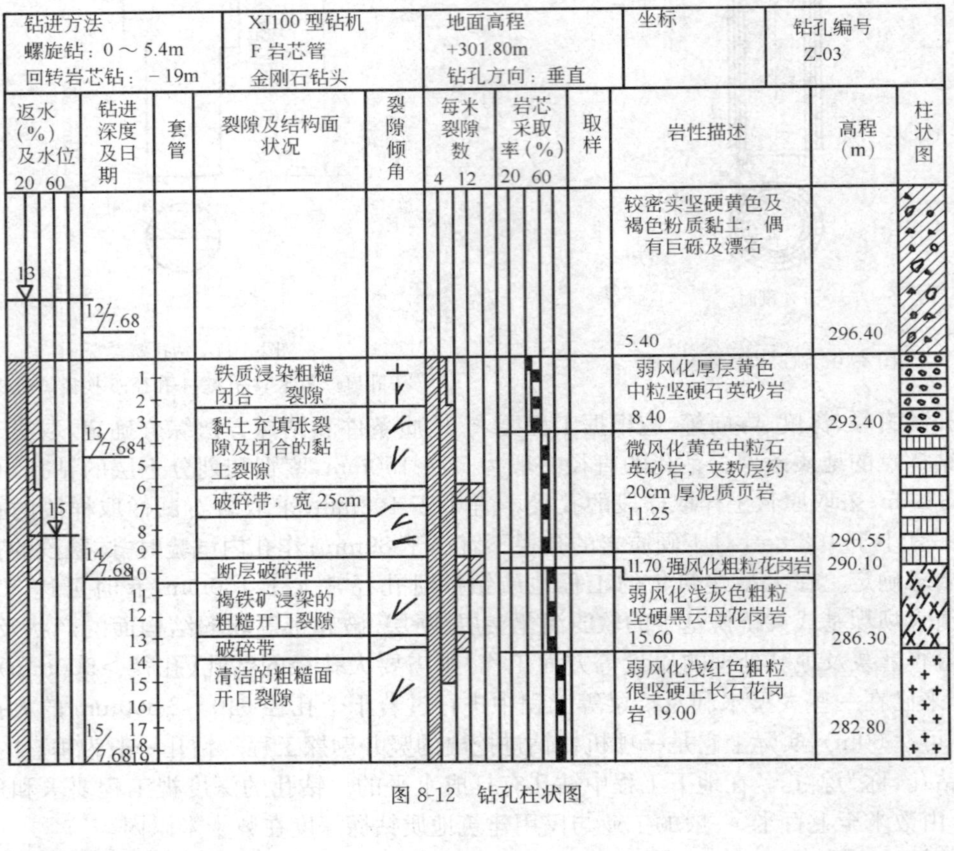

图 8-12 钻孔柱状图

(三)触探

1. 静力触探

静力触探是通过一定的机械装备，将一定规格的金属探头用静力压入土层中，同时用传感器或直接量测仪表测试土层对触探头的贯入阻力，以此来判断、分析、确定地基上的物理力学性质。静力触探自1917年在雅典正式使用以来，至今已有90年的历史。20世纪60年代初期，我国与其他国家在同一时期发展了电磁静力学触探，利用电磁传感器直接量测探头的贯入阻力，大大提高了量测的精度和功效，有很好的再现性，并能实现数据的自动采集和自动绘制静力触探曲线，反应土层剖面的连续变化，操作快捷。

静力触探的主要优点是连续、快速、精确；可以在现场直接测得各土层的贯入阻力指标；掌握各土层原始状态（相对于土层被扰动和应力状态改变而言）下有关物理力学性质，这对于地基在竖向变化比较复杂而用其他常规勘探手段不可能大密度取土或测试来查明土的变化，对于饱和砂土、砂质粉土以及高灵敏度软黏土层中钻探取样往往不易达到技术要求，或者无法取样的情况；用静力触探连续压入测试，则显出其独特的优越性。但是，静力触探也有不足之处：不能对土层进行直接的观测、鉴别；由于稳固的反力问题没有解决，测试深度不能超过80cm。静力触探试验适用于软土、一般黏性土、粉土、砂土和含少量碎石的土。静力触探可根据工程需要采用单桥探头、双桥探头或带孔隙水压力量测的单、双桥探头，可测定比贯入阻力（p_s）、锥尖阻力（q_c）、侧壁摩阻力（f_s）和贯入时的孔隙水压力（u）。

1）静力触探试验设备

静力触探仪器主要有三部分组成：贯入装置（包括反力装置），其基本功能是控制等速贯入；另一部分是传动系统；第三部分是量测系统，这部分包括探头、电缆和电阻应变仪（或电位差计自动记录仪）等。静力触探仪按其传动系统可分为：电动机械式静力触探仪、液压式静力触探仪和手控轻型链式静力触探仪。

常用的静力触探探头分为单桥探头和双桥探头（图8-13）及孔压静力触探探头，其主要规格见表8-6，根据实际工程所需测定的地基土层参数进行选用。探头圆锥锥底截面积应采用10cm² 或15cm²，单桥探头侧壁高度应分别采用57mm或70mm，双桥探头侧壁面积应采用150～300cm²，锥尖锥角应为60°。

静力触探探头规格　　表8-6

锥头截面积 A(cm²)	探头直径 D(mm)	锥角 a (°)	单桥探头 有限侧壁长度 L (mm)	双桥探头 摩擦筒侧壁面积 (cm²)	双桥探头 摩擦筒长度 L(cm)
10	35.7	60	57	200	179
15	43.7		70	300	219
20	50.4		81	300	189

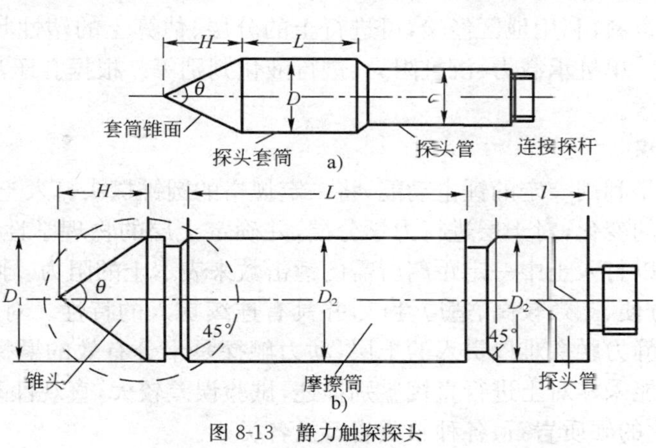

图8-13　静力触探探头

a)单桥探头；b)双桥探头

2)静力触探试验的主要技术要求

(1)在静力触探的整个过程中,探头应均匀、垂直地压入土层中,贯入速率一般控制在1.2m/min。

(2)静力触探探头测力传感器应连同仪器、电缆进行定期标定,室内探头标定测力传感器的非线性误差、重复性误差、滞后误差、温度漂移、归零误差均应小于1%FS,现场试验归零误差应小于3%,绝缘电阻不小于500MΩ(图8-14)。

图8-14 静力触探设备

(3)静力触探测试时,深度记录误差范围一般为±1%。当贯入深度大于50m时,应测量触探孔的偏斜度,校正土的分层界线。

(4)当贯入深度超过30m,或穿过厚层软土后再贯入硬土层时,应采取措施防止孔斜或断杆,也可配置测斜探头,量测触探孔的偏斜角,校正土层界线的深度。

(5)孔压探头在贯入前,应在室内保证探头应变腔为已排除气泡的液体所饱和,并在现场采取措施保持探头的饱和状态,直至探头进入地下水位以下的土层为止;在孔压静探试验过程中不得上提探头。

(6)当在预定深度进行孔压消散试验时,应量测停止贯入后不同时间的孔压值,其计时间隔由密而疏合理控制;试验过程不得松动探杆。

根据静力触探资料,利用地区经验,可进行土的分层、估算土的塑性状态或密实度、强度、压缩性、地基承载力、单桩承载力、沉桩阻力、进行液化判别等。根据孔压消散曲线可估算土的固结系数和渗透系数。

2.圆锥动力触探

圆锥动力触探是利用一定的锤击动能,将一定规格的圆锥探头打入土中,根据打入土中的阻力大小判别土层的变化,对土层进行力学分层,并确定土层的物理学性质,对地基土作出工程地质评价。通常以打入土中一定距离所需的锤击数来表示土的阻力。圆锥动力触探的优点是设备简单、操作方便、工效较高、适应性广,并具有连续贯入的特性。对难以取样的砂土、粉土、碎石类土等,对静力触探难以贯入的土层,动力触探是十分有效的勘探测试手段。圆锥动力触探的缺点是不能采样对土进行直接鉴别描述,试验误差较大,直观性差。动力触探试验适用于强风化、全风化的硬质岩石、各种软质岩石及各类土。

1)圆锥动力触探试验设备

圆锥动力触探试验的类型可分为轻型、重型和超重型三种，其规格和适用土类应符合表 8-7 的规定，图 8-15 为轻型圆锥动力触探试验设备示意图，图 8-16 为重型圆锥动力触探试验探头示意图。

圆锥动力触探类型

表 8-7

类型		轻型	重型	超重型
落锤	锤的质量(kg)	10	63.5	120
	落距(cm)	50	76	100
探头	直径(mm)	40	74	74
	锥角(°)	60	60	60
探杆直径(mm)		25	42	50～60
指标		贯入 30cm 的读数 N_{10}	贯入 10cm 的读数 $N_{63.5}$	贯入 10cm 的读数 N_{120}
主要适应岩土		浅部的填土、砂土、粉土、黏性土	砂土、中密以下的碎石土、极软岩	密实和很密实的碎石土、软岩、极软岩

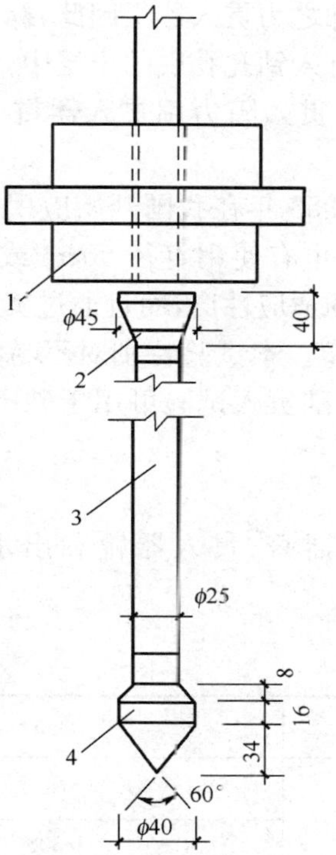

图 8-15 轻型圆锥动力触探试验设备(尺寸单位:mm)
1-穿心锤;2-锤垫;3-触探杆;4-锥头

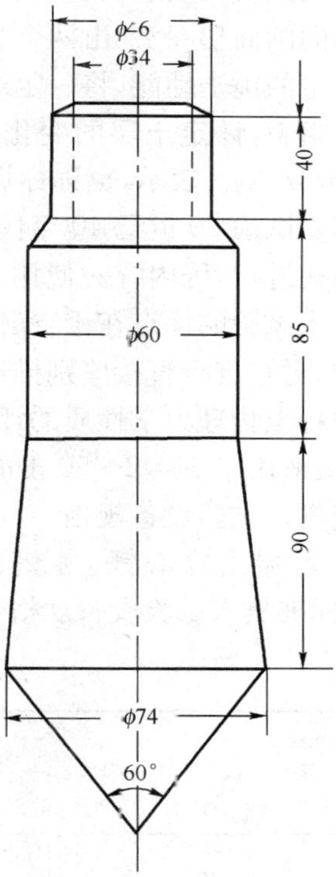

图 8-16 重型圆锥动力触探试验探头(尺寸单位:mm)

2)动力触探的技术要求

(1)应采用自动落锤装置。如抓勾式、偏心轮式、滑销式和滑槽式等。锤的脱落方式可分为碰撞式和缩径式两种。前者动作可靠，但如操作不当易反向撞击，影响试验结果；后者无反向撞击，但导向杆易磨损发生故障。

(2)触探杆最大偏斜度不应超过 2%，锤击贯入应连续进行；同时防止锤击偏心、探杆倾斜和侧向晃动，保持探杆垂直度；锤击速率每分钟宜为 15～30 击。

(3)每贯入 1m,宜将探杆转动一圈半;当贯入深度超过 10m,每贯入 20cm 宜转动探杆一次。试验过程中锤击间歇时间,应做记录。

(4)对轻型动力触探当 $N_{10}>100$ 或贯入 15cm 的锤击数超过 50 时,可停止试验;对重型动力触探,当连续三次 $N_{63.5}>50$ 时,可停止试验或改用超重型动力触探。

3)动力触探试验成果的应用

根据圆锥动力触探试验指标和地区经验,可进行力学分层,评定土的均匀性和物理性质(状态、密实度)、土的强度、变形参数、地基承载力、单桩承载力,查明土洞、滑动面、软硬土层界面,检测地基处理效果等。应用试验成果时是否修正或如何修正,应根据建立统计关系时的具体情况确定。

动力触探试验的主要成果是锤击数和锤击数随深度变化的关系曲线。计算单孔分层贯入指标平均值时,应剔除临界深度以内的数值、超前和滞后影响范围内的异常值;根据各孔分层的贯入指标平均值,用厚度加权平均法计算场地分层贯入指标平均值和变异系数。

3. 标准贯入试验

标准贯入试验实质上仍属于动力触探类型之一,所不同者,其触探头不是圆锥形探头,而是标准规格的圆筒形探头(由两个半圆管合成的取土器),称之为贯入器。因此,标准贯入试验就是利用一定的锤击动能,将一定规格的对开管式贯入器打入钻孔孔底的土层中,根据打入土层中的贯入阻力,评定土层的变化和土的物理力学性质。贯入阻力用贯入器贯入土层中的 30cm 的锤击数 $N_{63.5}$ 表示,也称标贯击数。

标准贯入试验 20 世纪 40 年代以来在国外广泛应用,1953 年在我国开始应用。标准贯入试验结合钻孔进行,国内统一使用直径 42cm 的钻杆,国外也有使用直径 50cm 或 60cm 的钻杆。标准贯入试验的优点在于:操作简单、设备简单、土层的适应性广,而且通过贯入器可以采取扰动土样,对它进行直接鉴别描述和有关的室内土工试验。本试验特别对不易钻探取样的砂土和砂质粉土物理力学性质的评定具有独特的意义。标准贯入试验可用于砂土、粉土和一般黏性土,最适用于 $N=2\sim50$ 击的土层。

1)标准贯入试验设备规格

标准贯入器由穿心锤、锤垫、钻杆、贯入器头、贯入器身、贯入器靴和出水孔等构成(图 8-17),标准贯入试验设备规格要符合表 8-8 的要求。

标准贯入试验设备规格 表 8-8

落锤		落锤质量(kg)	63.5
		落距(mm)	76
贯入器	对开管	长度(mm)	>500
		外径(mm)	51
		内径(mm)	35
	管靴	长度(mm)	50~76
		刃口角度(°)	18~20
		刃口单刃厚度(mm)	2.5
钻杆		直径(mm)	42
		相对弯曲	<1/1 000

2)标准贯入试验的技术要求

(1)钻进方法:为保证贯入试验用钻孔的质量,采用回转钻进,当钻进至试验高程以上 15cm,应停止钻进。为保持孔壁稳定,必要时可用泥浆或套管护壁。如使用水冲钻进,应使用侧向水冲钻头,不能用向下水冲钻头,以使孔底土尽可能少扰动,钻进时应仔细清除孔底残土到试验高程,下钻时要缓慢下放,避免松动孔底土。

(2)标准贯入试验所用的钻杆应定期检查,钻杆相对弯曲小于1/1 000,接头应牢固,否则锤击后钻杆会晃动。

(3)标准贯入试验应采用自动脱钩的自由落锤法进行锤击,并减小导向杆与锤间的摩阻力,避免锤击时的偏心和侧向晃动,保持贯入器、探杆、导向杆连接后的垂直度,锤击速率应小于 30 击/min。

(4)标准贯入试验时,先将整个杆件系统连同静置与钻杆顶端的锤击系统一起下到孔底,在静重下贯入器的初始贯入度需作记录。如初始贯入试验,N 值记为零。标准贯入试验分两个阶段进行。

①预打阶段:先将贯入器打入 15cm,如锤击已达 50 击,贯入度未达 15cm,记录实际贯入度。

②试验阶段:将贯入器再打入 30cm,记录每打入 10cm 的锤击数,累计打入 30cm 的锤击数既为标贯击数 N。当累计数已达 50 击(国外也有定为 100 击的),而贯入度未达 30cm,应终止试验,记录实际贯入度 s 及累计锤击数 n。按下式换算成贯入 30cm 的锤击数 N:

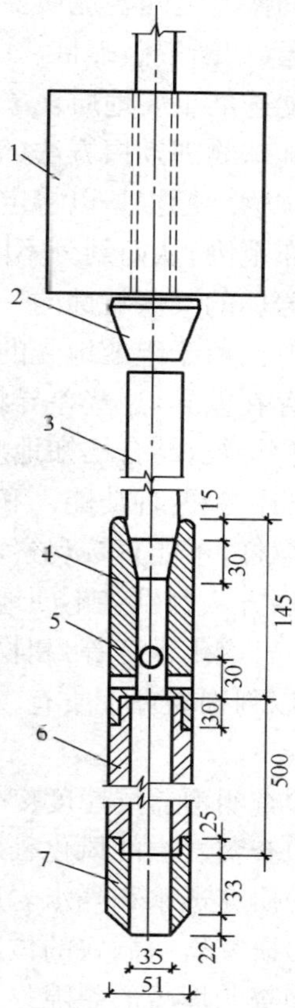

图 8-17 标准贯入器(尺寸单位:mm)
1-穿心锤;2-锤垫;3-钻杆;4-贯入器头 5-出水孔;6-贯入器身;7-贯入器靴

$$N = \frac{30n}{\Delta s} \tag{8-1}$$

式中:Δs ——对应锤击数 n 的贯入度(cm)。

(5)标准贯入试验可在钻探孔深度范围内等距进行。间距为 1.0m 或 2.0m,也可仅在砂土、粉土等欲试验的土层范围内等间距进行。

3)标准贯入试验成果的应用

标准贯入试验成果 N 可直接标在工程地质剖面图上,也可绘制单孔标准贯入击数 N 与深度关系曲线或直方图。统计分层标贯击数平均值时,应剔除异常值。标准贯入试验锤击数 N 值,可对砂土、粉土、黏性土的物理状态,土的强度、变形参数、地基承载力、单桩承载力,砂土和粉土的液化,成桩的可能性等做出评价。

(四)地球物理勘探

1. 地球物理勘探的原理与作用

上述勘探方法虽可直接观察出露(或钻探岩芯)的地质要素,但只是一个点探入的一维资料。两勘探点之间各地质要素的连接则要靠一定的想象力来推测，常会漏掉一些重要的工程地质现象（如断裂破碎带、软弱夹层、岩溶等）。如要补插钻孔，一则人力、物力、时间耗费较大，二则不能选准重要地质现象位置。为能取得较为全面的二维地质剖面及三维立体构造资料，常采用地球物理勘探方法（简称物探）与钻探方法相配合。

地球物理勘探是以特定的仪器设备研究地表的物理场，即研究各具某种物理特性的地质体的分布范围，从而划分不同的岩层分布、判定地质构造，了解水文地质条件和自然地质现象或测定岩体的某些特性的一种勘探方法。地球物理场有电场、重力场、磁场、弹性波的应力场、辐射场等。由于组成地壳的不同岩层介质往往在密度、弹性、导电性、磁性、放射性以及导热性等方面存在差异，这些差异将引起相应的地球物理场的局部变化。通过量测这些物理场的分布和变化特征，结合已知地质资料进行分析研究，就可以达到推断地质性质的目的。该方法兼有勘探与试验两种功能。和钻探相比，具有设备轻便、成本低、效率高、工作空间广等优点。但它不能取样，不能直接观察，故多与钻探配合使用。

物探方法判别各不同地质体的依据是各不同岩层在物理状态（含水率、破碎程度、裂隙发育程度、岩溶化程度等）和物理性质（导电率、致密程度、弹性波传播速度和磁性等）方面的差别。所以判别物理性质有较显著差别的地质体的分布比较有效，往往用物探解决下列工程地质问题：

(1)查明覆盖层厚度变化及基岩面的高低起伏。

(2)查明岩层的风化程度和划分风化带。

(3)研究透水和隔水岩层的埋深及分布，地下水的埋藏条件。

(4)研究岩溶洞穴的位置、范围及充填物状况。

(5)查明埋藏的裂隙强烈发育带或断层破碎带的位置及厚度。

(6)初步勘察某些天然建筑材料，如砂、砾料的储存位置及范围。

(7)研究岩石的含水率、致密程度、变形性能（动弹模等）。

地球物理勘探法的最大优点是能经济而快速地测出一个地质剖面上各深度地质体的物理参数的差别，勾画出不同地质体的界线、分布剖面。但由于只是间接的物理参数，这些参数差别的原因可能是多样的，从而不能直接判断出岩石的性质。但如能与控制点的钻孔及探坑（井）观察实体岩石相配合，就能全面而较准确地判定地质岩体剖面的分布。图 8-18 就是用物探再配少量钻孔查明河谷地质构造的实例。

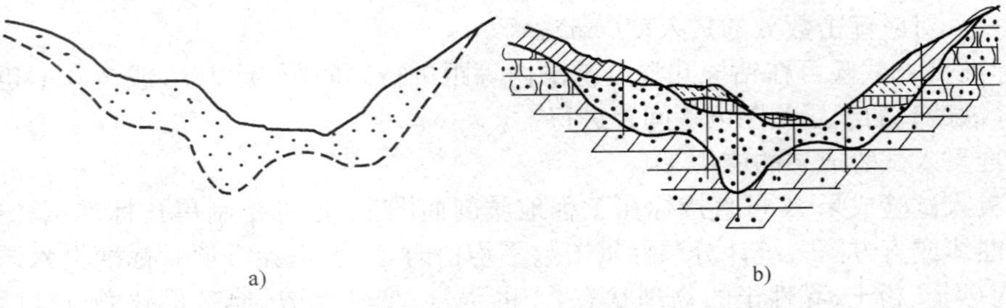

图 8-18　用物探配合钻孔得到的河谷岩层构造示意图

a)物探所得剖面；b)配合少量钻探所得剖面

2. 地球物理勘探的适用条件

1)物探适用场合

(1)作为钻探的先行手段，了解隐蔽的地质界线、界面或异常点。

(2)作为钻探的辅助手段,在钻孔之间增加地球物理勘察点,为钻探成果的内插、外推提供依据。

(3)作为原位测试手段,测定岩土体的波速、动弹性模量、动剪切模量、卓越周期、电阻率、放射性辐射参数、土对金属的腐蚀性等。

2)物探适用条件

(1)被探测对象与周围介质之间有明显的物理性质差异

(2)被探测对象具有一定的埋藏深度和规模,且地球物理异常有足够的强度。

(3)能抑制干扰,区分有用信号和干扰信号。

(4)在有代表性地段进行方法的有效性试验。

地球物理勘探已经有了电法、弹性波(地震、超声波等)、重力法、磁法和核子(放射性)等物理方法。地球物理勘探应根据探测对象的埋深、规模及其与周围介质的物性差异,选择有效的方法。地球物理勘探成果判释时,应考虑其多解性,区分有用信息与干扰信号。需要时应采用多种方法探测,进行综合判释,并应有已知物探参数或一定数量的钻孔验证。在工程地质物探方法上,采用最多、最普遍的物探方法为电法勘探。它常在初期的工程地质勘察中使用,初步了解勘察区的地下地质情况,配合工程地质测绘用;此外,常用于古河道、暗浜、洞穴、地下管线等勘测的具体查明。下面着重介绍有关电法勘探和弹性波勘探的基本知识。

3. 电法勘测

自然界的各种岩石由于其矿物成分、结构、含水率、含盐量、温度等条件的不同而具有不同的导电性质,电法勘探就是以各种岩石所具有的不同的导电特性为基础,来探测某些工程地质问题(图 8-19)。如了解覆盖层的厚度、风化带的厚度、断裂破碎带的范围、岩体发育情况及水文地质条件等。一般工程地质勘察多用电阻率法,电阻率法在下列地形地质条件区域一般可取得良好的效果:①地形较平坦,视电阻率值不致受地形起伏不平的影响而降低分析的准确性;②岩层层理面倾角较小(20°~30°),电测剖面法则可不考虑倾角大小;③各岩层自身的电阻率应较稳定,上下岩层的电阻率相差较大,则曲线应较明显。

图 8-19　电法勘测布线图

(1)岩层的电阻率

电阻率是岩土的一个重要电学参数,它表示岩土的导电特性。不同的岩土有不同的电阻率,也就是说,不同岩土有不同的导电特性。电阻率在数值上等于电流在材料里均匀分布时,该种材料单位立方体所呈现的电阻。常用欧姆·米,记作 Ω·m。1 欧姆·米就表示 1 立方米材料具有 1 欧姆的电阻值。岩土的电阻率变化范围很大,各种岩土有其自身的电阻率,但它们之间仍存在着很大的差异。其中火成岩的电阻率最高,变质岩次之,沉积岩最低。

影响岩土电阻率大小的因素很多,主要是岩土成份、结构、构造、孔隙裂隙、含水性等。当岩石孔隙中有水,水中含盐份或其他矿物时,其电阻率降低。如第四纪的松软土层中,干的砂砾石电阻率高达几百至几千欧姆·米,饱水的砂砾石电阻率显著降低,在同样饱水情况下,粗颗粒的砂砾石电阻率比细颗粒的细砂、粉砂高。潜水位以下的高阻层位反映粗颗粒含水层的存在，作为隔水层的细粒土类电阻率远比含水层低，因而利用电阻率的差异可勘探砂砾石层与黏土层的分布。部分岩、土、水的电阻率参考数值如表 8-9 所示。

常见岩、土、水的电阻率参考数值　　表 8-9

岩石名称	电阻率/Ω·m	岩石名称	电阻率/Ω·m	岩石名称	电阻率/Ω·m
黏土	$n\times10^{-1}\sim n\times10$	石膏	$n\times10^{4}\sim n\times10^{5}$	片麻岩	$n\times10^{2}\sim n\times10^{5}$
白云岩	$n\times10\sim n\times10^{2}$	含硫化物岩石	$n\times10^{-3}\sim n\times10$	河水	$n\times10\sim n\times10^{2}$
石灰岩	$n\times10^{2}\sim n\times10^{3}$	花岗岩	$n\times10^{2}\sim n\times10^{5}$	海水	$n\times10^{-1}\sim n\times10$
页岩	$n\times10\sim n\times10^{3}$	玄武岩	$n\times10^{2}\sim n\times10^{5}$	潜水	<100
砂岩	$n\times10^{-1}\sim n\times10^{3}$	辉长岩	$n\times10^{2}\sim n\times10^{5}$		

注：n 为 1～9 中的任一数

(2)岩层电阻率的测定

设地下岩层为均质各向同性的，则其电阻率(ρ)可视为恒定的，当用电源将电流通入地下时，电流分布如图 8-20 所示。A、B 为两个供电电极，M、N 为测量电极。用电位计可测得 M、N 两点间的电流强度(I)及电位差(ΔV)。在地面电阻率法工作中，将供电电极 A 和 B 与测量电极 M 和 N 都放在地面上，A 和 B 极在观测点 M 上产生的电位为 V_M，在 N 点上产生的电位为 V_N。

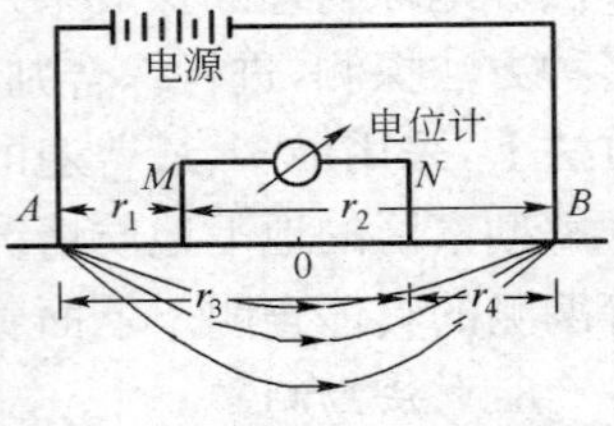

图 8-20　电阻率测定装置示意图

此时点 M 的总电位：

$$V_M=\frac{\rho I}{2\pi}\left(\frac{1}{r_1}-\frac{1}{r_2}\right)\tag{8-2}$$

此时 N 点的总电位：

$$V_N=\frac{\rho I}{2\pi}\left(\frac{1}{r_3}-\frac{1}{r_4}\right)\tag{8-3}$$

则点 M、N 间的电位差为：

$$\Delta V=V_M-V_N=\frac{\rho I}{2\pi}\left(\frac{1}{r_1}-\frac{1}{r_2}-\frac{1}{r_3}+\frac{1}{r_4}\right)\tag{8-4}$$

则可求得该点的视电阻率 ρ 为：

$$\rho=\frac{\Delta V}{I}\left(\frac{2\pi}{\frac{1}{r_1}-\frac{1}{r_2}-\frac{1}{r_3}+\frac{1}{r_4}}\right)=K\frac{\Delta V}{\mathrm{I}}\tag{8-5}$$

式中：K——装置系数；

I——A 极经过地层流到 B 极上的电流量，也就是供电回路的电流强度；

ΔV——电位差值(电位计测得)。

由于实际上地面的岩层是非均质体，所以上式中实测的电阻率并非某一部分均质岩体的，而是非均质的岩体的综合反映，故称为视电阻率 ρ_K。

不同的电极极距装置所反映的地质情况不同，因此根据极距的装置可将电阻率法分为电测深法与电测剖面法。

①电测深法：电测深法是以某一固定测点 O(即 M、N 两测量电极的中心)为中点，将供电电极 AB 的距离由小到大依此改变(A_1B_1，A_2B_2，A_3B_3，…，A_nB_n)，随着两个接地间距离的增加，电测的深度增加(深度一般为电极 A、B 间距离的 1/3～1/4)。测量供电电极 A 和 B 之间的电流强度以及接收 M 与 N 之间的电位差，用以测量不同深度处岩层的电阻率在垂直剖面

中的变化，从而获得该点处沿深度各岩层界面柱状断面图的方法，从而得到判识地下地质情况的依据。

如图 8-21 所示，假设上、下两种岩层，电阻率分别为 ρ_1、ρ_2（设 $\rho_1>\rho_2$），当 AB 间距较小（$h_1>AB/2$）时，电流大部分经过电阻率为 ρ_1 的岩层，只有很少一部分电流通过电阻率为 ρ_2 的岩层，这时测得的视电阻率 ρ_K 实际上就相当于 ρ_1。当 AB 之间的距离加大到一定程度时（h_1 远大于 $AB/2$），则大部分电流经过电阻率为 ρ_2 的岩层，这时测得的视电阻率 ρ_K 将接近于 ρ_2。

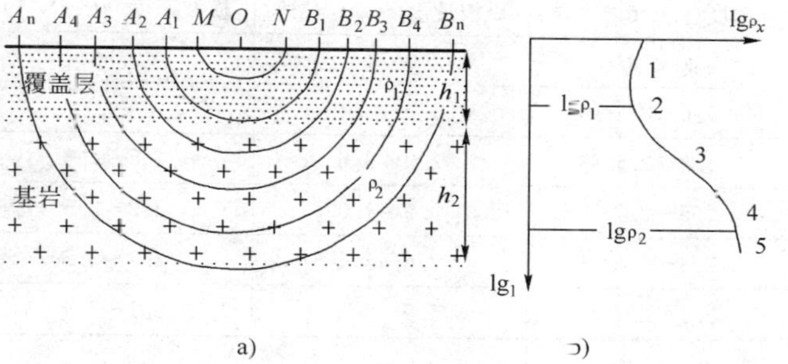

图 8-21　电测深装置及岩层视电阻率变化示意图

如上所述，将在同一测点不同电极距 AB 测出的视电阻率 ρ_k 变化绘成曲线。如图 8-12b）所示。图中横坐标为 ρ_k 的对数，纵坐标表示 $l(A_iB_i/2)$ 的对数值，则由相应的 $l_I=A_iB_i/2$ 深度所测得的 ρ_K 值的各点连成 $\lg\rho_K$-$\lg l$ 曲线。再将此实测的电测深曲线与已知的标准曲线对比，即可得出岩层在竖直方向的变化及厚度。

②电测剖面法：与电测深法的区别在于测量电极 M、N 与供电电极 A、B 各极点的距离不变，而将测点（O）沿某个方向移动，以探测某一深度内岩层 ρ_k 沿水平方向的变化，根据测量结果可绘制 ρ_k 沿水平方向的变化曲线（图 8-21），用这种方法可了解地下岩层沿水平方向的变化规律，反映地下构造的轮廓、岩溶或断裂破碎带的位置及充填情况等。图 8-22 为石灰岩岩溶区电测剖面曲线的异常情况，在有充水溶洞部分反映为低电阻率，在高电阻率区则可能为干的较大溶洞。

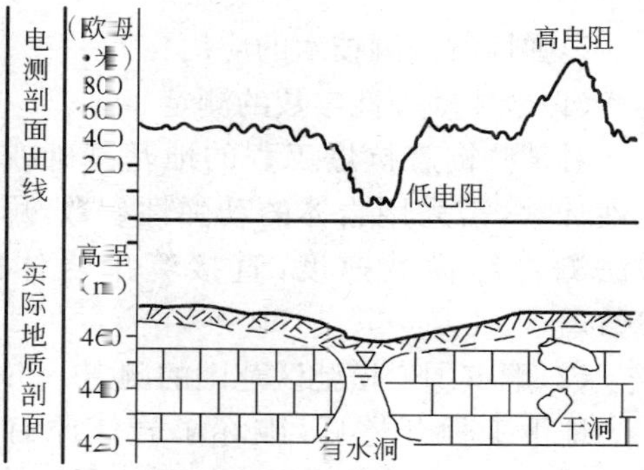

图 8-22　某石灰岩岩溶区电测剖面图

4．弹性波勘探

弹性波勘探包括地震勘探、声波探测、超声波测试等，是近代发展起来的比较简便快速的勘探和测试技术，在研究岩石的物理力学性质及岩体的工程地质性质方面取得了良好的效果。

1）弹性波探测法的基本原理

弹性波探测技术的基本原理就是研究人工激发产生的弹性波在岩体中的传播规律，根据其结果来判断岩体的特性与状态，并结合地质分析研究，为综合评价岩体的稳定性提供有用的资料。

岩体虽不是理想的弹性体，但在作用力较小、持续时间短，因振动使岩体质点产生位移非常微小（一般在其弹性范围内）时，便可把岩体近似地作为弹性体来研究。弹性波分为纵波与横波。弹性波在岩石中的传播速度基本上受岩石的物理性质如弹性系数、泊松比、密度等因素控制。一些常见的岩石物理性质见表 8-10。岩体中各种物理因素的改变，如岩性、密度、裂隙、弹性模量及岩体应力状态等，都能直接引起波速、波幅和频率的变化。一般来说，岩性好、裂隙不发育、风化微弱、岩体坚硬完整，则波速高、波幅大；反之岩性差、裂隙发育、结构松散、风化较强、岩体比较破碎，则波速低，吸收衰减厉害、波幅小。岩体内应力增大，则波速增高；反之则降低，由弹性波在岩体中传播的速度、波幅、频率的变化，可以判断岩体特性的变化，从而了解影响工程岩体稳定性的有关工程地质问题。

岩石物理性质参考值

表 8-10

岩 石 名 称	密度($g\cdot cm^{-3}$)	纵波速度($km\cdot S^{-1}$)	横波速度($km\cdot s^{-1}$)	泊 松 比
砂土	2.27	0.74	0.56	
泥岩	1.6～2.1	1.9～3.4	2.2	
凝灰岩	1.8～2.1	2.9～3.6	1.5～1.8	0.1～0.2
页岩	2.6～2.7	3.9～4.0	2.2～2.5	0.1～0.4
砂岩	2.4～2.6	2.6～5.1	2.1～3.5	0.1～0.4
石灰石	2.1～2.7	5.9～6.3	3.1～3.4	0.1～0.4
白云岩	2.4～2.9	5.0～5.5	2.9～3.5	
片麻岩	2.4～2.7	3.5～4.5	1.7～2.7	0.1
花岗岩	2.6	4.9～5.0	2.9～3.4	0.1～0.4
玄武岩	2.6～2.7	4.6～4.7	2.7～2.8	0.1～0.3
辉绿岩	3.0	6.6～6.7	3.2～3.3	0.2～0.3

2)弹性波探测技术的应用

(1)岩体动弹性参数的测定

对某些抗震抗爆工程的地基基础或围岩的稳定性计算，需采用岩体的动弹性参数，可根据弹性波法测定纵横波速度，直接算出岩体的动弹性参数。

(2)硐室围岩松弛区范围的测定

地下工程开挖后，破坏了岩体原有的平衡条件，岩体的应力重新分配，在硐室周边的岩体部分将出现不同程度的应力释放下降的松弛区，表现为弹性波的低速区。应力集中或上升区则表现为弹性波的高速区。所以实测围岩不同的波速层，就可以划定松弛区的松弛程度和范围，并用以评价围岩的稳定性，为解决地下硐室支护与衬砌问题提供定量依据。

(3)地基岩石弹性参数及风化破碎程度的测定

在钻孔中进行声波测井，可查明深部岩层构造、风化程度、断裂破碎程度及岩石物理力学性质状况。图 8-23 所示为某工程钻孔的声波测井曲线与钻孔中各深度处岩体的岩芯采取率、裂隙发育程

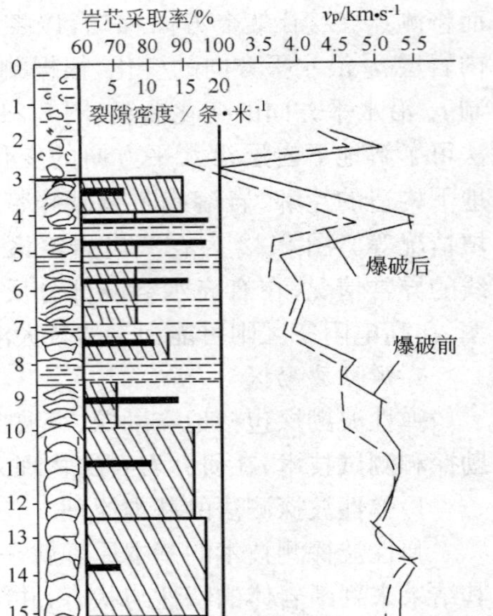

图 8-23 声波测井成果图

度与风化状况的对照关系。可见岩体破碎、裂隙发育、岩芯采取率低的部位波速相对就低。

随着计算机技术的快速发展，工程物探进入了高精度高效率阶段。除上述一般常用物探技术方法，人工地震CT、电磁CT、高分辨地震和地质雷达等物探新技术进入了工程地质物探的实用化阶段。

三、岩石(土)物理力学性质试验

在进行各类工程的规划设计及施工时，还需了解建筑场地范围内(特别是地基岩体内)的各类岩石、岩体和土的物理力学性质指标，它们需要通过各种试验得到。岩石(土)物理力学性质试验包括室内试验和现场原位测试。

室内试验有不足之处，如对饱和软土层，由于土工试样在采样、运送、保存和制备等方便，不可避免地受到不同程度的扰动，地下某一深度处取出的试样，其应力状态与天然埋藏条件下的应力状态相比，已经发生很大的变化；另外，试验设备性能及操作上的误差，即使试样件数很多，也往往会得出不能令人满意的数据。有时，特别是对于饱和状态的砂质粉土和砂土，还会遇到根本取不出原状试样的情况。所以，为了取得准确可靠的力学计算指标，在工程地质勘察中，必须进行一定的、相应数量的现场原位测试。

所谓原位测试就是在土层原来所处的位置基本保持土体天然结构、天然含水率以及天然应力状态下，测定土的工程力学性质指标。

原位测试与室内土工实验相比，具有以下优点：①可以测定难以取得原状土样(如饱和砂土、粉土、流塑淤泥及淤泥质土、贝壳层等)的有关工程力学性质；②可以避免取样过程中应力释放的影响；③原位测试的土体影响范围远比室内试验大，因此代表性较强；④可大大缩短地基土层勘察周期。

但是，原位测试也有不足之处。如各种原位测试都有其适用条件，若使用不当则会影响其效果；有些原位测试所得参数与土的工程力学性质间的关系往往是建立在统计经验关系上；另外，影响原位测试成果的因素较为复杂，使得对测定值的准确判断造成一定的困难；还有，原位测试中的主应力方向往往与实际岩土工程中的主应力方向并不一致等。因此，土的室内试验与原位测试，两者各有其独到之处，在全面研究土的各项性质中，两者不能偏废，而应相辅相成。

(一)土的物理力学性质试验简介

对建筑地区内的第四纪沉积的各种土层，一般用下列方法测得各项物理、力学性质指标。

1. 室内试验

根据现场采取的土样，用环刀法测密度ρ(重度γ)；用比重计法测土粒比重d_s，用烘干法测土的含水量w，用联合测定法测黏性土的塑限W_p及液限W_1；用侧限压缩仪测土的压缩变形指标(压缩系数a及压缩模量E_S)；用直剪仪及三轴剪力仪测土的抗剪强度指标(内摩擦角φ和内聚力c等)。按照取样方法和试验目的，岩土工程勘察规范对土样的扰动程度分成如下的质量等级。

(1)一级：不扰动，可进行试验项目有土类定名、含水率、密度、强度试验、固结试验。

(2)二级：轻微扰动，可进行的试验项目有土类定名、含水率、密度。

(3)三级：显著扰动，可进行的试验项目有土类定名、含水率。

(4)四级：完全扰动，可进行的试验项目有土类定名。

2. 原位试验

用静载荷试验测土体的变形模量 E_0、临塑荷载 p_{cr} 与极限荷载 p_u；用十字板剪切试验测定土的内摩擦角 φ 和内聚力 c；用扁铲侧胀试验测定土的侧压力系数；用旁压试验测定土的临塑荷载 p_{cr} 与极限荷载 p_u 等。

以上试验方法在《土力学》课程中有详细介绍，这里不再赘述。

(二)岩石室内试验

1. 单轴抗压试验

在探坑或探洞内取出原状岩石试样，立方形或方柱形(在钻孔中取出为圆柱形)，装置在压力机上(图 8-24)，在竖直方向(即轴向)单向分级加压，记下每级加压变形稳定后的应力 $\sigma_i=P_i/A$ 与应变 $\varepsilon=\triangle h_i/h$，在应力达到屈服极限 b 左右时，可作一次卸载，如此则可得到卸载曲线 bb'，在应变 ε 轴上可得到弹性应变值 ε_e 与残余应变 ε_p 值。然后再继续逐级加压，直到最后测试试样破坏时的应力为止，如此则可得到该岩石的应力应变曲线(图 8-25)，并可计算下列变形及强度指标。

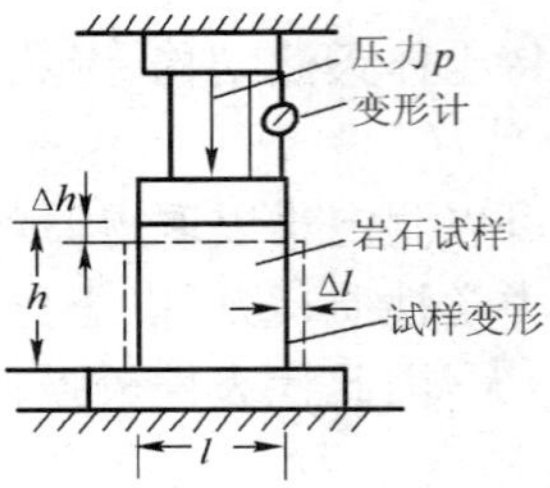

图 8-24　岩石抗压强度试验

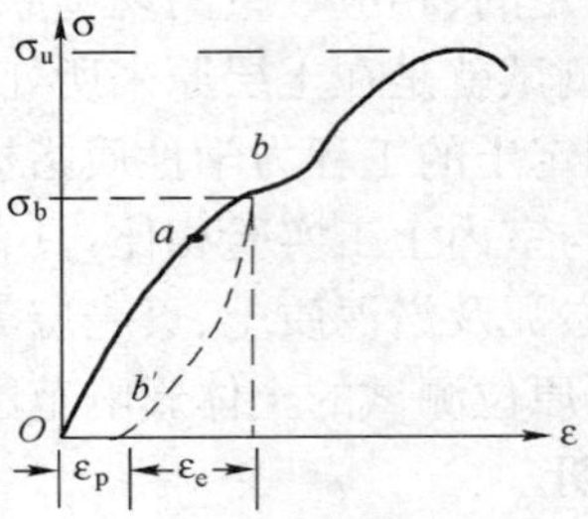

图 8-25　岩石的(应力)σ-(应变)ε 曲线

弹性模量：
$$E=\sigma_b/\varepsilon_e \tag{8-6}$$

变形模量：
$$E_0=\sigma_b/(\varepsilon_e+\varepsilon_p) \tag{8-7}$$

泊松比(侧膨胀系数)：
$$\mu=\frac{\varepsilon_x}{\varepsilon_z}=\frac{\Delta l/l}{\Delta h/h} \tag{8-8}$$

极限抗压强度 σ_u，也有用 R 表示干燥时岩石抗压强度。考虑到有时(如水利工程)岩石浸在水中的强度，所以也有将试样浸泡在水中(24h 以上)进行抗压试验，可得到岩石的饱和极限抗压强度 $R_{湿}$(或称湿抗压强度)，一般较 R 为低。$R_{湿}$ 与 R 之比称为软化系数，是岩石抗水性能的指标。

2. 岩石抗剪强度试验

岩石的抗剪强度即是岩石抵抗剪切力的能力，抗剪试验有三种不同形式，如图 8-26 所示。

1)抗剪断强度

岩石试样在一定的竖应力 σ_i 作用下，施加水平剪应力 τ 达到将岩石沿水平面剪断，此时的水平应力 τ_i 即岩石在法向应力 σ_i 时的抗剪断强度。但由于在不同 σ_i 作用下，岩石的 τ_i 是不同的，所以为了求得岩石的抗剪能力的规律，需用 3～4 个同样的岩石试样，分别在不同的竖直压力 σ_i 作用，施加不同的剪应力 τ_i，将其剪断即得出与 σ_i 相应的抗剪断强度，将每对相应的 σ_i、τ_i 之值画在以 σ 为横坐标、τ 为纵坐标的图上，将各点连接起来即为岩石的抗剪强度包线(σ-τ)曲线。一般(σ-τ)线成一条直线，表达式为 $\tau_{断}=\sigma\tan\varphi+c$[图 8-26a)]。式中 c 值反映了岩石晶粒间的黏结力，称为内聚力，$\sigma\tan\varphi$ 值反映了剪断面上的摩擦力，φ 值称为内摩擦角，c、φ 值才代表了岩石抗剪能力，故称为抗剪强度指标。

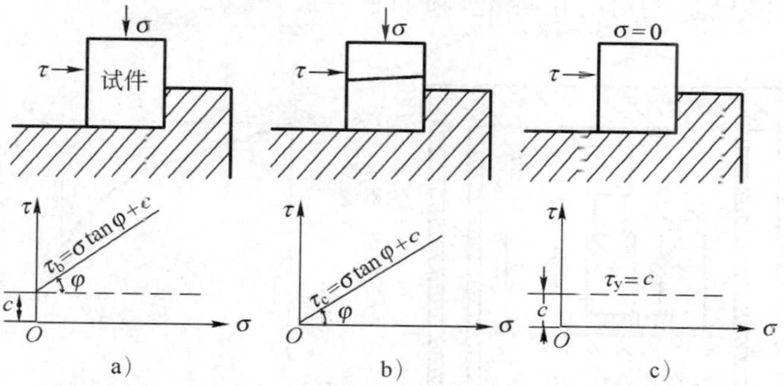

图 8-26　岩石的抗剪切强度试验示意图

a)抗剪断试验；b)抗剪试验；c)抗切试验

2)抗剪强度

如图 8-26b)所示，是将已剪断岩石试样放置原处，再施水平力到再使之剪切移位，此时的剪切应力即为抗剪强度，它与岩样上所加的竖向力成正比，抗剪强度的表示式为 $\tau_{剪}=\sigma\tan\varphi$，实际上它是断面之间抵抗剪切位移的极限摩阻力。

3)抗切强度

抗切强度是当作用在剪断面上的垂直压力 $\sigma=0$ 时的抗剪断强度[图 8-26b)]，其表达式为 $\tau_{切}=C$，即岩石晶粒之间连接力(或粒间胶结力)，即内聚力。

3. 岩石的抗拉强度试验

做法与混凝土试件的抗拉强度试验相似，由于岩石的抗拉强度很小，(一般只有其抗压强度的 5%～10%)，所以一般不会将岩石作为抗拉构件考虑。抗拉强度的测定多采用直接拉伸试验仪或点荷载试验仪进行。

4. 岩石三轴抗压试验

有些建筑工程可能影响到在地下较深处的岩石，为模拟处在较深处围岩的强度性能，必要时，也有采取岩石试样进行三维方向受力的三轴试验方法。

(三)岩体野外原位试验

岩石的室内试验，是采取体积较小的单个岩块进行的，只能了解局部岩块的力学性质，而天然状态下的地基岩体，因为形体较大，其中可能有裂隙，层理和夹层等构造状态，所以其物理力学性质与岩块大有不同，因此往往需进行野外的原位试验。

1. 岩体的变形特性试验

变形特性试验主要是测定岩体的变形模量(弹性模量)、允许承载力(容许荷载)、弹性抗力系数等，常用下列试验方法。

1)现场载荷试验

如图 8-27 所示，载荷试验宜采用圆形刚性承压板，根据土的软硬或岩体裂隙密度选用合适的尺寸，岩石载荷试验承压板的面积不宜小于 $0.07m^2$，一般为 $0.5\sim2m^2$。逐级用千斤顶加压到变形稳定，测定每级的 p_i 及 s_i 值然后画出 p-s 曲线。载荷试验加荷方式应采用分级维持荷载沉降相对稳定法(常规慢速法)。有地区经验时，可采用分级加荷沉降非稳定法(快速法)或等沉降速率法，加荷等级宜取 10～12 级，并不应少于 8 级，荷载量测精度不应低于最大荷载的±1%。承压板的沉降可采用百分表或电测位移计量测，其精度不应低于±0.01mm，间隔1min、2min、2min、5min测读一次沉降，以后每隔10min读一次，当连续三次读数差小于等于0.01mm时，可认为沉降已达相对稳定标准，施加下一级荷载。

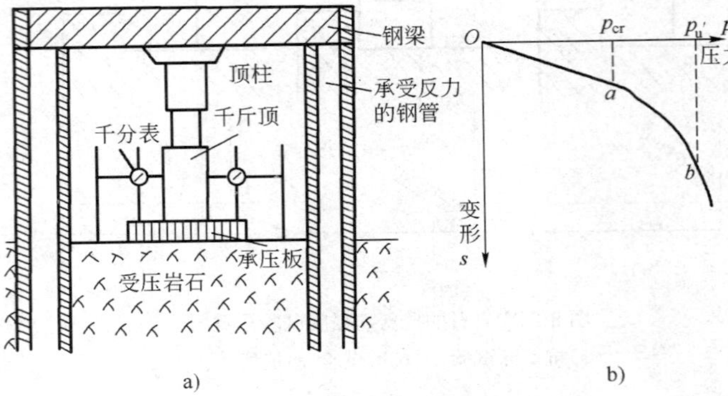

图8-27　岩体原位静载荷试验

a）载荷试验装置；b)压力-变形曲线

浅层平板载荷试验的变形模量 E_0(MPa)可按下式计算：

$$E_0 = I_0(1-\mu^2)\frac{pd}{s} \tag{8-9}$$

式中：I_0——刚性承压板的形状系数；圆形承压板取0.785，方形承压板取0.886；

μ——泊松比；

d——承压板直径或边长(m)；

p——p-s 曲线线性段的压力(kPa)；

s——与 p 对应的沉降(mm)。

临塑荷载 p_{cr} 一般取 p-s 曲线的直线段 a 点处相应的 p 值为 p_{cr}(相当于比例界线)，可作为岩体的容许荷载。

2)压力垫法

装置如图8-28所示，在岩体中挖一扁槽，将一压力盒放入槽内，将岩壁与盒中间用水泥或砂浆填实，向压力盒中加压，测出相应压力时的岩体变形(由装置在岩体两侧的变形计上读出)，即可计算出岩体的变形特性。

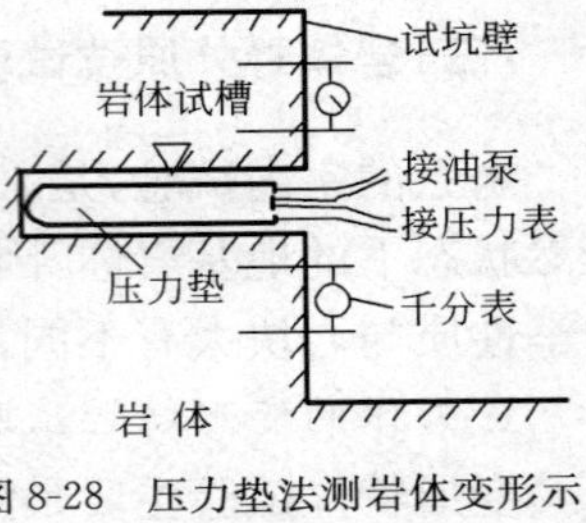

图8-28　压力垫法测岩体变形示意图

3)环形水压法

装置如图8-29所示，即在圆形试硐中选择某一段为施压段，在封闭圆筒内施加垂直于岩体表面的均匀压力(水压或其他柔性压力)，同时测定圆硐壁的径向变形。根据压力与变形的关系可测算出岩体的变形性质指标。

4)弹性波法测定岩体的动弹性模量

根据弹性波在岩体中传播时的纵波速度 V_p 与横波速度 V_s 的差别，可测算出岩体的动弹性模量 E_d，及动泊松比 μ：

$$E_d = \rho V_S^2(3V_P^2 - 4V_S^2)/V_P^2 - V_S^2 \tag{8-10}$$

$$\mu_d = V_P^2 - 2V_S^2/2(V_P^2 - V_S^2) \tag{8-11}$$

2. 岩体的抗剪强度试验

一般也采用直接剪切法，作法与室内直接剪切法相似，但试件可以选择符合实际的能包含岩体中主要裂隙，较多层理及一定风化程度的岩样。由于试样体积较大，垂直加压与水平剪切力均用千斤顶施加(图 8-30)。岩体的抗剪强度试验也可有抗剪断强度、抗剪强度与抗切强度三种，作法同室内试验。

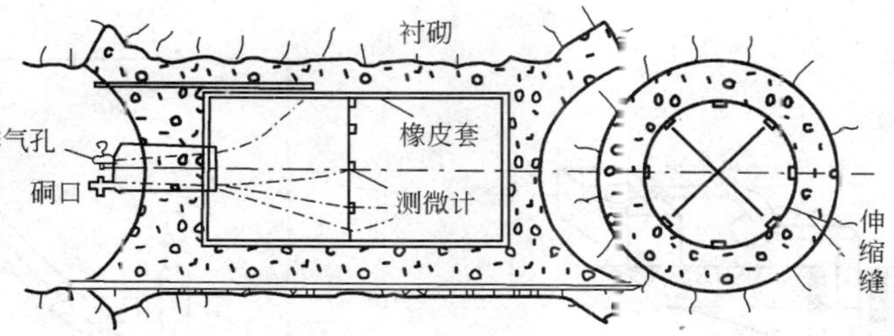

图 8-29　环形水压试验示意图

对于试件一般可以有下列类型：

(1)混凝土基础与地基岩体胶结面间抗剪断强度。

(2)较均匀岩体自身的抗剪断强度。

(3)具有层理的岩体，垂直层理面及平行层理面的抗剪断强度。

(4)沿软弱结构面(软弱夹层、断裂破碎面或较大裂隙面等)的抗剪强度等。

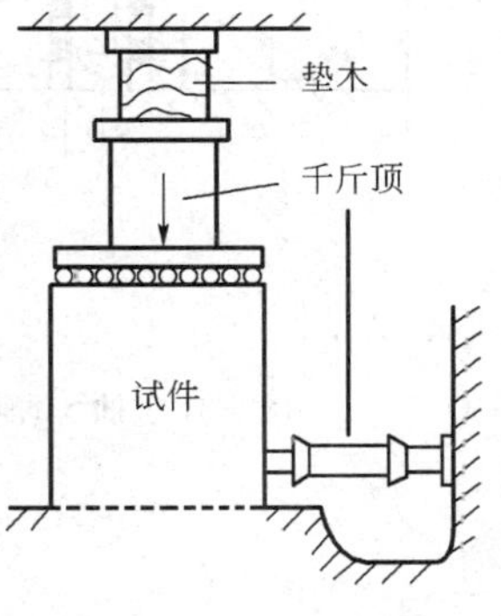

图 8-30　岩体抗剪强度试验示意图

(四)岩体渗透性野外试验

在水利水电工程、隧道、地下工程等的地质勘察中，常需测定岩体的渗透性质。一般采取的有钻孔抽水试验和压水试验。

1. 钻孔抽水试验

抽水试验用来测定岩体的渗透系数与钻孔涌水量，装置如图 8-31，中心孔为抽水孔，四周一定距离可设置一些观测孔，用一定功率的抽水泵抽水，当孔中降低的水位与抽出的水量稳定时(如为 q_v)，即形成一较稳定的降水漏斗，即可根据水力学井中渗流原理，计算出岩体的渗透系数 K：

$$K = 0.37 q_v \frac{\lg R - \lg r}{H^2 - h^2} = 0.73 q_v \frac{\lg R - \lg r}{(2H - S)S} \tag{8-12}$$

式中：q_v——某一降深 S 下的稳定抽水量(m^3/d)；

R——降深影响半径(m)；

r——抽水孔半径(m)；

H——含水层厚度(m)；

h——同抽水孔底标高算起的水位(m)；

S——抽水孔内的水位下降深度(m)；

K——渗透系数(m/d)。

2. 压水试验

对于不含水的岩体，或当地下水埋藏较深，进行抽水试验较困难时，则常用压水试验来了解岩体的渗透性和裂隙发育程度，如图 8-32 所示。压水试验是用机械力或利用抬高水头的方法，将水压入钻孔，并流入某一深度岩段的孔壁岩体中，具有不同裂隙性的岩体就会表现出不同的吸水性，用单位吸水量 w 来反映岩体的这种性质，其表达式为：

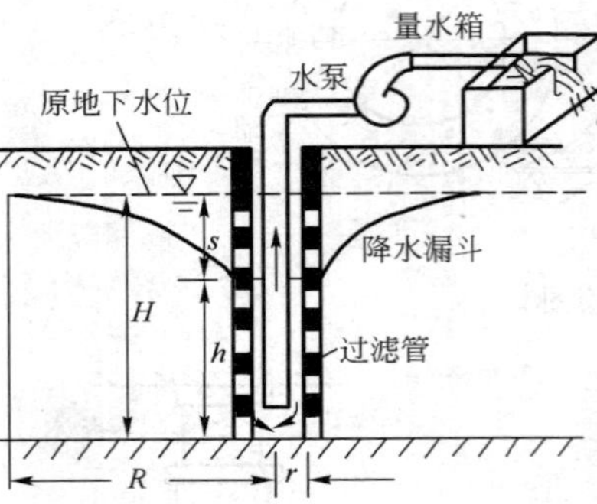

图 8-31 抽水试验示意图

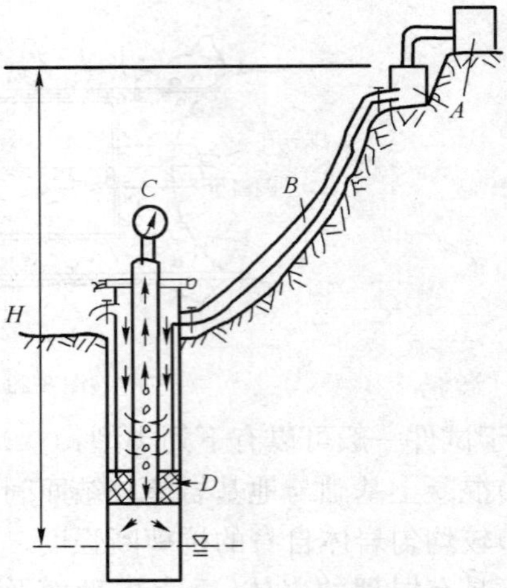

图 8-32 压水试验示意图

A-水箱；B-送水管；C-压力表；D-胶塞

$$w = \frac{q}{l} = \frac{q_v}{lH} \tag{8-13}$$

式中：w——单位吸水量，$l/(\text{min}\cdot\text{m}^2)$；

q——单位压力流量，$l/(\text{min}\cdot\text{m})$；

l——试验段长度(m)；

q_v——压入的稳定流量(l/min)；

H——加在试验段上的平均附加压力水头(m)。

四、天然建筑材料勘察、施工地质检验及长期观测

(一)天然建筑材料勘察

很多工程建筑往往需要一定数量的天然建筑材料，如各种石料、砂、砾石以及土料等。建筑物的规模越大，一般所需的建筑材料就越多，建筑地区内及其附近有无足够数量的建筑材料，往往对工程的造价有着决定性意义，并且还可能影响到建筑物类型及结构的选择。天然建筑材料主要有下列类型：

1. 条石

条石是从采石场人工开采出来的形状比较规则的坚硬与较坚硬的条状石块，在水利工程中的石砌重力坝与拱坝、房屋及桥梁工程的基础及承重墙体、隧道的衬砌、挡土墙等都常采用

条石砌筑。

2. 块石

块石亦称片石，为形状不一定规则，但有一定大小要求的石块，是堆石坝及堆石围堰的主要材料，还可用作砌筑桥梁墩台、挡土墙等，也可作为碎石的原料。石灰岩、白云岩、泥灰岩等成分的块石又是制造水泥的原料。

3. 砾石与卵石

砾石与卵石主要用作混凝土集料及道砟材料，也用作排水工程的反滤层。

4. 砂

砂是混凝土的主要材料，也是土坝及土堤的材料，反滤层及道砟材料也要用到砂。

5. 黏性土

黏性土是堆筑土坝、土堤的主要材料，也是道路填方及房屋地基回填土的材料，还可用以烧制砖瓦。

建筑材料勘察的基本任务是：在建筑场地附近找到质量优良且开采、加工及运输等条件较好的天然建筑材料产地，并能确定其可采储量。

对于要求天然建筑材料数量不大的工程，建筑材料的勘察一般就可与设计该建筑工程的地质勘察工作结合一起进行，但也可针对建筑材料的特殊要求，作一些补充的测绘、勘探、物探及取样试验工作，以了解这些材料的储量与质量情况。

对于需求天然建筑材料数量较大的工程，往往要进行一些专门的工程地质勘察工作，勘察阶段大致可分为普查、详探两个阶段。普查的范围一般要扩大一些，以便可多了解几个建筑材料的产地，为规划设计提供较多选择余地。建筑材料勘察各阶段的内容、工作及要求，可参看有关勘察工作规范和手册。

（二）施工地质检验

工程地质勘察对建筑地区的工程地质条件的了解，基本作法是由点及面，再由面而推测出地面以下一定深度的三维空间。两个勘探点之间的地质情况则是按一定的地质规律（岩层、地层及构造等）或间接的物探资料推测出的。推测的情况往往与实际情况有一定差异，有的甚至可能遗漏掉重要的影响建筑物稳定的工程地质问题（如断层破碎带、风化破碎岩体、软弱夹层及岩溶洞穴等），这些都是严重的隐患。而在施工时对基础坑槽，路堑以及地下洞室等工程的开挖，则是工程地质情况的实际暴露，也正是检查前阶段工程地质勘察的预测工作准确程度的时机，更是对遗漏的不利工程地质问题进行补救处理的最后机会。

建筑工程中，当施工工作把基坑（槽）开挖到设计要求的基底高程的长度和宽度，并清除残碴后，要求建设、勘察、设计及施工四方共同“验槽”，由勘察工作人员先对基槽所暴露出的实际工程地质情况进行观察，如岩石性质及厚度、裂隙发育方向、组数及密度、有无断裂构造及其性质、基底岩石的风化程度、覆盖土层的厚度及性质以及古建筑的遗迹（古井、古坑道、古建筑基础等），记录描述，并绘制槽底及四壁展视图。并对照原勘察资料、分析研究二者符合程度。对开挖新发现的影响建筑物稳定的工程地质问题（如断裂破碎带、风化破碎带、软弱夹层、溶洞及土洞、基坑管涌及流砂、残留井管等），应及时由四方共同讨论、研究、制订补救措施，立即处理。施工要求既要保证安全，又不要延误工期。

对于地下洞室（铁路、公路隧洞、水工隧洞及地下厂房等）的施工地质检验工作则是随着洞室掘进分段(一般 1～2m)及时进行对洞顶、洞壁的观察,记录并绘出素描图,将实际观察到的情况及与原来预测资料对比其符合程度,主要对岩性的变化,断裂破碎带、软弱夹层、风化破碎带及突然涌水现象的出现加以特别注意,要量测洞顶和洞壁出现的软弱结构面产状,研究它们的组合关系,分析洞顶及洞壁的稳定性,若出现不利工程地质问题,也应该四方会聚讨论研究衬砌与防护支撑措施。

(三)长期观测

对人类工程活动有重大影响的各种自然产生的地质作用,往往有一个较长时期的发生、发展和逐渐终止的过程,在此过程中逐步显露出它和周围的自然因素间的相互关联和相互制约的关系,以及其随时间而变化的动态。只有掌握了这类变化的全过程,才能确切查明其形成原因和发展趋势,才能正确评价它对人类生活与工程活动的危害和这种地质作用的规律,也才能将之用以预测其他(未经勘察)地区类似的地质作用的影响。显然,上述工作不是在一个建筑工程的较短期地质勘察工作所能完成的。因此对建筑地区的一些还在较长时期发展变化的工程地质问题往往要进行长期观测,一方面要观察以后其对建筑工程的影响与危害,一方面也为继续探讨研究此类地质作用的规律积累资料。

工程地质长期观测的对象和内容十分广泛,按其观测对象的性质可以划分如下几类:与工程建筑有关的地下水动态观测;各种物理地质现象的观测;建筑物与地质环境间相互作用和动态变化的观测。地下水动态观测包括:水位、水温、孔隙水压力、水化学成分等内容。地下水位及孔隙水压力的动态观测,对评价地基土承载力、评价水库渗漏和浸没、预测道路翻浆、论证建筑物地基稳定性以及研究水库地震等都有重要的实际意义。地下水观测一般在钻孔内进行。地下水位动态变化可用定期、直接测量方法,孔隙水压力变化需要在预定土层中埋设专门观测仪表进行观测。物理地质现象观测的内容很多,如滑坡、崩塌体位移观测;冲沟发育、河(湖)岸冲刷观测等。主要是了解这些现象的动态特征,掌握其发生发展规律,判断其所处的发展阶段和活动情况,以便正确的做出评价和预测,并采取有效的防治措施。观测的对象不同,采用的观测方法也有差别。一般而言,对地面变形的观测工作,多是设置观测标桩(包括基准标桩),用专门的仪器对标桩进行量测。为了解深部位移动态,可借助于钻孔或坑洞,通过埋设位移计或电阻应变计等方法进行测量。建筑物对地质环境产生作用,引起某些物理量的动态变化方面的观测十分广泛。如房屋、水坝等建筑物引起地基下沉的观测;地下洞室围岩变形观测;水库兴建后库岸坍塌变化的长期观测等。不同对象的观测方法不同:房屋基准地基沉降观测,主要是观测各测点的沉降速率,了解地基的总体沉降量和沉降差,以便分析评价地基对建筑的长期适应性,检验设计资料的正确性,并可获得一定地质条件下的建筑经验。观测的方法乃是一般变形测量方法,即沿建筑物基础的周边、纵横墙交叉点、沉降缝两侧设置若干观测点,外围设置基准点,定期进行沉降观测,便可获得随时间沉降变化的关系曲线。

《岩土工程勘察规范》规定,应对下列建筑物进行观测:一级建筑物;不均匀或软弱地基上的重要二级建筑物;加层、接建或因地基变形、局部失稳而使结构产生裂缝的建筑物;受邻近深基坑开挖施工影响或受场地地下水等环境因素变化影响的建筑物;需要积累建筑经验或要求通过反分析求参数的工程。

土木工程地质勘察中一般应作的长期观测工作项目和内容如下:

(1)主要建筑物(房屋、桥梁、水坝等)地基岩(土)体的变形、沉降和稳定观测。布置控制性的观测点，按时观察并测定其：①沉降量；②水平位移；③地基中的应力变化；④地基岩（土）体性质变化（风化、泥化）；⑤地基岩（土）体中地下水位变化及渗流变化。

（2）边坡岩体稳定性观测（包括已形成和正在滑移的滑坡体及崩塌体）：①可能滑动体位移；②可能滑动体边缘的裂隙加宽与增多；③边坡岩体内的地下水位变化；④坡面上树木生长方向及移动变化等。

（3）地震及现代构造活动情况观测：①地震量测；②岩体中地应力变化；③岩体变形或断层相对位移的微量观测；④地形变化观测。

（4）地下硐室的工程及水文地质观测：①岩体压力变化；②地下水位及水压力变化；③洞壁岩体变形情况的检查。

（5）各类不同工程所需了解的专门地质现象及作用的变化观测。

五、勘察资料整理、工程地质图及勘察报告

工程地质勘察工作者在完成各工程设计阶段的各项勘察任务及室内外各项试验工作后，更重要的任务是对这些工作所得的原始资料，如地质观察点的岩层露头的观察描述、勘探点的展视图、钻孔柱状图、物探剖面、各项试验报告等进行分析研究，最后整理出能全面而较准确地反映建筑地区的工程地质情况及问题的工程地质图件、综合表格及工程地质勘察报告，它们是规划、设计及施工的重要依据。

（一）工程地质图的编制

工程地质平面图是反映地表出露的地层、岩性、构造及各种工程地质现象的全面一览图。它是在各设计阶段不同比例尺的地形图基础上编制的，编制所依据的资料主要是测绘工作的各地质观察露头点对所出露的基岩露头的岩性、地层、构造、岩石风化程度、地貌、地下水状况及各种工程地质问题的描述。

编制图的方法主要是将各地质观察点按所测定的位置先用铅笔标定在地图上，并把它所反映的岩层（地层）界线、构造等要素界线，按走向标出，待相邻各地质点的各岩层（构造）界线及它们的产状都标出后，若两点相同岩层（或地层）界线产状可较顺当相连者即可相连，如二点之间岩层界线的走向或倾角有较大差别者，则需从某一点沿走向作补充地质点观察，以便判定其间是否有断裂或褶曲等构造变化。对于垂直于走向方向的相邻点，则要注意岩性及地层时代变化的情况，如遇有另一不同岩性的岩层出现，则应增加补充地质点观察描述，如遇岩浆岩出现，则要追索其出露范围及与别的岩层（沉积岩与变质岩）的接触界线。对于出现的断裂破碎带，则需追索其延展分布范围。当二相邻地质点岩层出露情况有差异，而其又被第四纪沉积物覆盖时，则应补坑（槽）探开挖，以了解基岩情况及第四纪沉积层的分层性质与厚度。对于可能影响工程建筑安全与稳定的不良地质现象，如滑坡、崩塌、岩溶、泥石流及地下水的出露情况等，也应作为特殊地质点进行观攘描述，并将其分布范围标注在地质图上。

工程地质图应有以下内容：

1. 地层岩性

一般必须勾画出主要的地层岩性在地表出露的界线，有条件的可用不同颜色分别填出（或以不同符号表示）。在规划阶段，比例尺较小，多以地质年代分层为主。对于初步设计阶段，因范围较小、比例尺较大，针对工程要求，还应根据岩石物理力学性质及不同风化程度为划分岩

石的界线。

2. 地质构造

对沉积岩层及变质岩，需标出其层理及片理产状。较大的断裂构造，需画出其延伸长度及其产状。裂隙发育密集地段，也可以用特殊符号标出。

3. 不良地质现象

对工程稳定有影响的不良地质现象，如滑坡、崩塌、岩溶、泥石流等，应用有关符号在图上勾画出其分布范围及发育情况。

4. 水文地质条件

地下水溢出及泉水位置均应在图上标注出来。

5. 地貌状态

一般可由地形等高线的分布看出，对峭壁及河谷地貌等也可用相应符号标出。

图 8-33 为三岔地区规划阶段的工程地质平面图。为帮助设计人员了解地层年代顺序，一般要附地层柱状图(图 8-34)。

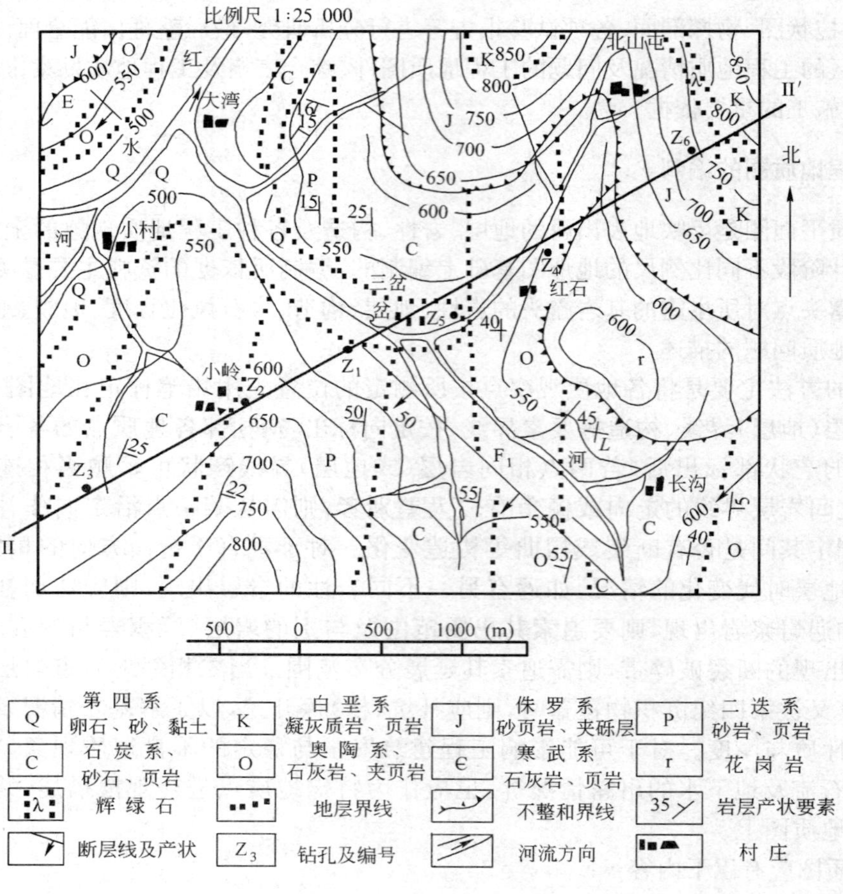

图 8-33 三岔地区工程地质平面图

（二）工程地质剖面图的编制

一些重要工程往往需了解地面以下一定深度（数十米至数百米）的岩层、地质构造及地下水的情况，所以还需编制若干个地质剖面图。一般至少要有一个控制地层较全面的剖面，即垂直于岩层走向的岩层剖面图，较全面地反映建筑地区的更多地层岩性及构造状况。有的可结合工程的轴线（如水坝、桥梁等工程）布置，图 8-35 为将岩性构造要求和水坝轴线二者结合起来的工程地质剖面图。

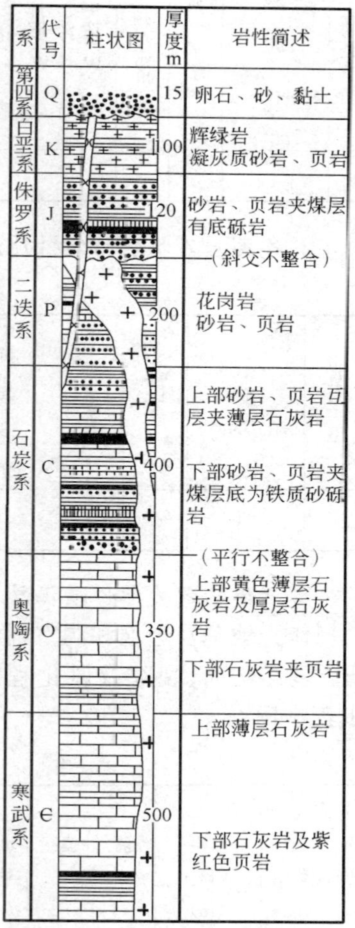

地层柱状图

图 8-34　三岔地区工程地质柱状图

工程地质剖面图的编制，需要以工程地质平面图为基础定出剖面线位置，再收集沿剖面线的钻孔及物探剖面的岩芯及地层资料进行分析研究，确定各种岩石的厚度、岩层（地层）界线、断层及断裂构造线的分布、第四纪沉积与基岩的界线（亦即第四纪沉积层分布厚度）及地下水的分布等，即可编制出工程地质剖面图。

随着工程设计阶段的深入，建设区域范围缩小，工程设计需要了解更详细而具体的岩性构造及地下水等资料，工程地质剖面图的数量应根据工程设计的要求而相应增加，其内容主要表明各深度岩石的物理力学性质、软弱结构面的产状、延伸情况、第四纪沉积层的分层及物理力学性质、地下水位变化及不良地质现象等状况。

（三）岩石（土）物理力学性质试验数据汇编

对于各类工程的设计及施工人员来说，除了要了解建筑地区的各种地质条件对工程稳定及安全的影响外，更为急需的是要确切知道作为工程地基、开挖边坡及地下硐室围岩的岩体的物理力学性质，因为它们是工程设计及施工技术操作方案的实际依据。为使用方便，勘察人员一般将各类岩石（土）的物理力学试验数据整理成汇总表。

1. 第四纪沉积土层的物理力学性质汇总表（表 8-11）。

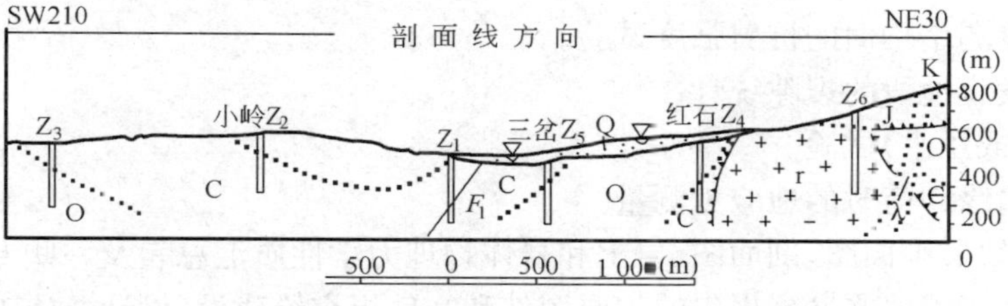

图 8-35　三岔地区工程地质剖面图（II-II′）

土的物理力学性质汇总表 表 8-11

土的类型	天然重度 γ (kN/m³)	天然含水率 w	颗粒相对密度 d_s	塑限 W_p	液限 W_L	塑性指数 I_p	液性指数 I_l	标贯击数 N	密实程度	压缩系数 $a_{1\sim2}$ (MPa⁻¹)	压缩模量 E_S (MPa)	抗剪强度指标		临塑荷载 P_{cr} (kPa)	极限荷载 ρ_u (kPa)	地基承载力 f (kPa)
												内摩擦角 φ (°)	黏聚力 c (kPa)			

2. 各类岩石物理力学性质汇总表(表 8-12)。

岩石物理力学性质汇总表 表 8-12

岩石类型	密度 ρ/(g/cm³)	孔隙率 n	吸水率 W_I	干抗压强度 R (MPa)	湿抗压强度 R_c (MPa)	软化因数 R/R_c	抗拉强度 σ_t (MPa)	内摩擦角 φ (°)	黏聚力 C (kPa)	泊松比 μ	弹性模量 E (MPa)

3. 岩体物理力学性质汇总表

作为地基及边坡和洞室围岩的各类岩体、因体积范围较大,所包蕴的地质要素,如岩石性质软弱结构面、裂隙及风化程度等变化较大,一般需进行现场原位试验,将试验成果汇总如表 8-13。

岩体物理力学性质汇总表 表 8-13

岩石类型	厚度 H (m)	静弹性模量 E (kPa)	动弹性模量 E_d (kPa)	纵波波速 v_p (m/s)	抗压强度 R (MPa)	抗剪强度 φ (°) c (kPa)	泊松比 μ	弹性抗力系数 K_o (MN/m³)	岩基承载力 f (kPa)

4. 专门工程地质问题测定记录

勘察工作还要对一些对地基及边坡岩体稳定性有重要影响的工程地质问题进行试验或测定,主要包括:

(1)主要软弱结构面的抗剪强度试验。

(2)裂隙发育地段的裂隙统计。

(3)抽水(或压水)试验。

(4)岩体边缘卸荷时的地应力测量。

上述工程地质平面图、剖面图、岩土和岩体物理力学性质汇总表及一些专门工程地质测试报告,都应作为工程地质勘察报告的主要图件和文件提交给建设、设计及施工部门。

至于其他资料,如测绘地质露头点的原始记录、坑(槽)探的实际剖面展视图和描述记录、钻探的岩芯描述及钻孔柱状图、物探的测试记录、岩土及岩体的各项物理力学性质试验记录等，均应归档留存，以供必要时查阅。

(四)工程地质勘察报告的编写

在完成对勘察地区的所有工程地质条件的地质测绘、勘探、物探、各种岩土物理力学性质试验及专门问题测试研究等各项勘察工作后，经过对这些资料分析整理，最后要向建设及设计部门提出一个全面而概略的地质勘察文字报告。报告的主要内容包括符合科学规律的建筑地区地质条件论述和工程地质条件分析两部分内容。

1.建筑地区地质条件论述

这部分是对地区地质条件的综合总结，主要包括以下内容：

(1)建筑地区的自然地理概况。

(2)建筑地区的地质结构(包括地层岩性、构造、地质发展史)。

(3)建筑地区的地貌及近期构造运动特征。

(4)建筑地区的水文地质条件。

(5)建筑地区的自然物理地质作用及工程地质作用。

(6)建筑材料产地概述。

2.建筑地区工程地质分析评价

建筑地区工程地质分析评价是为工程设计提供所需的工程地质资料及结论，主要包括以下内容：

(1)从工程地质条件的复杂程度全面评析建筑地区修建工程的适宜性。

(2)建筑地区的不良工程地质作用的发育状态，如滑坡、崩塌、泥石流及岩溶洞穴等的分布地带、发展趋势及对工程不利影响的分析。

(3)在勘察地区内分出适合建筑、不宜建筑或虽可建筑但需采取处理措施的地带。

(4)在拟定工程修建位置处，提出地基岩土体的变形、强度性质指标及地基承载力参考值。

(5)对可能进行开挖的工程地带，进行边坡岩土稳定性分析，提出容许坡高或坡角的参考值。

(6)根据地下水位变化的趋势，分析地下水对地基、基础工程的影响。

(7)其他需要注意的工程地质问题。

思考题

1.简述工程地质勘察的目的和主要任务。

2.工程地质勘察划分为哪几个阶段？各阶段的主要任务有何不同？

3.如何确定初步勘察和详细勘察阶段勘探线、勘探点间距和勘探孔深度？

4.工程地质测绘的主要内容有什么？比例尺的选择与什么有关？

5.简述工程地质勘探的主要任务。

6.常用的工程地质勘探方法有哪些？各自的用途是什么？

7.什么是技术钻孔？什么是鉴别钻孔？

8.岩石的物理力学性质试验项目有哪些？

9.简述工程地质勘察报告中应包括的基本内容。

参考文献

[1] 胡厚田.土木工程地质[M].北京:高等教育出版社,2001,12.
[2] 胡厚田,王健,吴继敏.土木工程地质[M].北京:高等教育出版社,2001.
[3] 史如平,等.土木工程地质学[M].江西:江西高校出版社,2000,6.
[4] 蔡美峰.岩石力学与工程[M].北京:科学出版社,2002,8.
[5] 吴继敏.工程地质学[M].北京:高等教育出版社,2006,5.
[6] 郭抗美,王健.土木工程地质[M].北京:机械工业出版社,2005,7.
[7] 李斌.岩石力学与工程[M].北京:人民交通出版社,1986,12.
[8] 李中林,李子生.土木工程地质学[M].广州:华南理工大学出版社,1999.
[9] 许兆义,等.工程地质基础[M].北京:中国铁道出版社,2003,1.
[10] 孙玉科,古迅.赤平极射投影在岩体工程地质力学中的应用[M].北京:科学出版社,1980.
[11] 李隽蓬,等.土木工程地质[M].成都:西南交通大学出版社,2001,1.
[12] 赵树德,等.高等工程地质学[M].北京:机械工业出版社,2005,3.
[13] 贺少辉.地下工程[M].北京:清华大学出版社,2008,3.
[14] 中华人民共和国国家标准.岩土工程勘察规范(GB 50021—2001).北京:中国建筑工业出版社,2002.
[15] 中华人民共和国国家标准.水利水电工程地质勘察规范(GB 50287—99).北京:中国计划出版社,1999.
[16] 中华人民共和国行业标准.水工隧洞设计规范(DL/T 5195—2004).北京:中国水利水电出版社,2004.
[17] 曲力群,李忠,苗喜德.工程地质[M].北京:中国铁道出版社,2002.